广西北部湾海洋环境生态背景调查及数据库构建

姜发军　陈　波　主编

海洋出版社

2015年・北京

内 容 简 介

针对广西北部湾开发建设中的海洋环境生态日趋严峻，海洋环境生态背景数据匮乏的问题，亟需开展广西北部湾海洋环境生态背景调查及数据库构建方面的研究。本书对广西北部湾海域内物理海洋与海洋气象、海洋地质、海洋地球物理、海底地形地貌、海洋生物与生态、海洋化学等环境要素进行统计，在调查自然资源和环境状况的基础上，系统地分析了广西北部湾海洋资源、海洋环境生态的现状、变化及原因，并构建了广西北部湾海洋环境生态数据库，数据库密切结合广西北部湾经济区环境生态管理需求的实际情况，为管理部门提供监测数据检索查询、环境生态趋势性分析与评价和海洋环境质量评价等综合信息服务。

本书可作为海洋环境、海洋水文、海洋工程、海洋信息及相关专业的教师、科研设计及海洋管理人员的参考书，也可作为上述专业领域高年级本科生及研究生的教学参考书。

图书在版编目（CIP）数据

广西北部湾海洋环境生态背景调查及数据库构建/姜发军，陈波主编．—北京：海洋出版社，2015.1

ISBN 978－7－5027－9074－5

Ⅰ.①广…　Ⅱ.①姜…②陈…　Ⅲ.①北部湾－海洋环境－生态环境－研究－广西
Ⅳ.①X145

中国版本图书馆 CIP 数据核字（2015）第 012026 号

责任编辑：高　英　王　倩
责任印制：赵麟苏
海洋出版社　出版发行
http://www.oceanpress.com.cn
北京市海淀区大慧寺路 8 号　邮编：100081
北京旺都印务有限公司印刷　新华书店北京发行所经销
2015 年 1 月第 1 版　2015 年 1 月第 1 次印刷
开本：787 mm×1092mm　1/16　印张：18.25
字数：395 千字　定价：80.00 元
发行部：62132549　邮购部：68038093　总编室：62114335
海洋版图书印、装错误可随时退换

《广西北部湾海洋环境生态背景调查及数据库构建》编辑委员会

主　编： 姜发军　陈　波

副主编： 赖俊翔　庄军莲　张荣灿　董德信

编　委： 许铭本　雷　富　陈宪云　邱绍芳　柯　珂
王一兵　高程海　李谊纯　陈　默　龙　超

前　言

2008年2月，国家批准《广西北部湾经济区发展规划》实施，广西北部湾经济区开放开发迎来了一个前所未有的高潮。2010年3月，广西壮族自治区人民政府颁布了《广西海洋产业发展规划》，把科技兴海作为重要内容，对今后广西沿海经济发展奠定了基调，明确了方向。广西把开放开发的战略重心定在北部湾，以北部湾为核心的沿海开发正在加速开展，一大批重点项目正在落户广西北部湾沿海。北部湾经济区开放开发，既关系到广西自身发展，也关系到国家整体发展。近年来，随着经济区建设步伐加快，一批临海（临港）工业重大项目正在抓紧建设，例如：总装机达600万千瓦的3个火电厂、中石油1 000万吨炼油厂、年产180万吨浆及250万吨纸项目、北海哈纳利12万立方米铁山港LPG大型冷冻储存库、投资624亿元的防城港1 000万吨钢铁项目、130亿元的钦州中石化年产300万吨LNG项目、总装机600万千瓦的防城港核电项目、年产150万吨重油沥青项目等。此外，为了发挥沿海优势，还规划在北海铁山港、钦州港、防城港市企沙半岛等建设3个面积分别为120、132、100平方千米的以石化、林浆纸、钢铁、炼油、冶金、机械制造等产业为主的工业区。经济的快速发展以及海洋的快速开发，不但给北部湾经济区海陆生态环境相对脆弱的地区带来了巨大压力和挑战，而且还改变了北部湾海洋生态环境基本现状，如何实现“区域经济社会与资源环境协调发展”的开发目标，是必须高度重视和妥善处理的问题。为此，广西壮族自治区科学技术厅委托广西科学院开展“广西北部湾经济区海洋、陆地环境生态背景数据库调查及数据库构建研究”，其主要目的是：开展北部湾经济区海洋、陆地环境生态背景本底调查，建立相应的数据库，为经济区社会经济发展与生态环境保护提供基础性科学数据。广西科学院根据项目研究内容制定了实施方案，然后开展了海上外业大面基础调查、资料收集整理、数值计算分析以及数据库构建与使用等，在此基础上，经过综合分析、汇总，最后编写该书。

该书共9章，其中：1～3章为北部湾经济区社会经济、生态环境与质量本底现状，分别由庄军莲、张荣灿、赖俊翔执笔；4～9章为数据库构建、使用及安全管理等，由姜发军和董德信执笔。各章节经汇总编纂，最后定稿。姜发军对本书作了修改，最终由陈波审定。从总体上看，该书对广西海洋环境生态背景现状进行了恰与其份的阐述，除此之外，还结合使用需要，增加了数据库使用、维护与管理的相关内容。

本书的完成，是广西北部湾海洋研究中心全体同仁集体劳动的科研成果。广西北部湾海洋研究中心的许铭本、雷富、陈宪云、邱绍芳、柯珂、王一兵、高程海、李谊纯、陈默、龙超等自始至终参加了本项研究的海上调查、室内样品分析、资料收集整理、图表制作、数据库构建、专著编写等工作。此外，还得到了广西地质勘查院、钦州学院等单位的积极配合与协助，特别是广西地质勘查院，帮助完成了经济区陆域部分环境生态本底调查与样品分析工作，使研究得以顺利进行。在此，我们一并向他们表示衷心的感谢！

由于水平有限，报告难免存在不足之处，恳请批评指正。

陈波

2014 年 5 月于南宁

目　次

第1章　广西北部湾经济区概况

1.1　自然概况

广西壮族自治区北部湾经济区（以下简称“广西北部湾经济区”）地处我国沿海西南端，由南宁、北海、钦州、防城港四市所辖行政区域组成，陆地国土面积 4.25×10^5 km^2，2010 年末总人口约 1 300 万人。广西海岸带主要由北海、钦州、防城港三市组成。

1.1.1　地理位置

广西沿海岸段东起与广东交界处的白沙半岛高桥镇，西至中越边界北仑河口。广西大陆海岸线总长 1 628.61 km，其中北海、钦州和防城港管辖岸段的大陆海岸线长度分别为 528.16 km、562.64 km 和 537.79 km。

1.1.2　气候特征

广西沿海地区位于北回归线以南，属南亚热带气候区，受大气环流和海岸地形的共同影响，形成了典型的南亚热带海洋性季风气候。其主要特点是高温多雨、干湿分明、夏长冬短、季风盛行。

1.1.2.1　气温

广西沿海气温的水平分布特点为南暖北冷，东高西低。

北海市气象台 1972—2007 年 36 a 气象观测资料统计分析表明，北海市历年平均气温为 22.9℃；历年年极端最高气温为 37.1℃（出现在 1963 年 9 月 6 日）；历年年极端最低气温为 2℃（出现在 1975 年 12 月 14 日、1977 年 1 月 31 日）；历年最热月为 7 月，平均气温为 28.7℃；历年年最冷月为 1 月，平均为 14.3℃。

钦州市气象站 1956—2007 年 52 a 气象观测资料统计分析表明，钦州市历年年平均气温为 23.4℃，历年月平均最高气温为 26.2℃，月平均最低气温为 19.2℃。最热月为 7 月，平均气温为 28.4℃，极端最高气温为 37.5℃（出现在 1963 年 7 月 16 日）；最冷月为 1 月，平均气温为 13.4℃，极端最低气温为 -1.8℃（出现在 1956 年 1 月 13 日）。

防城港气象站 1994—2007 年 14 a 气象观测资料统计分析结果表明，防城港历年年平均气温为 23.0℃，最热月为 7 月，平均气温为 29.0℃；最冷月为 1 月，平均气温为 14.7℃。历年极端最高气温为 37.7℃（出现在 1998 年 7 月 24 日）；极端最低气温为

1.2℃（出现在1994年12月29日）。

1.1.2.2 降水

广西沿海降水量的分布特点是：西部大于东部，陆地多于海面。

北海市雨量较为充沛，每年5—9月为雨季，占全年降水量的78.7%，10月至翌年4月为旱季，降水量较少，为全年降水量的21.3%。历年年平均降水量为1 663.7 mm，历年年最大降水量为2 211.2 mm；历年年最小降水量为849.1 mm。

钦州多年平均年降水量为2 057.7 mm，年平均降水日数在169.8～135.5 d之间。全年的降水量多集中在4月至10月份，约占全年降水量的90%。下半年的降水高峰期又相对集中在6月至8月份，这3个月的降水量约占全年降水量的57%。根据钦州市气象站的资料（1953—2005年），钦州市最大年降水量达2 807.7 mm（1970年），最小降水量仅为1 255.2 mm（1977年）。日最大降水量为313 mm（出现在1985年8月28日），小时降水量最大达99.6 mm（1962年6月7日）。

根据防城港气象站1994—2004年的资料，常年平均降水量为2 102.2 mm，大部分集中在6—8月，占全年平均降水量的71%。1月至8月雨量逐月增加，8月为高峰期；9月至12月逐月递减，12月雨量最少。24小时最大降水量为365.3 mm，出现在2001年7月23日。

1.1.2.3 风况

广西沿岸为季风区，冬季盛行东北风、夏季盛行南或西南风，春季是东北季风向西南季风过渡时期，秋季则是西南风向东北风过渡的季节。

北海市常风向为N向，频率为22.1%；次风向为ESE向，频率为10.8%；强风向为SE向，实测最大风速29 m/s。该地区风向季节变化显著，冬季盛吹北风，夏季盛吹偏南风。据统计，风速不小于17 m/s（8级以上）的大风天数，历年最多为25 d，最少为3 d，平均为11.8 d。

钦州市沿海地区的风向以N向为主，S向次之，其平均风速大小处在不同区域具有明显差异，湾中部龙门居首，平均风速为3.9 m/s，湾东岸犀牛脚次之，为3.0 m/s，钦州市区最小为2.7 m/s，历年最大风速为30 m/s。风速不小于17 m/s（8级以上）的大风天数，历年最多为9.0 d，平均为5.1 d。

防城港市沿海地区历年年平均风速为3.1 m/s，历年月平均最大风速出现在12月，为3.9 m/s，其次为1月和2月，为3.7 m/s；最小风速出现在8月，为2.3 m/s。该区冬季风速比夏季风速大。防城港的常风向为NNE，频率为30.9%；次常风向为SSW，频率为8.5%，强风向为E，频率为4.7%。

1.1.2.4 自然灾害

广西沿海主要自然灾害种类有台风、风暴潮、低温阴雨、暴雨、海雾等。

（1）台风

热带气旋（台风）是夏半年袭击广西沿海的大范围灾害性天气，根据1949—2010年62 a的资料统计，影响和登陆广西沿海的热带气旋总数296个，平均每年4.77个，其中以1969—1978年的这10 a为最多，平均每年达5.4个，而2001—2010年的10 a为最少，平均每年仅2.73个。台风的影响季节始于5月，终于11月；其中7月受台风影响最多，8月次之，5月和11月最少。从全年来看，涠洲岛、北海、合浦和东兴受台风影响的机遇较大，钦州受台风影响的几率较小。

比如，2003年第12号台风“科罗旺”，最大风速40.0 m/s，日降雨量达300 mm，2008年第14号台风“黑格比”，进入广西境内时最大的风速达33.0 m/s，使得广西区境内35个县（区）不同程度受灾，造成直接经济损失14.12亿元。

（2）低温阴雨

低温阴雨是广西沿海的主要灾害性天气，其特点是范围广且维持时间长，影响程度严重。据统计，低温阴雨出现频率最大的时段是1月26日—2月24日。历史记录该地区最长低温阴雨过程出现在1968年，从2月1日起至27日止，持续27 d，日平均气温在4.7～6.0℃之间，最低气温为1.6～4.3℃。

（3）暴雨

暴雨是广西沿海常见的灾害性天气。一年四季均可出现，尤以5—9月较频繁，7—8月受台风的影响最大，暴雨日数最多，6月的暴雨日数次之，12月至翌年2月暴雨日数最少。产生暴雨的水汽源地，一是孟加拉湾，二是南海和太平洋。

（4）风暴潮

广西沿海遭受风暴潮灾害的频繁程度较广东、福建和浙江沿海为低，但历史上也曾留下不少严重风暴潮灾害的记录。根据《中国海洋灾害公报》（1989—2010）统计数据，近20年来，广西沿海因风暴潮（含近岸浪）灾害造成的累计损失为：直接经济损失高达60.32亿元，受灾人数1 053.73万人，死亡（含失踪）77人，农业和养殖受灾面积6.1×10^5 hm^2，房屋损毁16.29万间，冲毁海岸工程476.57 km，损毁船只1 613艘，其中以1996年的15号台风风暴潮造成的损失最为严重，直接经济损失25.55亿元。

1.1.3 海洋水文

1.1.3.1 潮汐

（1）潮波系统与类型

广西沿岸海区的潮波主要是传入南海后的太平洋潮波，经湾口进入广西北部湾，受地理条件的影响以及广西北部湾反射潮波的干涉所形成的，其潮波性质与广西北部湾性质基本相同，主要呈驻波式振动，并带有前进潮波的某些特点。据《广西壮族自治区海岸带和海涂资源综合调查报告》的结果，广西沿海岸段一年当中，一天一次潮的时间约占60% ~70%，是较为典型的全日潮海区，整个调查区域除龙门港和铁山港附近为非正规全日潮外，其余均为正规全日潮，潮汐性质系数约在3.2 ~5.6之间，其中珍珠港至防城港一带的比值最大，铁山港的比值最小。

（2）潮差

广西沿岸及港湾平均潮差约2.2 ~2.5 m，最大潮差一般在4.9 m以上。在近海岛屿，如涠洲岛，平均潮差为2.13 m，最大潮差仅4.51 m。在河口潮区界附近，潮差最小，如钦州及黄屋屯附近，平均潮差在1.01 m以下，最大潮差不到2.7 m。最大潮差由西南向东北不断递增，至铁山港附近，潮差达最大，在6.2 m以上。

（3）潮历时及高低潮间隙

广西沿海岸段的平均涨潮历时在沿岸及近海大于平均落潮历时，而河口区的平均涨潮历时则小于平均落潮历时。平均高潮间隙小于平均低潮间隙，约为5 ~7 h，平均低潮间隙为12 ~14 h。

（4）平均海平面

广西沿岸海区的平均海平面具有西高东低的趋势，如西部白龙尾的平均海平面为0.44 m，东部石头埠仅0.34 m，河口区的平均海面比沿岸区的平均海平面高1 m以上。在沿岸区域，平均海平面具有较明显的年变化周期，一般是上半年低，下半年高，最低值约出现在2—3月，最高值则出现在10月，平均海平面夏季上升，冬季下降，春秋两季相对稳定，其年变化值约0.2 ~0.3 m。

1.1.3.2 潮流

（1）潮流概况

根据《广西壮族自治区海岸带和海涂资源综合调查报告》，广西沿海潮流分布是西部大于东部，近岸大于浅海，表层大于底层，最大潮流流速为2.5 kn左右，理论最大可能流速为3.75 kn。潮流性质以不规则全日潮流为主，但仍存在着不规则半日潮流。

（2）潮流类型

广西沿海潮流类型主要为往复流，其流向大致与岸线或河口湾内的水槽相一致，涨潮时，外海水流入湾内，并且又通过河口上溯到内河中去；落潮时，潮流流向偏南，内河上海水流出港湾内。涨落潮时不等，在5 m等深线以外海域，涨潮时大于落潮时，在河口湾内，涨潮时小于落潮时，介于二者之间，涨落潮时相关不大。潮流旋转方向以顺时针为主，局部地区出现逆时针，这可能是受潮波及地形影响所致。在钦州湾顶，岸型独特，岛屿众多，水下地形复杂，潮流变化大。

1.1.3.3 余流

广西沿海余流分布西部大于东部，夏季大于冬季，表层大于底层，最大余流位于白龙半岛外侧，为0.66 kn，余流与季风、径流、地形有很大关系。冬夏季表底层余流分布大多具有相同的模式。

（1）夏季余流

广西沿海夏季余流大体上呈现两个分布系统，河口区和浅海区。河口区受径流的影响，湾内海水自表至底被淡水充斥，余流随径流往偏南方向流动；浅海区在偏南季风和北上海流的作用下，沿岸水向湾顶扩展，余流往偏北方向流动。

（2）冬季余流

入秋后，广西沿海径流量已大为减弱，夏季低盐度的沿岸水逐渐消失，此时控制岸段余流的主要因素是东北季风。风场改变，余流出现了与夏季相反的流动模式，除钦州湾外，余流均呈偏南方向流动，但强度较夏季减弱，平均流速只有0.26 kn左右。冬季表层最大余流流速位于茅尾海内。底层余流分布大多与表层相类似，只有局部区域呈现很弱的上溯现象，但流速很小，为0.14 kn左右。

1.1.3.4　波浪

广西沿海受季风的严重影响，沿岸海浪主要是由风力对海水表面的直接作用所产生的风浪以及从外海传送而来的涌浪组合而形成，其发展与消衰主要取决于风的盛衰，同时也受地形、水深因素的影响。海浪的分布、变化与季节有密切的关系。

广西近岸海域夏半年盛行南－东南风，冬半年盛行北－东北风，4月、5月和9月为季风过渡期，风向不稳定。波浪随季节变化十分明显，以西南偏南向为主，其次为东北向。多年平均波高为0.3～0.6 m，其中夏季0.50～0.72 m，冬季0.40～0.58 m，春季0.35～0.51 m，秋季0.45～0.50 m。常见浪为0～3级，占全年波浪频率的96%。5～6级的波浪仅占0.07%～0.09%，多出现于台风季节。最大实测波高4.1～5.0 m（东南向），多年波浪平均周期1.8～3.4 s，最大波浪周期为8.7 s。

1.1.4　地质特征

广西沿海一带基岩零星出露，广为第四系所覆盖，根据地质、地貌特征，以大风江为界大致分为东西两段。西段以基岩海岸为主，地层为侏罗系、志留系砂、页岩，犀牛脚以东则零星出露印支期堇青石黑云母花岗岩，大风江口东侧沿岸广泛分布富含钛铁矿的第三系砂砾层。东段主要为第四系湛江组、北海组构成的古洪积－冲积平原。海岸类型以侵蚀－堆积的砂质夷平岸为主，岸线平直，海积平原发育。东西两段海岸轮廓明显受北东向和北西向的“X”型新华夏断裂体系所控制。如北海、白龙两半岛、防城港等呈北东向展布，钦州湾则受“X”型构造控制。南流江、钦江、大风江为东北—西南向展布，茅岭江呈西北—东南向。河流入海处，岸线蜿蜒曲折，利于砂矿的分布富集。

1.1.5 地貌特征

广西海岸带陆上地区总的地势是西北高、东南低。近岸浅海属半封闭型大陆架海域，海底地形坡度平缓，等深线基本与岸线平等，大致呈纬向分布。

由于受地层、岩石和构造控制，广西海岸大致以大风江口为界，东、西两侧具有不同的地貌特征。东部地区主要为第四系湛江组和北海组砂砾、砂泥层组成的古洪积－冲积平原，地势平坦，略向南倾斜。西部地区主要由下古生界志留系和中生界株罗系的砂岩、粉砂岩、泥岩以及不同期次侵入岩体构成的丘陵多级基岩剥蚀台地。

海岸带地貌按其成因可划分为侵蚀－剥蚀地貌、洪积－冲积地貌、河流冲积地貌、河海混合堆积地貌、海蚀地貌、海积地貌、生物海岸地貌等。

水下地貌分为河口沙坝和潮流脊两个亚类。河口沙坝分布于南流江、钦江、茅岭江等河口地带，是河流和潮流共同作用的产物。河口沙坝的存在往往使河床或汊道河床进一步分汊。沙坝成分主要为中、细粒石英沙，泥质含量占0%～14%，钛铁矿等重矿物含量占2.31%～2.72%。潮流沙脊主要见于钦州湾和铁山港，是近岸浅海中由潮流形成的线状沙体。其方向与潮流方向一致，常呈脊、槽（沟）相间，平行排列成指状伸展。

1.1.6 森林植被

据《广西壮族自治区海岸带和海涂资源综合调查报告》，20世纪80年代广西岸带有维管植物151科，541属，950种（包括变种），而范航清等（2010）于21世纪初调查发现，包括红树林在内，广西从海岸线向陆岸1 km范围内有维管植物减少至124科，389属，669种。所有科属种类，绝大部分是热带性分布，其中80%与海南岛相同，属古热带植物区系海南植物地区，含有滇桂边和其他地区成分。但海岸带内发现特有种，如东兴金花茶、显脉金花茶、细枝连蕊茶、凸点山茶和小果菜豆树等，植物区系成分比较简单。

组成海岸带滨海植被的主要科属有桑科、番荔枝科、大戟科、红树科、桃金娘科、藤黄科、山榄科、楝科、无患子科、锦葵科、芸香科、马鞭草科、榆科、白花菜科、禾木科、莎草科、菊科等，本海岸季雨林的主要种类有桑科的箭毒木、高山榕、榕树、鹊肾树；桃金娘科的蒲桃属（特别是红鳞蒲桃），岗松、桃金娘；大戟科的海漆、黄桐、白树、大沙叶属；藤黄科的长叶山竹子；山榄科的铁线子；红树科的木榄、红海榄、秋茄、竹节树；番荔枝科的假鹰爪、喙果皂帽花、紫玉盘；芸香科的酒饼簕；卫矛科的变叶裸实；锦葵科的杨叶肖槿、黄槿；梧桐科的银叶树；楝科的山楝；无患子科的滨木患、坡柳；旋花科的厚藤；禾木科的鬣刺、勾叶结缕草和莎草科的飘拂草等。

1.1.6.1 林木资源

根据《广西壮族自治区海岸带和海涂资源综合调查报告》，广西海岸带森林以松、桉类、木麻黄为优势种，松、桉类、木麻黄林的林木蓄积量占总森林蓄积量的百分比分别为55.3%、26.2%和12.5%。其他树种小片状零星分布，林木蓄积量仅占海岸带森林总蓄积量的6%。马尾松林主要分布在海岸带的丘陵地，中段最多，其次西段，东段最少，就林木蓄积量而言，中段占松总蓄积量的52.5%，西段占35.2%，东段仅占12.3%。桉类（隆缘桉为主，柠檬桉等）主要分布东段的台地平原，而且比较连片集中，林木蓄积量占桉类总蓄积量的91.0%，西段、中段很少，仅占9%。木麻黄分布在海岸线上，作为防护林带，东段的防护林居首，其蓄积量占木麻黄总蓄积量的43.4%，其次西段占34%，中段最少，仅占22.6%。广西海岸带森林以马尾松蓄积总量最高，其次是桉类，麻木黄居第三位。马尾松在钦州市蓄积量最高，其次是防城港市；桉类在合浦县蓄积量最高，其次是北海市；木麻黄在防城港市蓄积量最高，其次是北海市。

1.1.6.2 红树林资源

红树林是生长在热带、亚热带海岸潮间带上部，受周期性潮水浸淹，以红树植物为主体的常绿乔木或灌木组成的潮滩湿地木本生物群落。

（1）面积及分布

根据李春干（2003）2001年广西红树林资源调查资料，广西北部湾红树林现有各地类土地总面积18 029.2 hm^2。其中，红树林面积为8 374.9 hm^2，占46.5%；红树林未成林地面积为301.0 hm^2，占1.7%；天然更新林地面积为70.3 hm^2，占0.4%；红树林宜林地面积为9 274.0 hm^2，占51.4%。在红树林宜林地中，有明确规划发展红树林的规划造林地525.0 hm^2，占5.7%，其他尚未规划利用宜林地8 749.0 hm^2。广西北部湾红树林沿整个海岸带呈展开式较均匀分布。在沿海14个海湾中，红树林主要分布于茅尾海、铁山港、大风江、廉州湾、防城港东湾珍珠港湾和北仑河口，其他港湾相对较少。

（2）红树植物种类及群落类型

徐淑庆等（2010）于2006年5月至2008年10月的走访调查，统计结果显示广西沿海共有真红树8科11种，半红树6科8种，伴生植物有12科14种，详见表1－1。

表1－1　广西北部湾红树植物种类及分布

科名	中文名	拉丁名	分布区			
			北海	钦州	防城	合浦
真红树植物 Ture mangrove						
卤蕨科 Acrostichaceae	卤蕨	*Acrostichum aureum*		+	+	+
大戟科 Euphorbiaceae	海漆	*Excoecaria agallocha*	+	+	+	+
红树科 Rhizophoraceae	木榄	*Bruguiera gymnorrhiza*	+	+	+	+
	秋茄	*Kandelia obovata*	+	+	+	+
	红海榄	*Rhizophora stylosa*	+	+	+	+
	角果木	*Ceriops tagal*	0	0	0	0

续表

科名	中文名	拉丁名	分布区			
			北海	钦州	防城	合浦
爵床科 Acanthaceae	老鼠簕	*Acanthus ilicifolius*	+	+		+
	小花老鼠簕	*Acanthus ebracteatus*			□	+
使君子科 Combretaceae	榄李	*Lumnitzera racemosa*		+	+	+
紫金牛科 Myrsinaceae	桐花树	*Aegiceras corniculata*	+	+	+	+
马鞭草科 Verbenaceae	白骨壤	*Aricennia marina*	+	+	+	+
海桑科 Sonneratiaceae	无瓣海桑	*Sonneratia apetala*	※	※	※	※
半红树植物 Semi-mangrove						
锦葵科 Malvaceae	黄槿	*Hibiscus tiliaceus*	+	+	+	+
	杨叶肖槿	*Thespesia populnea*	+	+		+
梧桐科 Sterculiaceae	银叶树	*Heritiera littoralis*				+
豆科 Leguminosae	水黄皮	*Pongamia pinnata*		+		+
夹竹桃科 Apocynaceae	海芒果	*Cerbera manghas*		+	+	+
菊科 Compositae	阔苞菊	*Pluchea indica*	+	+	+	+
马鞭草科 Verbenaceae	苦郎树	*Clerodendrum inerme*	+	+	+	+
	钝叶臭黄荆	*Premna obtusifolia*		+	+	+
红树林伴生植物 Accompanying plant						
草海桐科 Goodeniaceae	草海桐	*Scaevola sericea*				+
	海南草海桐	*Scaevola hainanensis*		+	+	+
露兜树科 Pandanaceae	露兜树	*Pandanus tectorius*	+	+	+	+
旋花科 Convolvulaceae	二叶红薯	*Ipomoea pes – caprae*	+	+	+	+
苦槛蓝科 Myoporaceae	苦槛蓝	*Myoporum bontioides*		+	+	+
豆科 Leguminosae	鱼藤	*Derris trifoliata*		+		+
	海刀豆	*Canavalia maritima*	+	+	+	+
樟科 Lauraceae	无根藤	*Cassytha filiformis*	+	+	+	+
藜科 Chenopodiaceae	南方碱蓬	*Suaeda australis*		+	+	+
木犀科 Oleaceae	凹叶女贞	*Ligustrum retusum*		+	+	+
E 石蒜科 Amaryllidaceae	文殊兰	*Crinum asiaticum*	+	+	+	+
番杏科 Aizoaceae	海马齿	*Sesuvium portulacastrum*	+	+	+	+
棕榈科 Palmae	刺葵	*Phoenix hanceana*	+	+	+	+
木麻黄科 Casuarinaceae	木麻黄	*Casuarina equisetifolia*	+	+	+	+

注：“+”表示常见种；“O”表示文献有记载，但在近年的调查中未发现，该天然分布种在广西已经绝灭；“※”表示成功引种的红树物种；“□”表示最新的天然分布种。

广西红树林以桐花树群落（Comm. *Aegiceras corniculatum*）、白骨壤群落（Comm. *Avicennia marina*）、秋茄—桐花树群落（Comm. *Kandelia candel*, *Aegiceras corniculatum*）、白骨壤＋桐花树群落（Comm. *Avicennia marina*, *Aegiceras corniculatum*）最为常见，面积分别占红树林总 面积的33.5%、27.1%、14.3%和10.7%。红海榄（Comm. *Rhizophora stylosa*）、木榄（*Bruguiera gymnorrhiza*）＋秋茄—桐花树等其他群落类型面积都很少。

1.1.6.3 海草资源

海草是生长于热带和温带海域浅水中的单子叶植物，不包括咸淡水生的类型在内，也就是说海草是只适应于海洋环境生活的水生种子植物。在热带亚热带地区，海草与红树林和珊瑚礁是三大典型的海洋生态系统，是有关国际公约和我国政府的重要保护对象。

（1）面积及分布

长期以来，业内认为广西的海草只分布于合浦一带。范航清等（2010）在2000—2007年的调查中发现，在防城港市的珍珠港、北海大冠沙以及北海竹山盐场也有少量海草分布。从广西沿海三市的海草分布情况来看，北海市所拥有的海草分布点最多，共42处，占全广西的61%；其次是防城港，有18处，占全广西的26%；钦州的海草分布点最少，仅9处，占全广西的13%。

从沿海三市的海草面积分布来看，北海海草分布在全广西中占绝对优势，面积共876.1 hm^2，占广西海草总面积的91%；防城港的海草面积为41.6 hm^2，占广西海草总面积的7%；钦州海草面积最小，仅17.2 hm^2，占广西海草总面积的2%。沿海三市最大海草床分别是：北海283.1 hm^2；防城港64.4 hm^2；钦州10.7 hm^2。

沿海各海草分布点的平均面积，北海为20.8 hm^2，防城港为3.6 hm^2，而钦州的仅有1.9 hm^2。由此可看出北海海草床（分布点）的连片面积最大，其次是防城港，连片面积最小的是钦州的海草床（分布点）。

（2）种类及群落类型

海草属于沼生目，目前全世界共发现海草约12属67种，在我国共分布有5科11属21种海草。范航清等（2010）对广西沿海的海草调查，发现海草种类7种，约占中国海草总种类数的33%。广西沿海三市中，北海市海草种类最丰富，广西所有的海草种类在北海均有分布，防城港市与钦州市各有海草5种，占广西所有海草种类的71.4%。

矮大叶藻 *Zostera japonica*、喜盐草 *Halophila ovalis*、贝克喜盐草 *Halophila beccarii*、小喜盐草 *Halophila minor*、流苏藻 *Ruppia maritima* 这5种海草在广西沿海三市均有分布；二药藻 *Halodule uninervis* 与羽叶二药藻 *Halodule pinifolia* 仅在北海市有分布。

据徐淑庆等（2010）统计，广西出现的海草群落类型总共有17种，其中以喜盐草单生群落所占面积最大，达 763.6 hm^2。而矮大叶藻群落、喜盐草群落、流苏藻群落、贝克喜盐草群落、矮大叶藻－贝克喜盐草群落、喜盐草－矮大叶藻－二药藻群落、喜盐草－矮大叶藻－羽叶二药藻群落这 7 种广西主要的海草群落类型共有 49 处，总面积为 903.4 hm^2，占广西海草总面积的 95.9%，占全区海草分布点总数量的 83.1%。

1.2 社会经济

1.2.1 行政区划

广西沿海地区三市地理位置由东至西依次为北海市、钦州市、防城港市。其中北海市现辖银海区、海城区、铁山港区和合浦县，行政区域面积 3 337 km^2；钦州市现辖灵山县、浦北县、钦南区、钦北区、钦州港经济技术开发区、三娘湾旅游管理区，行政区域面积为 10 800 km^2；防城港市现辖港口区、防城区、上思县和东兴市，行政区域面积为 6 222 km^2。

1.2.2 社会经济概况

2011 年，钦州市全市生产总值达到 720 亿元，较 2010 年增长 22%，总量进入广西全区前 5 名；工业总产值达到 1 030 亿元，较 2010 年增长 94%，成为广西全区第 4 个超千亿元的城市；财政收入 125 亿元，较 2010 年增长 114%；外贸进出口总额 30 亿美元，较 2010 年增长 129%；港口吞吐量 4 700 × 10^4 t，较 2010 年增长 55.5%，其中集装箱突破 40 万标箱，超过湛江港。2011 年钦州市国民经济中第一产业增加值为 156.0 亿元，较 2010 年增长 5%；第二产业增加值 388.3 亿元，较 2010 年增长 46.9%，其中工业增加值 350.4 亿元，较 2010 年增长 52.2%；第三产业增加值 190.1 亿元，较 2010 年增长 5%。

2011 年，防城港市实现生产总值 419.84 亿元，较 2010 年增长 15.6%（按可比价格计算，同比，下同）。其中，第一产业增加值 57.70 亿元，较 2010 年增长 5.2%；第二产业增加值 224.27 亿元，较 2010 年增长 19.7%；第三产业增加值 137.86 亿元，增长 14.1%。第一、二、三产业增加值占生产总值的比重分别为 13.7%、53.5% 和 32.8%，对经济增长的贡献率分别为 5.0%、63.0% 和 32.0%。按常住人口计算，人均生产总值 48 110 元。，全年全部工业实现总产值 669.54 亿元，较 2010 年增长 36.7%，实现增加值 193.97 亿元，增长 18.8%。其中，规模以上工业产值 635.32 亿元，较 2010 年增长 38.2%，规模以上工业增加值 181.47 亿元，较 2010 年增长 19.9%。

2011 年北海市完成地区生产总值 496.6 亿元，较 2010 年增长 18.2%；规模以上工业产值 550.6 亿元，较 2010 年增长 71.9%；全社会固定资产投资 603.1 亿元，较 2010 年增长 26.1%；财政收入 57.54 亿元，较 2010 年增长 22.16%；完成规模以上工业产值440.9亿元，较2010年增长75.7%；完成规模以上工业增加值135.8亿元，较2010年增长47.1%。完成农林牧渔业总产值183.9亿元，较2010年增长3.1%；接待国内游客1 100.79万人次，较2010年增长17.3%，实现国内旅游收入86.07亿元，较2010年增长28.14%；完成港口货物吞吐量1 590.44 $\times 10^4$ t，较2010年增长27.18%。

1.2.3 海洋经济与海洋产业现状

1.2.3.1 海洋经济总体情况

2011年广西海洋生产总值654亿元，比上年现价增长19%，占广西国民生产总值的5.6%，约占广西北部湾经济区四城市（南宁、北海、钦州、防城港）国民生产总值的17%。其中，海洋主要产业增加值330亿元，海洋科研教育服务业增加值71亿元，海洋相关产业增加值253亿元。海洋第一产业增加值111亿元，第二产业增加值268亿元，第三产业增加值275亿元，海洋第一、第二、第三产业增加值占海洋生产总值的比重分别为17%、41%、42%。

1.2.3.2 主要海洋产业发展情况

2011年，广西海洋产业总体保持稳步增长。其中，主要海洋产业增加值330亿元，比上年增长18.9%。其中，海洋渔业占优势，比重达39%；其次为海洋交通运输业，比重达25%；列第三位的是海洋工程建筑业，占21%。

1.2.3.3 区域海洋经济发展情况

2011年，钦州地区海洋生产总值256亿元，占广西海洋生产总值比重的39%。北海地区海洋生产总值228亿元，占广西海洋生产总值比重的35%。防城港地区海洋生产总值170亿元，占广西海洋生产总值比重的26%。广西沿海地区海洋经济整体呈现稳步增长的态势。

1.3 近岸海域开发利用状况

广西于2004年和2006年实施了两次沿海基础设施大会战，通过沿海基础设施大会战建设，广西沿海港口群在发挥其作为西南地区主要出海口和中国－东盟自由贸易区重要枢纽港的作用日益凸显；同时，依托港口优势，发展临海产业，石化、冶金、能源、粮油加工、生物制药等工业发展渐成规模，大型钢铁、油气化工、林浆纸一体化等临海工业项目正展开。但广西海域使用仍以渔业用海为主，港口用海（含港区填海和港池用海）居第二位；还有一些临海工业用海和海底工程用海、旅游用海、排污倾废用海、保护区用海。

1.3.1 渔业用海

渔业用海为广西海域使用的主要用海类型，主要有围塘养殖、底播养殖、设施

（插柱、围网、筏式、网箱）养殖以及渔港，除港口作业区外沿岸近海均有养殖用海分布。其中北海市渔业用海面积约占广西渔业用海面积的4/5，北海的合浦县、海城区、银海区是广西主要的渔业用海地区，渔业用海面积占广西总用海面积的比重均超过1/5，养殖的种类主要有珍珠、虾、牡蛎、象鼻螺、藻类等。

广西沿海渔港有30多个，其中经农业部审批并公布的有13个：中心渔港1个，即南澫渔港；一级渔港5个，分别是北海港渔业港区、企沙渔港、营盘渔港、龙门渔港、犀牛脚渔港；二级渔港2个，分别是沙田渔港和渔澫渔港；三级渔港5个，分别是电建渔港、涠洲渔港、石头埠渔港、大风江渔港和双墩渔港。

2010年广西渔业经济总产值354.33亿元，其中海洋渔业经济总产值212亿元，占60%。2010年，广西渔船主要的生产渔场有：珠江口渔场、粤西渔场、海南东南—南海大陆架边缘渔场、广西北部湾渔场、南沙中南部和西南部渔场、西沙渔场等。近岸渔业用海是围塘养殖及水产品加工。

1.3.2 交通运输用海

交通运输用海包括港口用海、航道、锚地、陆岛交通码头以及路桥用海。随着广西港口体系的不断建设和完善，广西的交通用海不断增多，目前港口用海主要有防城港、钦州港、北海港、铁山港以及一些地方渔货两用港，主要分布于钦州钦南区、防城港港口区和北海铁山港区。其中航道、锚地以及一些公务码头和公用交通码头，属公共用海；路桥用海属于公益性用海，主要有防城港西海湾跨海大桥用海、钦州金鼓江大桥和市政道路建设用海、北海市滨海大道用海等。

2011年北海市港口货物吞吐量完成1 590.44 $\times 10^4$ t，比增27.18%。其中，集装箱吞吐量完成70 968标箱，比增14.83%，外贸货物吞吐量完成635.32 $\times 10^4$ t，比增45.58%。2011年钦州港完成货物吞吐量4 716.2 $\times 10^4$ t，同比增长56.1%，其中内贸完成3 056.4 $\times 10^4$ t，增长58.7%；外贸完成1 659.8 $\times 10^4$ t，增长51.4%。集装箱突破40万标箱，完成40.22万标箱，同比增长60.2%。2012年防城港市港口货物吞吐量破亿吨大关，达1.005 8 $\times 10^8$ t，其中大港完成6 760.18 $\times 10^4$ t，中小港完成3 297.82 $\times 10^4$ t，迈入亿吨大港行列。至2012年底，防城港已拥有14条外贸集装箱航线，每周外贸集装箱班轮达21班。目前防城港已与100多个国家和地区的250多个港口有业务往来。

1.3.3 工业用海

工业用海包括盐业用海、临海工业用海（包括船舶工业、电力工业等工业用生活经验）、固体矿产开采用海、油气开采用海。近年广西沿海在建或者规划的工业或产业园区如下：

北海铁山港工业区：北海铁山港工业区位于广西北部湾经济区北海铁山港辖区，规划面积约132 km^2，是《广西北部湾经济区发展规划》规定的五大功能组团铁山港（龙潭）组团的核心工业区，也是广西北部湾经济区的三大临港工业区之一。铁山港工业区充分发挥其深水岸线和紧靠广东的区位优势，重点建设铁山港大能力泊位和深水航道，承接产业转移，发展能源、化工、林浆纸、船舶修造、港口机械等临港型产业及配套产业。

广西钦州保税港区：2008年5月29日，国务院以国函〔2008〕48号文批复同意设立广西钦州保税港区，这是广西北部湾经济区开放开发的一个重要里程碑。保税港区设立在钦州港大榄坪作业区，用地面积10 km^2。广西钦州保税港区一期封关面积2.5 km^2，已于2009年12月23日通过国家有关部门的验收，即将封关运营。保税港区是广西北部湾经济区开放开发的核心平台；是面向中国－东盟合作的自由贸易港、国际航运中心、物流中心和出口加工基地。

钦州石化产业园［含台湾（钦州）石化产业园］：钦州石化产业园位于钦州市钦州港工业区，总规划面积为35.8 km^2。其中，台湾（钦州）石化产业园为“园中园”，规划面积10 km^2。计划用15 a的时间，将钦州石化产业园建设成为我国华南、西南交汇点上重要的临海石油化工基地，形成以石油化工、无机化工、生物化工等产业链相互结合，以基础有机、无机原料、合成材料和精细化学品等产品为特色的石化产业园区。

防城港企沙工业区：防城港企沙工业区位于企沙半岛，三面临海，规划范围为285 km^2，实际控制面积160 km^2。其功能定位为依托优良的深水岸线资源，以发展临港重化工业为主要方向，以钢铁产业为龙头，主要发展钢铁、重型机械、能源、粮油加工、修造船及其他配套或关联产业，成为以工业港为主导的多功能的现代化国际工业港区。企沙工业区目前已完成部分填海造地，推动钢铁基地、红沙核电、金川铜镍等重大项目落户，工业区供水、供电、道路、港口等一批基础设施项目正在加快建设，其中防城港电厂由中电广西防城港电力有限公司投资建设，建设规模为装机容量4×60 10^4 kW。红沙核电一期工程也已开工建设。

防城港大西南临港工业园：防城港大西南临港工业园选址在公车工业园区，总面积17.2 km^2。工业园依托大港口，利用西南各省市丰富的矿产资源，布局磷化工产业、资源加工型企业，形成大西南出口加工基地。依托钢铁基地，采用“飞地经济”模式，布局大西南地区的矿山设备、特种设备等制造业，发展成为以机械制造、矿山及特种设备制造为主的特色产业园区。

1.3.4 旅游娱乐用海

旅游娱乐用海包括滨海旅游和海上运动娱乐，目前广西的滨海旅游开发呈上升态势，主要滨海旅游景点有北海银滩、涠洲岛、钦州三娘湾、龙门七十二泾、防城港白龙半岛大坪坡和满尾岛金滩等。

北海市拥有广西最大的海岛——涠洲岛。涠洲岛位于北海半岛东南面36海里处，是我国最大最年轻的火山岛，以其独特的火山地貌优势和丰富的人文景观，被评为第三批国家级地质公园，获得“北海市涠洲岛火山国家地质公园”称号。与涠洲岛相距9海里的斜阳岛，面积只有1.89 km^2，因从涠洲岛可观太阳斜照此岛全景，又因该岛横亘于涠洲岛东南面，南面为阳，故称斜阳岛。状似一朵盛开的莲花，中部凹陷，四周凸出。沿岸陵岩壁立下临深渊，飞鲨怪鱼，贝类珊瑚清晰可见。岛上冬暖夏凉，野花繁多，海蚀、海积及溶岩景观奇特，是寻幽探险的乐园。北海银滩旅游区1991年建成正式对外开放，1992年10月被国务院列为12个国家级旅游度假区之一。经过10多年的建设、发展，北海银滩已成为全国首批AAAA级旅游景区，全国“五美景点”和全国35个“王牌景点”之一。2012年，北海市共接待游客1 321.08万人次，同比增长19.11%；实现旅游总收入112.34亿元，同比增长28.04%，旅游总收入首次突破百亿元大关。

近年来，钦州市政府加大了滨海旅游开发力度，建设三娘湾、八寨沟、冯子材故居三大旅游景区，打造观海豚滨海休闲之旅、八寨沟森林生态游，刘冯故居历史传统教育游三大旅游特色品牌，形成了大芦村、五皇岭、龙门群岛等一批新的旅游亮点和旅游经济增长点。目前，钦州市已拥有3个国家AAAA级景区，2个国家AAA级景区，2个全国农业旅游示范点，1个全国工业旅游示范点，8个广西工农业旅游示范点。钦州被确定为第七届中国－东盟博览会中国“魅力之城”。2011年钦州市共接待国内外游客570.41万人次，实现旅游总收入40.76亿元，同比分别增长21.66%、47.69%。其中入境人数是35 630人次，创旅游外汇收入1 128.73万美元，同比分别增长46.2%、37.25%。

防城港市蝴蝶岛也叫天堂滩，位于防城港市企沙半岛南边，距防城港市区16 km。是海滨休闲场所。沿岛沙滩长约3.5 km，滩宽250 m。沙滩平缓，水浅流缓，没有旋涡。沙子银白洁净，海水清澈透底，是开展海滨体育运动的极佳场所，滨海旅游度假胜地。蝴蝶岭位于天堂滩与玉石滩交接处，涨潮时成为海岛，退潮时与大陆相连。金滩位于京岛旅游度假区内的万尾岛上，位于北回归线以南，属亚热带季风气候，日照充足，旅游季节长达8个月之久。岛上草木繁茂，四季常绿。金滩全长15 km，宽阔坦荡，沙质细柔金黄。绿岛、长滩、碧海、阳光，构成京岛如画景色，是天然的海滨浴场，滨海旅游度假胜地，自治区级风景名胜区。大平坡位于江山半岛月亮湾西南侧6 km处，因其极为宽广而平坦又名白浪滩。白浪滩宽1～2.8 km，长6 km。沙质细软，因含钛矿而白中泛黑色。十里长滩，坦荡如坻，一望无际，可同时供几十万人活动，是开展海滨体育运动的最佳场所。2011年，防城港市接待游客685.5万人次、旅游总收入达到40.4亿元。

1.3.5 海底工程用海

海底工程用海包括电缆管道用海、海底隧道用海、海底场馆用海。目前广西没有海底隧道用海、海底场馆用海，电缆管道用海也不多，只有钦州市沙井港蚝山墩海域的输水干管用海和涠洲岛西侧的海底电缆用海等。

1.3.6 排污倾倒用海

排污倾倒用海包括污水排放用海和倾倒区用海，根据广西海洋功能区划，目前广西沿海设置了4块倾倒区用海，主要用于疏浚物的倾倒。

根据《中国海洋环境质量公报》，广西现有36个排污口，大多超标排放污染物，排污口邻近海域的海水水质大多劣于四类海水水质标准，沉积物劣于三类海洋沉积物标准。

1.3.7 造地工程用海

造地工程用海包括城镇建设填海造地用海、农业填海造地用海以及废弃物处置填海造地用海。目前广西沿海造地工程用海主要集中为城镇建设填海造地用海，由西到东有白龙工业与城镇建设区，规划面积128 hm^2；企沙半岛工业与城镇建设区，规划面积2 795 hm^2；企沙半岛东侧工业与城镇建设区，规划面积2 901 hm^2；茅尾海东岸工业与城镇建设区，规划面积1 024 hm^2；大榄坪工业与城镇建设区，规划面积1 887 hm^2；廉州湾工业与城镇建设区，规划面积2 180 hm^2；营盘彬塘工业与城镇建设区，规划面积3 202 hm^2，主要用于满足城市与工业发展用海需求。

1.3.8 特殊用海

特殊用海包括科研教学用海、军事用海、海洋保护区用海、海岸防护工程用海等。广西目前没有科研教学用海；军事设施用海不予对外；有一些海岸防护工程用海，较有针对性，用海面积不大，如钦州市大环急水门至大灶江桥海岸整治保护工程、防城港市港口区红沙联围海堤水毁修复加固工程、钦州市滨海新城沙井岛东岸岸线整治生态海堤工程、广西中越国境界河北仑河口竹山护岛整治工程等。目前防城港市保护区用海主要有北仑河口国家级海洋自然保护区，面积3 299 hm^2，防城港东湾海洋保护区（海洋公园），面积314 hm^2。钦州市保护区用海主要有钦州湾北部康熙岭片、尖山片一带的茅尾海红树林海洋保护区，面积2 308 hm^2，茅尾海牡蛎资源的海洋保护区（海洋公园），面积3 480 hm^2，三娘湾中华白海豚的海洋保护区（海洋公园），面积1 638 hm^2，大风江红树林及其海洋自然生态系统海洋保护区，面积 3 313 hm^2；北海市保护区用海有山口红树林国家级自然保护区，面积 4 073 hm^2，合浦儒艮国家级自然保护区，面积 35 000 hm^2，北海珍珠贝海洋保护区，1 336 hm^2，涠洲岛海洋保护区（海洋公园），面积 1 739 hm^2，斜阳岛海洋保护区（海洋公园），面积 142 hm^2。

第2章 环境生态调查内容及方法

2.1 调查范围、调查时间及调查内容

调查范围覆盖了广西沿海，西起防城港市北仑河口海域，东至北海市铁山港海域。调查区坐标范围为：21°22′00″～21°53′00″ N，108°05′30″～109°39′00″ E。

调查期为1年，调查时间为2010年6月（夏季）、2010年9月（秋季）、2010年12月（冬季）以及2011年3月（春季）。

调查内容为：近岸海域海水水质、海洋沉积物质量、浮游生物（浮游细菌、浮游植物）。

近岸海域海水水质调查共布设47个调查站位，其中防城港市近岸海域12个，钦州市近岸海域15个，北海市近岸海域20个。

近岸海域海洋沉积物质量及浮游生物调查共布设21个调查站位，其中防城港市近岸海域6个，钦州市近岸海域5个，北海市近岸海域10个。

防城港市、钦州市、北海市近岸海域调查站位表分别见表2－1、表2－2及表2－3，调查站位见图2－1。

表2－1 调查站位表（防城港市近岸海域）

站号	坐标		调查内容		
	北纬	东经	海水水质	海洋沉积物	海洋浮游生物
01	21°32′30″	108°05′30″	√	√	√
02	21°30′00″	108°07′30″	√		
03	21°28′00″	108°09′00″	√		
04	21°35′00″	108°13′30″	√	√	√
05	21°31′00″	108°11′00″	√		
06	21°41′00″	108°20′00″	√	√	√
07	21°37′00″	108°23′00″	√	√	√
08	21°36′30″	108°19′10″	√	√	√
09	21°34′45″	108°20′00″	√		
10	21°33′00″	108°18′00″	√	√	√
11	21°31′30″	108°20′00″	√		
12	21°30′00″	108°22′00″	√		

表 2－2　调查站位表（钦州市近岸海域）

站号	坐标		调查内容		
	北纬	东经	海水水质	海洋沉积物	海洋浮游生物
13	21°42′00″	108°35′00″	√	√	√
14	21°35′00″	108°35′30″	√		
15	21°31′00″	108°35′00″	√		
16	21°38′00″	108°43′00″	√	√	√
17	21°35′00″	108°43′00″	√		
18	21°31′00″	108°43′00″	√		
19	21°37′00″	108°51′00″	√	√	√
20	21°35′00″	108°52′00″	√	√	√
21	21°31′00″	108°54′00″	√		
40	21°47′00″	108°32′30″	√	√	√
D	21°53′00″	108°32′00″	√		
E	21°53′00″	108°34′00″	√		
F	21°51′00″	108°34′45″	√		
G	21°44′20″	108°38′15″	√		
H	21°43′30″	108°51′00″	√		

表 2－3　调查站位表（北海市近岸海域）

站号	坐标		调查内容		
	北纬	东经	海水水质	海洋沉积物	海洋浮游生物
22	21°35′00″	109°03′00″	√	√	√
23	21°34′00″	109°08′00″	√	√	√
24	21°31′00″	109°05′00″	√	√	√
25	21°27′00″	109°01′40″	√		
26	21°24′00″	108°59′00″	√		
27	21°25′00″	109°13′00″	√	√	√
28	21°22′00″	109°13′00″	√		
29	21°27′00″	109°24′00″	√	√	√
30	21°25′00″	109°24′00″	√		
31	21°22′00″	109°24′00″	√		
32	21°39′00″	109°33′00″	√	√	√
33	21°36′00″	109°36′00″	√	√	√
34	21°32′00″	109°34′00″	√	√	√
35	21°32′00″	109°36′00″	√		
36	21°32′00″	109°39′00″	√	√	√
37	21°29′00″	109°32′00″	√	√	√
38	21°27′00″	109°34′00″	√		
39	21°24′00″	109°36′00″	√		
K	21°26′50″	109°13′45″	√		
L	21°28′18″	109°27′26″	√		

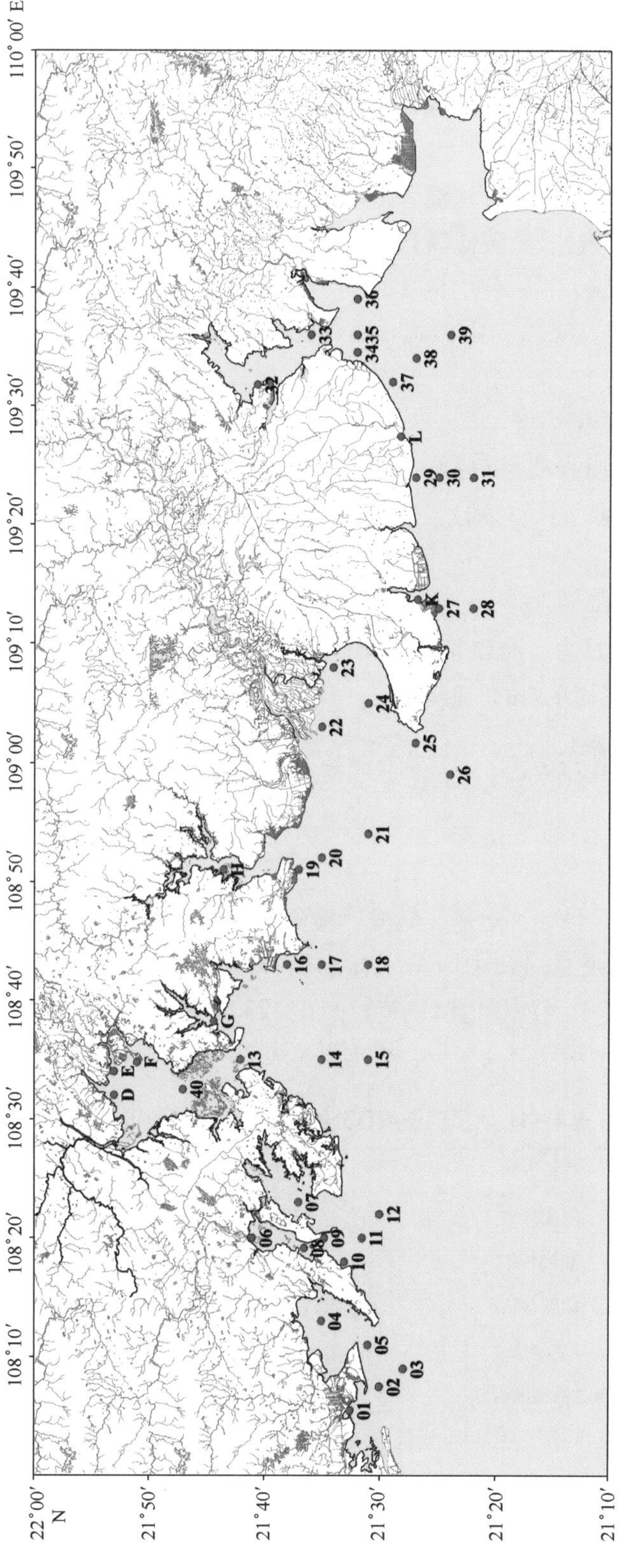
110°00′ E
109°50′
109°40′
109°30′
109°20′
109°10′
109°00′
108°50′
108°40′
108°30′
108°20′
108°10′
22°00′ N
21°50′
21°40′
21°30′
21°20′
21°10′
01
02
03
04
05
06
07
08
09
10
11
12
13
14
15
16
17
18
19
20
21
22
23
24
25
26
27
28
29
30
31
32
33
3435
36
37
38
39
40
41
D
E
F
G
K
L

图2-1 调查站位图

2.2 调查项目

2.2.1 海水水质

近岸海水水质调查项目有：水温、pH、盐度、溶解氧、营养盐（活性硅酸盐、活性磷酸盐、氨、亚硝酸盐、硝酸盐等）、悬浮物、化学需氧量、生化需氧量、石油类、重金属及有毒元素（铜、铅、锌、镉、总铬、砷、汞）、有机农药（多氯联苯、DDT、狄氏剂）。

2.2.2 海洋沉积物

海洋沉积物质量调查项目包括：石油类、含水率、有机碳、重金属及有毒元素（砷、铜、铅、锌、镉、铬、总汞）、硫化物、有机农药（多氯联苯、DDT、狄氏剂）。

2.2.3 浮游生物

浮游生物调查项目为：海岸带近岸海水中浮游细菌、浮游植物生物量（细胞密度）、空间分布、及其周年内的时间动态。

2.3 调查与检测方法

2.3.1 海水水质

海水样品的采集、保存、运输、储藏、检测以及数据处理等均按中华人民共和国国家质量监督检验检疫总局和中国国家标准化管理委员会发布的《海洋调查规范》（GB 12763—2007）以及《海洋监测规范》（GB 17378—2007）所规定的方法进行。调查项目的分析方法、使用仪器及型号、检出限见表 2－4。

表 2－4　水质调查项目分析方法、仪器及检出限

项目	分析方法	仪器名称及型号	检出限/mg·L^{-1}
温度	温度计法	SWL1－1 表层水温表	—
pH	pH 计法	PHSJ－4A 型 pH 计	—
盐度	盐度计法	SYA2－2 实验室盐度计	—
溶解氧	碘量法	（滴定）	0.042
化学需氧量	碱性高锰酸钾法	（滴定）	0.15
生化需氧量	五日培养法	生化培养箱	—
硝酸盐	锌镉还原法	Cary100 紫外可见分光光度计	0.7×10^{-3}

续表

项目	分析方法	仪器名称及型号	检出限/mg·L^{-1}
亚硝酸盐	萘乙二胺分光光度法	Cary100 紫外可见分光光度计	0.5×10^{-3}
氨	次溴酸盐氧化法	Cary100 紫外可见分光光度计	0.4×10^{-3}
活性磷酸盐	磷钼蓝分光光度法	Cary100 紫外可见分光光度计	0.2×10^{-3}
活性硅酸盐	硅钼蓝分光光度法	Cary100 紫外可见分光光度计	—
悬浮物	重量法	XS105DU 电子天平	2.0
石油类	紫外分光光度法	Cary100 紫外可见分光光度计	3.5×10^{-3}
铜	无火焰原子吸收分光光度法	AA 800 原子吸收光谱仪	0.2×10^{-3}
铅	无火焰原子吸收分光光度法	AA 800 原子吸收光谱仪	0.03×10^{-3}
锌	火焰原子吸收分光光度法	AA 800 原子吸收光谱仪	3.1×10^{-3}
镉	无火焰原子吸收分光光度法	AA 800 原子吸收光谱仪	0.01×10^{-3}
总铬	无火焰原子吸收分光光度法	AA 800 原子吸收光谱仪	0.4×10^{-3}
砷	原子荧光法	AFS-830 原子荧光光度计	0.5×10^{-3}
汞	原子荧光法	AFS-830 原子荧光光度计	0.007×10^{-3}
DDT	气相色谱法	Agilent 6890N 气相色谱仪	0.0038×10^{-3}
多氯联苯	气相色谱法	Agilent 6890N 气相色谱仪	—
狄氏剂	气相色谱法	Agilent 6890N 气相色谱仪	—

2.3.2 海洋沉积物质量

海洋沉积物样品的采集、保存、运输、储藏、检测以及数据处理等均按中华人民共和国国家质量监督检验检疫总局和中国国家标准化管理委员会发布的《海洋调查规范》（GB 12763—2007）以及《海洋监测规范》（GB 17378—2007）所规定的方法进行。

调查项目的分析方法、使用仪器及型号、检出限见表2-5。

表2-5 海洋沉积物调查项目分析方法、仪器及检出限

项目	分析方法	仪器名称及型号	检出限
铜	无火焰原子吸收分光光度法	AA 800 原子吸收光谱仪	0.5×10^{-6}
铅	无火焰原子吸收分光光度法	AA 800 原子吸收光谱仪	1.0×10^{-6}
锌	火焰原子吸收分光光度法	AA 800 原子吸收光谱仪	6.0×10^{-6}
镉	无火焰原子吸收分光光度法	AA 800 原子吸收光谱仪	0.04×10^{-6}
铬	无火焰原子吸收分光光度法	AA 800 原子吸收光谱仪	2.0×10^{-6}
总汞	原子荧光法	AFS-830 原子荧光光度计	0.002×10^{-6}

续表

项目	分析方法	仪器名称及型号	检出限
砷	原子荧光法	AFS－830 原子荧光光度计	0.06×10^{-6}
含水率	重量法	XS105DU 电子天平	2.0 mg
石油类	紫外分光光度法	Cary100 紫外可见分光光度计	3.0×10^{-6}
有机碳	重铬酸钾氧化－还原容量法	（滴定）	0.03×10^{-2}
硫化物	亚甲基蓝分光光度法	Cary100 紫外可见分光光度计	0.3×10^{-6}
DDT	气相色谱法	Agilent 6890N 气相色谱仪	pp′－DDE：4 pg op′－DDT：11 pg pp′－DDD：6 pg pp′－DDT：18 pg
多氯联苯	气相色谱法	Agilent 6890N 气相色谱仪	59 pg
狄氏剂	气相色谱法	Agilent 6890N 气相色谱仪	2 pg

2.3.3 浮游生物

浮游生物样品的采集、保存、运输、储藏、检测以及数据处理等均按中华人民共和国国家质量监督检验检疫总局和中国国家标准化管理委员会发布的《海洋调查规范》（GB 12763—2007）以及《海洋监测规范》（GB 17378—2007）所规定的方法进行。

调查项目的分析方法、使用仪器及型号、检出限见表 2－6。

表 2－6 海洋生物调查项目分析方法、仪器及检出限

项目	分析方法	仪器名称及型号	检出限/$mg\cdot L^{-1}$
浮游植物	沉降计数法	Nikon ECLIPSE 50i 显微镜	—
细菌总数	平板计数法	LRH250A 生化培养箱	—

第3章　广西北部湾近岸海域环境质量现状

为了掌握广西北部湾近岸海域海水水质、沉积物质量和生物质量现状，于2010年6、9、12月和2011年3月对广西北部湾近岸海域的水质和沉积物质量进行了大面调查。站位布设见图2－1，其中防城港测站包括01～12站，钦州湾测站包括13～21、40、D、E、F、G和H站，北海测站包括22～39、K和L站。具体调查项目、采样要求及测试分析方法见第二章。

3.1　海水水质现状

2010年广西北部湾近岸海域水质调查结果统计表见表3－1。

表3－1　广西北部湾近岸海域水质调查统计表

项目	广西北部湾		防城港		钦州		北海	
	变化范围	均值	变化范围	均值	变化范围	均值	变化范围	均值
盐度	4.52～32.04	26.53	4.52～30.75	27.22	6.29～31.16	23.64	6.30～32.04	28.32
pH值	6.61～8.32	8.00	7.45～8.28	8.05	7.43～8.32	7.90	6.61～8.31	8.04
DO/mg·L^{-1}	5.06～10.18	7.11	5.51～9.18	7.16	5.31～10.18	7.03	5.06～9.48	7.16
悬浮物/mg·L^{-1}	0.10～147.20	9.51	0.10～53.90	6.09	0.30～49.30	9.50	0.10～147.20	11.58
COD/mg·L^{-1}	0.18～3.75	1.07	0.33～3.75	1.04	0.45～2.96	1.15	0.18～2.75	1.03
BOD/mg·L^{-1}	0.03～2.85	0.79	0.05～2.85	0.95	0.03～1.42	0.61	0.05～2.81	0.83
无机氮/mg·L^{-1}	0.007～1.193	0.184	0.017～0.601	0.121	0.020～0.918	0.287	0.007～1.193	0.144
活性磷酸盐/mg·L^{-1}	0.001～0.075	0.012	0.001～0.075	0.014	0.001～0.058	0.014	0.001～0.070	0.010
硅酸盐/mg·L^{-1}	0.001～3.238	0.471	0.039～2.385	0.369	0.010～3.238	0.732	0.001～2.985	0.335
油类/mg·L^{-1}	b～0.33	0.02	b～0.10	0.02	b～0.05	0.02	b～0.33	0.02
铜/μg·L^{-1}	b～12.50	1.53	0.10～8.00	2.24	0.01～12.50	1.51	b～5.80	1.11
铅/μg·L^{-1}	b～47.40	2.95	b～7.10	1.89	b～27.20	3.68	b～47.40	3.09
锌/μg·L^{-1}	b～230.00	14.50	b～230.00	21.02	b～40.00	10.58	b～134.50	13.52
总铬/μg·L^{-1}	b～91.30	7.06	b～84.90	6.65	b～56.50	5.34	b～91.30	8.71
镉/μg·L^{-1}	b～5.25	0.10	b～0.15	0.06	b～5.25	0.17	b～0.28	0.06
汞/μg·L^{-1}	b～0.24	0.06	b～0.24	0.08	b～0.18	0.06	b～0.17	0.06
砷/μg·L^{-1}	0.17～3.67	1.11	0.36～2.07	0.87	0.17～2.97	1.05	0.63～3.67	1.29

注：b表示未检出。

3.1.1 水温

2010 年，广西北部湾海域水温变化范围为 14.00 ~ 34.00℃，平均值为 24.31℃。调查海域水温的季节变化模式从高到低表现顺序为秋季（31.11℃），夏季（30.57℃），春季（18.79℃），冬季（16.78℃），呈现明显季节性变化趋势。空间分布上，夏、秋季各海区水温较接近，无明显差异，而春、冬季受沿岸水影响大的近岸海域水温较低。

3.1.2 盐度

广西北部湾近岸海域各季度盐度变化范围及平均值见表 3 – 2。2010 年，广西北部湾海域盐度变化范围为 4.52 ~32.04，平均值为 26.53。

表 3 – 2 广西北部湾近岸海域盐度变化范围及平均值

海区	春季		夏季		秋季		冬季	
	变化范围	均值	变化范围	均值	变化范围	均值	变化范围	均值
广西北部湾	11.49 ~ 32.04	28.17	4.52 ~ 31.71	24.81	6.29 ~ 30.40	24.75	12.61 ~ 31.21	28.38
防城港	16.03 ~ 30.75	28.15	4.52 ~ 30.38	26.44	12.48 ~ 29.328	26.16	12.61 ~ 30.73	28.14
钦州	17.61 ~ 31.16	26.97	7.53 ~ 27.93	18.98	6.29 ~ 29.32	20.93	22.01 ~ 30.86	27.67
北海	11.49 ~ 32.04	29.07	6.30 ~ 31.71	28.39	9.92 ~ 30.40	26.77	21.00 ~ 31.21	29.05

（1）春季盐度的分布及变化

春季，广西北部湾近岸海域盐度变化范围为 11.49 ~ 32.04，平均值为 28.17。总体呈沿岸向离岸递增趋势。有 3 个区域递增变化幅度较大且规律性明显，分别为：防城港西湾海域、钦州茅尾海海域和北海青山头附近海域。这 3 个区域均有河流注入，分别为防城江、茅岭江和钦江、南康江。河流对这 3 个区域海水盐度值产生了明显影响。另有 5 个区域递增规律性明显，但递增幅度不大，分别为：防城港珍珠湾、防城港东湾、钦州金鼓江、钦州大风江和北海廉州湾。这 5 个区域附近也有地表径流注入，但对盐度值影响相对较小。

防城港海区盐度变化范围为 16.03 ~ 30.75，平均值为 28.15。最低值出现在防城江口的 6 号站，最高值出现在三牙航道起点附近的 12 号站。见图 3 – 1。

钦州海区盐度变化范围为 17.61 ~ 31.16，平均值为 26.97。最低值出现在钦江口的 F 站，最高值出现在三墩岛以南的 18 号站。见图 3 – 2。

北海海区盐度变化范围为 11.49 ~ 32.04，平均值为 29.07。最低值出现在南康江口的 L 站，最高值出现在白虎头附近的 K 站。见图 3 – 3。

（2）夏季盐度的分布及变化

夏季，广西北部湾近岸海域盐度分布范围为 4.52 ~ 31.71，平均值为 24.81。总体呈沿岸向离岸递增趋势。同样有 3 个区域递增变化幅度较大且规律性明显，分别为：

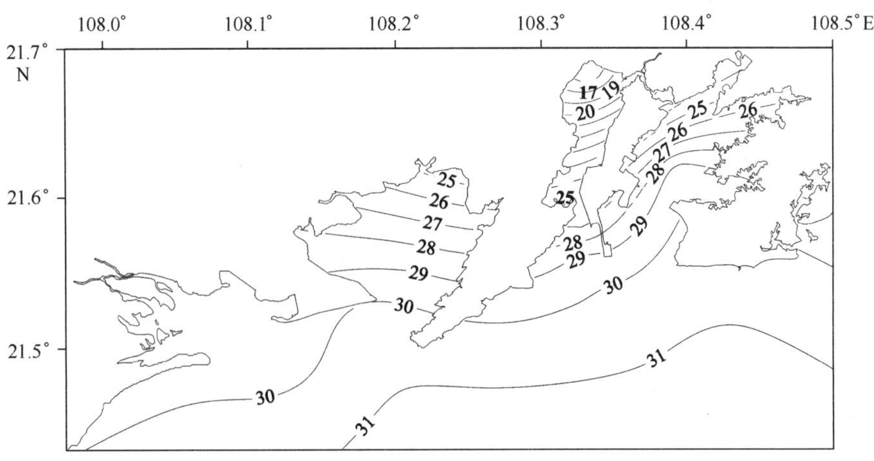

图3－1　春季防城港海区盐度等值线分布图

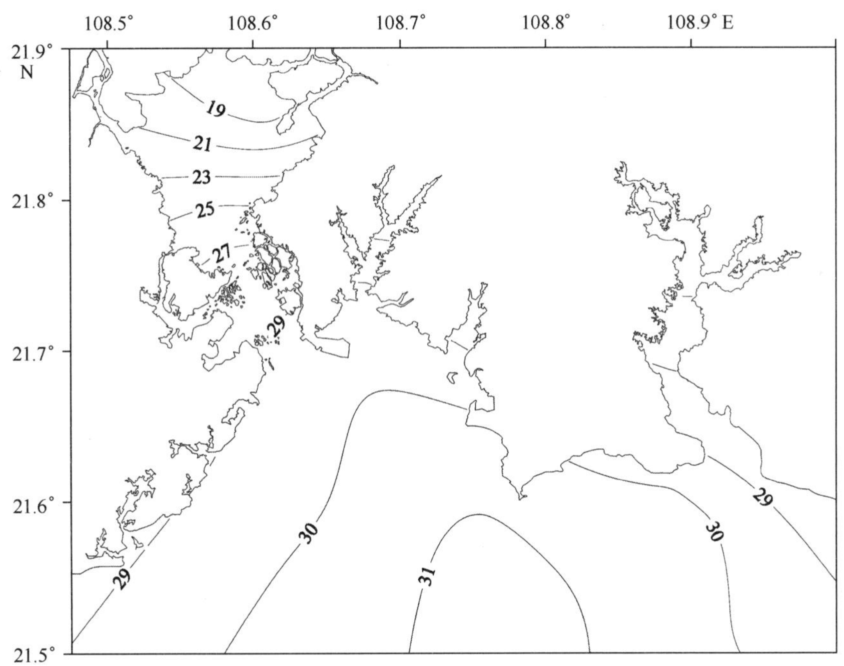

图3－2　春季钦州海区盐度等值线分布图

防城港西湾海域、钦州茅尾海海域和北海白虎头附近海域。与春季相比，南康江径流对盐度的影响明显减弱。另有5个区域递增规律性明显，但递增幅度不大，分别为：防城港珍珠湾、防城港东湾、钦州金鼓江、钦州大风江和北海铁山湾。

防城港海区盐度变化范围为4.52～30.38，平均值为26.44。最低值出现在防城江口的6号站，最高值出现在大坪坡附近的10号站。见图3－4。

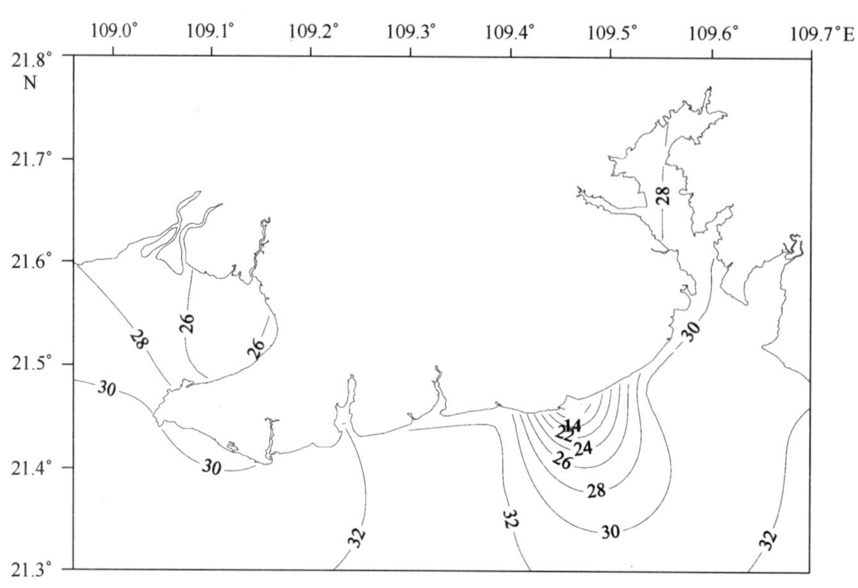

图 3－3　春季北海海区盐度等值线分布图

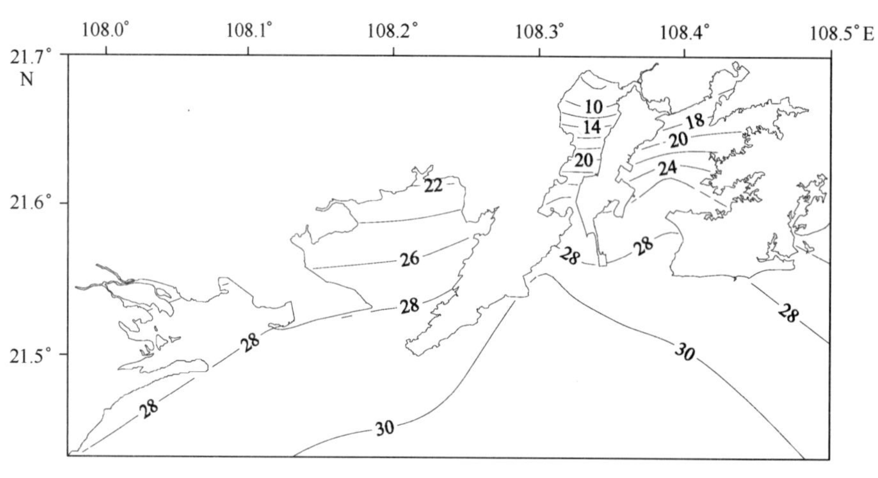

图 3－4　夏季防城港海区盐度等值线分布图

钦州海区盐度变化范围为 7. 53 ~27. 93，平均值为 18. 98。最低值出现在钦江口的 F 站，最高值出现在西航道南端的 15 号站。见图 3－5。

北海海区盐度变化范围为 6. 30 ~31. 71，平均值为 28. 39。最低值出现在白虎头附近的 K 站，最高值出现在白虎头南侧的 28 号站。见图 3－6。

（3）秋季盐度的分布及变化

秋季，广西北部湾近岸海域盐度分布范围为 6. 29 ~30. 40，平均值为 24. 75。总体呈沿岸向离岸递增趋势。有 3 个区域递增变化幅度较大且规律性明显，分别为：防城

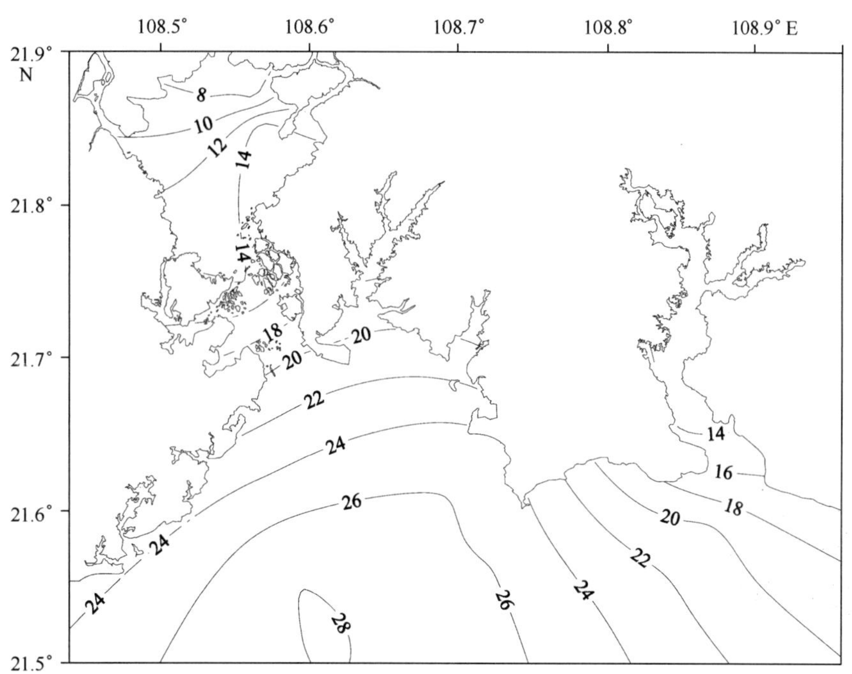

图3-5　夏季钦州海区盐度等值线分布图

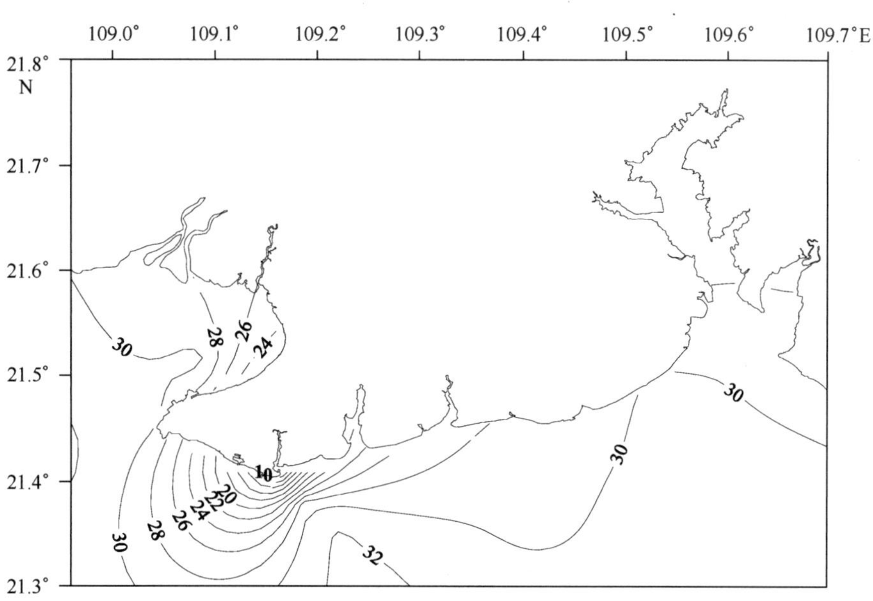

图3-6　夏季北海海区盐度等值线分布图

港西湾海域、钦州茅尾海海域和北海廉州湾海域。这3个区域均有河流注入，分别为防城江、茅岭江和钦江、南流江。河流对这3个区域海水盐度值产生了明显影响。另有5个区域递增规律性明显，但递增幅度不大，分别为：防城港珍珠湾、防城港东湾、钦州金鼓江、钦州大风江附近海域和北海南康江附近海域。这5个区域附近也有地表径流注入，但对盐度值影响相对较小。

防城港海区盐度变化范围为12.48~29.32，平均值为26.16。最低值出现在防城江口的6号站，最高值出现在牛头附近的11号站。见图3-7。

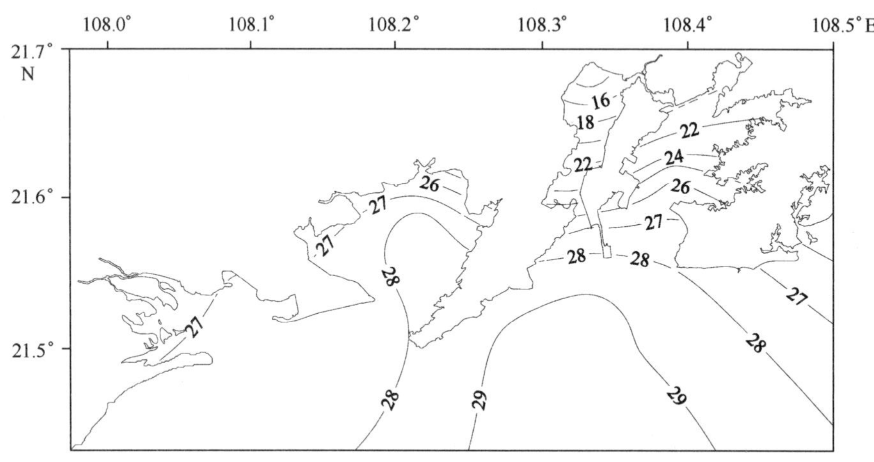

图3-7　秋季防城港海区盐度等值线分布图

钦州海区盐度变化范围为6.29~29.36，平均值为20.93。最低值出现在钦江口的E站，最高值出现在钦州港西航道起点附近的15号站。见图3-8。

北海海区盐度变化范围为9.92~30.40，平均值为26.77。最低值出现在党江口的23站，最高值出现在铁山港航道起点附近的39站。见图3-9。

（4）冬季盐度的分布及变化

冬季，广西北部湾近岸海域盐度分布范围为12.61~31.21，平均值为28.38。总体呈沿岸向离岸递增趋势。有3个区域递增变化幅度较大且规律性明显，分别为：防城港西湾海域、钦州茅尾海海域和北海廉州湾海域。这3个区域均有河流注入，分别为防城江、茅岭江和钦江、南流江和党江。相对其他季节，冬季，因为是旱季，降水量小，广西北部湾近岸盐度变化受径流影响的程度较小。

防城港海区盐度变化范围为12.61~30.73，平均值为28.14。最低值出现在防城江口的6号站，最高值出现在三牙航道起点附近的12号站。见图3-10。

钦州海区盐度变化范围为22.01~30.86，平均值为27.67。最低值出现在钦江口的E站，最高值出现在三墩岛以南的18号站。见图3-11。

北海海区盐度变化范围为21.00~31.21，平均值为29.05。最低值出现在南流江口

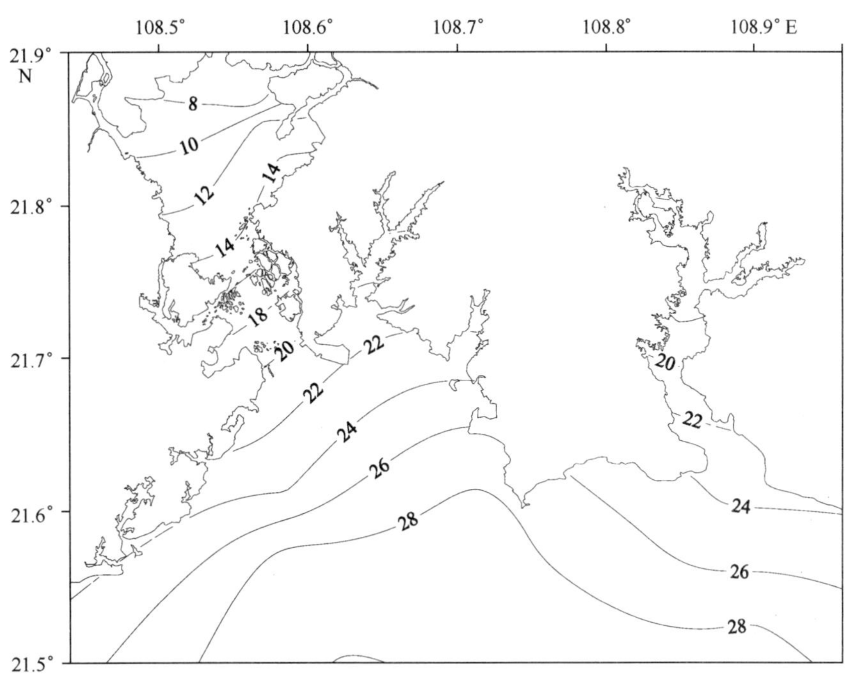

图 3－8　秋季钦州海区盐度等值线分布图

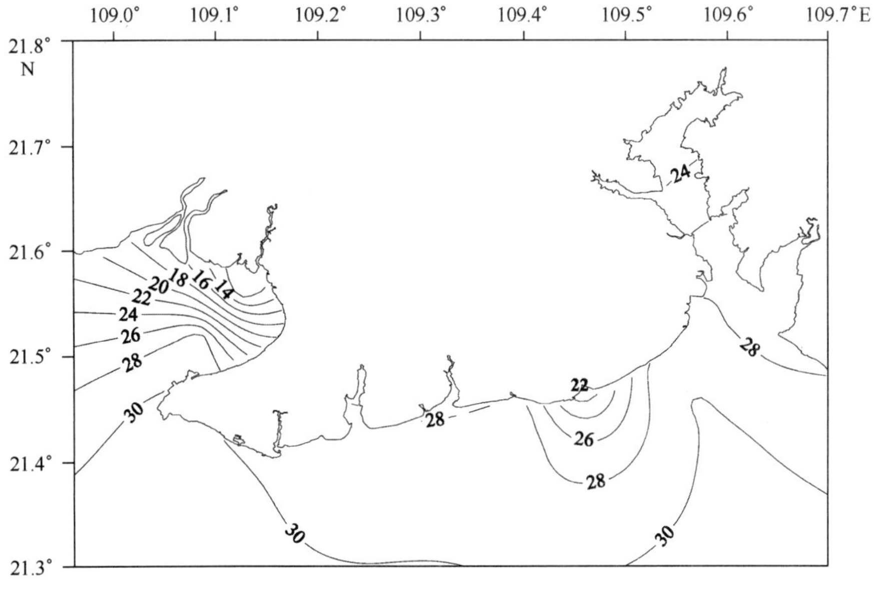

图 3－9　秋季北海海区盐度等值线分布图

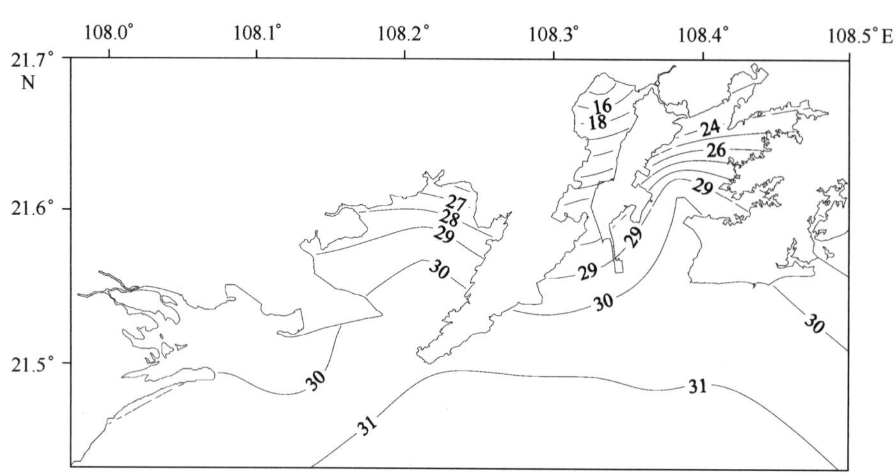

图 3－10　冬季防城港海区盐度等值线分布图

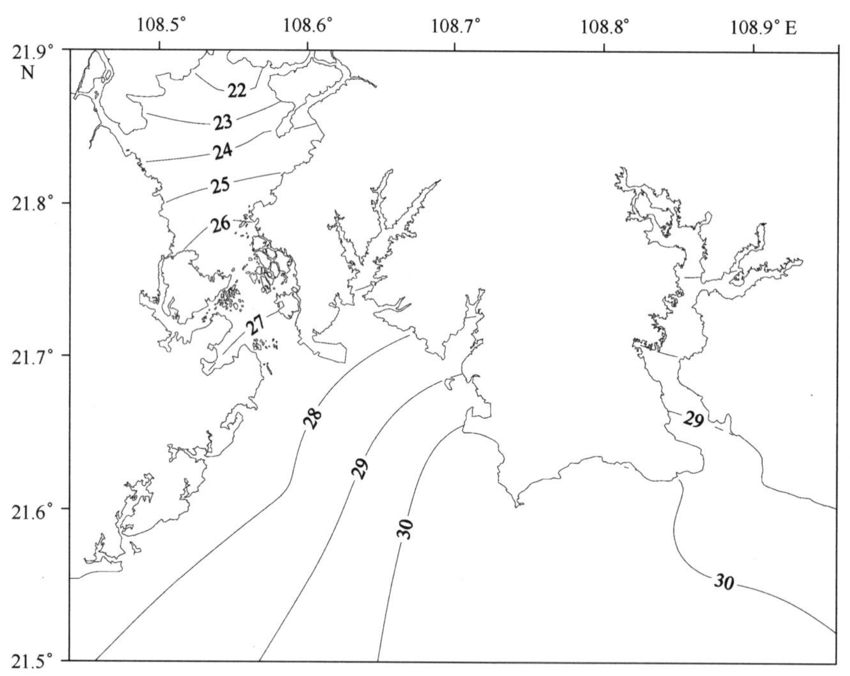

图 3－11　冬季钦州海区盐度等值线分布图

的 22 站，最高值出现在冠头岭附近的 26 站。见图 3－12。

通过以上分析可以得出，广西北部湾近岸海域盐度变化范围较大，受径流影响明显。受影响程度呈季节性变化，夏季受影响较大，秋季次之，冬季最小。

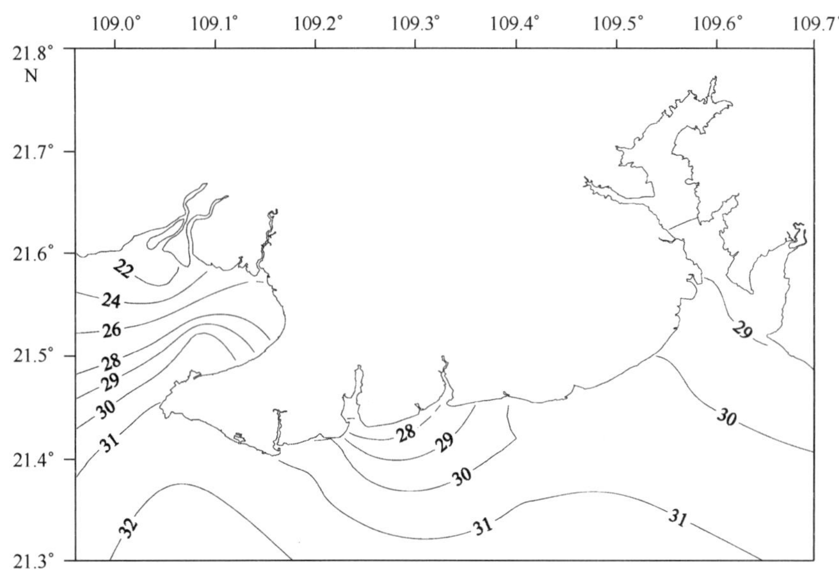

图 3－12　冬季北海海区盐度等值线分布图

3.1.3　pH 值

海水 pH 值是海水环境化学中的一项重要参数，其值的大小，不仅反应了海水的氧化还原电位，而且与海水中元素的存在形态和迁移过程、生物活动、河流径流、海水中有机物分解等众多因素有着密切关系。广西北部湾近岸海域各季度 pH 变化范围及平均值见表 3－3。

表 3－3　广西北部湾近岸海域 pH 变化范围及平均值

海区	春季		夏季		秋季		冬季	
	变化范围	均值	变化范围	均值	变化范围	均值	变化范围	均值
广西北部湾	7.55～8.32	8.05	6.61～8.19	7.89	7.43～8.24	7.99	7.45～8.22	8.05
防城港	7.57～8.28	7.98	7.50～8.19	8.07	7.68～8.23	8.09	7.45～8.17	8.05
钦州	7.55～8.32	7.98	7.56～8.00	7.79	7.43～8.16	7.86	7.72～8.15	7.98
北海	7.74～8.31	8.14	6.61～8.15	7.86	7.73～8.24	8.03	7.94～8.22	8.11

（1）春季 pH 值的分布及变化

春季，广西北部湾近岸海域 pH 变化范围为 7.55～8.32，平均值为 8.05。

整个广西北部湾调查区域内水质状况良好，大部分海域海水的 pH 达到一类海水水质标准（pH 7.80～8.50）。防城港东湾、钦州湾茅尾海、钦州湾金鼓江海域等内湾区域，由于有淡水径流注入，pH 较低；由内湾向外，pH 逐渐升高。

防城港海区的 pH 平均值为 7.98，变化范围为 7.57～8.28。除 06 号站外，区域调查站位的 pH 均达到一类海水水质标准。从图 3－18 可以看出，pH 最高值出现在白龙尾附近海域的 01 号站；最低值出现在西湾顶部的 06 号站，该站为淡水径流入海处，附近有生活排水口。见图 3－13。

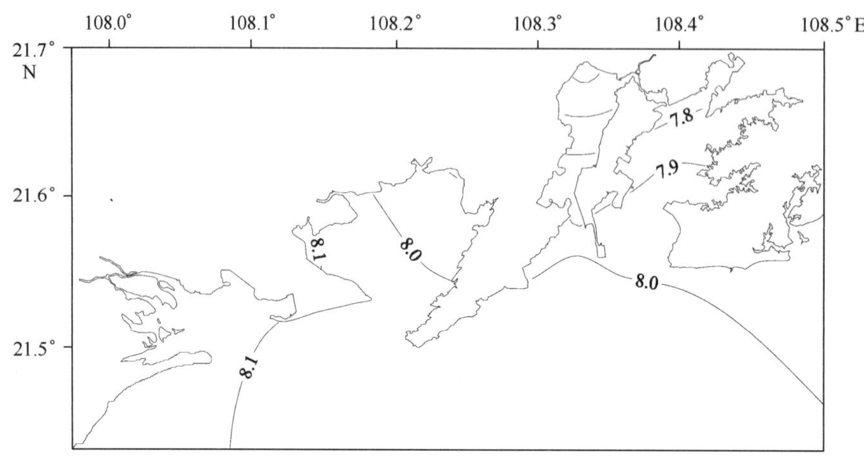

图 3－13　春季防城港海区 pH 等值线分布图

钦州海区的 pH 平均值最低，为 7.98，变化范围为 7.55～8.32。位于茅尾海的 3 个站（D、E、F）pH 较低，其余站位的 pH 均达到一类海水水质标准。pH 最高值出现在大风江外海域的 21 号站，最低值出现在茅尾海的 D 号站。茅尾海由于有钦江、茅岭江等淡水径流注入，pH 较低。见图 3－14。

3 个海区中，北海海区的 pH 平均值最高，为 8.14，变化范围为 7.74～8.31，大部分区域水质达到一类海水水质标准（pH 7.80～8.50）。pH 最高值出现在廉州湾海域的 25 号站，最低值出现在营盘珍珠养殖场的 L 号站，该站位于陆源径流入海口。见图 3－15。

（2）夏季 pH 值的分布及变化

夏季，广西北部湾近岸海域 pH 变化范围为 6.61～8.19，平均值为 7.89。pH 分布趋势为由内湾向外海逐渐升高。夏季共有 13 个站位的 pH 为三类海水水质标准，其余站位的 pH 达到一类海水水质标准。由于有降雨以及淡水径流的注入，江河入海口以及靠近陆域的站位 pH 较低。

3 个海区中，防城港海区的 pH 平均值最高，为 8.07，变化范围为 7.50～8.19，除 06 号站外，其余站位的 pH 均达到一类海水水质标准。pH 最高值出现在白龙尾附近海域的 01 号站，最低值出现在西湾顶部的 06 号站，该站为淡水径流入海处，附近有生活排水口。见图 3－16。

钦州海区的 pH 平均值最低，为 7.79，变化范围为 7.56～8.00，7 个站位的 pH 达

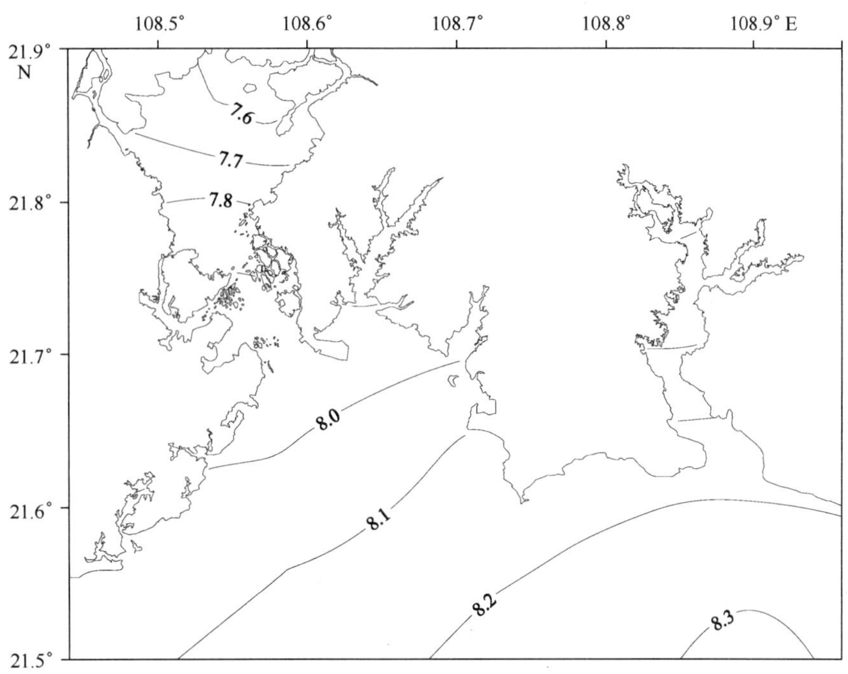

图 3 - 14　春季钦州海区 pH 等值线分布图

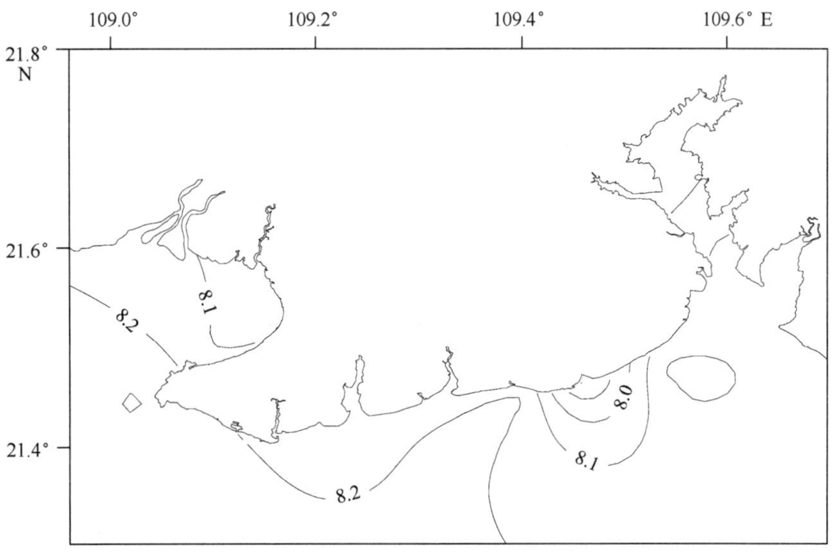

图 3 - 15　春季北海海区 pH 等值线分布图

到一类海水水质标准，其余 8 个站的 pH 为三类海水水质标准。pH 最高值出现在三墩外海域的 18 号站，最低值出现在大风江内的 H 站。见图 3 - 17。

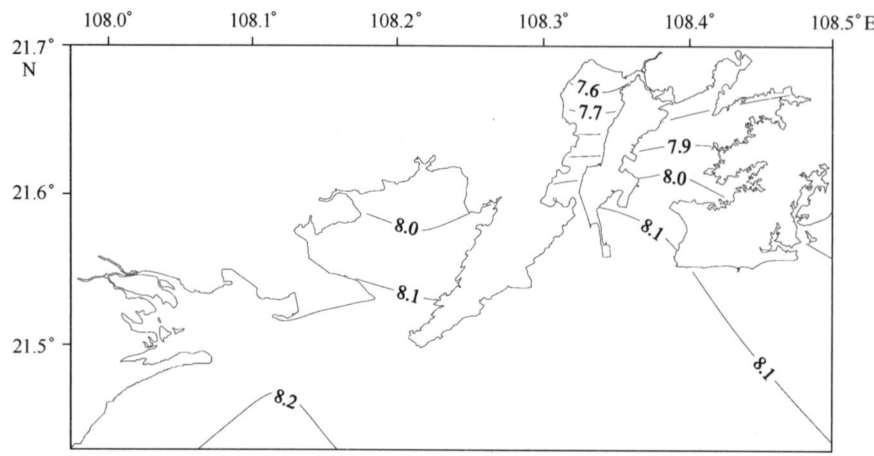

图 3 - 16　夏季防城港海区 pH 等值线分布图

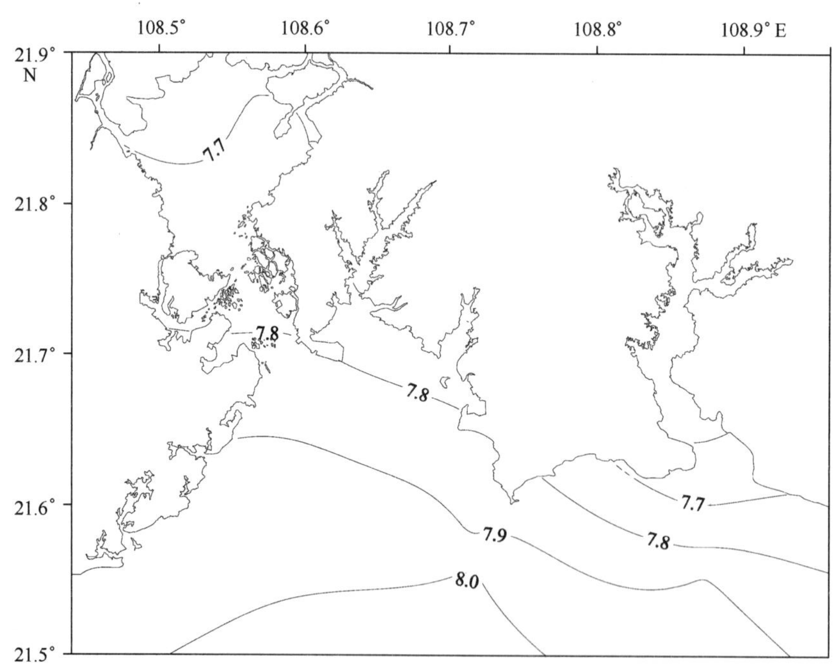

图 3 - 17　夏季钦州海区 pH 等值线分布图

北海海区，平均值为 7.86，变化范围为 6.61 ~ 8.15，4 个站的 pH 为三类海水水质，其余各站的 pH 均达到一类海水水质标准。pH 最高值出现在白虎头外海域的 28 号站；最低值出现在营盘海域的 29 号站，该站位于淡水径流入海口出，附近有水产养殖。见图 3－18。

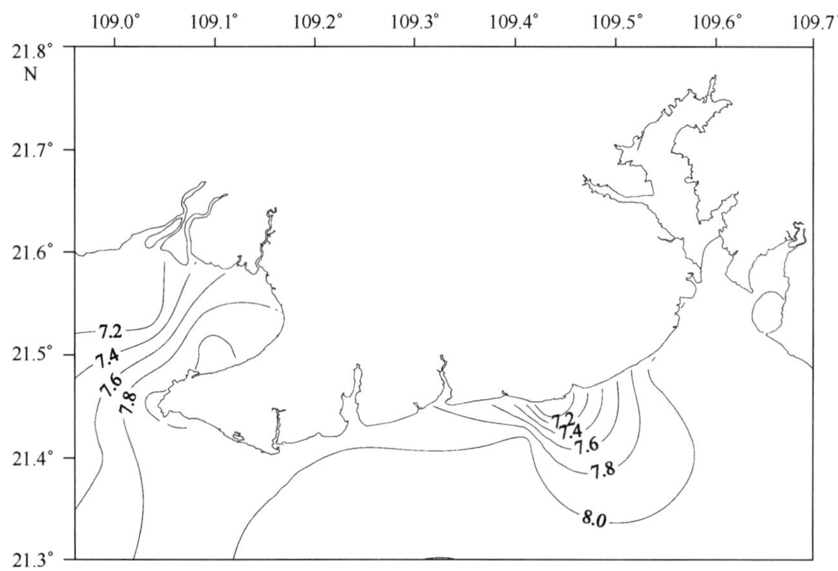

图 3－18　夏季北海海区 pH 等值线平面分布图

（3）秋季 pH 值的分布及变化

秋季，广西北部湾近岸海域 pH 变化范围为 7.43～8.24，平均值为 7.99。pH 分布趋势为由内湾向外海逐渐升高。有 8 个站位的 pH 为三类海水水质标准，其余站位的 pH 达到一类海水水质标准。由于有降雨以及淡水径流的注入，江河入海口以及靠近陆域的站位 pH 较低。

3 个海区中，防城港海区的 pH 平均值最高，为 8.09，变化范围为 7.68～8.23，除 06 号站外，其余站位的 pH 均达到一类海水水质标准。pH 最高值出现在西湾海域的 08 号站；最低值出现在西湾顶部的 06 号站，该站为淡水径流入海处，附近有生活排水口。见图 3－19。

钦州海区的 pH 平均值最低，为 7.86，变化范围为 7.43～8.16，10 个站位的 pH 达到一类海水水质标准，其余 5 个站的 pH 为三类海水水质标准。pH 最高值出现在钦州湾外海域的 14 号站，最低值出现在茅尾海内的 E 号站。见图 3－20。

北海海区次之，平均值为 8.03，变化范围为 7.73～8.24，2 个站的 pH 为三类海水水质，其余各站的 pH 均达到一类海水水质标准。pH 最高值出现在白虎头海域的 K 号站；最低值出现在廉州湾海域的 22 号站。见图 3－21。

（4）冬季 pH 值的分布及变化

冬季，广西北部湾近岸海域 pH 变化范围为 7.45～8.22，平均值为 8.05。pH 分布趋势为由内湾向外海逐渐升高。大部分站位海水的 pH 达到一类海水水质标准。

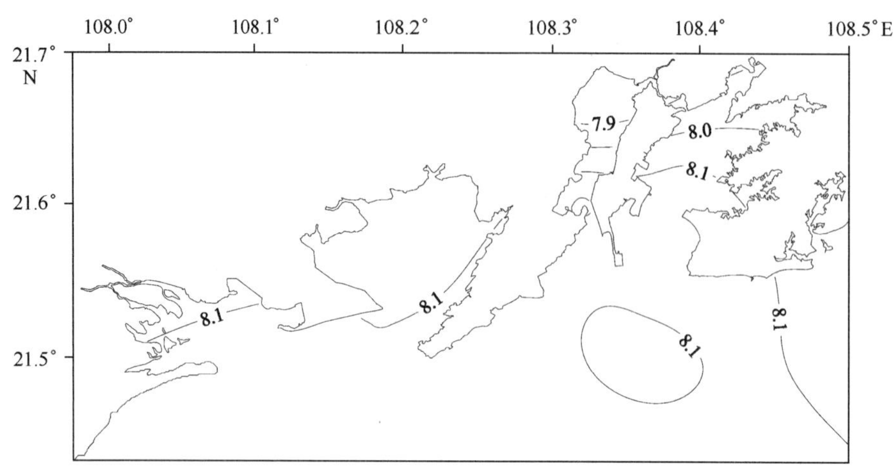

图 3-19 秋季防城港海区 pH 等值线平面分布图

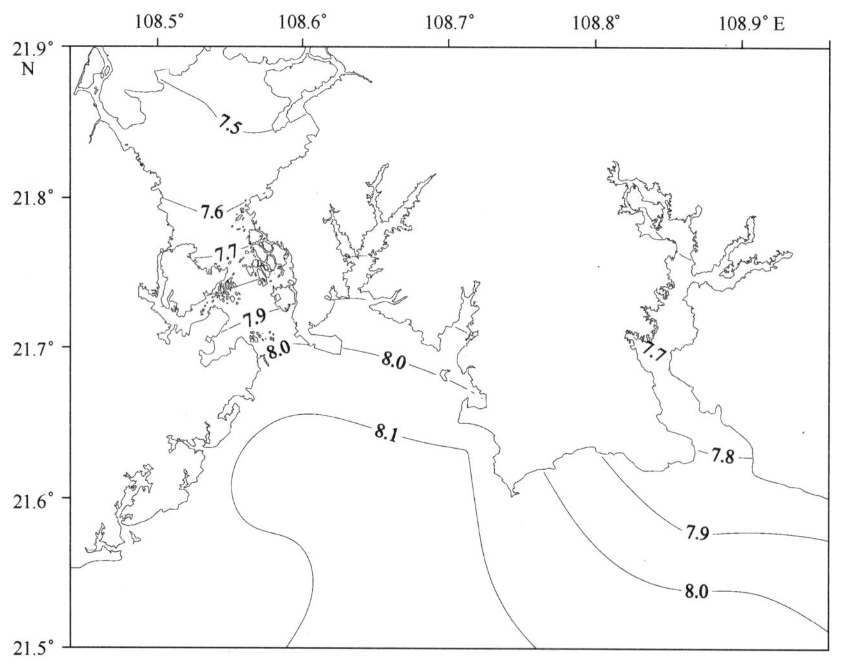

图 3-20 秋季钦州海区 pH 等值线平面分布图

防城港海区 pH 平均值为 8.05，变化范围为 7.45~8.17，除 06 号站外，其余站位的 pH 均达到一类海水水质标准。从图 3-22 可以看出，pH 最高值出现在白龙尾海域的 03 号站，最低值出现在西湾顶部的 06 号站，该站为淡水径流入海处，附近有生活排水口。见图 3-22。

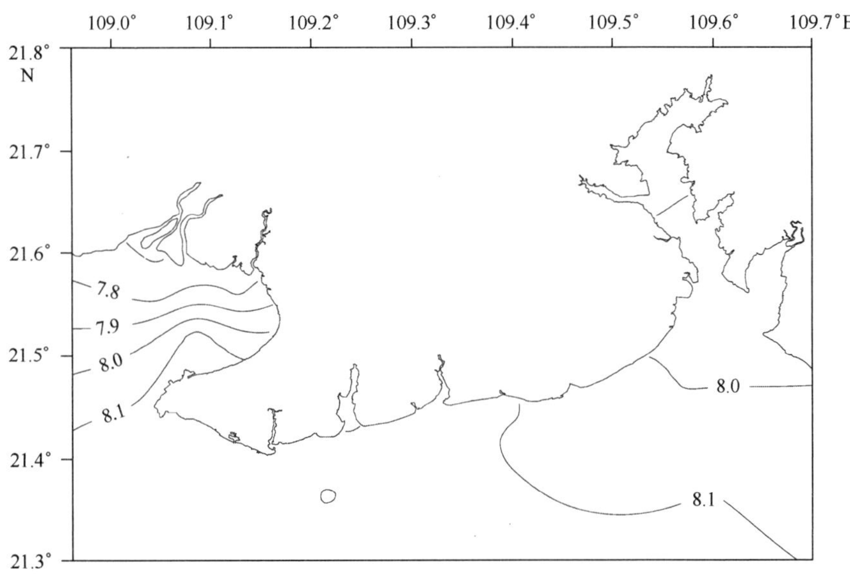

图 3－21　秋季北海海区 pH 等值线平面分布图

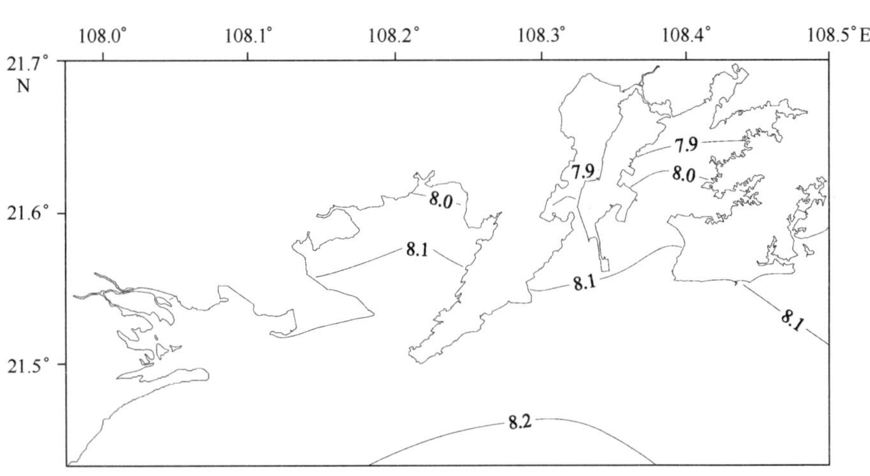

图 3－22　冬季防城港海区 pH 等值线平面分布图

钦州海区的 pH 平均值为 7.98，变化范围为 7.72～8.15。2 个站位的 pH 达到三类海水水质标准，其余各站的 pH 为一类海水水质标准。pH 最高值出现在大风江外海域的 21 号站，最低值出现在金鼓江金光大桥附近的 G 号站。见图 3－23。

3 个海区中，北海海区的 pH 平均值最高，为 8.11，变化范围为 7.94～8.22，所有站位的 pH 均达到一类海水水质标准。pH 最高值出现在白虎头海域的 29 号站；最低值出现在廉州湾海域的 22 号站。见图 3－24。

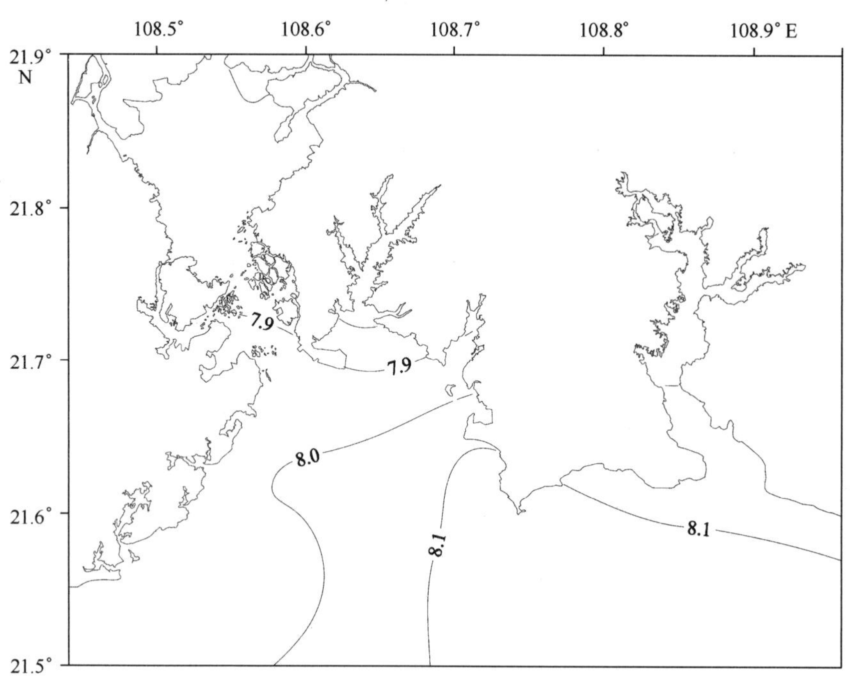

图 3－23　冬季钦州海区 pH 等值线平面分布图

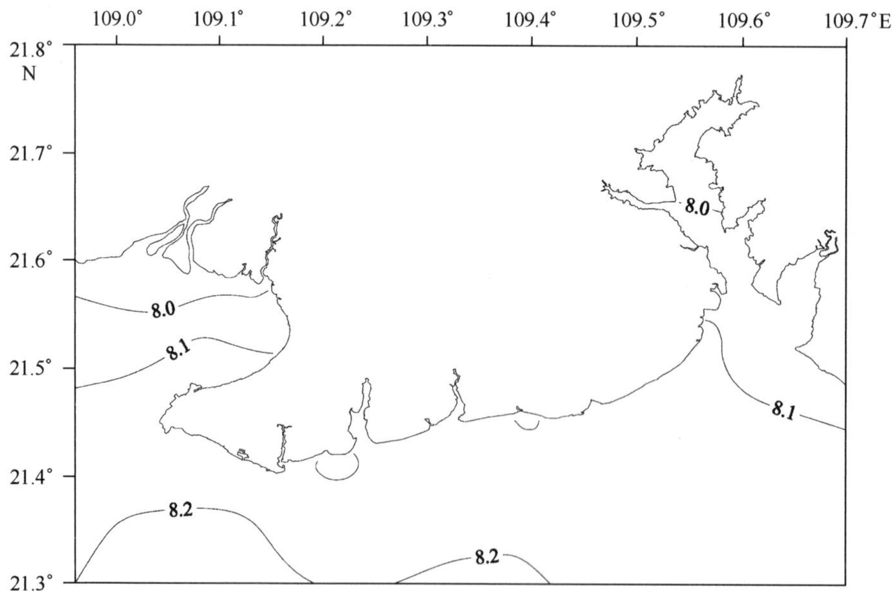

图 3－24　冬季北海海区 pH 等值线平面分布图

通过以上4个季度的调查和分析可知，潮汐、淡水径流以及降雨对广西北部湾近岸海域pH的影响较大。pH变化范围在6.61～8.32之间，年平均值为8.00；具有春冬季较高，秋季次之，夏季较低的特征。不同海区、不同季节，pH差异较大。

总体而言，广西北部湾近岸海水水质较好，春季有89%的站位达到一类海水水质标准，夏季有72%的站位达到一类海水水质标准，秋季有83%的站位达到一类海水水质标准，冬季有94%的站位达到一类海水水质标准。

从各个海区分析得出，防城港海区pH最高，其次是北海海区，钦州湾海区pH最低。

3.1.4 溶解氧（DO）

2010年，广西北部湾近岸海域各季度溶解氧含量变化范围及平均值见表3－4。

表3－4 广西北部湾海岸近岸海域DO含量的变化范围及平均值 单位：mg/L

海区	春季		夏季		秋季		冬季	
	变化范围	均值	变化范围	均值	变化范围	均值	变化范围	均值
广西北部湾	7.05～10.18	8.48	5.06～7.59	6.20	5.31～8.01	6.34	6.65～8.11	7.49
防城港	7.68～9.18	8.09	6.00～7.50	6.45	5.51～8.01	6.49	6.85～8.09	7.59
钦州	7.05～10.18	8.45	5.60～6.34	5.97	5.31～6.98	6.07	6.87～8.11	7.64
北海	7.93～9.48	8.64	5.06～7.59	6.22	5.33～7.70	6.47	6.65～7.74	7.33

（1）春季DO含量的分布及变化

春季，DO含量位居4个季度月之首，平均值为8.48 mg/L，变化范围为7.05～10.18 mg/L。大风江口附近DO值最大，整个广西北部湾调查区域内水质中溶解氧状况良好，均达到一类海水水质标准。

防城港海区DO含量平均值为8.09 mg/L，变化范围为7.68～9.18 mg/L。从图3－25看出，在防城港调查海区内，最高值出现在北仑河口附近的01号站，最低值出现在防城港西湾湾口附近的09号站。

钦州海区DO含量平均值为8.45 mg/L，变化范围为7.05～10.18 mg/L。在大风江口附近DO含量较高，最高值出现在大风江口门外的20号站，最低值出现在钦江出海口附近的F站。见图3－26。

在3个海区中，北海海区DO含量最高，平均含量为8.64 mg/L，变化范围为7.93～9.48 mg/L。位于廉州湾口的25号站调查值最高，为9.48 mg/L，最低值出现在铁山港顶部附近海域的32号站。见图3－27。

（2）夏季DO含量的分布及变化

夏季，DO含量为全年的最低值，平均值为6.20 mg/L，变化范围为5.06～7.59

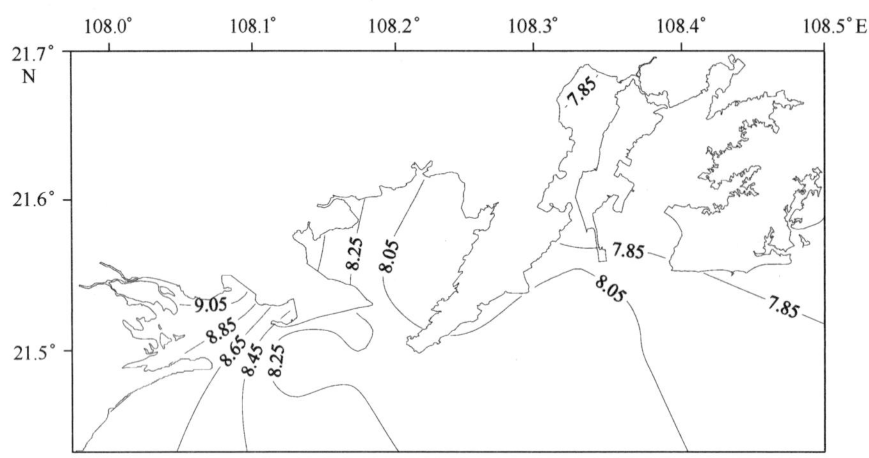

图 3-25 春季防城港海区 DO 含量等值线分布图（mg/L）

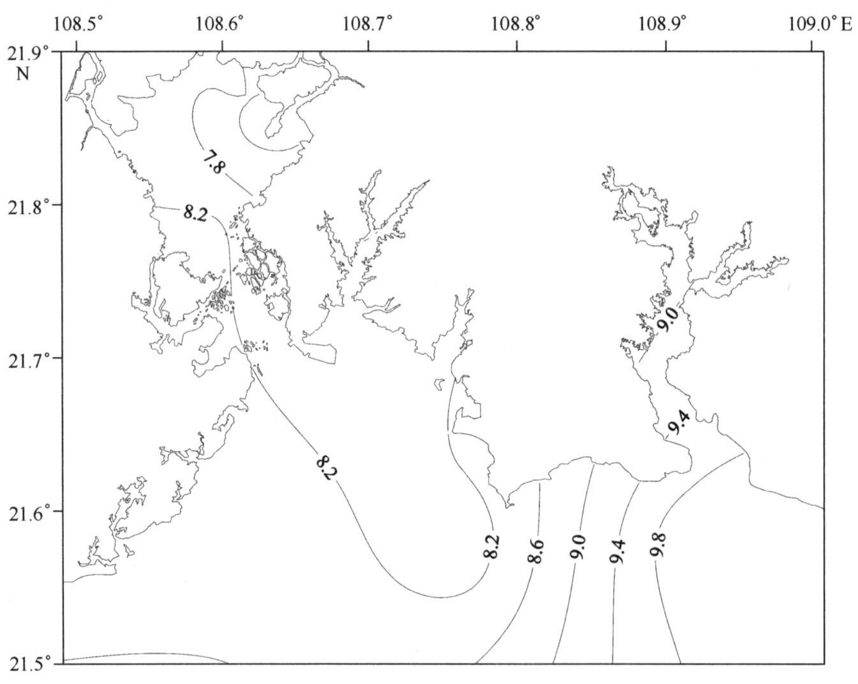

图 3-26 春季钦州海区 DO 含量等值线分布图（mg/L）

mg/L。夏季 DO 含量分布基本显现近岸较低离岸较高的趋势，防城港海区的 DO 值最高，所有站位均达到一类海水水质标准，钦州海区的 DO 值最小，有 8 个站位 DO 为二类海水水质，而北海海区中有 7 个站位为二类海水水质，其余站位均达到一类海水水质标准。

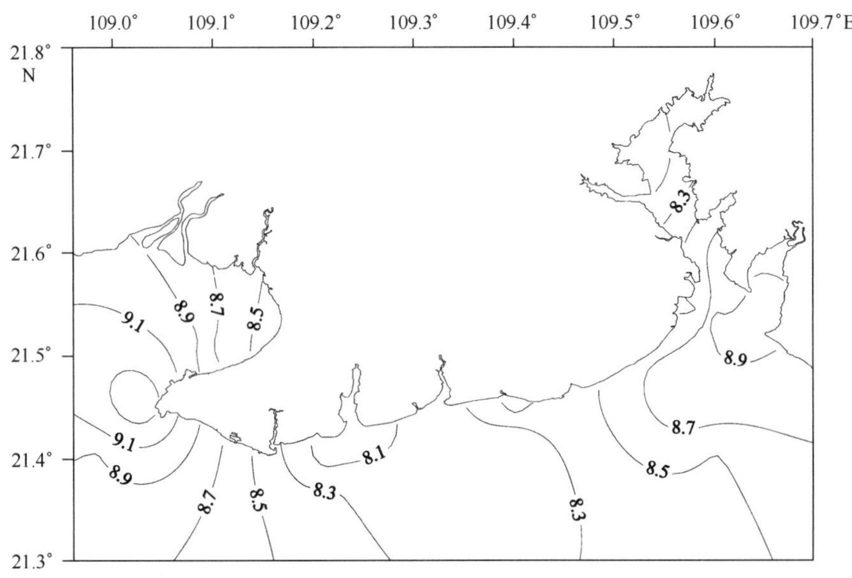

图3－27　春季北海海区DO含量等值线分布图（mg/L）

在3个海区中，防城港海区DO含量最高，平均为6.45 mg/L，变化范围为6.00～7.50 mg/L，所有站位均达到一类海水水质标准。从图3－28可以看出，在防城港调查海区内，西湾湾口附近的09号站DO值最高，最低值出现在北仑河口附近的01号站。

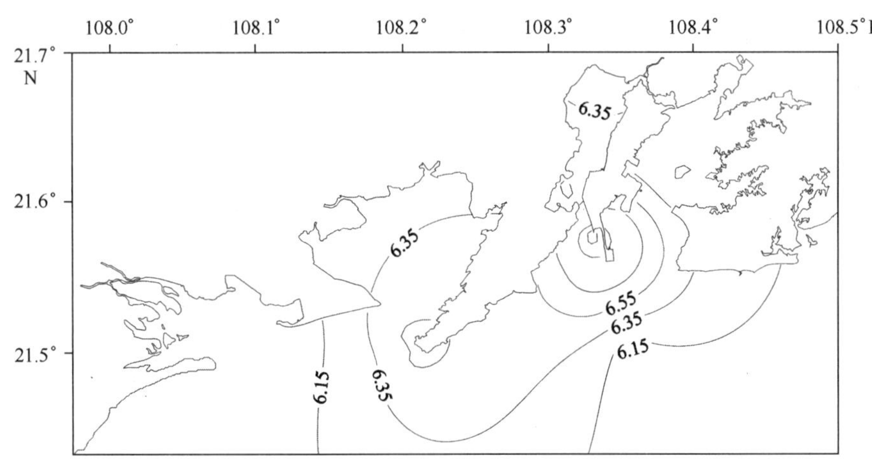

图3－28　夏季防城港海区DO含量等值线分布图（mg/L）

钦州海区DO含量平均值为5.97 mg/L，变化范围为5.60～6.34 mg/L，变化幅度最小，15个站位中的8个达二类海水水质，DO含量最高值出现在外湾的17号及21号站，最低值出现在大风江内的H站。见图3－29。

北海海区DO含量平均值为6.22 mg/L，变化范围为5.06～7.59 mg/L，大部分站

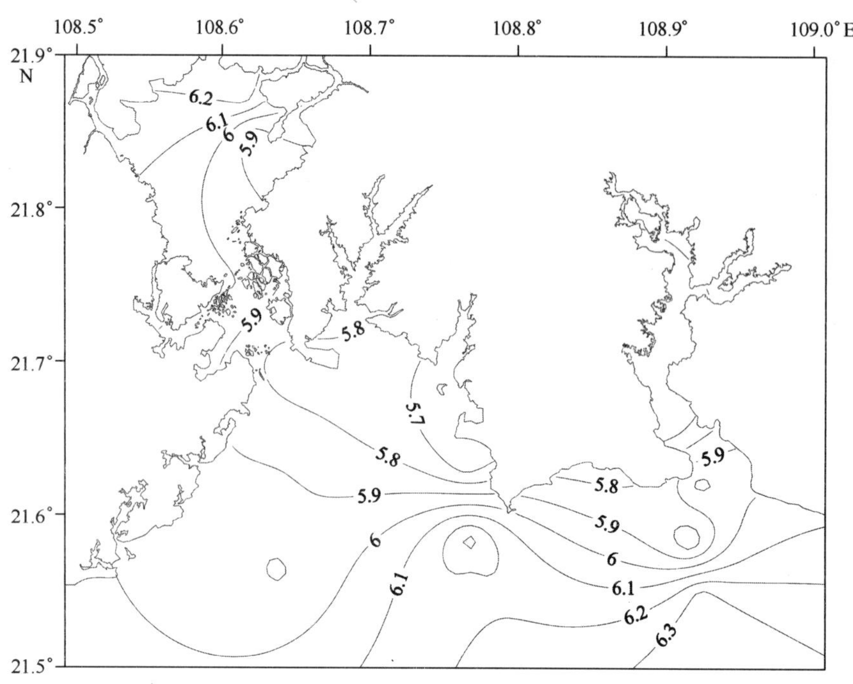

图 3－29　夏季钦州海区 DO 含量等值线分布图（mg/L）

位达到一类海水水质标准。DO 含量分布在廉州湾附近较低，最高值出现在廉州湾顶部的 23 号站，最低值出现在营盘附近的 28 号站。见图 3－30。

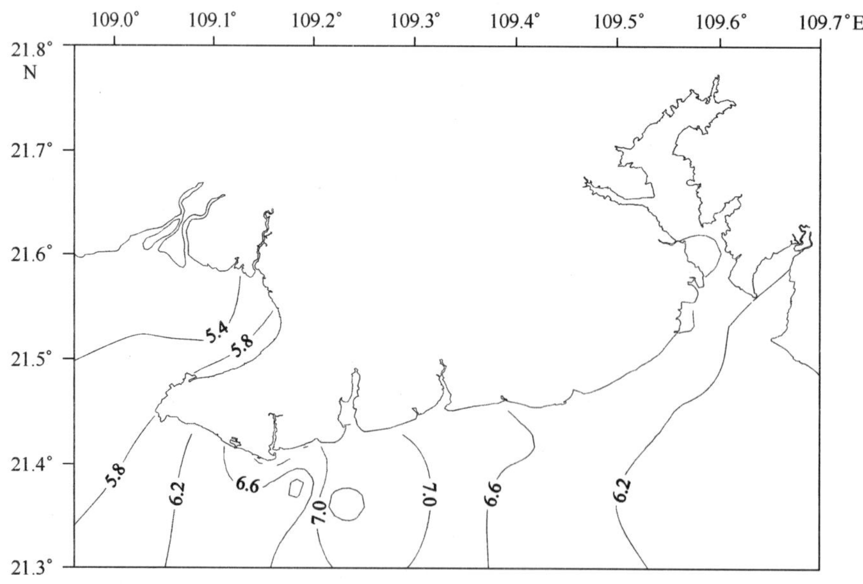

图 3－30　夏季北海海区 DO 含量等值线分布图（mg/L）

（3）秋季 DO 含量的分布及变化

秋季，DO 含量较低，平均值为 6.34 mg/L，区域性变化较大，变化范围为 5.31 ~ 8.01 mg/L。铁山港内 DO 值较低，呈现较明显的二类海水水质特征，其余区域基本呈现近岸低离岸高的趋势，且大部分站位达到一类海水水质标准。

在 3 个海区中，防城港海区 DO 含量最高，平均含量为 6.49 mg/L，变化范围为 5.51 ~ 8.01 mg/L。从图 3 - 31 防城港秋季等值线图可以看出，西湾内 DO 值较高，最高值出现在西湾内 08 号站，最低值出现在珍珠湾内的 04 号站。

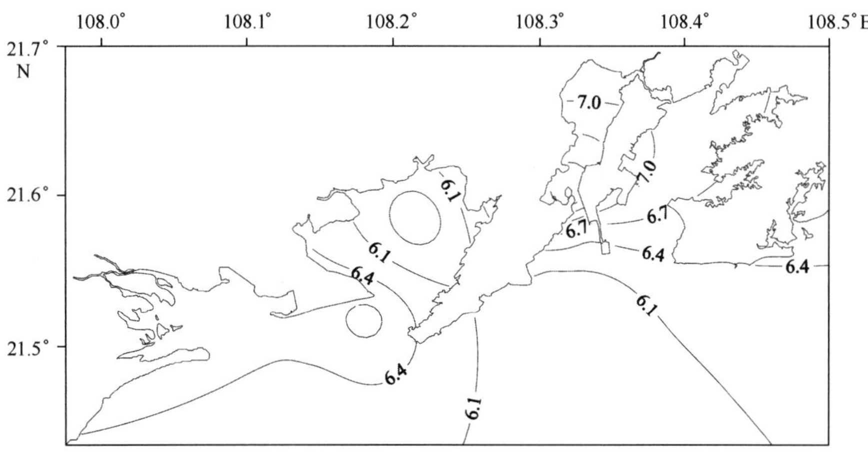

图 3 - 31　秋季防城港海区 DO 含量等值线分布图（mg/L）

钦州海区含量最低，调查平均值为 6.07 mg/L，变化范围为 5.31 ~ 6.98 mg/L。湾口附近 14 号站调查值最高，最低值出现在大风江内的 H 站。见图 3 - 32。

北海海区 DO 含量平均值较防城港海域略低，调查平均值为 6.47 mg/L，变化范围为 5.33 ~ 7.70 mg/L。铁山港及廉州湾西北角 DO 的含量要低于其他站位，最高值为营盘附近的 K 站，最低值为铁山港口门附近的 35 号站。见图 3 - 33。

（4）冬季 DO 含量的分布及变化

冬季，广西北部湾近岸海域 DO 含量在一年中仅次于春季，平均为 7.49 mg/L，变化范围为 6.65 ~ 8.11 mg/L。广西北部湾水质良好，全部达到一类海水水质标准，且整个海域分布较为均匀，区域性变化不明显。

防城港海区平均含量为 7.59 mg/L，变化范围为 6.85 ~ 8.09 mg/L，其中位于北仑河口附近的 02 号站调查值最高，最低值出现在西湾湾顶处的 06 号站。见图 3 - 34。

钦州海区平均含量为 7.64 mg/L，变化范围为 6.87 ~ 8.11 mg/L，其中最高值为位于钦州湾外湾处的 15 号站，最低值则位于金鼓江内的 G 站。见图 3 - 35。

在 3 个海区中北海海区平均含量最小，其平均含量 7.33 mg/L，变化范围为 6.65 ~ 7.74 mg/L，最高值出现在铁山港内的 32 号站，最低值出现在廉州湾西北角的 22 号站。

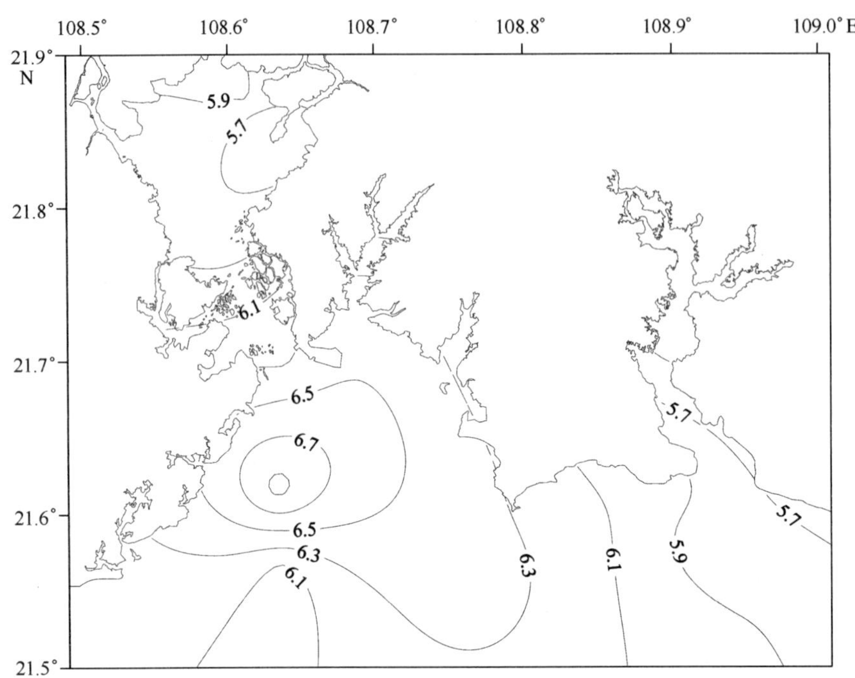

图 3－32 秋季钦州海区 DO 含量等值线分布图（mg/L）

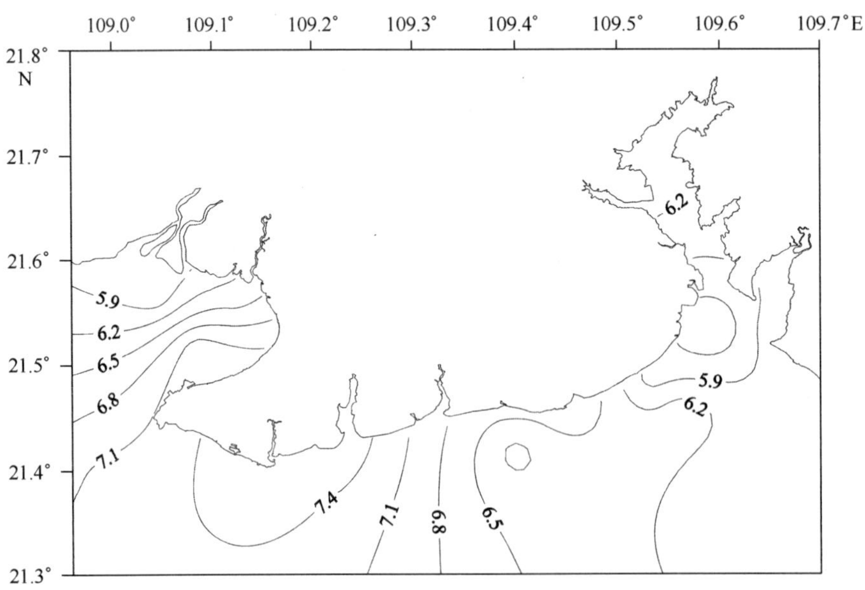

图 3－33 秋季北海海区 DO 含量等值线分布图（mg/L）

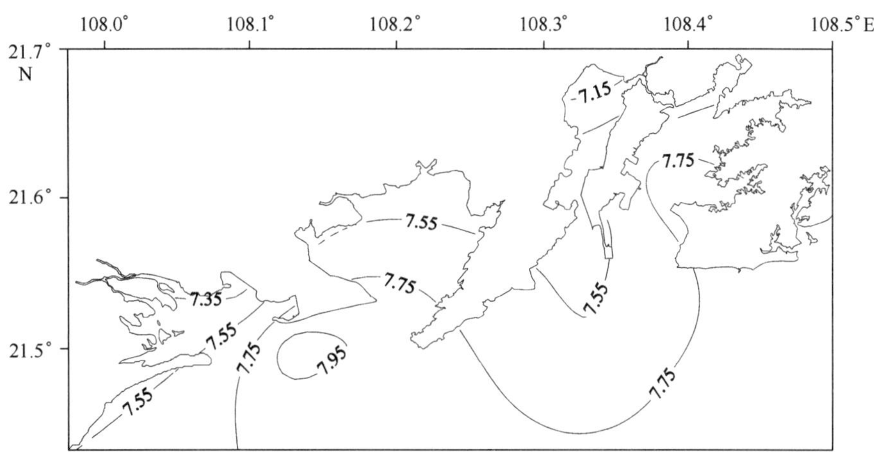

图 3－34　冬季防城港海区 DO 含量等值线分布图（mg/L）

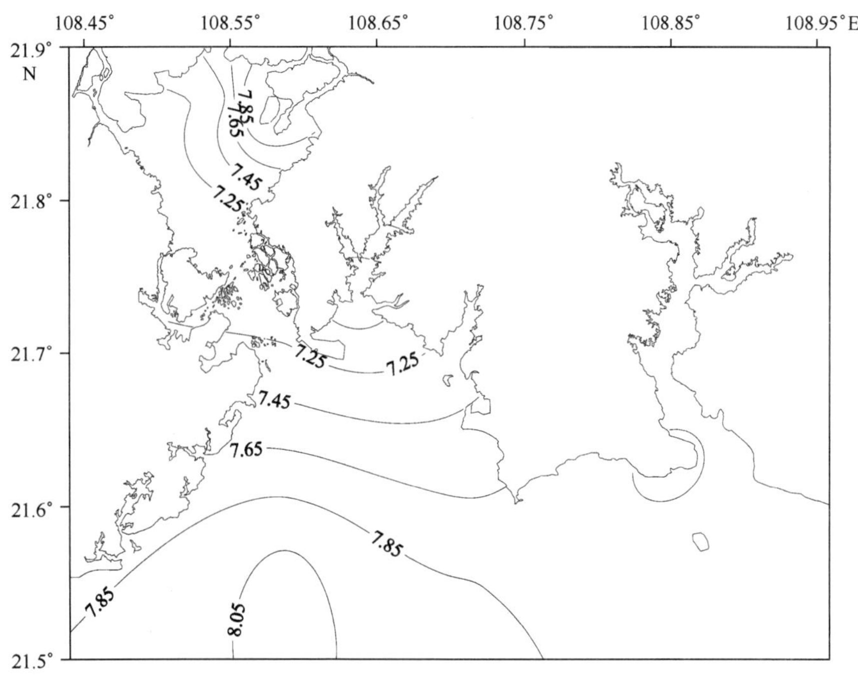

图 3－35　冬季钦州海区 DO 含量等值线分布图（mg/L）

见图 3－36。

通过以上分析可以得出，广西北部湾近岸海域 DO 含量在 5.06～10.18 mg/L 之间，年平均值为 7.12 mg/L；具有春季高，冬季次之，夏秋季较低的季节性变化特征；但在不同季节，不同海区的 DO 含量差异较大。总体来讲，广西北部湾水质良好，春冬两季

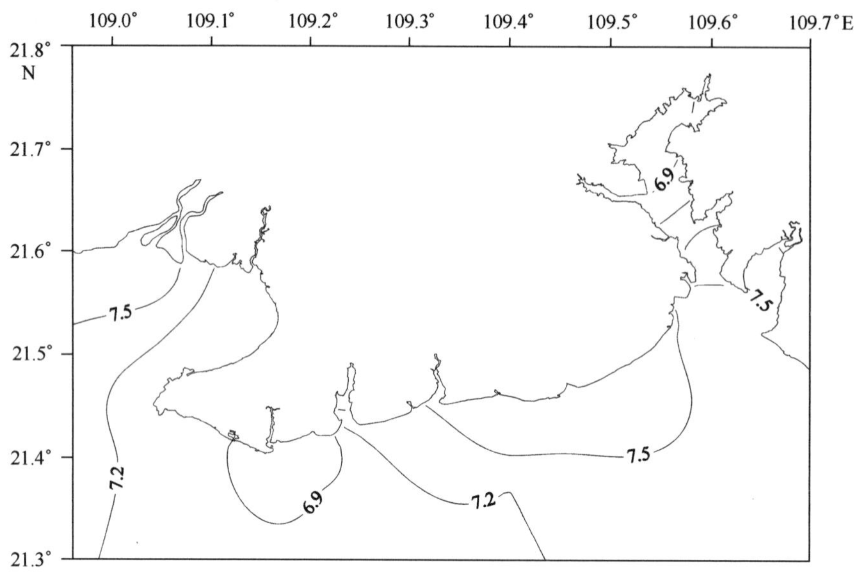

图 3-36 冬季北海海区 DO 含量等值线分布图（mg/L）

所有站位海水均达到一类标准，夏季和秋季达一类海水水质标准的站位均为 67%。从各个海区调查结果可见，钦州湾海域 DO 含量较低，其次是防城港，北海海水水质最好，这可能与近年来临海工业及港口开发程度有关。

3.1.5 悬浮物

2010 年，广西北部湾近岸海域各季度悬浮物浓度变化范围及平均值见表 3-5。

表 3-5 广西北部湾海岸近岸海域悬浮物浓度的变化范围及平均值 单位：mg/L

海区	春季		夏季		秋季		冬季	
	变化范围	平均值	变化范围	平均值	变化范围	平均值	变化范围	平均值
广西北部湾	0.10~69.80	6.16	0.30~84.50	11.87	0.10~76.30	10.20	0.60~147.20	9.84
防城港	0.50~8.80	2.47	1.70~53.90	12.57	0.10~9.70	2.73	0.60~35.00	6.58
钦州	0.30~25.80	5.72	1.80~34.30	12.02	0.70~49.30	14.68	2.10~17.10	5.59
北海	0.10~69.80	8.71	0.30~84.50	11.30	0.10~76.30	11.32	1.70~147.20	14.98

（1）春季悬浮物浓度的分布及变化

由表 3-5 可见，春季，广西北部湾近岸海域悬浮物浓度在各季节中最低，平均值为 6.16 mg/L。悬浮物浓度变化较大，变化范围为 0.10~69.80 mg/L。

防城港海区悬浮物浓度最低，平均值为 2.47 mg/L，变化范围为 0.50~8.80 mg/L。悬浮物浓度呈近岸高，远岸低的特点。其中，防城港港口区附近的 07 号站调查值最高，为8.80 mg/L，最低值出现在珍珠港附近的5号站。见图3-37。

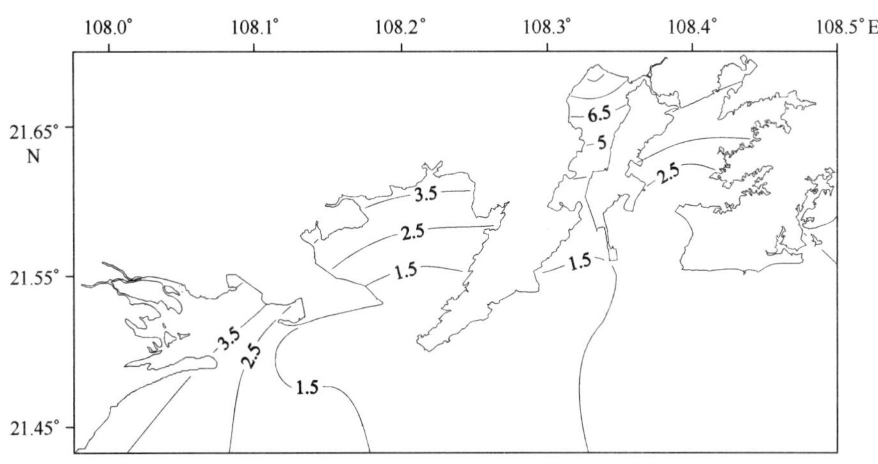

图3-37　春季防城港海区悬浮物浓度等值线分布图（mg/L）

钦州海区悬浮物平均浓度为5.72 mg/L，变化范围为0.30～25.80 mg/L。悬浮物浓度近岸较高，远岸较低。位于茅尾海内湾沿岸附近的F号站调查值最高，最低值出现在大风江出海口附近的21号站。见图3-38。

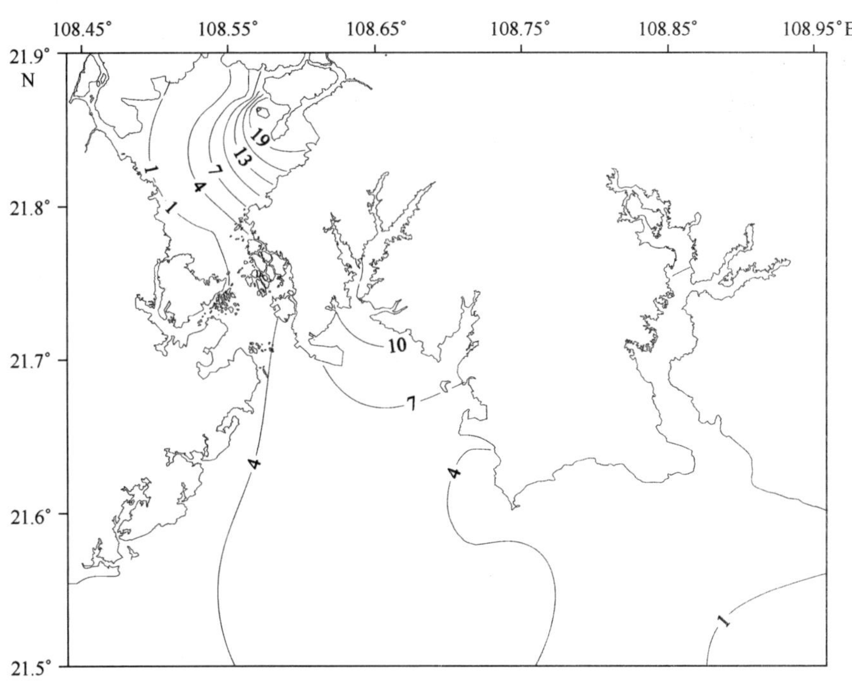

图3-38　春季钦州海区悬浮物浓度等值线分布图（mg/L）

在3个海区中，北海悬浮物浓度最高，平均值为8.71 mg/L，变化范围较大，为0.10～69.80 mg/L。悬浮物最高值出现在铁山港沿岸附近的32号站，最低值分别出现在冠头岭国家森林公园附近的26号站和沙田镇附近的36号站。见图3－39。

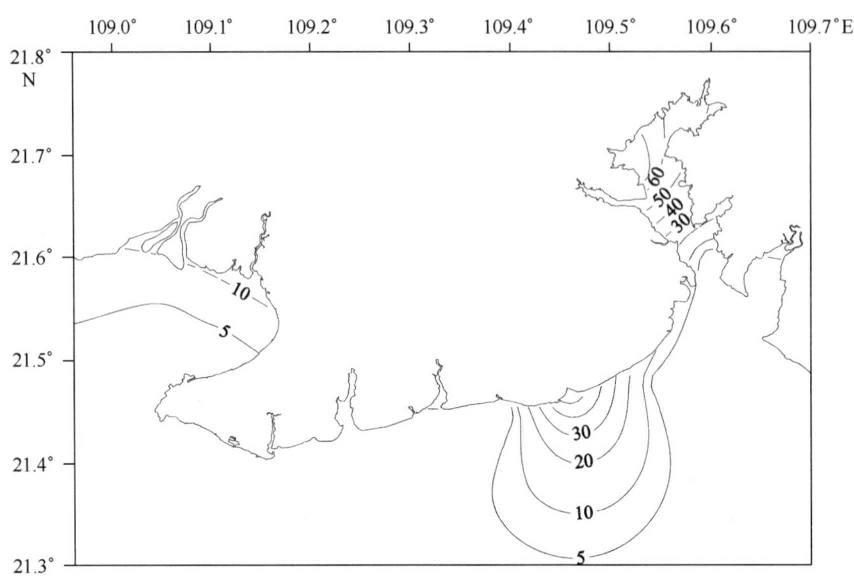

图3－39　春季北海海区悬浮物浓度等值线分布图（mg/L）

（2）夏季悬浮物浓度的分布及变化

由表3－5可见，夏季，广西北部湾近岸海域悬浮物浓度最高，平均浓度为11.87 mg/L，变化范围为0.30～84.50 mg/L。

在3个海区中，防城港海区悬浮物浓度最高，调查平均值为12.57 mg/L，变化范围为1.70～53.90 mg/L。悬浮物浓度呈近岸高，远岸低的特点。其中，防城港港区沿岸附近的06号站调查值最高，最低值出现在12号站。见图3－40。

钦州海区悬浮物浓度最低，平均含量为12.02 mg/L，变化范围为1.80～34.30 mg/L。悬浮物浓度近岸较高，远岸较低。位于中三墩附近的19号站调查值最高，最低值出现在大风江内湾沿岸附近的H号站。见图3－41。

北海海区悬浮物浓度平均值为11.30 mg/L，变化范围为0.30～84.50 mg/L，由于部分站位悬浮物浓度较大，导致平均浓度偏大。最高值出现在北海港沿岸附近的22号站，最低值出现在34号站。见图3－42。

（3）秋季悬浮物浓度的分布及变化

由表3－5可见，秋季，广西北部湾近岸海域悬浮物浓度较低，平均浓度为10.20 mg/L，变化范围为0.10～76.30 mg/L。

防城港海区悬浮物浓度最低，平均值为2.73 mg/L，变化范围为0.10～9.70 mg/L。

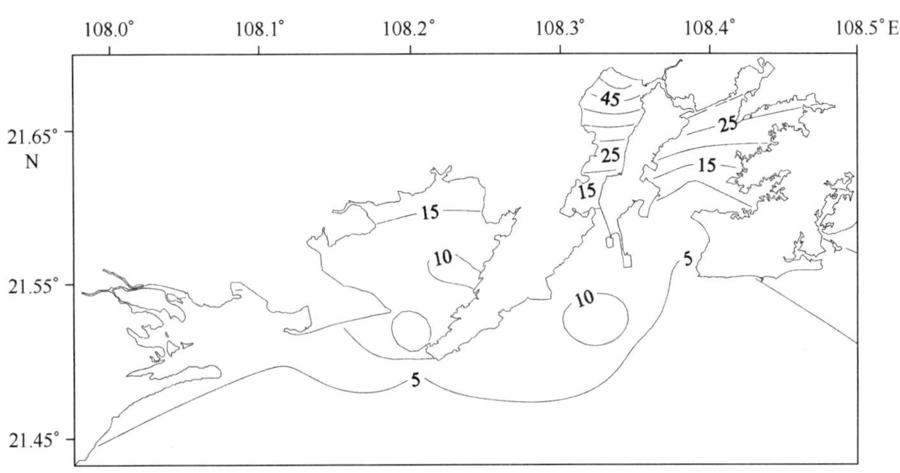

图3－40　夏季防城港海区悬浮物浓度等值线分布图（mg/L）

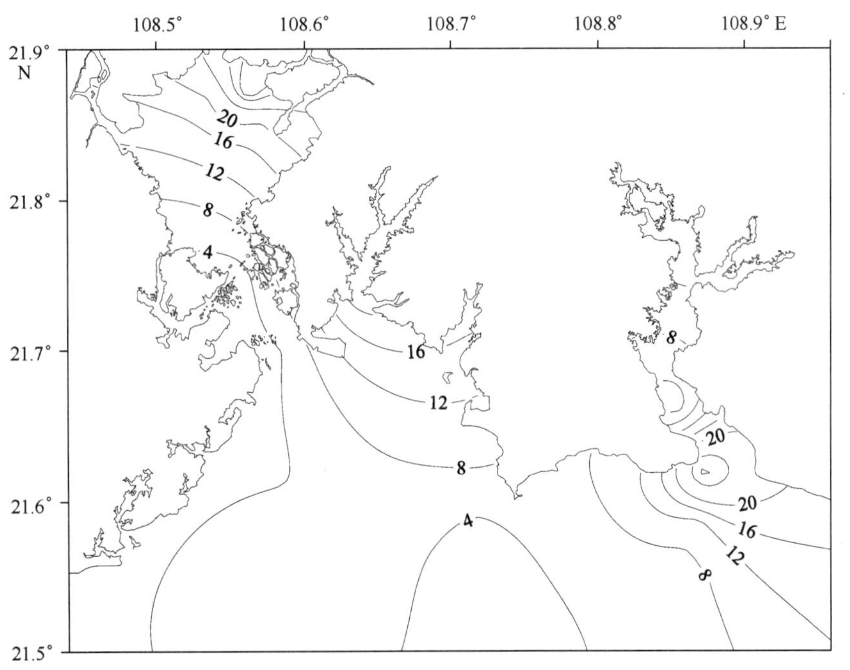

图3－41　夏季钦州海区悬浮物浓度等值线分布图（mg/L）

悬浮物浓度呈近岸高，远岸低的特点，其中，防城港港区沿岸附近的06号站调查值最高，最低值出现在京岛风景区附近的02号站。见图3－43。

在3个海区中，钦州海区悬浮物浓度最高，平均含量为14.68 mg/L，变化范围为0.70～49.30 mg/L。悬浮物浓度近岸较高，远岸较低。位于中三墩附近的19号站调查

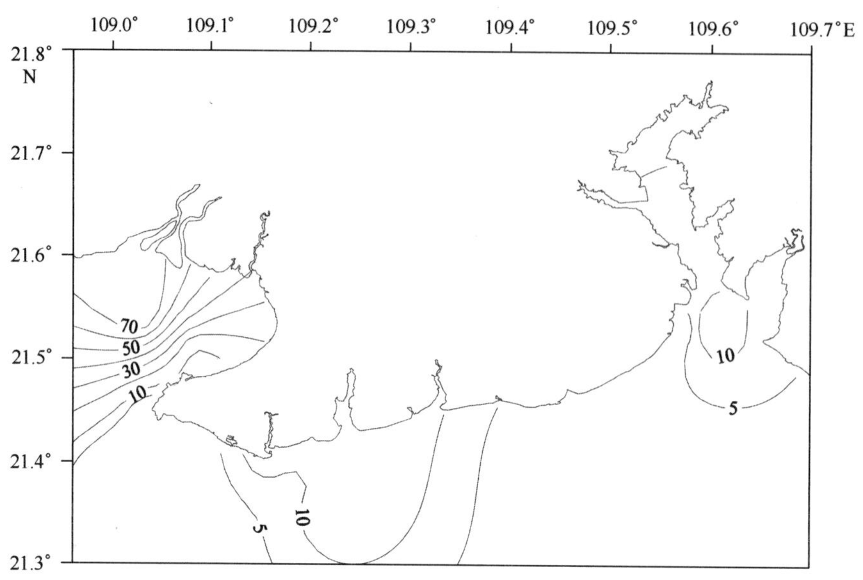

图 3-42　夏季北海海区悬浮物浓度等值线分布图（mg/L）

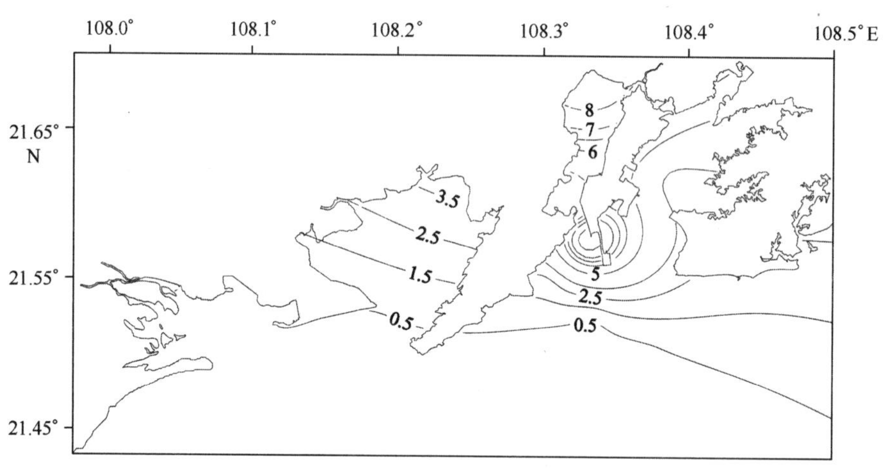

图 3-43　秋季防城港海区悬浮物浓度等值线分布图（mg/L）

值最高，最低值出现在大风江出海口附近的 21 号站。见图 3-44。

北海海区悬浮物浓度次之，调查平均值为 11.32 mg/L，变化范围为 0.10 ~ 76.30 mg/L，由于部分站位悬浮物浓度较大，导致平均浓度偏大。悬浮物最高值出现在北海港 22 号站，最低值分别出现在 32 号站和 37 号站。见图 3-45。

（4）冬季悬浮物浓度的分布及变化

由表 3-5 可见，冬季，广西北部湾近岸海域悬浮物浓度较低，平均浓度为 9.84 mg/L。悬浮物浓度变化较大，变化范围为 0.60 ~ 147.20 mg/L。

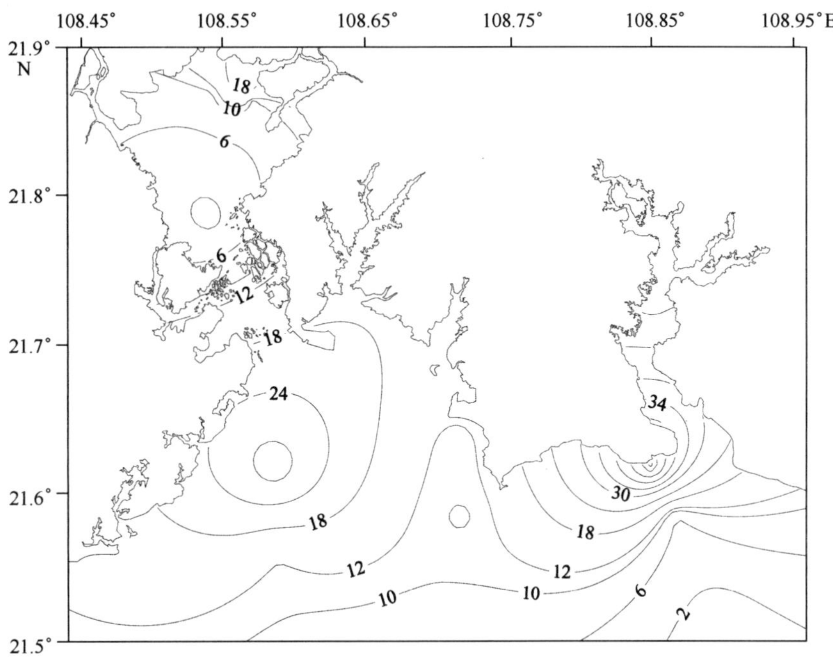

图 3－44　秋季钦州海区悬浮物浓度等值线分布图（mg/L）

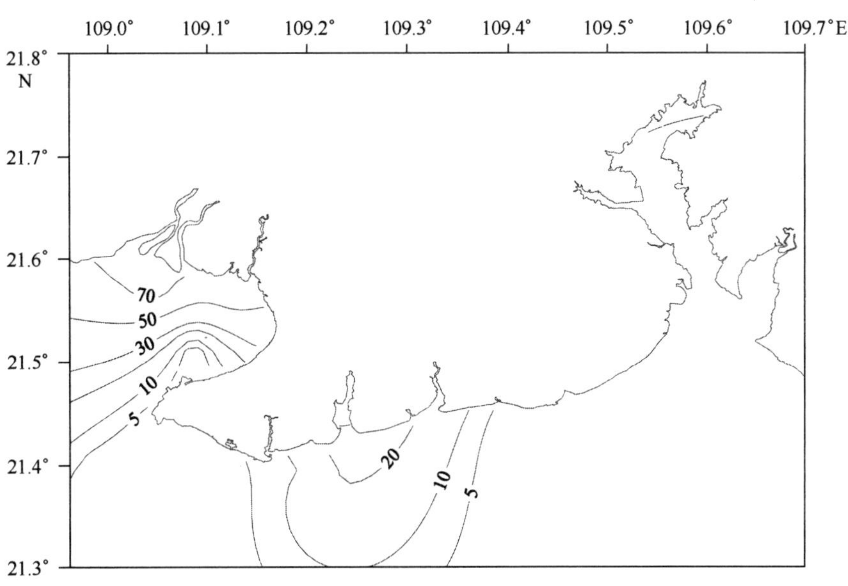

图 3－45　秋季北海海区悬浮物浓度等值线分布图（mg/L）

防城港海区悬浮物浓度平均值为6.58 mg/L，变化范围为0.60～35.00 mg/L。悬浮物值呈近岸高，远岸低的特点。其中，榕树头附近的01号站调查值最高，最低值出现在10号站。见图3－46。

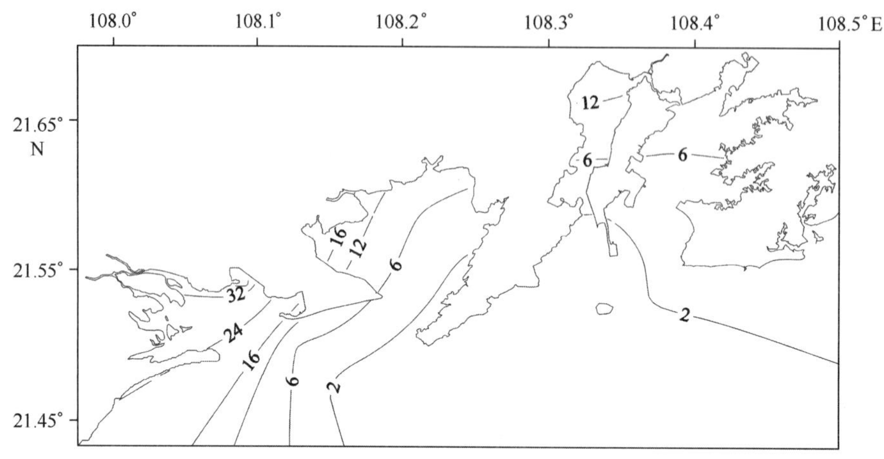

图3－46　冬季防城港海区悬浮物浓度等值线分布图（mg/L）

钦州海区悬浮物浓度平均为5.59 mg/L，变化范围为2.10～17.10 mg/L。悬浮物浓度近岸较高，远岸较低，在钦州调查海区内，位于犀牛角镇附近的16号站调查值最高，最低值出现在大风江出海口附近的21号站。见图3－47。

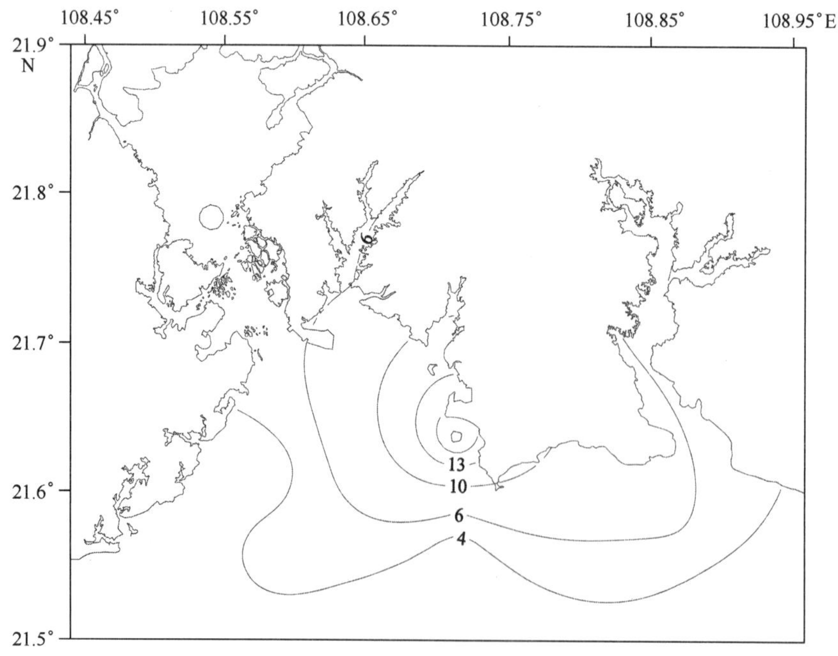

图3－47　冬季钦州海区悬浮物浓度等值线分布图（mg/L）

在3个海区中，北海海区悬浮物浓度最高，调查平均值为14.98 mg/L，变化范围很大，为1.70～147.20 mg/L，由于部分站位悬浮物浓度较大，导致平均浓度偏大。在北海调查海区内，悬浮物浓度最高值出现在铁山港沿岸附近的32号站，最低值出现在营盘镇附近的31号站。见图3－48。

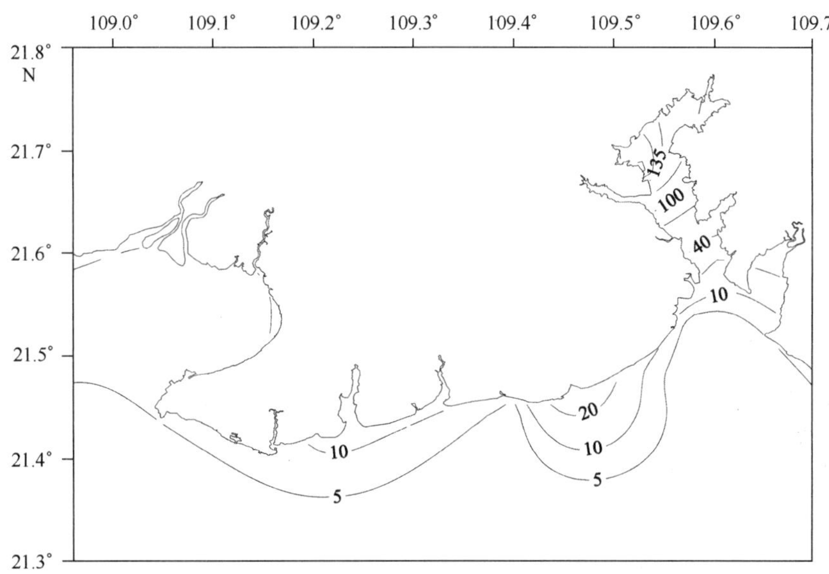

图3－48　冬季北海海区悬浮物浓度等值线分布图（mg/L）

通过以上分析可以得出，广西北部湾近岸海域悬浮物浓度在0.10～147.20 mg/L之间，年平均值为9.52 mg/L；具有夏季高，秋冬季次之，春季较低的季节性变化特征；但在不同季节，不同海区的悬浮物浓度差异较大，呈明显的近岸高远岸低的特点。

3.1.6　化学需氧量（COD）

2010年，广西北部湾近岸海域各季度COD含量变化范围及平均值见表3－6。

表3－6　广西北部湾海岸近岸海域COD含量的变化范围及平均值　　单位：mg/L

海区	春季		夏季		秋季		冬季	
	变化范围	平均值	变化范围	平均值	变化范围	平均值	变化范围	平均值
广西北部湾	0.53～2.75	0.99	0.58～2.96	1.36	0.18～2.69	0.95	0.45～3.75	1.02
防城港	0.53～1.82	0.80	1.01～2.82	1.64	0.33～1.49	0.71	0.81～3.75	1.19
钦州	0.59～1.64	0.98	0.71～2.96	1.52	0.59～1.92	1.07	0.45～1.43	0.93
北海	0.61～2.75	1.10	0.58～2.42	1.05	0.18～2.69	1.01	0.62～2.00	0.99

（1）春季 COD 含量的分布及变化

春季，COD 含量较低，平均值为 0.99 mg/L，区域性变化较大，变化范围为 0.53 ~ 2.75 mg/L。防城港 COD 值最小，北海 COD 值最大，且整个广西北部湾调查区域内水质状况良好，除北海的一个站外，其余站位达到一类海水水质标准。

在 3 个海区中，防城港海区含量最低，平均含量为 0.80 mg/L，变化范围为 0.53 ~ 1.82 mg/L。COD 值呈现由湾内向湾外降低的趋势，位于西湾顶部的 06 号站调查值最高，最低值则出现在湾口海域附近的 10 号站。见图 3 – 49。

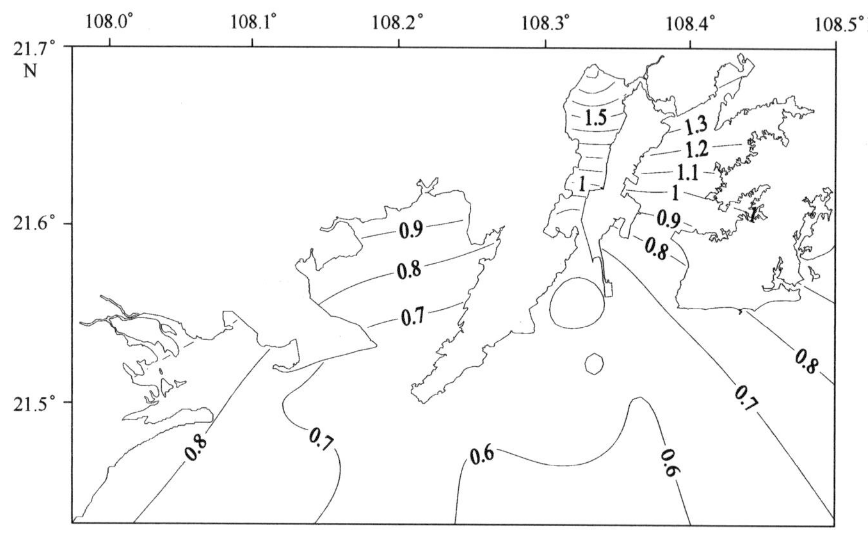

图 3 – 49　春季防城港海区 COD 含量等值线分布图（mg/L）

钦州海区 COD 含量次之，调查平均值为 0.98 mg/L，变化范围为 0.59 ~ 1.64 mg/L。茅尾海区及大风江口附近 COD 值较高，并大致呈现由湾内向外湾逐渐降低的趋势。最高值出现在钦江出口附近的 F 站，最低值出现在茅尾海出口附近海域的 13 号站。见图 3 – 50。

北海海区 COD 平均含量最高，调查平均值为 1.10 mg/L，变化范围为 0.61 ~ 2.75 mg/L，除 1 个站位外其余站位 COD 值均达一类海水水质标准。最高值出现在营盘东北角的 L 站，最低值出现在 28 号站。见图 3 – 51。

（2）夏季海水 COD 含量的分布及变化

夏季，COD 含量为 4 个季度月最高，平均值为 1.36 mg/L，变化范围为 0.58 ~ 2.96 mg/L。夏季 COD 含量基本呈现近岸高离岸低的趋势，防城港 COD 值最大，北海 COD 值最小，整个广西北部湾调查区域内水质状况良好，大部分站位达到一类海水水质标准。

在 3 个海区中，防城港海区 COD 含量最高，平均值为 1.64 mg/L，变化范围为

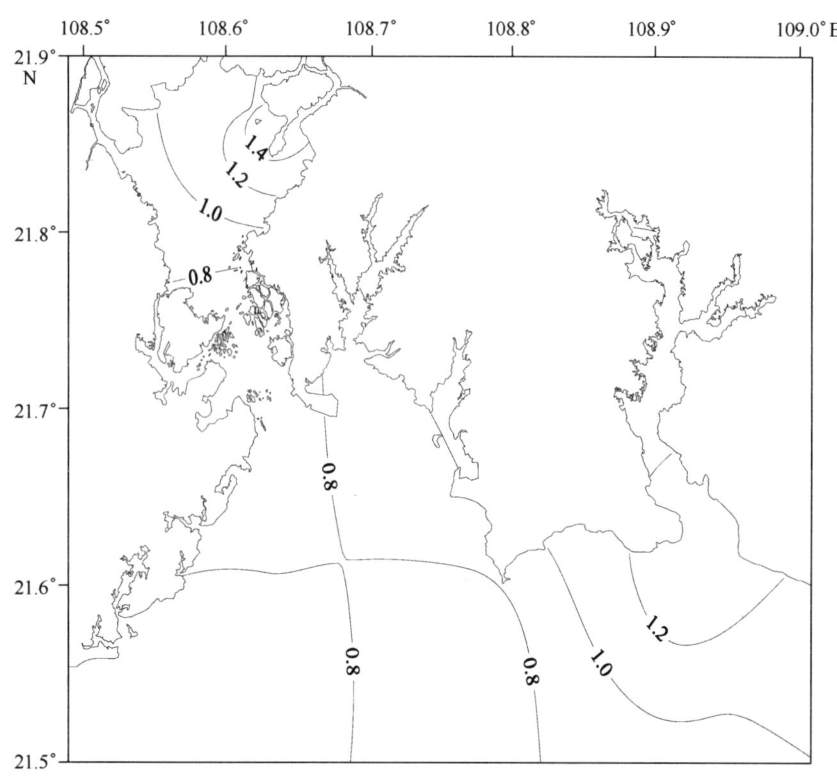

图3－50　春季钦州海区COD含量等值线分布图（mg/L）

1.01～2.82 mg/L，除1个站位外其余站位COD值达到一类海水水质标准。从图3－52可以看出，在防城港调查海区内，东西湾COD值具有明显的从湾顶到湾底降低的趋势，西湾顶部的COD值最高，最低值出现在外湾附近海域的10号站。

钦州海区COD含量次之，调查平均值为1.52 mg/L，变化范围为0.71～2.96 mg/L，除4个站位外其余站位COD值达到国家一类海水水质标准。在茅尾海及大风江COD含量分布规律呈现出湾顶向湾口逐渐降低的趋势，最高值出现在茅尾海顶部的E站，最低值出现在金鼓江口附近的G站。见图3－53。

北海海区COD平均含量最低，调查平均值为1.05 mg/L，变化范围为0.58～2.42 mg/L，且水质状况良好，除1个站外其余站位达到一类海水水质标准。COD含量呈现较明显的近岸高离岸低的特点，最高值出现在营盘附近的G站，最低值出现在外湾的39号站。见图3－54。

（3）秋季COD含量的分布及变化

秋季，COD含量在4个季度月中最低，平均值为0.95 mg/L，变化范围为0.18～2.69 mg/L。COD含量呈现明显的近岸高离岸低的特点，且整个广西北部湾调查区域内水质状况良好，绝大部分站位COD值达到一类海水水质标准。

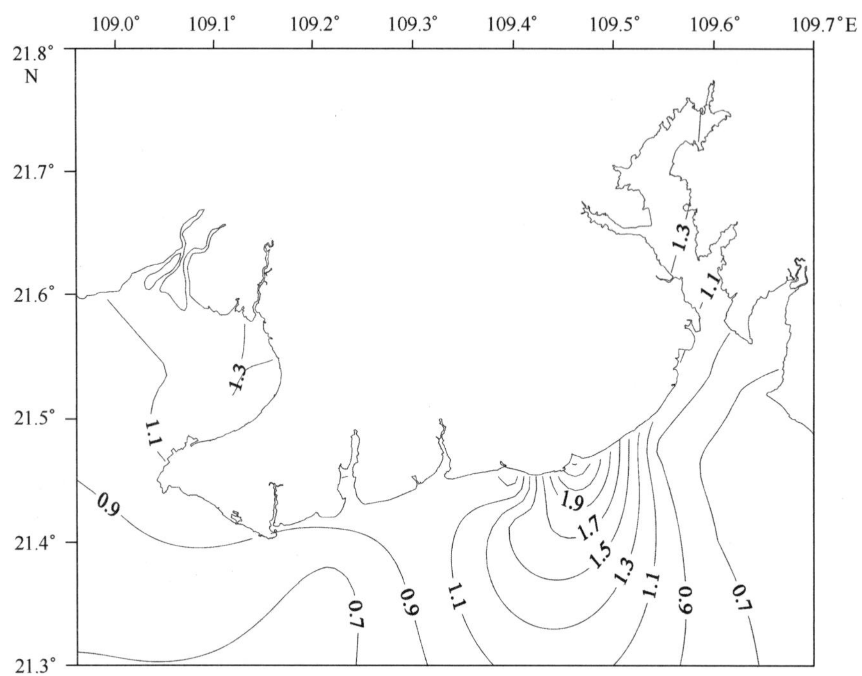

图 3－51 春季北海海区 COD 含量等值线分布图（mg/L）

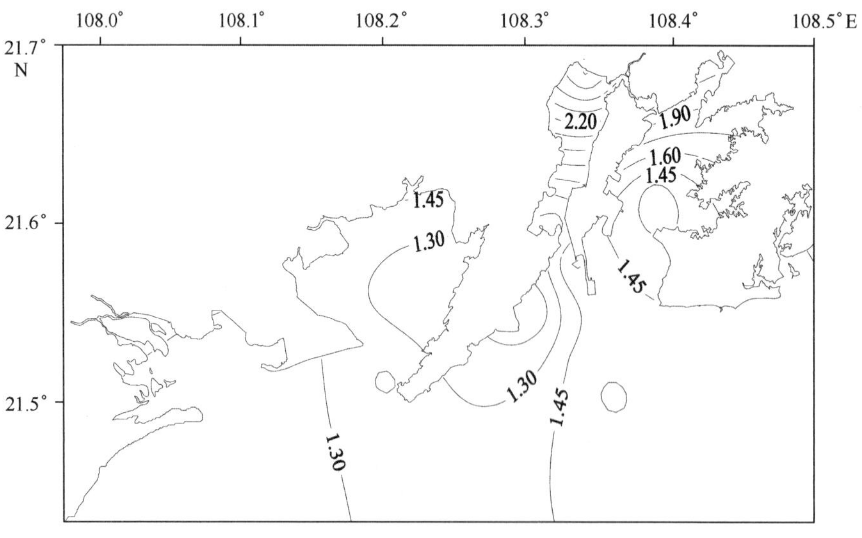

图 3－52 夏季防城港海区 COD 含量等值线分布图（mg/L）

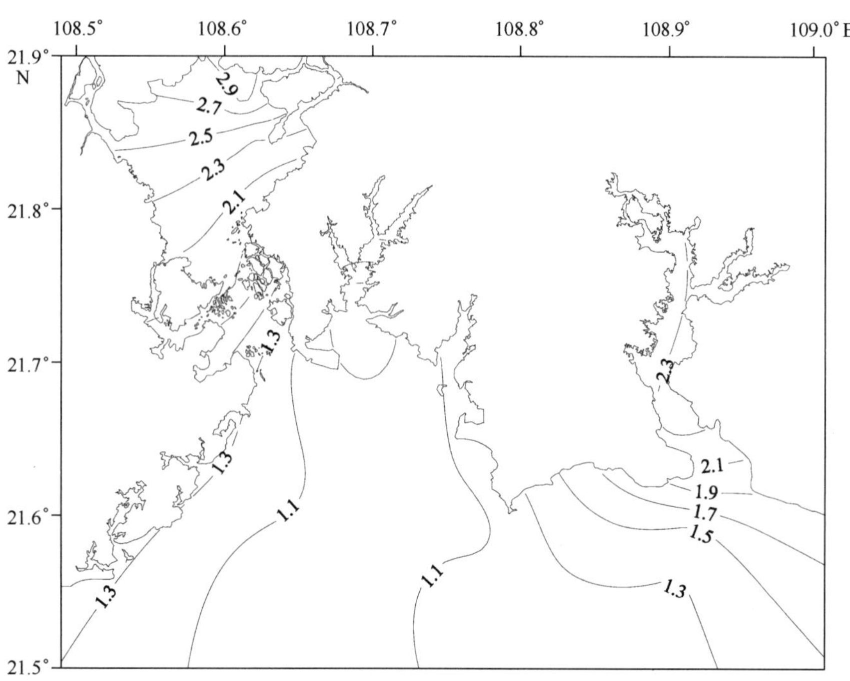

图 3-53　夏季钦州海区 COD 含量等值线分布图（mg/L）

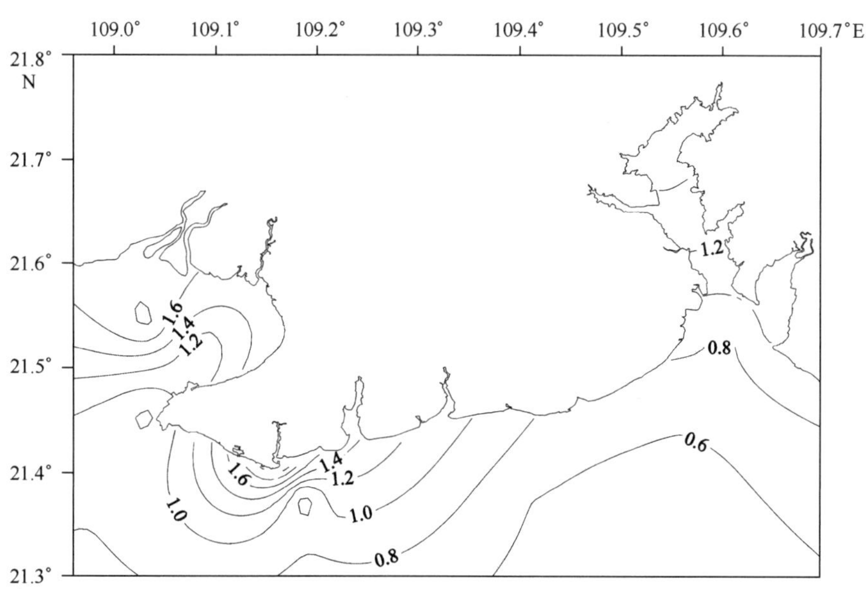

图 3-54　夏季北海海区 COD 含量等值线分布图（mg/L）

在3个海区中，防城港海区COD含量最低，平均含量为0.71 mg/L，变化范围为0.33～1.49 mg/L。COD值呈现出明显的由近岸向远岸降低的趋势，最高值出现在西湾顶部的06号站，最低值出现在远岸点12号站。见图3－55。

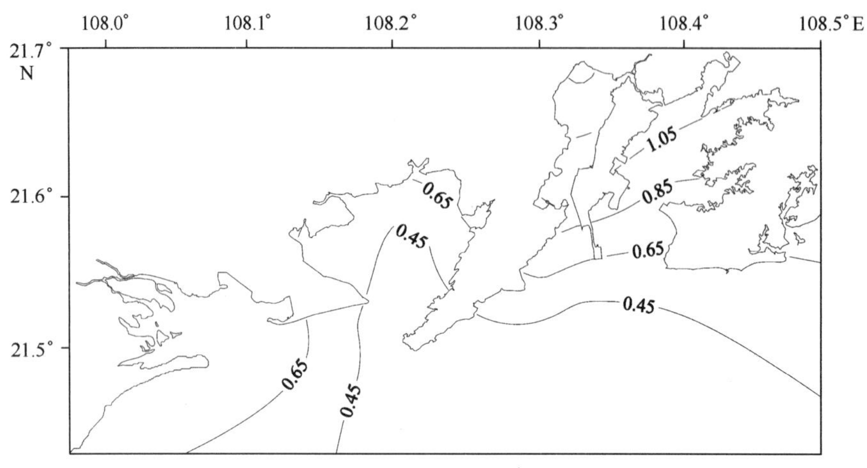

图3－55　秋季防城港海区COD含量等值线分布图（mg/L）

钦州海区含量最高，调查平均值为1.07 mg/L，变化范围为0.59～1.92 mg/L，COD值呈现出明显的由近岸向远岸逐渐降低的趋势，茅尾海湾顶处的E站调查值最高，最低值则出现在远岸点16号站。见图3－56。

北海海区COD平均值位于其余两个海区之间，调查平均值为1.01 mg/L，变化范围为0.18～2.69 mg/L。COD值呈现出明显的由近岸向远岸逐渐降低的趋势，廉州湾海区的含量要高于其他海区，最高值出现在廉州湾顶的23号站，最低值则出现在外湾的31号站。见图3－57。

（4）冬季COD含量的分布及变化

冬季，广西北部湾近岸海域COD含量较高，平均为1.02 mg/L，变化范围为0.45～3.75 mg/L，区域变化较大。COD值呈现出较明显的由近岸向远岸逐渐降低的趋势，总体来说，冬季广西北部湾COD水质良好，除2个测站外，其余测站均达到一类海水水质标准，高值区出现在防城港西湾海域。

防城港海区COD平均含量最高，为1.19 mg/L，变化范围为0.81～3.75 mg/L，东西湾的COD值均呈现出明显的湾顶高湾口低的趋势，其中位于西湾顶部的08号站调查值最高，最低值则出现在珍珠湾口附近海域05号站。见图3－58。

钦州海区COD平均含量最低，为0.93 mg/L，变化范围为0.45～1.43 mg/L，在茅尾海顶部及三娘湾附近海域均有高值区，其中最高值位于为17号站，最低值则位于外湾的21号站。见图3－59。

北海海区COD平均含量为0.99 mg/L，变化范围为0.62～2.00 mg/L，其COD值

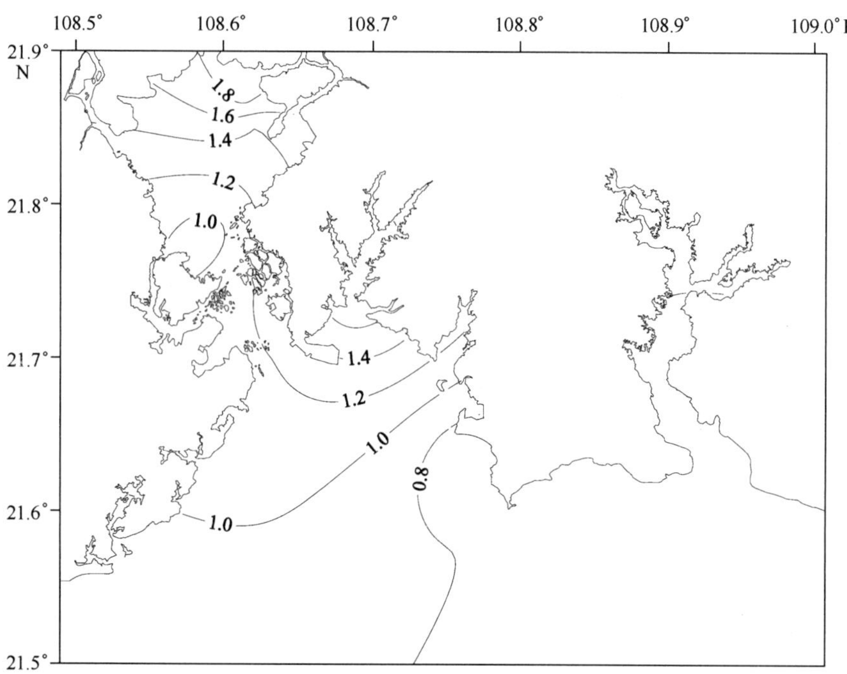

图3-56　秋季钦州海区COD含量等值线分布图（mg/L）

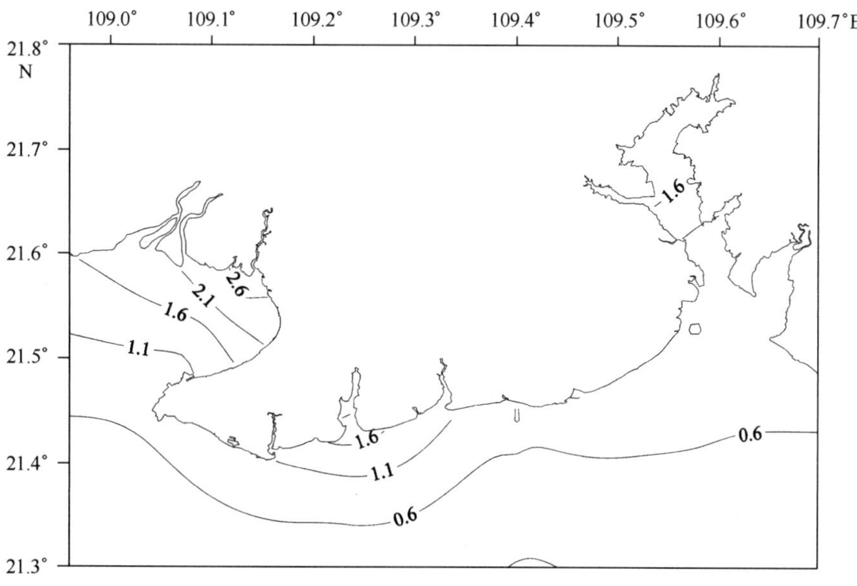

图3-57　秋季北海海区COD含量等值线分布图（mg/L）

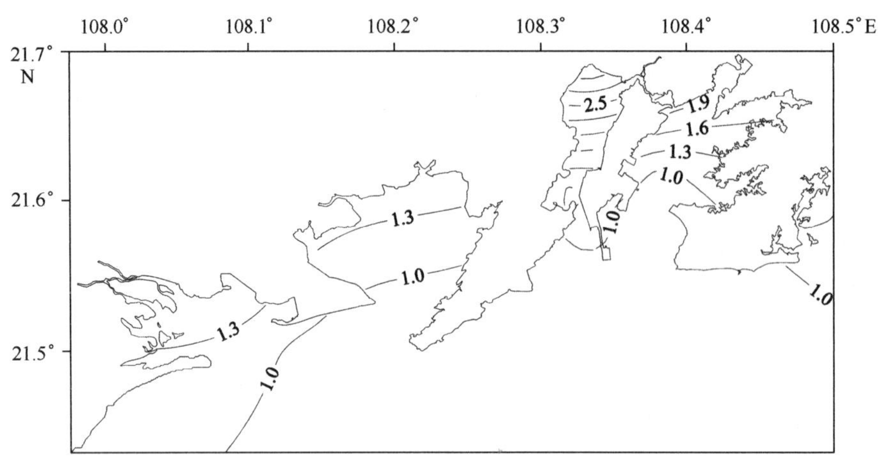

图3-58　冬季防城港海区COD含量等值线分布图（mg/L）

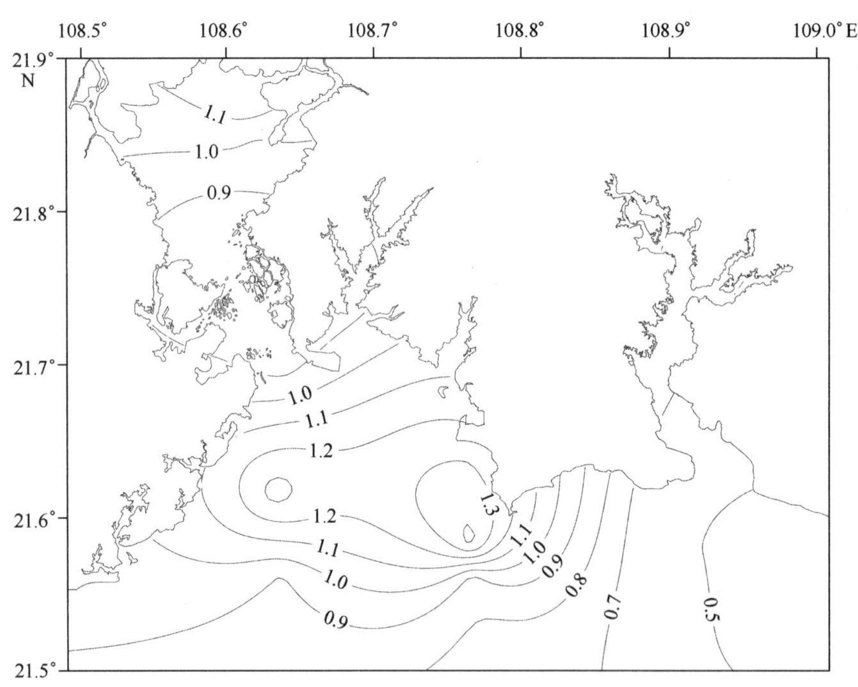

图3-59　冬季钦州海区COD含量等值线分布图（mg/L）

呈现出较明显的由近岸向远岸逐渐降低的趋势，最高值出现在铁山港内的32号站，最低值则出现在远岸点28号站。见图3-60。

通过以上分析可以得出，广西北部湾近岸海域COD含量在0.18～3.75 mg/L之间，年平均值为1.07 mg/L；具有夏季高，冬春季次之，秋季较低的季节性变化特征；但在

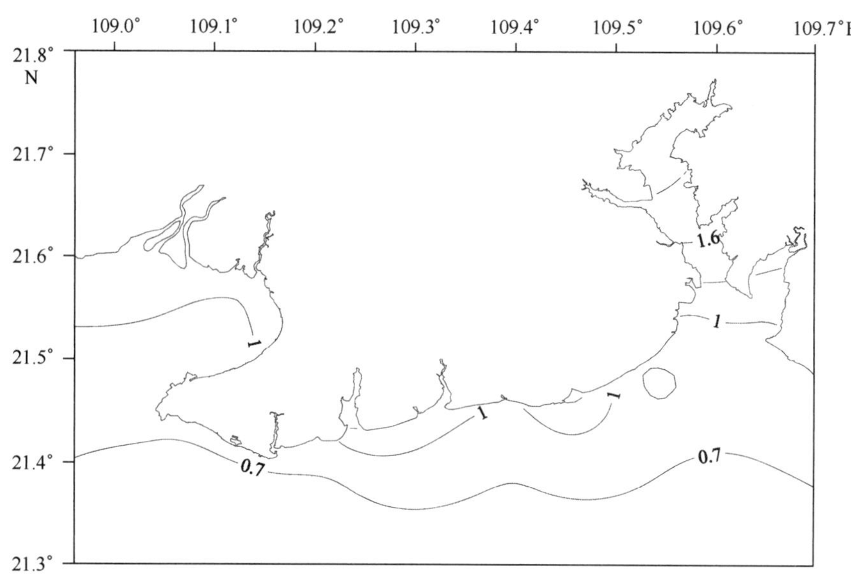

图3－60　冬季北海海区COD含量等值线分布图（mg/L）

不同季节，不同海区的COD含量差异较大。总体来讲，广西北部湾水质良好，春季有98%的测站海水COD达到一类标准，夏季有87%的测站海水COD达到一类标准。从各个海区分析得出，各海域COD均值较接近，其中钦州湾COD值略高。

3.1.7　生化需氧量（BOD）

生物需氧量（BOD）即是指在有氧条件下，好氧微生物氧化分解单位体积水中有机物所消耗的游离氧的数量。是一种用微生物代谢作用所消耗的DO量来间接表示水体被有机物污染程度的一个重要指标。2010年，广西北部湾近岸海域各季度BOD含量变化范围及平均值见表3－7。

表3－7　广西北部湾近岸海域BOD含量的变化范围及平均值　　单位：mg/L

海区	春季		夏季		秋季		冬季	
	变化范围	均值	变化范围	均值	变化范围	均值	变化范围	均值
广西北部湾	0.38～2.85	0.99	0.09～2.25	0.70	0.05～2.81	0.95	0.03～2.18	0.52
防城港	0.38～2.85	0.84	0.46～2.25	1.22	0.05～2.81	0.92	0.39～2.18	0.80
钦州	0.48～1.34	0.78	0.21～0.68	0.42	0.29～1.42	0.81	0.03～1.11	0.45
北海	0.75～1.76	1.24	0.09～1.96	0.59	0.05～2.18	1.07	0.06～1.17	0.42

(1) 春季 BOD 含量的分布及变化

由表 3－7 可见，春季，广西北部湾近岸海域 BOD 值居各季度之首，整体而言 BOD 值较低，平均值为 0.99 mg/L。BOD 变化跨度较大，变化范围为 0.38～2.85 mg/L。北海受污染程度最大，钦州受污染程度最小，且整个广西北部湾调查区域内水质状况良好，大部分达到一类海水水质标准。

防城港海区 BOD 平均含量为 0.84 mg/L，变化范围为 0.38～2.85 mg/L，大部分水质达到一类海水水质标准。调查海区内，近岸海域 BOD 含量高，往外逐渐减小。其中，位于防城港港区 06 号站调查值最高，为 2.85 mg/L，最低值出现在 12 号站，为 0.38 mg/L。见图 3－61。

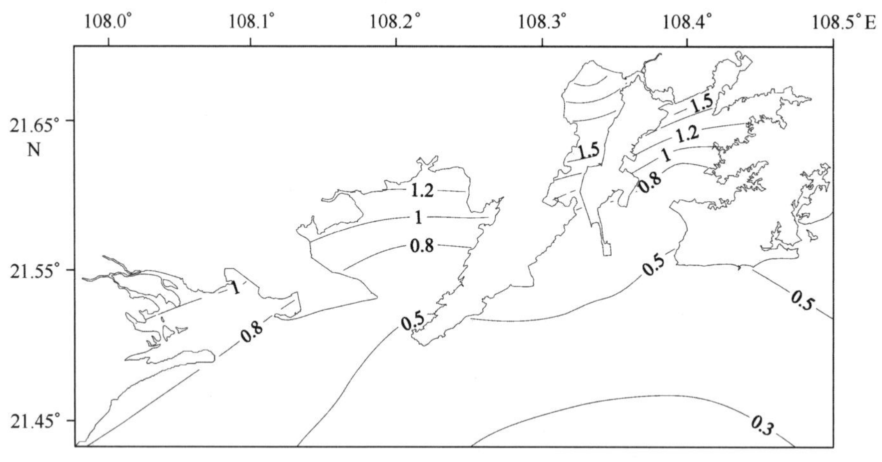

图 3－61　春季防城港海区 BOD 含量等值线分布图（mg/L）

钦州海区 BOD 值最低，调查平均值为 0.78 mg/L，变化范围为 0.48～1.34 mg/L，大部分水质达到一类海水水质标准。BOD 最高值出现在中三墩附近的 19 号站，为 0.21 mg/L，最低值出现在辣椒槌附近的 40 号站，为 1.34 mg/L。见图 3－62。

在 3 个海区中，北海海区 BOD 值最高，调查平均值为 1.24 mg/L，变化范围为 0.75～1.76 mg/L，大部分海水达到二类海水水质标准。调查海区内，距离海岸越近，BOD 值越高，其中，北海营盘镇 L 号站调查值最高，最低值出现在西村港的 27 号站。见图 3－63。

(2) 夏季 BOD 含量的分布及变化

夏季，广西北部湾近岸海域 BOD 值较低，平均值为 0.70 mg/L。BOD 含量变化较大，变化范围为 0.09～2.25 mg/L。防城港受污染程度最大，钦州受污染程度最小，且整个广西北部湾调查区域内水质状况良好，大部分达到一类海水水质标准。

在 3 个海区中，防城港海区 BOD 值最高，调查平均值为 1.22 mg/L，变化范围为 0.46～2.25 mg/L，大部分水质达到一类海水水质标准。BOD 最高值出现在防城港港区

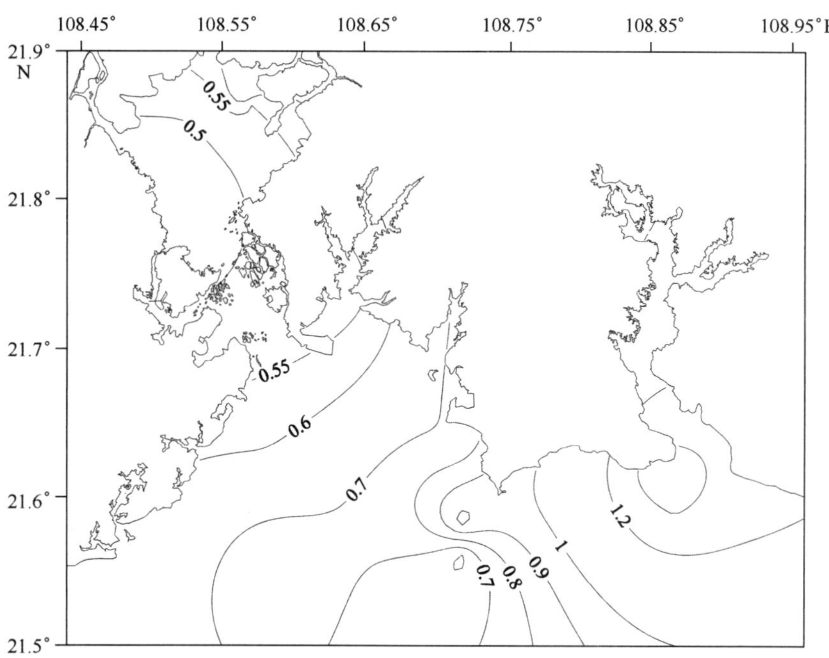

图3-62　春季钦州海区BOD含量等值线分布图（mg/L）

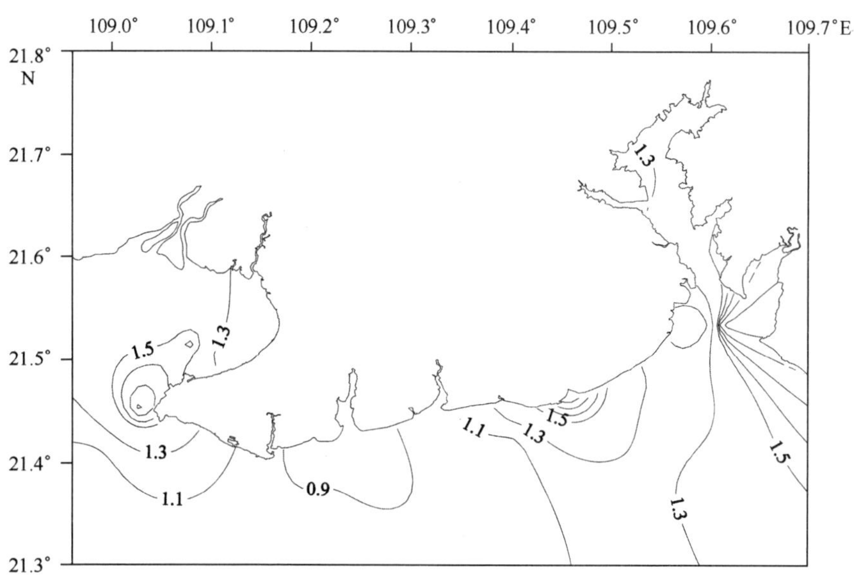

图3-63　春季北海海区BOD含量等值线分布图（mg/L）

出海口的9号站，最低值出现在12号站。见图3－64。

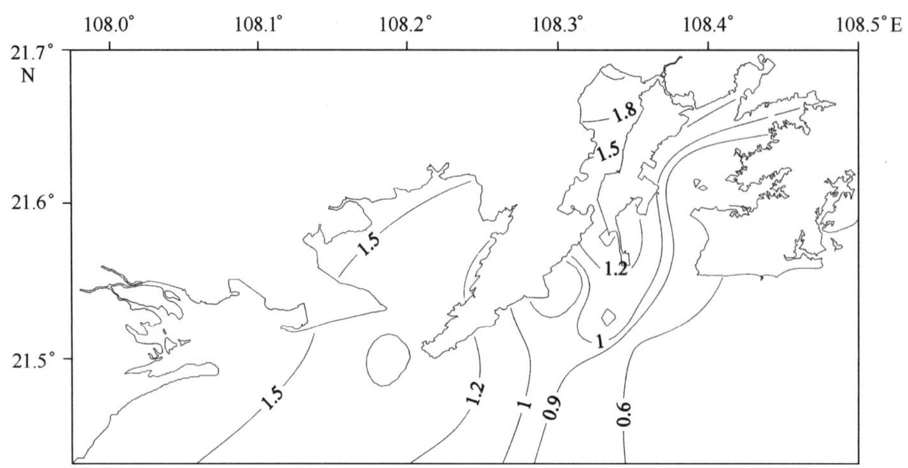

图3－64　夏季防城港海区BOD含量等值线分布图（mg/L）

北海海区BOD值次之，调查平均值为0.59 mg/L，变化范围为0.09～1.96 mg/L，大部分海域达到一类海水水质标准。BOD值在西港村附近的K号站调查值最高，最低值出现在冠头岭国家森林公园附近的25号站。见图3－65。

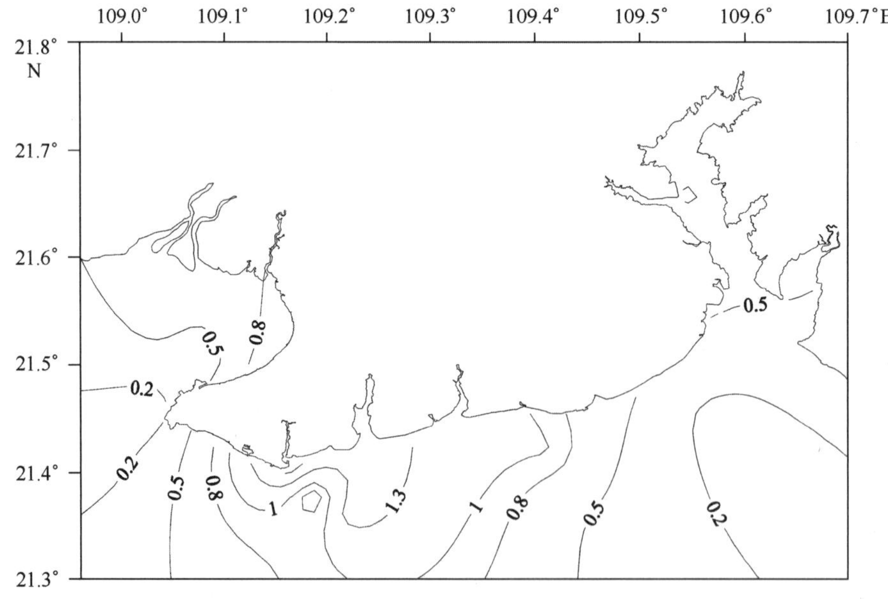

图3－65　夏季北海海区BOD含量等值线分布图（mg/L）

钦州海区BOD值最低，平均含量为0.42 mg/L，变化范围为0.21～0.68 mg/L，大部分水质达到一类海水水质标准。位于茅尾海内的九鸦坪附近的E号站调查值最高，最低值出现在茅尾海出海口的13号站。见图3-66。

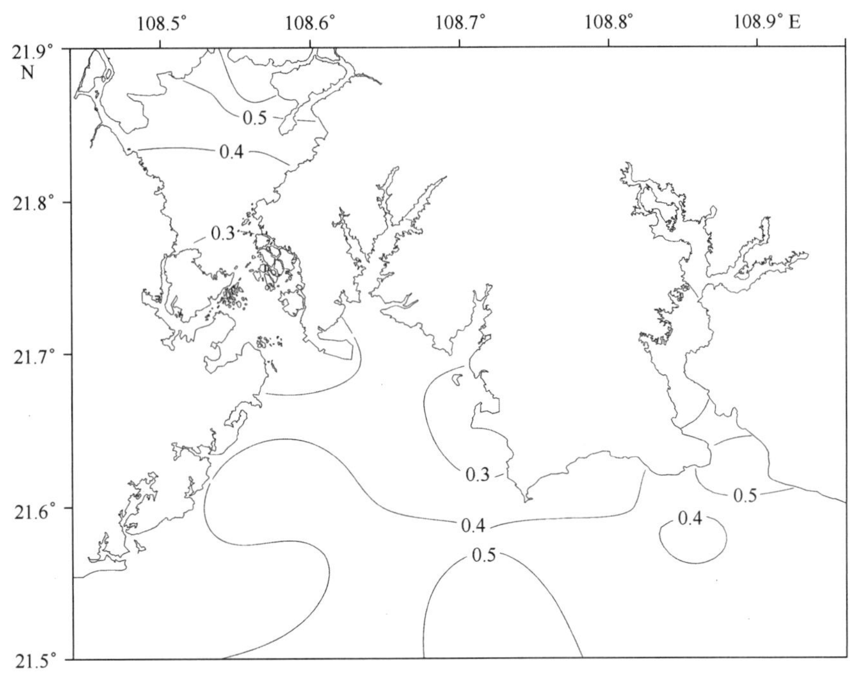

图3-66 夏季钦州海区BOD含量等值线分布图（mg/L）

（3）秋季BOD含量的分布及变化

秋季，广西北部湾近岸海域BOD值较高，平均值为0.95 mg/L。BOD变化较大，变化范围为0.05~2.81 mg/L。防城港受污染程度最大，钦州受污染程度最小，且整个广西北部湾调查区域内水质状况良好，大部分达到一类海水水质标准。

防城港海区BOD含量，调查平均值为0.92 mg/L，变化范围为0.05~2.81 mg/L，大部分海水达到一类海水水质标准。BOD值呈近岸高，远岸低的特点，其中，防城港内湾沿岸附近的6号站调查值最高，最低值出现在4号站。见图3-67。

钦州海区BOD值最低，平均含量为0.81 mg/L，变化范围为0.29~1.42 mg/L，大部分水质达到一类海水水质标准。茅尾海出海口附近BOD较高。其中，位于金鼓江入海口的G号站调查值最高，为1.42 mg/L，最低值出现在犀牛角镇附近的18号站。见图3-68。

在3个海区中，北海海域BOD值最高，调查平均值为1.07 mg/L，变化范围为0.05~2.18 mg/L，大部分水质达到一类海水水质标准。BOD最高值出现在西村港附近的K号站，最低值出现在营盘镇附近的29号站。见图3-69。

（4）冬季BOD含量的分布及变化

冬季，广西北部湾近岸海域BOD值最低，平均值为0.52 mg/L。BOD变化较大，

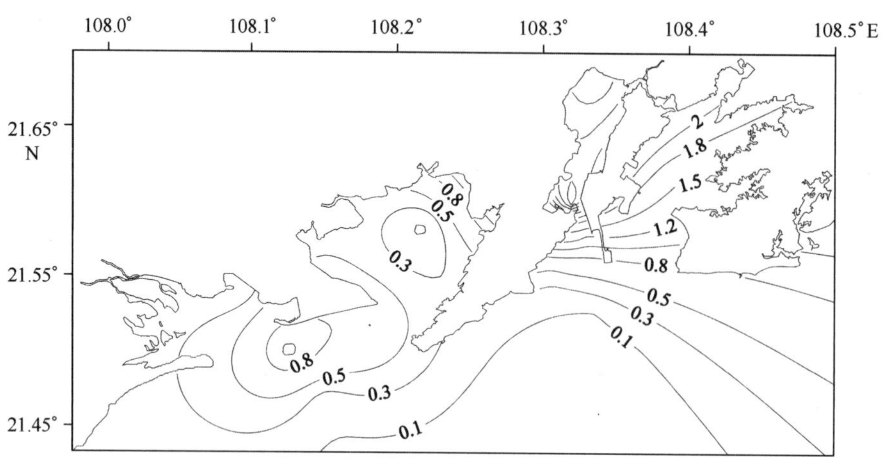

图 3-67　秋季防城港海区 BOD 含量等值线分布图（mg/L）

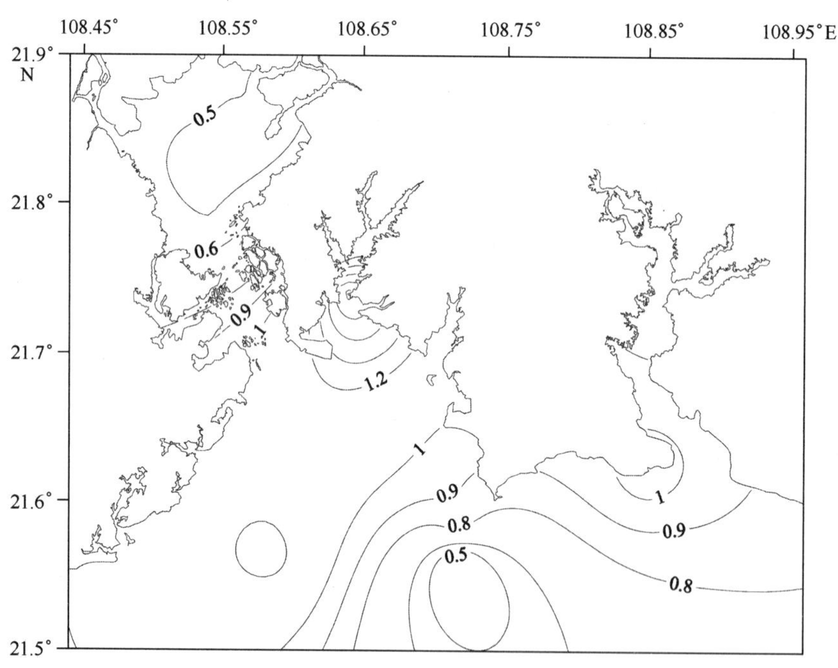

图 3-68　秋季钦州海区 BOD 含量等值线分布图（mg/L）

变化范围为 0. 03 ~2. 18 mg/L。防城港受污染程度最大，北海受污染程度最小，且整个广西北部湾调查区域内水质状况良好，大部分达到一类海水水质标准。

在 3 个海区中，防城港海区 BOD 值最高，调查平均值为 0. 80 mg/L，变化范围为 0. 39 ~2. 18 mg/L，大部分海域达到一类海水水质标准。BOD 值呈近岸高，远岸低的特

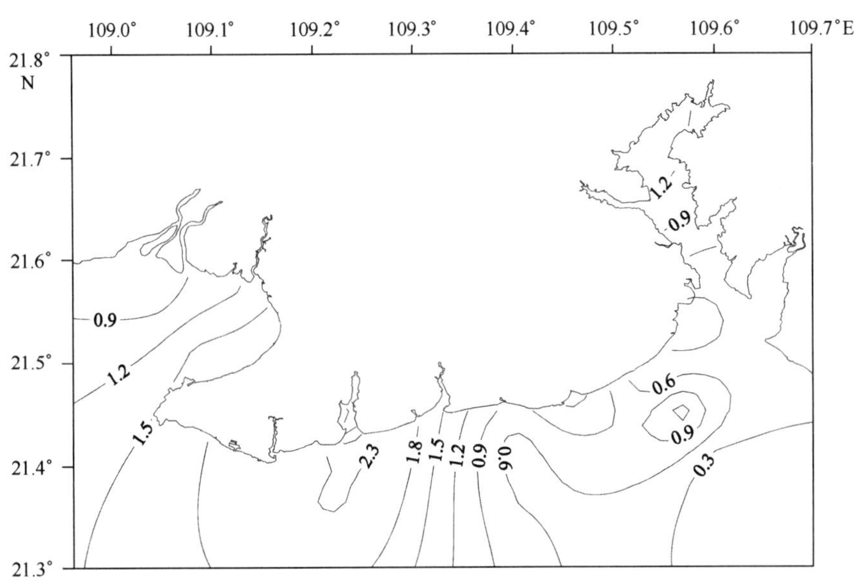

图 3－69　秋季北海海区 BOD 含量等值线分布图（mg/L）

点，其中，防城港港区沿岸附近的 06 号站调查值最高，最低值分别出现在 04 号站和 11 号站。见图 3－70。

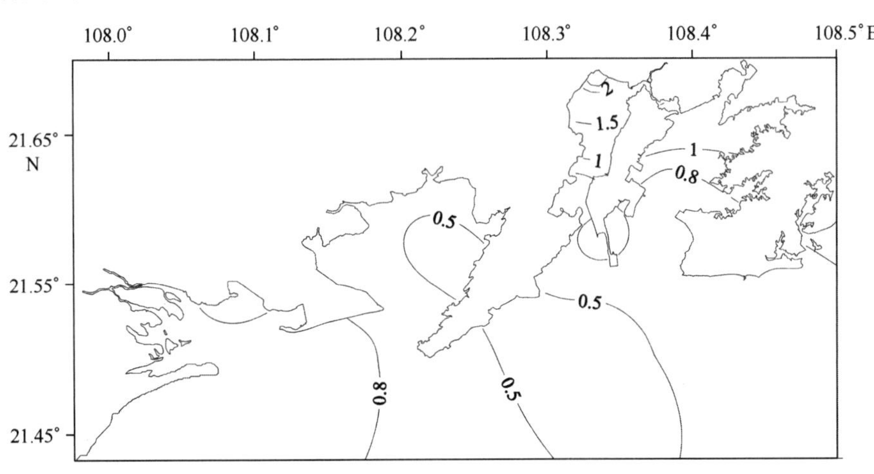

图 3－70　冬季防城港海区 BOD 含量等值线分布图

钦州海区 BOD 值次之，平均含量为 0.45 mg/L，变化范围为 0.03～1.11 mg/L，大部分水质达到一类海水水质标准。茅尾海出海口附近 BOD 较高。其中，位于三娘湾风景区附近的 17 号站调查值最高，最低值出现在大风江出海口 20 号站。见图 3－71。

北海海区 BOD 值最低，调查平均值为 0.42 mg/L，变化范围为 0.06～1.17 mg/L，

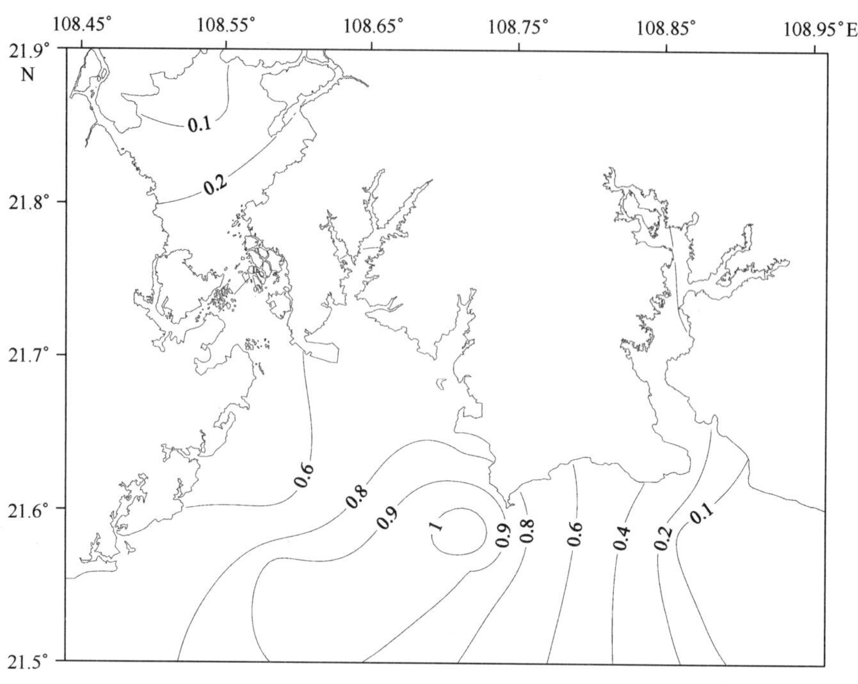

图 3－71　冬季钦州海区 BOD 含量等值线分布图（mg/L）

大部分水质达到一类海水水质标准。BOD 最高值出现在营盘镇 L 号站，最低值分别出现在 23 号站和 25 号站。见图 3－72。

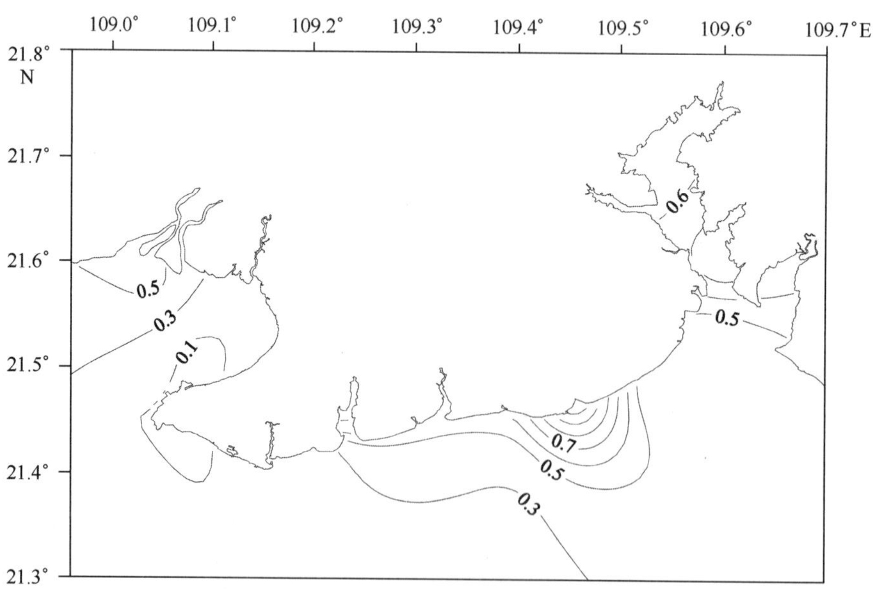

图 3－72　冬季北海海区 BOD 含量等值线分布图（mg/L）

通过以上分析可以得出，广西北部湾近岸海域BOD含量在0.03～2.85 mg/L之间，年平均值为0.74 mg/L；具有春季高，夏秋季次之，冬季较低的季节性变化特征；但在不同季节，不同海区的BOD含量差异较大。总体来讲，广西北部湾水质良好，春季有53.2%的站点海水水质达到一类标准，夏季有76.1%的站点海水水质达到一类标准，秋季有59.6%的站点海水水质达到一类标准，冬季有94.6%的站点海水水质达到一类海水水质标准。从各个海区分析得出，防城港海域污染最为严重，其次是北海，钦州海水水质最好。

3.1.8 无机氮

海水中的溶解无机氮（DIN）为氨氮、硝酸盐氮和亚硝酸盐氮三者含量之和，是浮游植物繁殖和生长不可缺少的营养盐元素，也是反映海水富营养化的重要指标，它们的来源是陆源径流输入和海洋生物体分解的结果。2010年，广西北部湾近岸海域各季度无机氮含量的变化范围及平均值见表3－8。

表3－8 广西北部湾海岸近岸海域无机氮含量的变化范围及平均值 单位：mg/L

海区	春季		夏季		秋季		冬季	
	变化范围	均值	变化范围	平均值	变化范围	均值	变化范围	均值
广西北部湾	0.007～1.128	0.154	0.018～0.884	0.217	0.007～1.193	0.221	0.014～0.757	0.145
防城港	0.024～0.456	0.093	0.048～0.601	0.173	0.029～0.418	0.069	0.017～0.601	0.121
钦州	0.021～0.603	0.192	0.099～0.884	0.422	0.020～0.918	0.377	0.054～0.444	0.157
北海	0.007～1.128	0.162	0.018～0.343	0.084	0.007～1.193	0.195	0.014～0.757	0.134

（1）春季无机氮含量的分布及变化

从表3－8可见，春季，广西北部湾近岸海域无机氮含量的平均值为0.154 mg/L，变化范围为0.007～1.128 mg/L。钦州海区的无机氮含量稍高，而防城港和北海的无机氮含量相当；整个广西北部湾调查区域内水质状况良好，大部分达到一类海水水质标准。

防城港海区无机氮的平均值为0.093 mg/L，变化范围为0.024～0.456 mg/L。位于防城江入海口附近的06号站无机氮含量最高，属于四类海水水质；珍珠湾附近海域的04号站含量最低。见图3－73。

钦州湾海区的无机氮含量在3个海区中最高，平均值为0.192 mg/L，变化范围为0.021～0.603 mg/L。最高值出现在茅尾海海域的D号站，属于四类海水水质；最低值则出现在三娘湾附近海域16号站、17号站。见图3－74。

北海海区内无机氮含量的平均值为0.162 mg/L，变化范围为0.007～1.128 mg/L，变化幅度较大。最高值出现在营盘附近地表水入海口处的L号站，属于超四类海水水

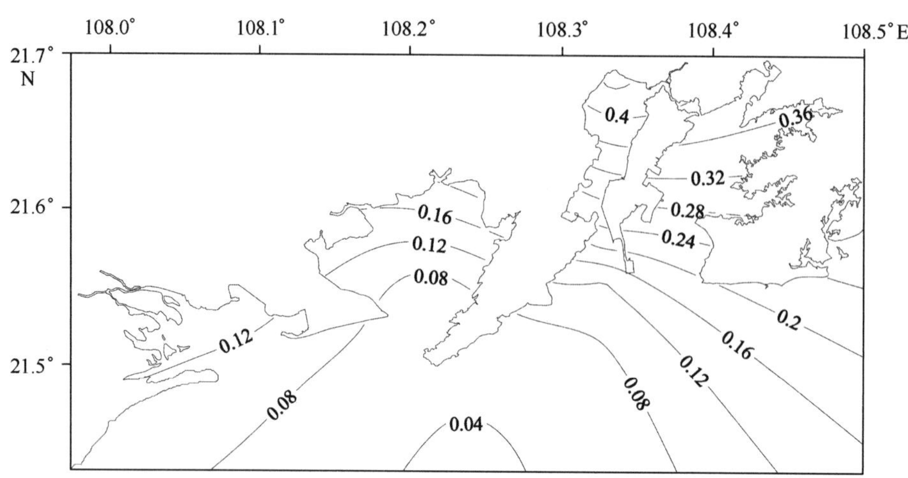

图 3－73　春季防城港海区无机氮含量等值线分布图（mg/L）

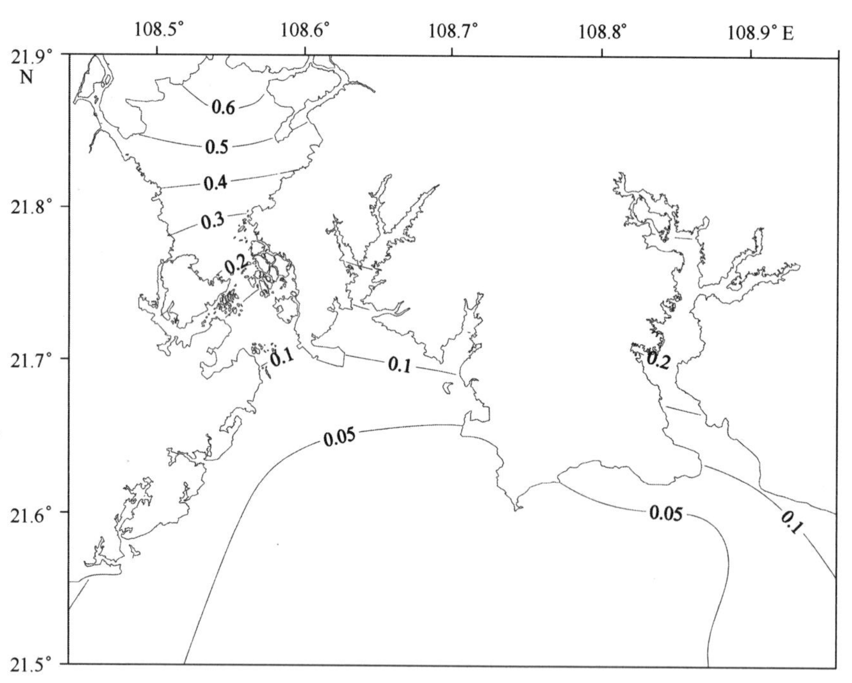

图 3－74　春季钦州海区无机氮含量等值线分布图（mg/L）

质；而廉州湾附近海域的 26 号站、营盘附近的 29 号站、铁山港附近的 33 号站、38 号站的无机氮含量低，达到一类海水水质标准。见图 3－75。

（2）夏季无机氮含量的分布及变化

从表 3－8 可见，夏季，广西北部湾近岸海域的无机氮含量的平均值为 0.217 mg/L，

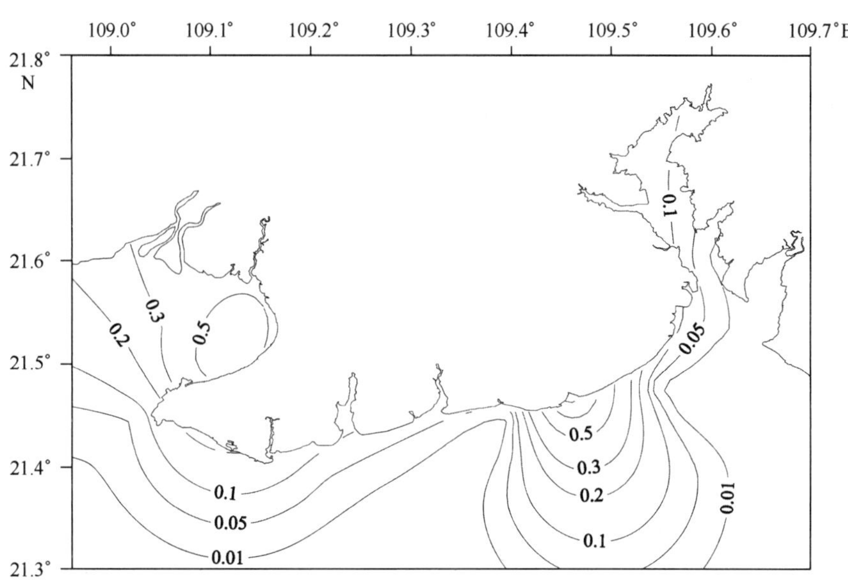

图 3－75　春季北海海区无机氮含量含量等值线分布图（mg/L）

变化范围为 0. 018 ~0. 884 mg/L。钦州海区无机氮的含量最高，北海海区无机氮的含量最低，整个广西北部湾调查区域内水质状况良好，大部分达到一类海水水质标准。

防城港海区无机氮含量的平均值为 0. 173 mg/L，变化范围为 0. 048 ~0. 601 mg/L。防城江入海口处附近的 06 号站无机氮含量最高，属于超四类海水水质；珍珠港附近的 02 号站和企沙附近的 07 号站的无机氮含量最低。见图 3－76。

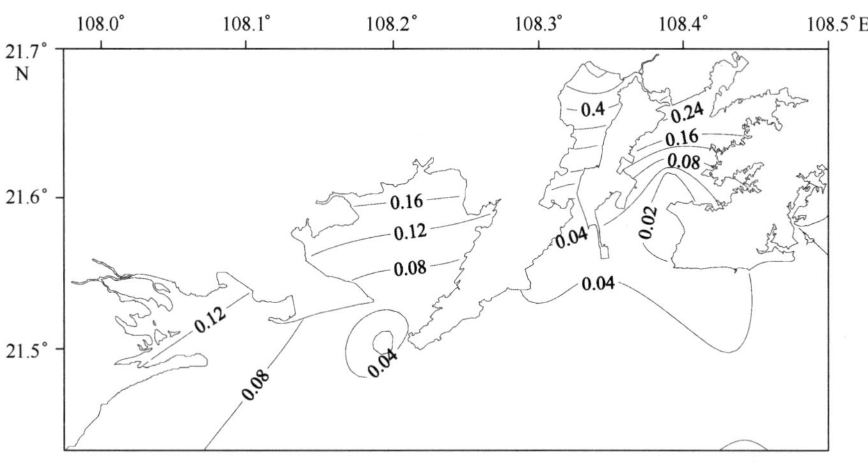

图 3－76　夏季防城港海区无机氮含量等值线分布图（mg/L）

钦州海区无机氮的调查平均值为 0. 422 mg/L，变化范围为 0. 099 ~0. 884 mg/L。从图 3－77 可以看出，在钦州湾调查海区内，最高值出现在大风江海域 H 号站，为超四类海水水质；最低值出现在15号站。

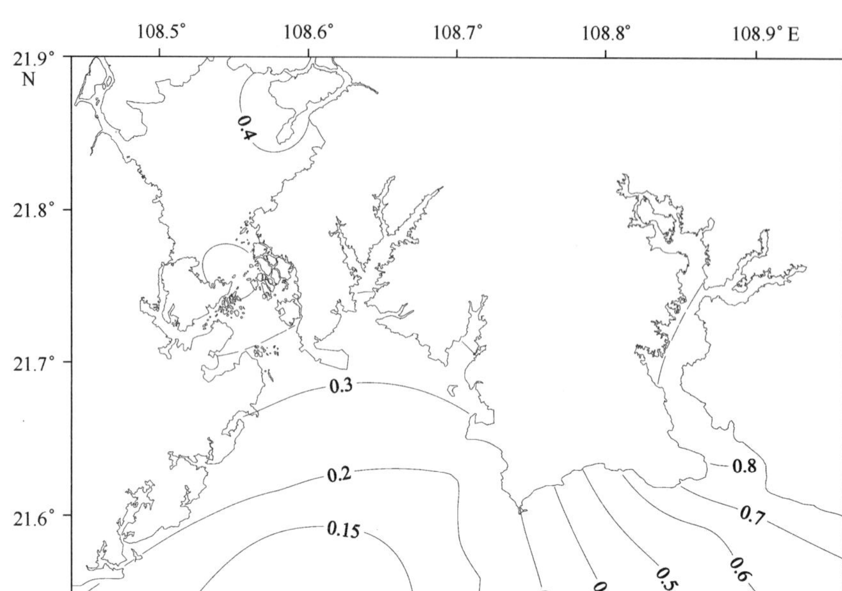

图3-77　夏季钦州海区无机氮含量等值线分布图（mg/L）

北海海区无机氮的平均值为0.084 mg/L，变化范围为0.018～0.343 mg/L。从图3-78可以看出，在北海调查海区内，最高值出现在西村港附近的K号站，属于三类海水水质标准，37号站和38号站的无机氮含量最低，达到一类海水水质标准。。

（3）秋季无机氮含量的分布及变化

从表3-8可见，秋季，广西北部湾近岸海域无机氮含量的平均值为0.221 mg/L，与春季的调查值相近，变化范围为0.007～1.193 mg/L。钦州海区的无机氮含量的含量最高，防城港海区的含量最低，整个广西北部湾调查区域内水质状况良好，大部分达到一类海水水质标准。

防城港海区无机氮含量的平均值为0.069 mg/L，变化范围为0.029～0.418 mg/L，变化幅度较小。防城江入海口附近的06号站的无机氮含量最高，达到国家海水水质的三类标准；珍珠港附近的05号站的无机氮含量最低，达到国家海水水质的一类标准。见图3-79。

钦州海区无机氮含量的平均值为0.377 mg/L，变化范围为0.020～0.918 mg/L。茅尾海海域的E号站无机氮的含量最高，为国家海水水质的四类标准；15号站的无机氮含量最低，为国家海水水质的一类标准。见图3-80。

北海海区无机氮含量的平均值为0.195 mg/L，变化范围为0.007～1.193 mg/L，变

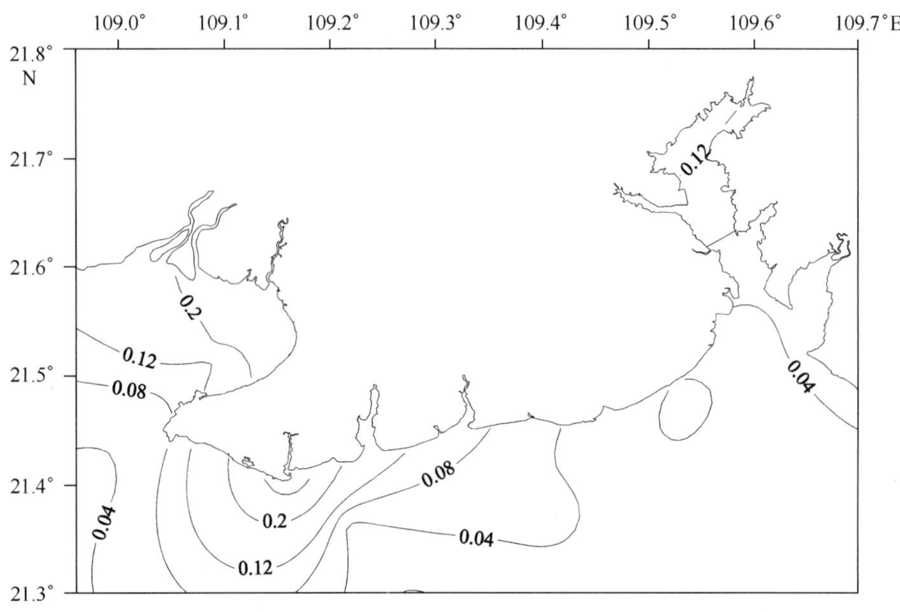

图 3-78　夏季北海海区无机氮含量含量等值线分布图（mg/L）

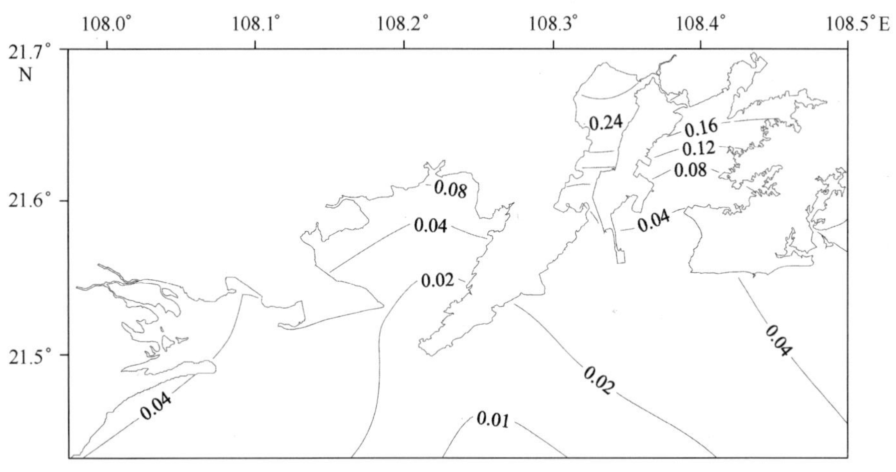

图 3-79　秋季防城港海区无机氮含量含量等值线分布图（mg/L）

化幅度较大。无机氮含量的最高值和最低值都出现在廉州湾海域，其中廉州湾内靠近陆域的 23 号站调查值最高，为国家海水水质的四类类标准；26 号站的无机氮含量最低，为国家海水水质的一类标准。见图 3-81。

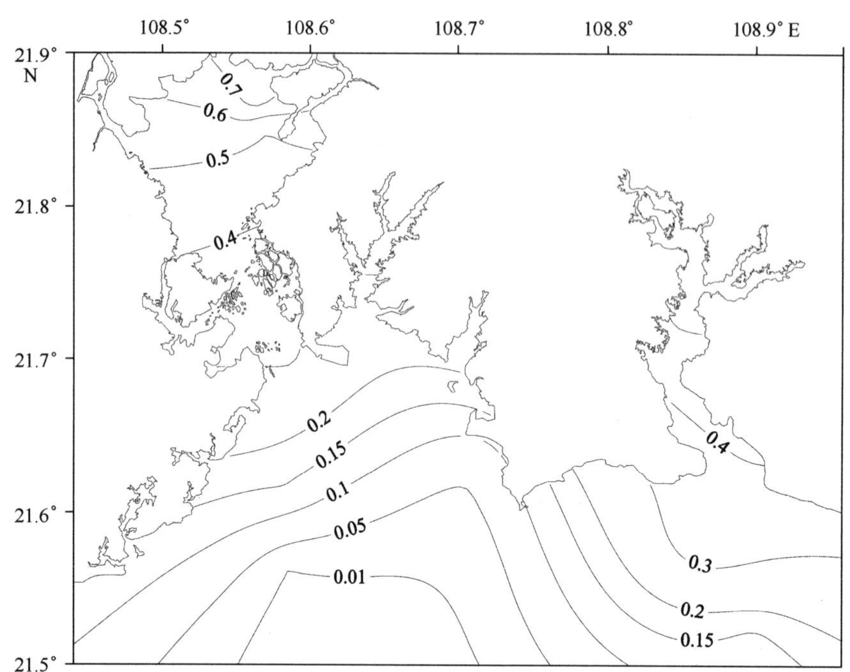

图 3－80　秋季钦州海区无机氮含量等值线分布图（mg/L）

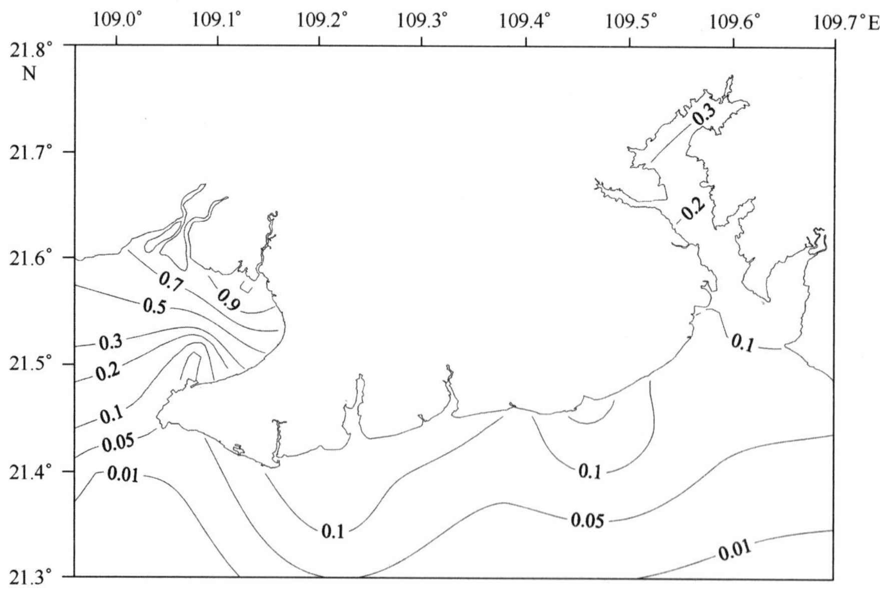

图 3－81　秋季北海海区无机氮含量等值线分布图（mg/L）

（4）冬季无机氮含量的分布及变化

冬季，广西北部湾近岸海域无机氮含量在4个季度中最低，平均值为0.145 mg/L，区域性变化较小，变化范围为0.014～0.757 mg/L。钦州海区的无机氮含量最高，北海海区的最低；整个广西北部湾调查区域内水质状况良好，大部分达到一类海水水质标准。

防城港海区无机氮含量的平均值为0.121 mg/L，变化范围为0.017～0.601 mg/L。位于防城江入海口附近的06号站无机氮含量最高，为国家海水水质四类标准；珍珠港附近海域的3号站无机氮含量最低，达到一类海水水质标准。见图3-82。

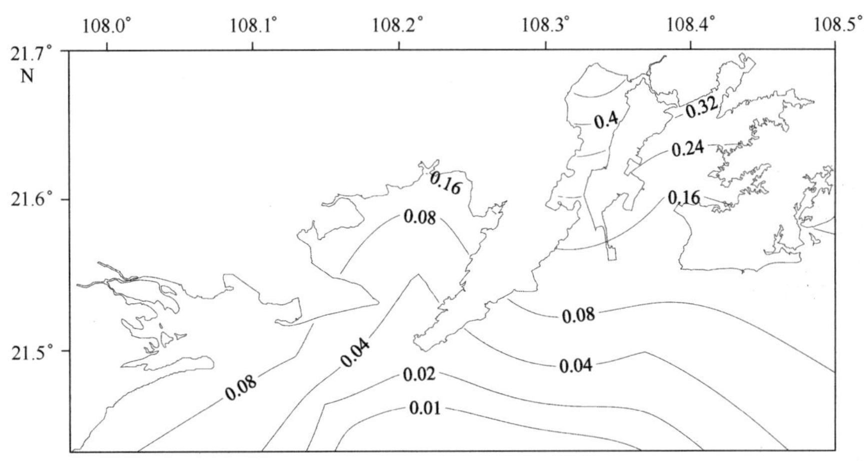

图3-82　冬季防城港海区无机氮含量等值线分布图（mg/L）

钦州海区无机氮含量的平均值为0.157 mg/L，变化范围为0.054～0.444 mg/L，大部分达到一类海水水质标准。在钦州湾调查海区内，无机氮含量变化较小，最高值出现在茅尾海海域的E号站，为国家海水水质四类标准；最低值出现在17号站，达到一类海水水质标准。见图3-83。

北海海区无机氮含量的平均值为0.134 mg/L，变化范围为0.014～0.757 mg/L。廉州湾内22号站的调查值最高，为国家海水水质四类标准；营盘附近海域的30号站无机氮含量最低，为一类海水水质标准。见图3-84。

3.1.9　活性磷酸盐

磷酸盐是海洋中主要营养盐类，是浮游植物繁殖和生长必不可少的营养要素之一，也是海洋生物产量的控制因素之一，它在全部生物代谢过程中起着重要的作用。海水中大量的磷酸盐来源于陆地径流补充及死亡的海洋生物体经氧化分解而再生的无机磷酸盐。同时，磷酸盐也是反映水体富营养化的重要指标之一。2010年，广西北部湾近岸海域各季度磷酸盐含量的变化范围及平均值见表3-9。

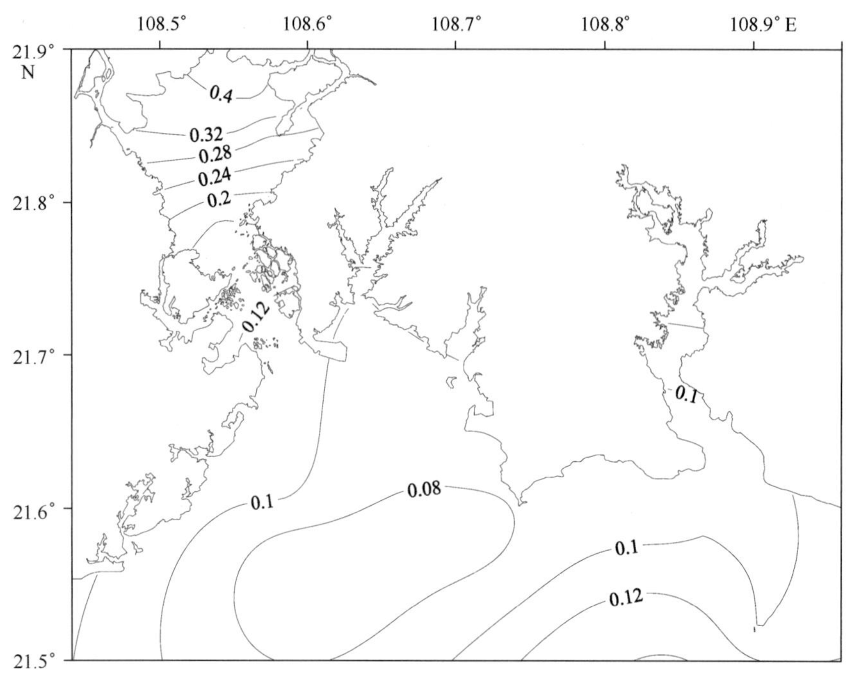

图 3－83　冬季钦州海区无机氮含量等值线分布图（mg/L）

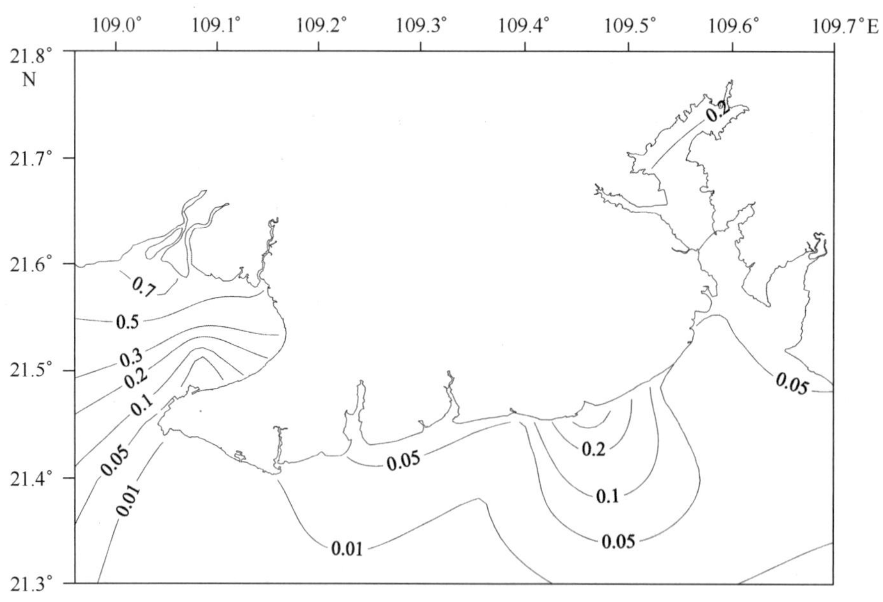

图 3－84　冬季北海海区无机氮含量等值线分布图（mg/L）

表3-9 广西北部湾海岸近岸海域磷酸盐含量的变化范围及平均值 单位：mg/L

海区	春季		夏季		秋季		冬季	
	变化范围	均值	变化范围	均值	变化范围	均值	变化范围	均值
广西北部湾	0.001~0.040	0.008	0.002~0.058	0.016	0.001~0.070	0.012	0.002~0.070	0.012
防城港	0.004~0.040	0.015	0.002~0.030	0.016	0.001~0.019	0.005	0.002~0.059	0.020
钦州	0.001~0.019	0.006	0.008~0.058	0.021	0.003~0.068	0.016	0.003~0.028	0.012
北海	0.001~0.021	0.005	0.004~0.040	0.012	0.002~0.070	0.013	0.001~0.070	0.010

（1）春季磷酸盐含量的分布及变化

春季，广西北部湾近岸海域磷酸盐含量的平均值为0.008 mg/L，变化范围为0.001~0.040 mg/L。防城港海区磷酸盐含量在3个海区中为最高，钦州和北海的磷酸盐含量较低，整个广西北部湾调查区域内水质状况良好，大部分达到一类海水水质标准。

防城港海区磷酸盐含量的平均值为0.015 mg/L，变化范围为0.004~0.040 mg/L。位于东湾07号站磷酸盐含量最高，超过了国家海水水质标准的四类标准；最低值出现在珍珠港附近海域的03号站、04号站、05号站以及西湾的11号站。见图3-85。

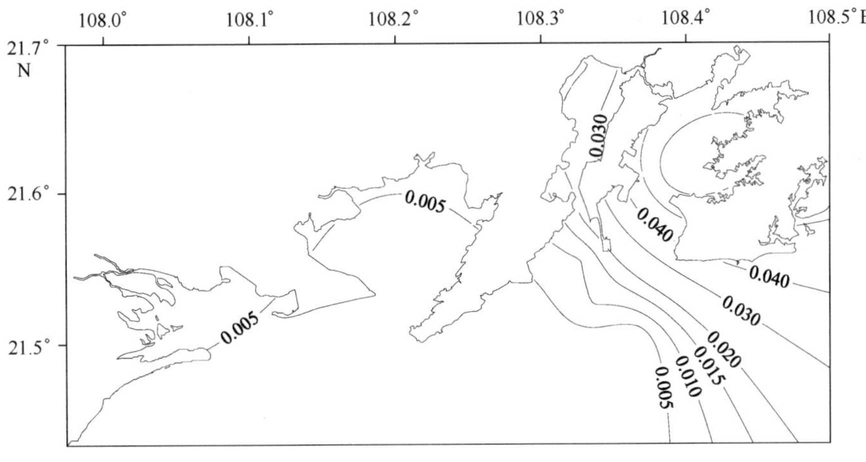

图3-85 春季防城港海区磷酸盐含量等值线分布图（mg/L）

钦州海区磷酸盐含量的平均值为0.006 mg/L，变化范围为0.001~0.019 mg/L。钦州湾调查海区内的整体水质较好，除茅尾海D号站的调查值为国家海水水质标准的二类标准外，其余各调查站位的磷酸盐含量均达到国家海水水质标准的一类标准；而磷酸盐浓度最低值出现在从钦州港到大风江的14号站至21站。见图3-86。

北海海区磷酸盐含量的平均值为0.005 mg/L，变化范围为0.001~0.021 mg/L。最高值出现在廉州湾的23号站和西村港的K号站，为国家海水水质标准的二类标准水质，其次是廉州湾靠近陆域的22号站以及营盘海域附近的L号站、30号站和31号站，达到国家海水水质标准的一类标准。见图3-87。

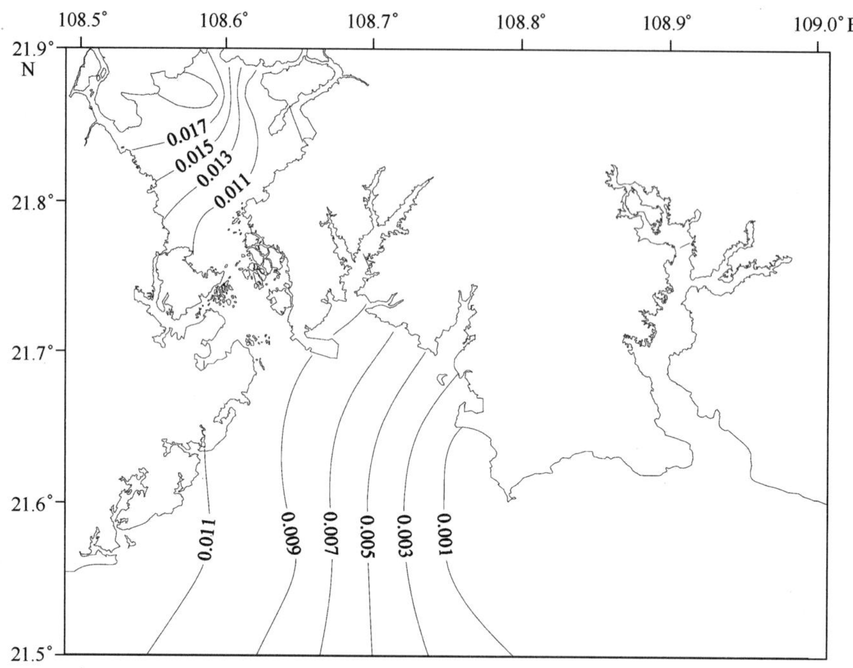

图3-86 春季钦州海区磷酸盐含量等值线分布图（mg/L）

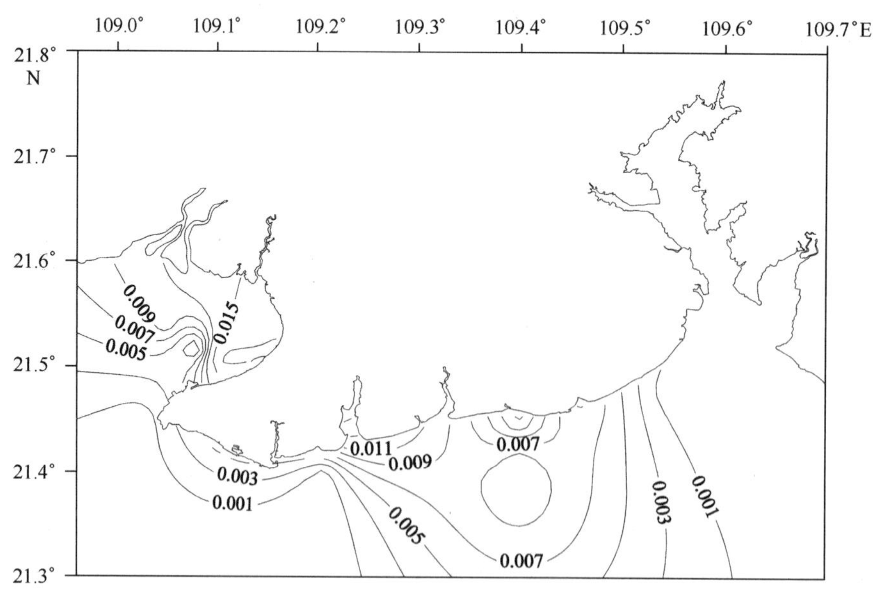

图3-87 春季北海海区磷酸盐含量等值线分布图（mg/L）

（2）夏季磷酸盐含量的分布及变化

夏季，广西北部湾近岸海域磷酸盐含量的平均值为0.016 mg/L，变化范围为0.002 ~ 0.058 mg/L。3个海区的磷酸盐含量平均值持平，整个广西北部湾调查区域内水质状况良好，大部分达到一类海水水质标准。

防城港海区的磷酸盐含量的平均值为0.016 mg/L，变化范围为0.002 ~ 0.030 mg/L。位于防城江入海口附近的06号站磷酸盐含量最高，达到国家海水水质标准的二类标准；而最低值出现在珍珠港附近海域的01 ~ 05号站以及西湾外湾附近的10号站、11号站，其磷酸盐含量达到了国家海水水质的一类标准。见图3 - 88。

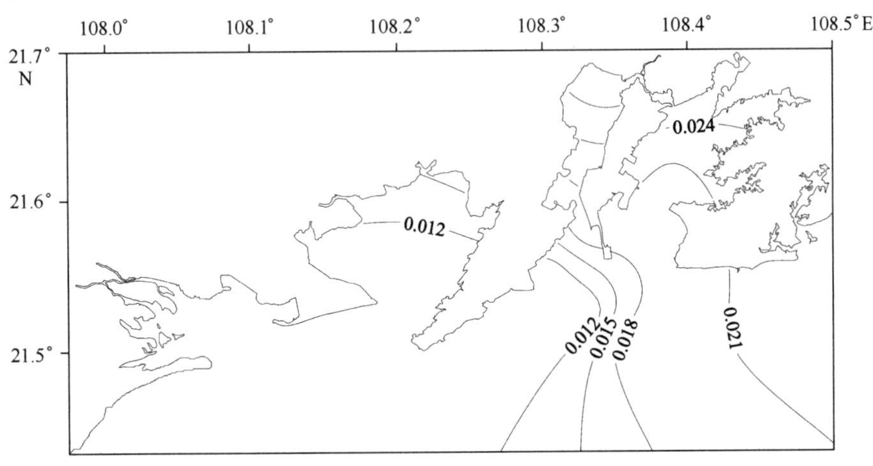

图3 - 88　夏季防城港海区磷酸盐含量等值线分布图（mg/L）

钦州海区磷酸盐的平均值为0.021 mg/L，变化范围为0.008 ~ 0.058 mg/L。茅尾海海域内的D号站位的磷酸盐含量最高，为国家海水水质的四类标准水质；而最低值出现在大风江附近的H号站以及钦州港附近海域14号站、15号站、16号站，达到了国家海水水质的一类标准。见图3 - 89。

北海海区磷酸盐的平均值为0.012 mg/L，变化范围为0.004 ~ 0.040 mg/L，大部分海水达到一类海水水质标准。从图3 - 90可以看出，在北海调查海区内，最高值出现在西村港附近的K号站，为国家海水水质的四类标准水质；最低值均出现在营盘附近的29号站以及铁山港外湾附近海域的37号站和39号站。

（3）秋季磷酸盐含量的分布及变化

秋季，广西北部湾近岸海域磷酸盐含量的平均值为0.012 mg/L，变化范围为0.001 ~ 0.070 mg/L。防城港磷酸盐含量的平均值最低，钦州和北海海区的磷酸盐含量稍高，整个广西北部湾调查区域内水质状况良好，大部分达到一类海水水质标准。

防城港海区磷酸盐含量的调查平均值为0.005 mg/L，变化范围为0.001 ~ 0.019 mg/L。位于防城江入海口附近的06号站磷酸盐含量最高，为国家海水水质的二类标准

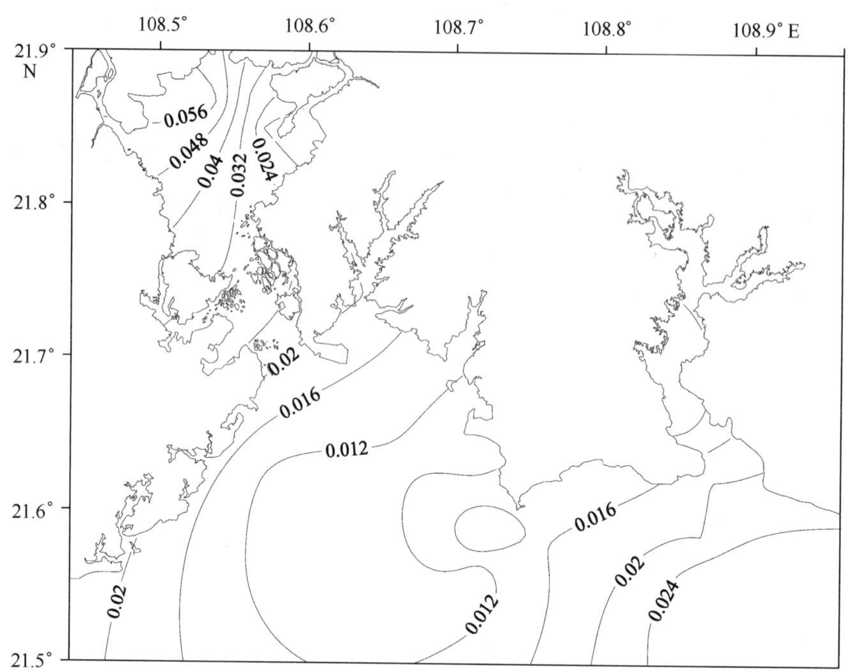

图 3－89　夏季钦州海区磷酸盐含量等值线分布图（mg/L）

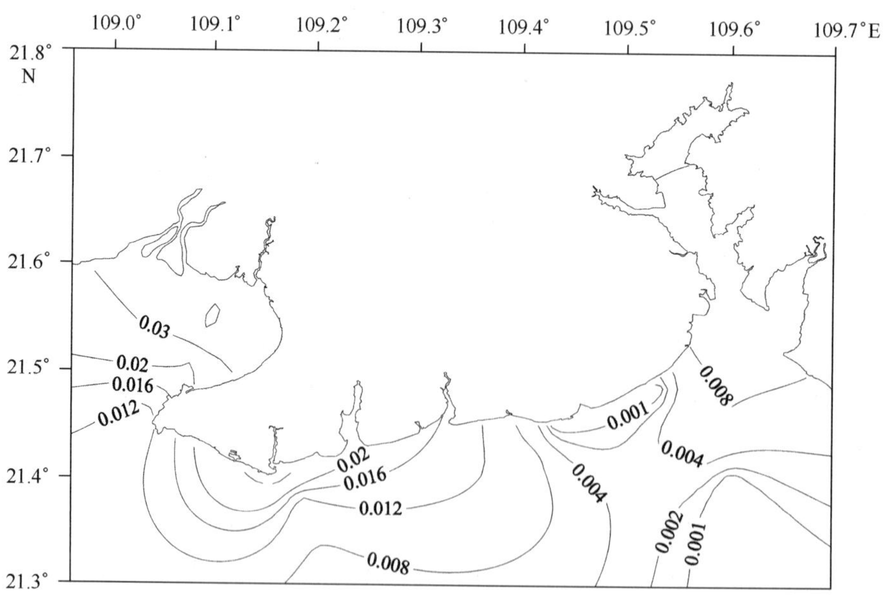

图 3－90　夏季北海海区磷酸盐含量等值线分布图（mg/L）

水质，其余站位的磷酸盐浓均度达到了国家海水水质的一类标准。见图 3 - 91。

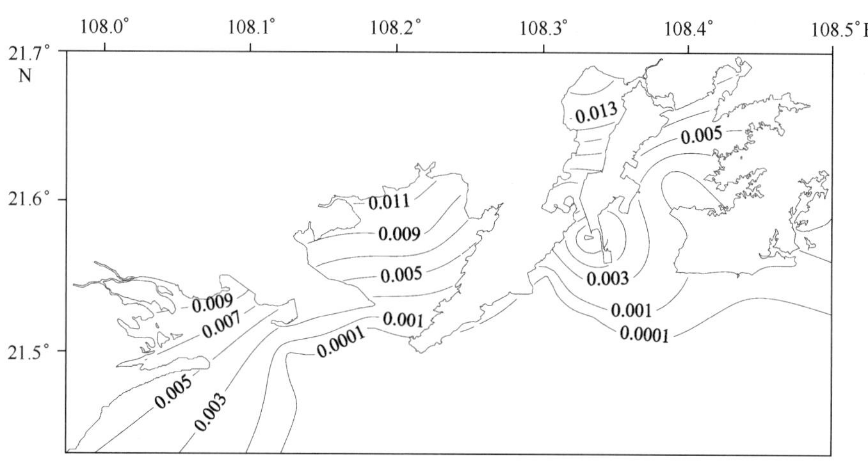

图 3 - 91　秋季防城港海区磷酸盐含量等值线分布图（mg/L）

钦州海区的磷酸盐含量平均值为 0. 016 mg/L，变化范围为 0. 003 ~ 0. 068 mg/L。磷酸盐含量的最高值出现在大风江海域的 H 号站，为国家海水水质标准的四类标准水质；最低值出现在钦州港三墩附近海域的 16 号站、17 号站、18 号站。整个钦州湾海区的调查站位中仅一半站位的水质达到国家海水水质的一类标准。见图 3 - 92。

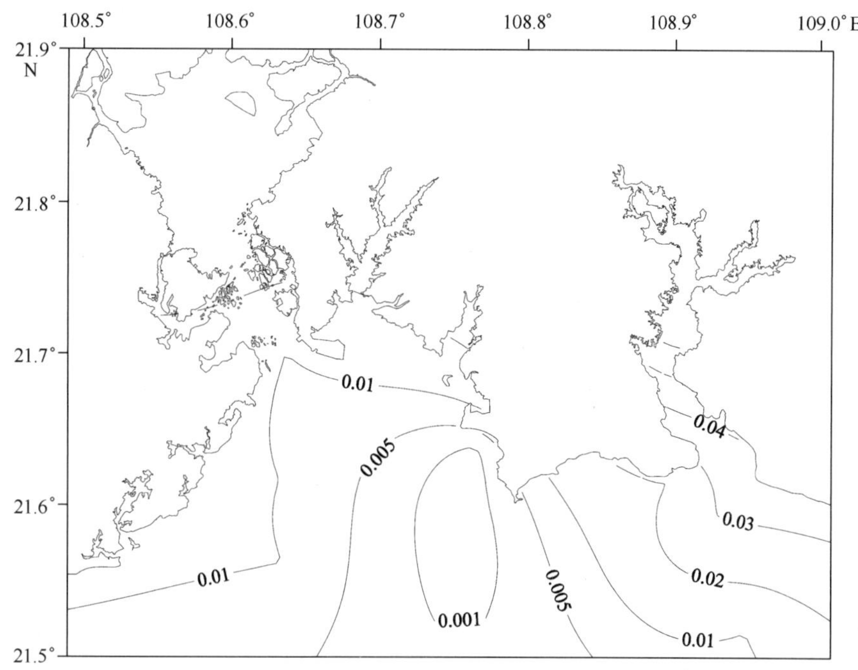

图 3 - 92　秋季钦州海区磷酸盐含量等值线分布图（mg/L）

北海海区磷酸盐含量的平均值为0.013 mg/L，变化范围为0.002～0.070 mg/L。在调查海区内，廉州湾中靠近陆域的23号站磷酸盐含量最高，为国家海水水质标准的四类标准水质，而廉州湾外海域的26号站、营盘附近海域的29号站、31号站，以及铁山港附近海域的33号站、35号站、36号站、37号站的磷酸盐含量较低，接近浮游植物生长阈值。从北海海区的磷酸盐含量的调查值可以看出，该海区的水质状况较好，大部分达到了国家海水水质的一类标准。见图3－93。

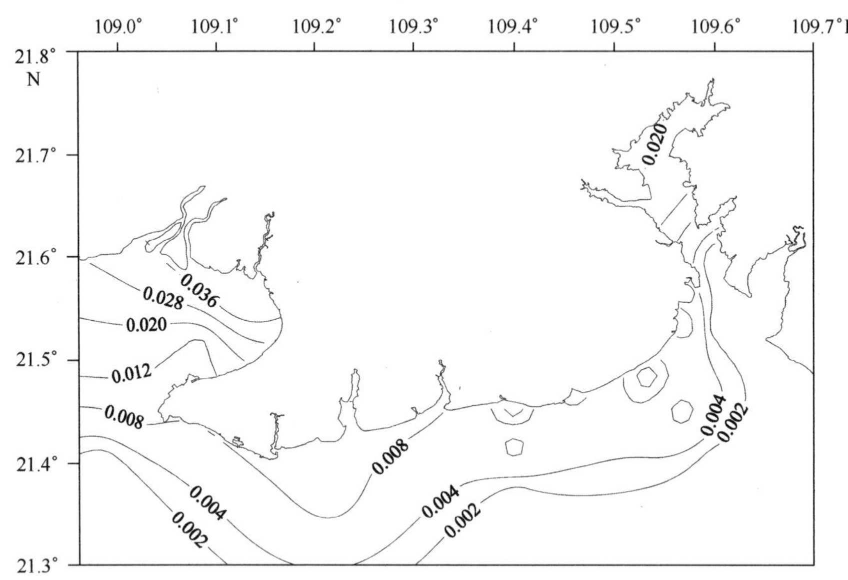

图3－93　秋季北海海区磷酸盐含量等值线分布图（mg/L）

（4）冬季磷酸盐含量的分布及变化

冬季，广西北部湾近岸海域磷酸盐含量的平均值为0.012 mg/L，变化范围为0.002～0.070 mg/L，变化幅度较大。防城港海区磷酸盐含量的平均值最高，北海海区的最低。整个广西北部湾调查区域内水质状况良好。

防城港海区磷酸盐含量的平均值为0.020 mg/L，变化范围为0.002～0.059 mg/L。位于东湾07号站磷酸盐含量最高，为国家海水水质标准的四类标准水质；其次为09号站；最低值出现珍珠港附近海域的02号站、03号站、04号站、05号站以及西湾外湾附近的12号站。见图3－94。

钦州海区磷酸盐含量的平均值为0.012 mg/L，变化范围为0.003～0.028 mg/L。茅尾海的D号站、E号站、F号站、龙门附近的40号站以及金鼓江大桥附近的G号站的磷酸盐含量最高，为国家海水水质标准的二类标准水质；而磷酸盐含量最低值出现在钦州湾外湾附近海域的15号站、犀牛角附近海域的16号站以及三墩附近的17号站和18号站。见图3－95。

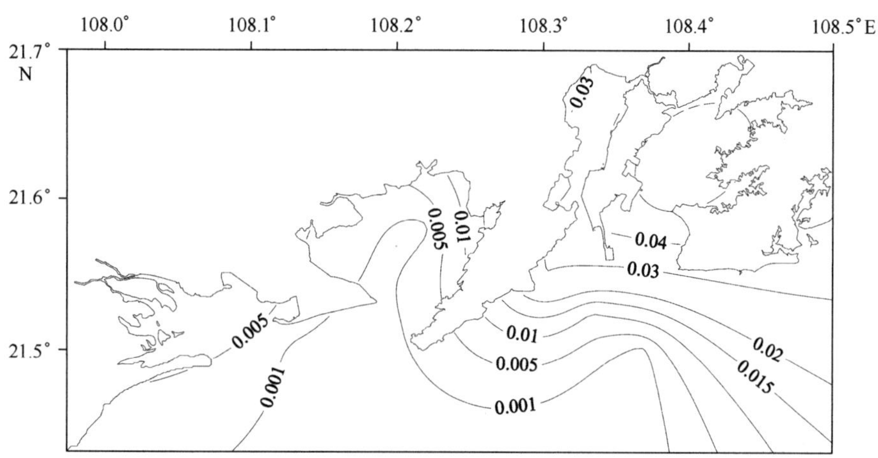

图3－94　冬季防城港海区磷酸盐含量等值线分布图（mg/L）

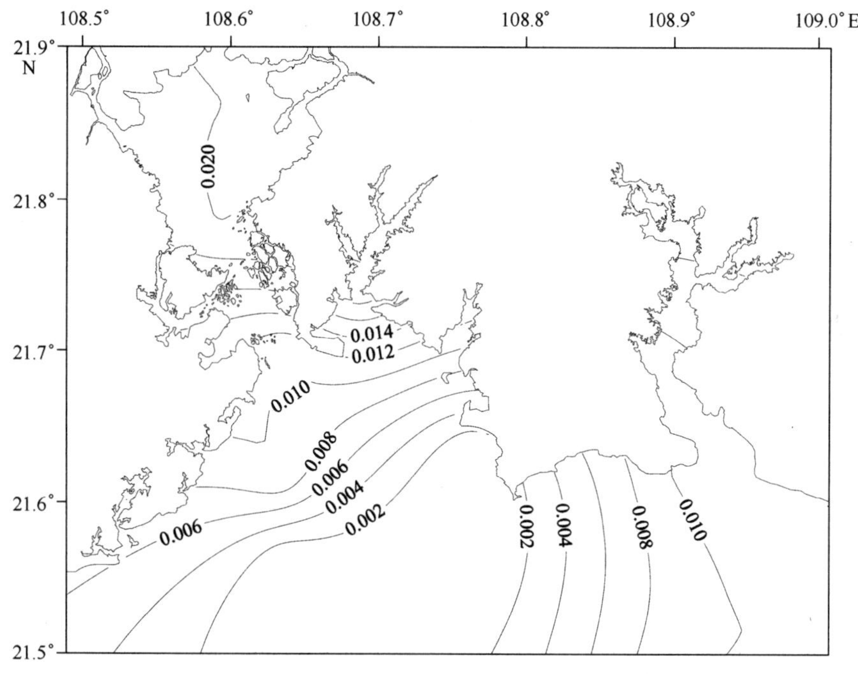

图3－95　冬季钦州海区磷酸盐含量等值线分布图（mg/L）

北海海区的磷酸盐含量的平均值为0.010 mg/L，变化范围为0.001～0.070 mg/L。在调查海区内，廉州湾靠近陆域的23号站磷酸盐含量最高，为国家海水水质标准的四类标准水质，磷酸盐含量最低值出现在铁山港附近海域的34号站、35号站、37号站、38号站、39号站。见图3－96。

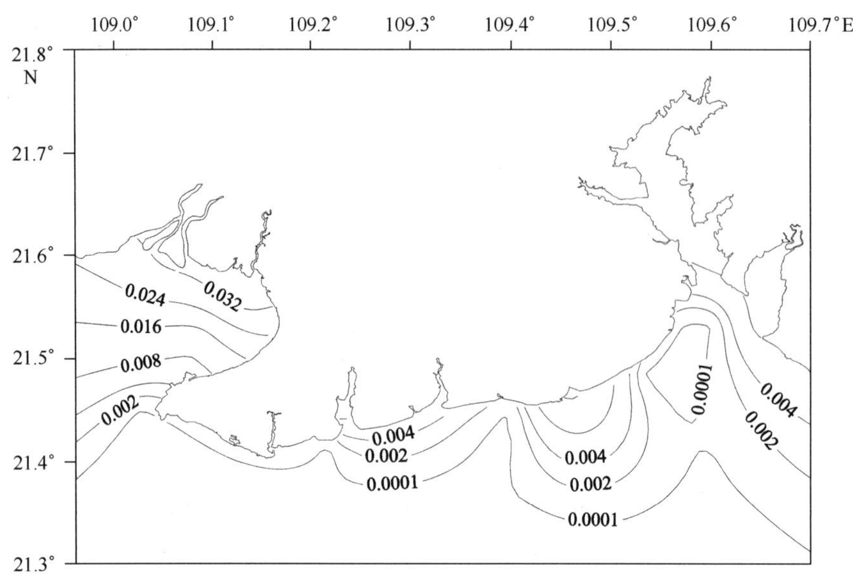

图 3－96　冬季北海海区磷酸盐含量等值线分布图（mg/L）

3.1.10　硅酸盐

硅酸盐是海洋浮游植物必需的营养盐类之一，是硅藻类、放射虫和硅质海绵等机体构成中不可缺少的组分。而硅藻通常是海洋浮游植物的主体之一，硅酸盐含量的分布除受硅藻季节性变化的影响外，主要还受江河径流的影响，另外，海水的运动对硅酸盐的分布变化也产生一定的影响。2010 年，广西北部湾近岸海域各季度硅酸盐含量的变化范围及平均值见表 3－10。

表 3－10　广西北部湾海岸近岸海域硅酸盐含量的变化范围及平均值　　单位：mg/L

海区	春季		夏季		秋季		冬季	
	变化范围	均值	变化范围	均值	变化范围	均值	变化范围	均值
广西北部湾	b ~ 2. 125	0. 297	0. 032 ~ 3. 238	0. 582	0. 054 ~ 2. 985	0. 632	0. 044 ~ 1. 401	0. 374
防城港	0. 067 ~ 1. 381	0. 334	0. 039 ~ 2. 385	0. 477	0. 054 ~ 2. 317	0. 365	0. 044 ~ 1. 401	0. 298
钦州	0. 010 ~ 1. 010	0. 310	0. 376 ~ 3. 238	1. 122	0. 134 ~ 2. 783	1. 046	0. 071 ~ 1. 267	0. 448
北海	b ~ 2. 125	0. 264	0. 032 ~ 0. 481	0. 222	0. 090 ~ 2. 985	0. 481	0. 113 ~ 1. 319	0. 364

注：b 表示未检出。

（1）春季硅酸盐含量的分布及变化

由表 3－10 可见，春季，广西北部湾近岸海域的硅酸盐含量在 4 个季度月中最低，平均值为 0. 297 mg/L，变化范围为未检出 ~ 2. 125 mg/L。防城港海区内硅酸盐含量最高，北海海区的硅酸盐含量最低。

防城港海区内硅酸盐含量的平均值为0.334 mg/L，变化范围为0.067～1.381 mg/L，在防城港调查海区内，位于西湾08号站硅酸盐含量最高，珍珠港附近的3号站的硅酸盐含量最低。见图3－97。

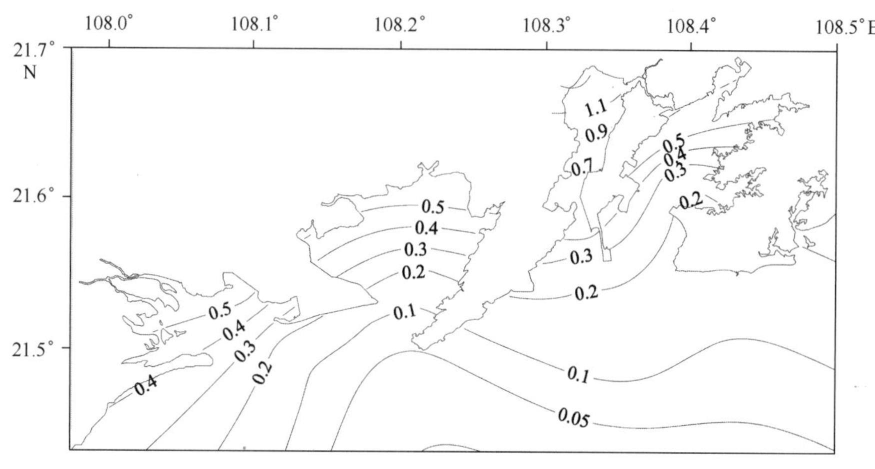

图3－97　春季防城港海区硅酸盐含量等值线分布图（mg/L）

钦州湾海区硅酸盐含量的平均值为0.310 mg/L，变化范围为0.010～1.010 mg/L。茅尾海附近海域的F号站的硅酸盐含量最高，而大风江附近海域的20号站和21号站的硅酸盐含量最低。见图3－98。

北海海区硅酸盐含量的平均值为0.264 mg/L，变化范围为未检出～2.125 mg/L。在北海调查海区内，硅酸盐的含量变化很大，其中在26号站为未检出，最高值出现在营盘附近的地表水L站，铁山港内的32号站硅酸盐含量也比较高。见图3－99。

（2）夏季硅酸盐含量的分布及变化

夏季，广西北部湾近岸海域硅酸盐含量的平均值为0.582 mg/L，区域性变化很大，变化范围为0.032～3.283 mg/L。钦州海区硅酸盐含量最高，而北海的调查值最低。

防城港海区的硅酸盐平均含量为0.477 mg/L，变化范围为0.039～2.385 mg/L。硅酸盐含量的最高值出现在防城江入海口附近的06号站，最低值出现在珍珠港附近海域的02号站和05号站。见图3－100。

钦州海区的硅酸盐浓度在3个海区中含量最高，平均值为1.122 mg/L，这也是全年整个广西北部湾海区硅酸盐含量的最高值，变化范围为0.376～3.238 mg/L。硅酸盐含量的最高值出现在茅尾海海域的D号站，最低值出现在钦州港附近海域的15号站。见图3－101。

北海海区硅酸盐含量的调查平均值为0.222 mg/L，变化范围为0.032～0.481 mg/L。在北海调查海区内，最高值出现在营盘附近海域的31号站，最低值出现在白虎头附近

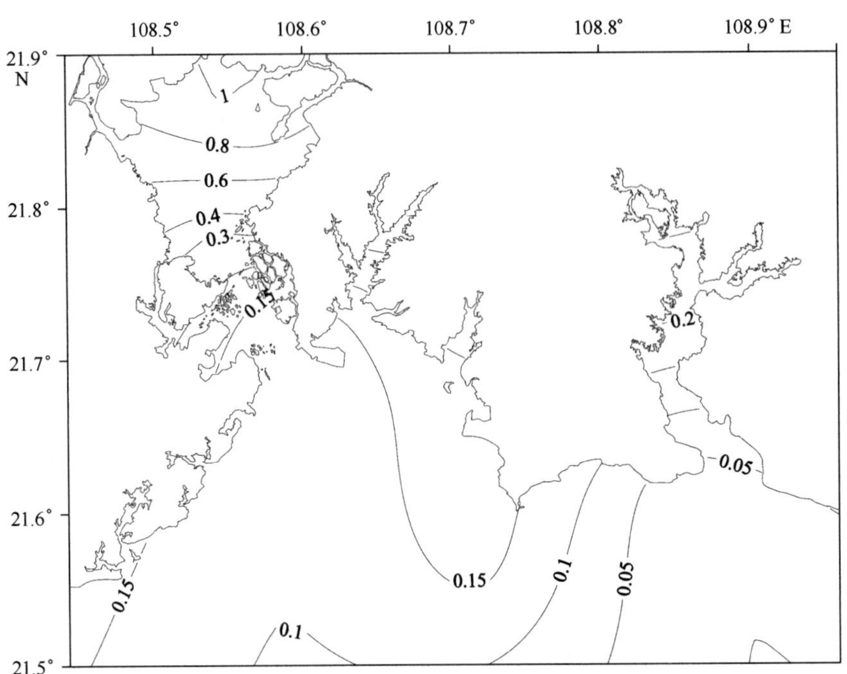

图 3－98　春季钦州海区硅酸盐含量等值线分布图（mg/L）

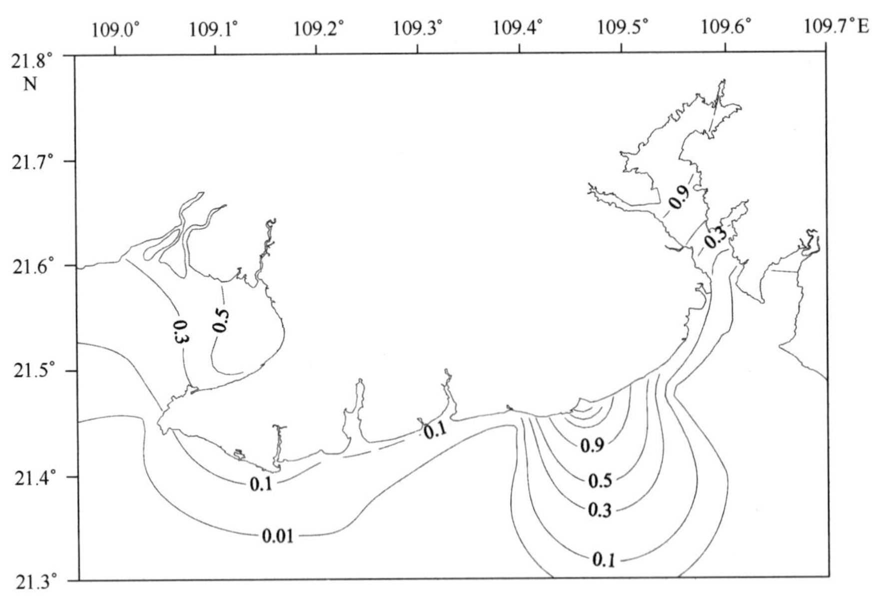

图 3－99　春季北海海区硅酸盐含量等值线分布图（mg/L）

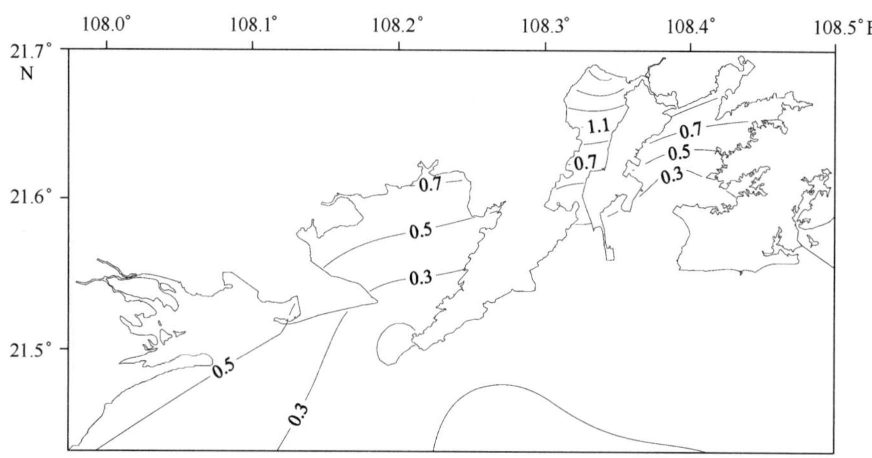

图 3-100　夏季防城港海区硅酸盐含量等值线分布图（mg/L）

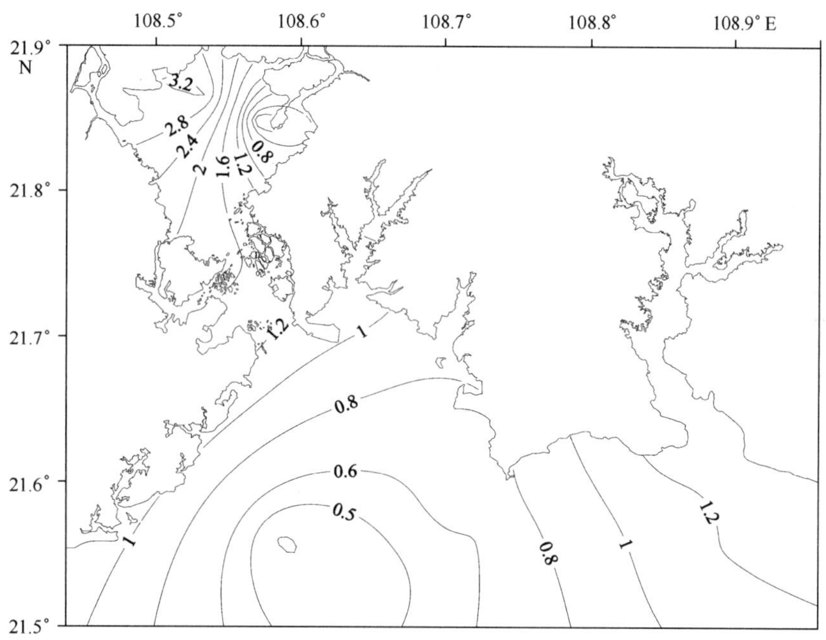

图 3-101　夏季钦州海区硅酸盐含量等值线分布图（mg/L）

海域的 28 号站。见图 3-102。

（3）秋季硅酸盐含量的分布及变化

由表 3-10 可见，秋季，广西北部湾近岸海域硅酸盐含量的平均值为 0.632 mg/L，变化范围为 0.054～2.985 mg/L。硅酸盐含量高值区出现在钦州海区，防城港海区硅酸盐含量较低。

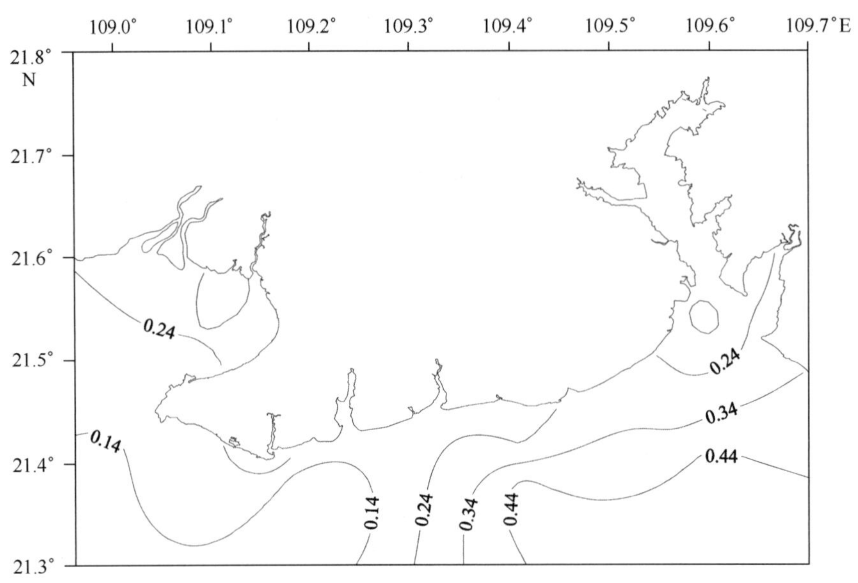

图 3－102　夏季北海海区硅酸盐等值线分布图（mg/L）

在 3 个海区中，防城港海区的硅酸盐含量最低，平均值为 0. 365 mg/L，变化范围为 0. 054～2. 317 mg/L。硅酸盐含量最高值位于珍珠港的 06 号站，最低值出现在防城港西湾的 07 号站。见图 3－103。

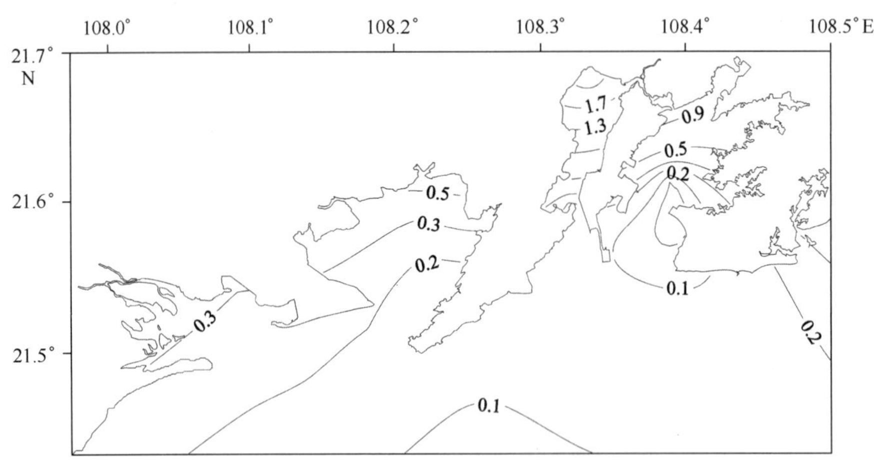

图 3－103　秋季防城港海区硅酸盐含量等值线分布图（mg/L）

钦州海区的硅酸盐含量在 3 个海区中含量最高，平均值为 1. 046 mg/L，变化范围为 0. 134～2. 783 mg/L。在钦州调查海区内，最高值出现在茅尾海海域的 E 号站，最低值出现在三墩附近海域 17 号站。见图 3－104。

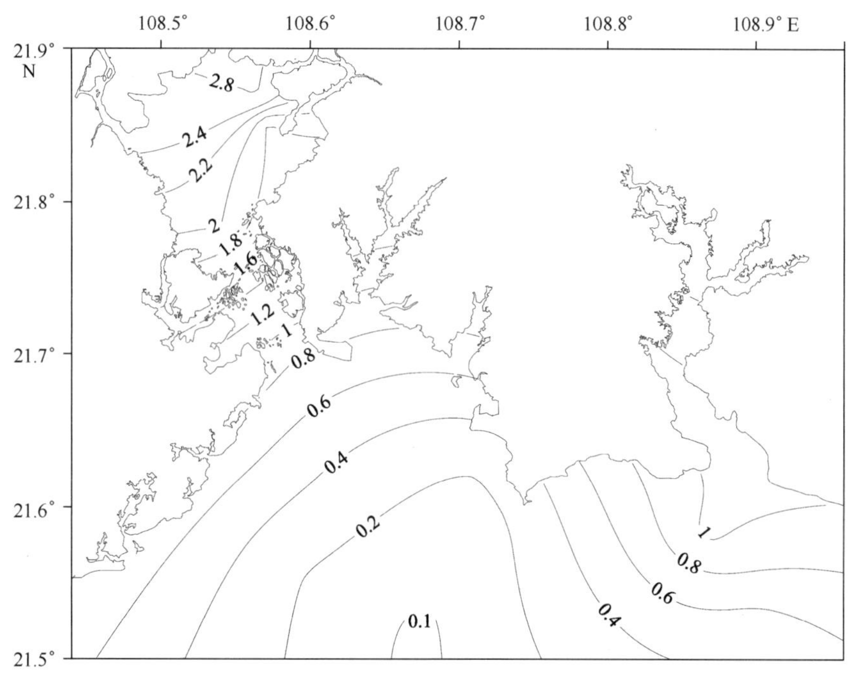

图 3－104　秋季钦州海区硅酸盐含量等值线分布图（mg/L）

北海海区的硅酸盐的平均值为 0.481 mg/L，变化范围为 0.090～2.985 mg/L。在北海调查海区内，最高值和最低值均出现在廉州湾海域，其中，最高值位于 23 号站，最低值出现在 26 号站。见图 3－105。

（4）冬季硅酸盐含量的分布及变化

由表 3－10 可见，冬季，硅酸盐含量的平均值为 0.374 mg/L，变化范围为 0.044～1.401 mg/L。防城港海区的硅酸盐含量最高，钦州次之，北海最低。

防城港海区硅酸盐含量的平均值为 0.298 mg/L，变化范围为 0.044～1.401 mg/L。位于防城江入海口附近的 06 号站硅酸盐含量最高，位于珍珠港附近海域的 03 号站调查值最低。见图 3－106。

钦州海区硅酸盐含量的调查平均值为 0.448 mg/L，变化范围为 0.071～1.267 mg/L。调查海区内，硅酸盐含量变化较小，最高值出现在茅尾海海域的 D 号站、E 号站，最低值出现在钦州港三娘湾附近海域的 18 号站。见图 3－107。

北海海区硅酸盐含量的平均值为 0.364 mg/L，变化范围为 0.113～1.319 mg/L。铁山港的 32 号站的硅酸盐含量为最高，廉州湾的 26 号站的硅酸盐含量最低。见图 3－108。

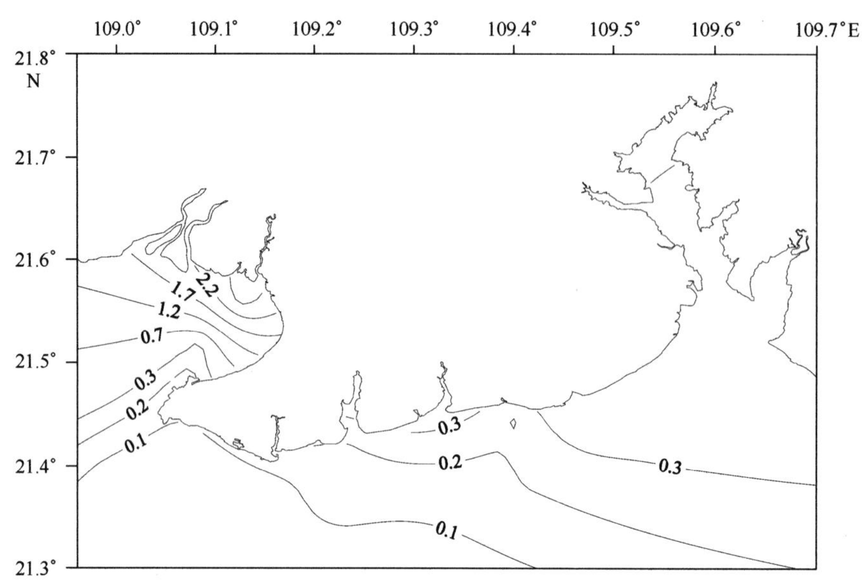

图 3-105　秋季北海海区硅酸盐含量等值线分布图（mg/L）

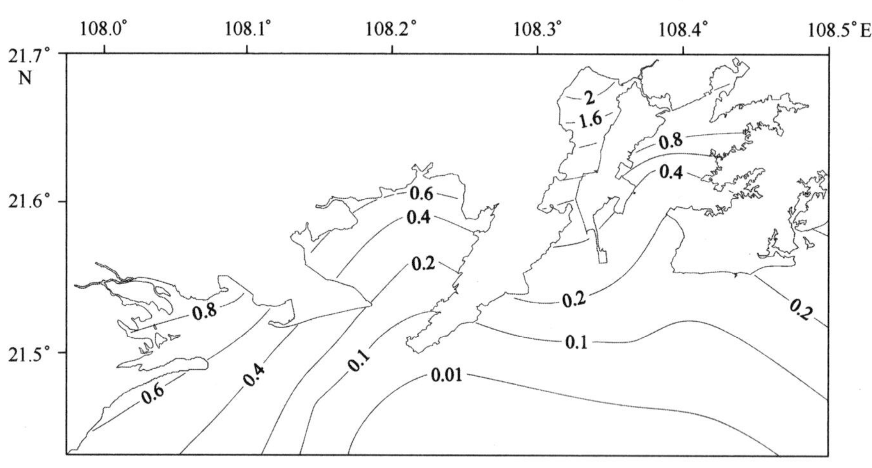

图 3-106　冬季防城港海区硅酸盐含量等值线分布图（mg/L）

3.1.11　石油类

2010 年，广西北部湾近岸海域各季度石油类浓度的变化范围及平均值见表 3-11。

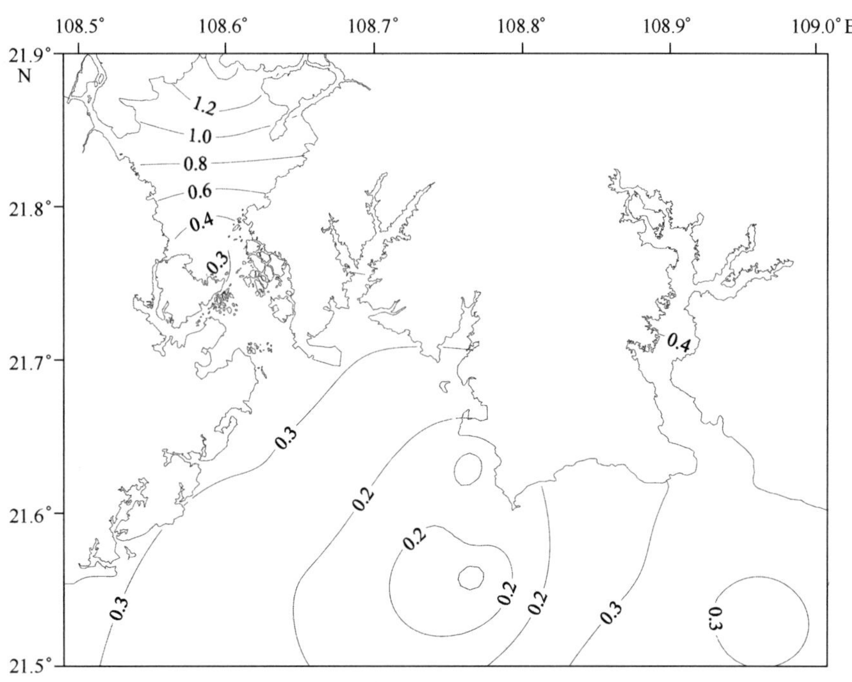

图 3-107　冬季钦州海区硅酸盐含量等值线分布图（mg/L）

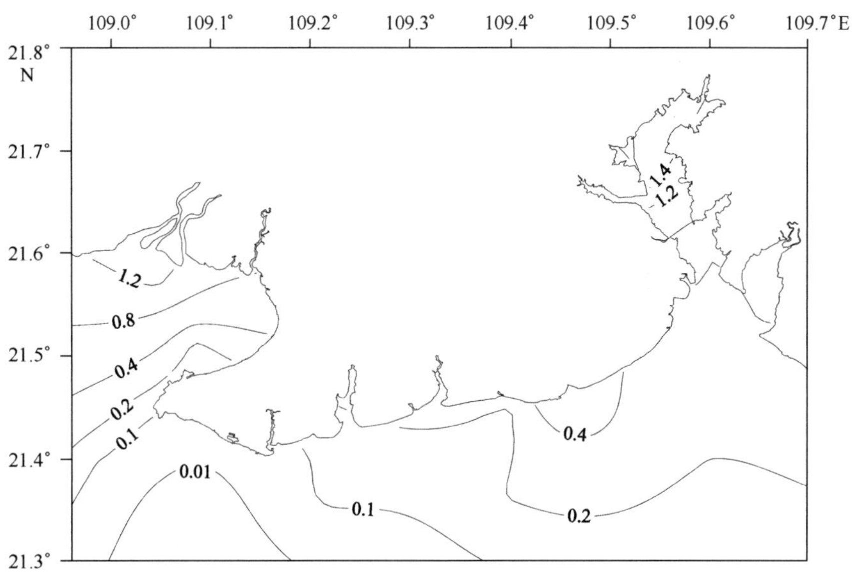

图 3-108　冬季北海海区硅酸盐含量等值线分布图（mg/L）

表 3-11　广西北部湾近岸海域石油类浓度变化范围及平均值　　单位：mg/L

海区	春季		夏季		秋季		冬季	
	变化范围	均值	变化范围	均值	变化范围	均值	变化范围	均值
广西北部湾	0.014～0.326	0.038	0.004～0.043	0.018	0.001～0.066	0.013	0.004～0.086	0.020
防城港	0.018～0.098	0.041	0.004～0.043	0.019	0.004～0.066	0.016	0.010～0.086	0.022
钦州	0.014～0.052	0.030	0.012～0.030	0.020	0.001～0.022	0.011	0.010～0.037	0.020
北　海	0.015～0.326	0.043	0.004～0.038	0.015	0.004～0.026	0.012	0.004～0.041	0.019

（1）春季石油类浓度的分布及变化

春季，广西北部湾近岸海域石油类浓度变化范围为 0.014～0.326 mg/L，平均值为 0.038 mg/L。大部分站位海水的石油类浓度达到一类海水水质标准。

防城港海区石油类平均浓度为 0.041 mg/L，变化范围为 0.018～0.098 mg/L，最高值出现在白龙尾海域的 1 号站；最低值出现在于白龙尾海域的 3 号站。见图 3-109。

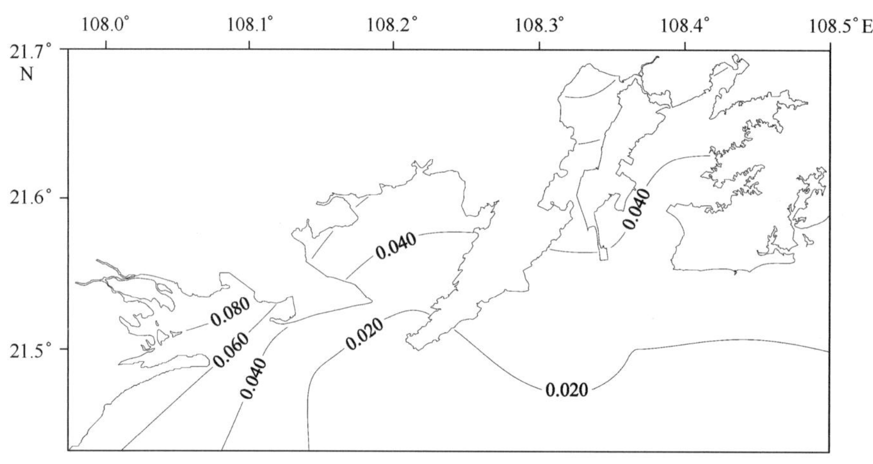

图 3-109　春季防城港海区石油类浓度等值线平面分布图（mg/L）

钦州海区的石油类浓度平均值最低，为 0.030 mg/L，变化范围为 0.014～0.052 mg/L，石油类浓度最高值出现在大风江的 H 号站，最低值出现在茅尾海的 F 号站。见图 3-110。

3 个海区中，北海海区的石油类浓度平均值最高，为 0.043 mg/L，变化范围为 0.015～0.326 mg/L，最高值位于铁山港外海域的 39 号站，最低值出现在廉州湾海域的 22 号站、位于白虎头海域的 27 号站、位于铁山港海域的 36 号站。见图 3-111。

（2）夏季石油类浓度的分布及变化

夏季，广西北部湾近岸海域石油类浓度变化范围为 0.004～0.043 mg/L，平均值为

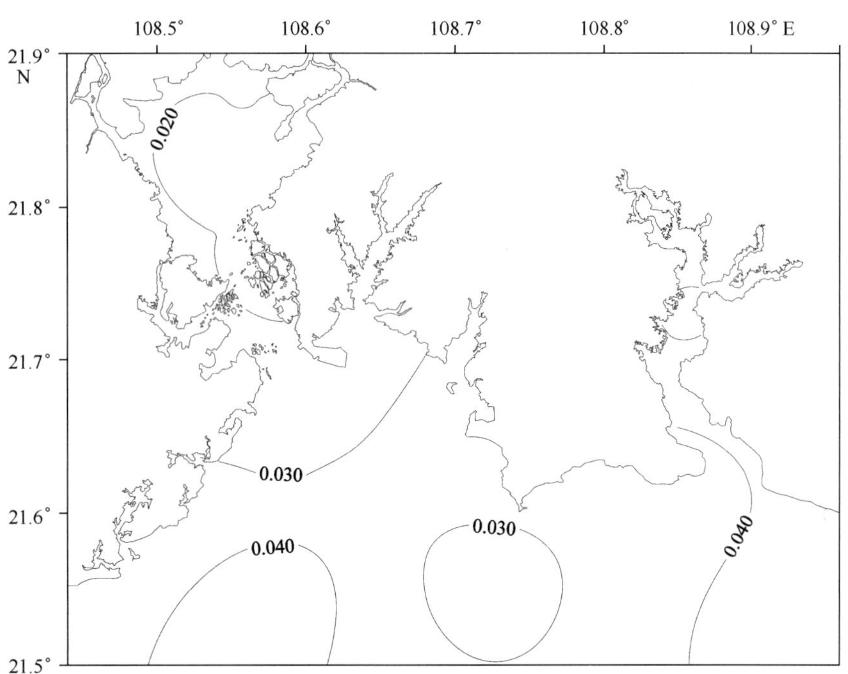

图3-110 春季钦州海区石油类浓度等值线平面分布图（mg/L）

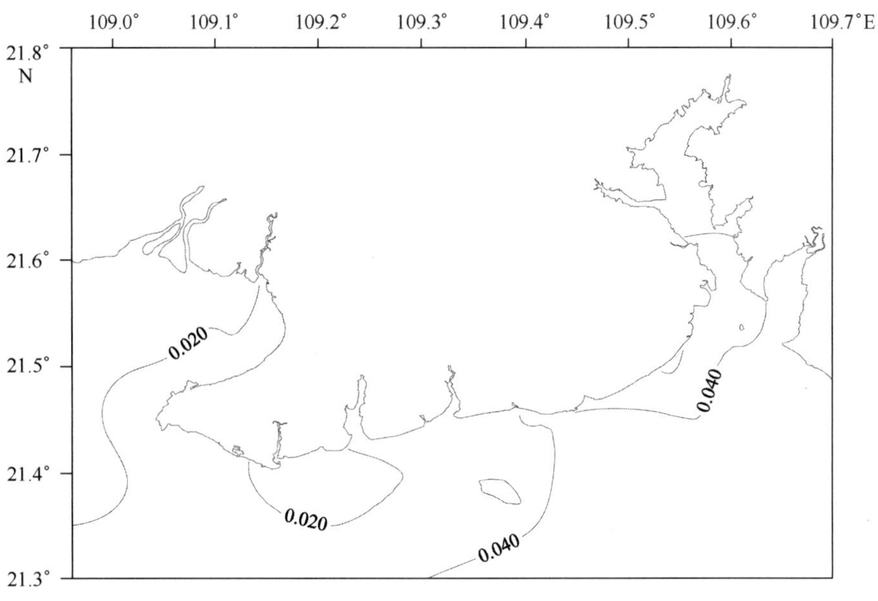

图3-111 春季北海海区石油类浓度等值线平面分布图（mg/L）

0.018 mg/L。所有站位海水的石油类浓度均达到一类海水水质标准。

防城港海区石油类含量均值为0.019 mg/L，变化范围为0.004 ~0.043 mg/L，浓度最高值出现在防城港西湾外海域的11号站，最低值出现在白龙尾海域的5号站。见图3-112。

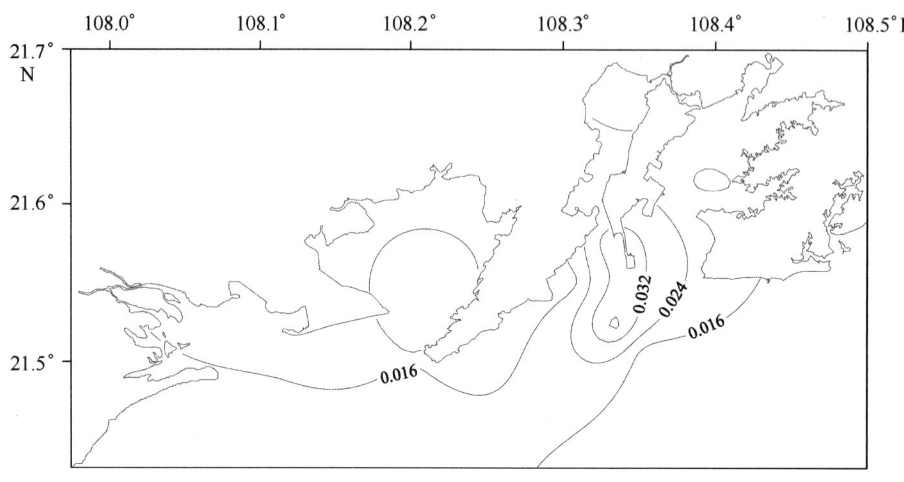

图3-112　夏季防城港海区石油类浓度等值线平面分布图（mg/L）

钦州海区的石油类浓度在3个海区中最高，平均为0.020 mg/L，变化范围为0.012 ~0.030 mg/L，浓度最高值出现在大风江海域的19号站；最低值出现在钦州外外海域的18号站。见图3-113。

北海海区的石油类浓度平均值最低，为0.015 mg/L，变化范围为0.004 ~0.038 mg/L，最高值出现在廉州湾海域的25号站，最低值出现在铁山港海域的36号站。见图3-114。

（3）秋季石油类浓度的分布及变化

秋季，广西北部湾近岸海域石油类浓度变化范围为0.001 ~0.066 mg/L，平均值为0.013 mg/L。大部分站位海水的石油类浓度达到一类海水水质标准。

3个海区中，防城港海区的石油类浓度平均值最高，为0.016 mg/L，变化范围为0.004 ~0.066 mg/L。最高值出现在防城港西湾海域的9号站，最低值出现在白龙尾海域的2号站。见图3-115。

钦州海区的石油类浓度平均值最低，为0.011mg/L，变化范围为0.001 ~0.022 mg/L，最高值出现在茅尾海的D号站，最低值出现在三墩附近海域的17号站。见图3-116。

北海海区均值为0.012 mg/L，变化范围为0.004 ~0.026 mg/L，最高值出现在铁山港大桥附近的32号站，最低值出现在廉州湾外海域的26号站。见图3-117。

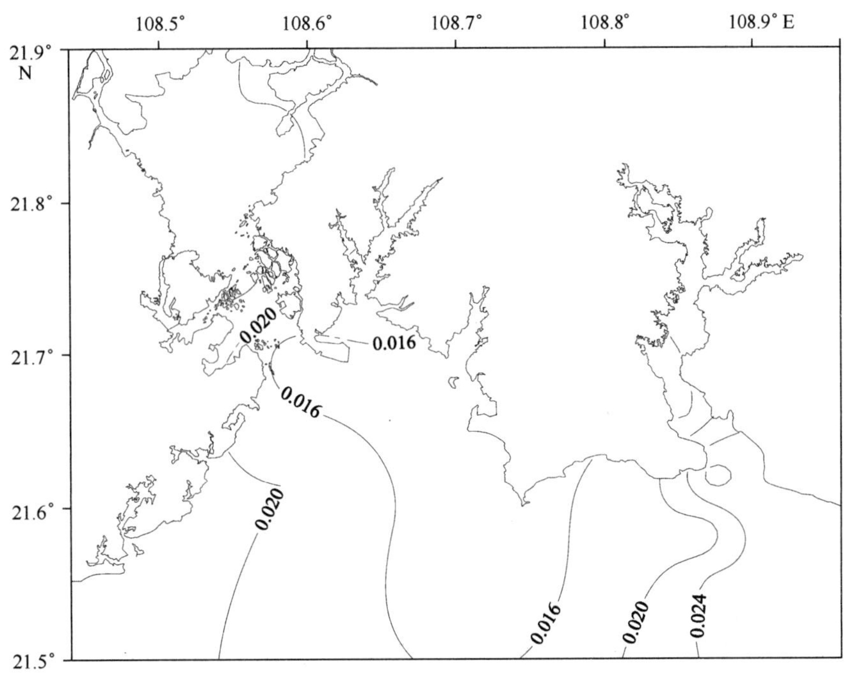

图 3-113　夏季钦州海区石油类浓度等值线平面分布图（mg/L）

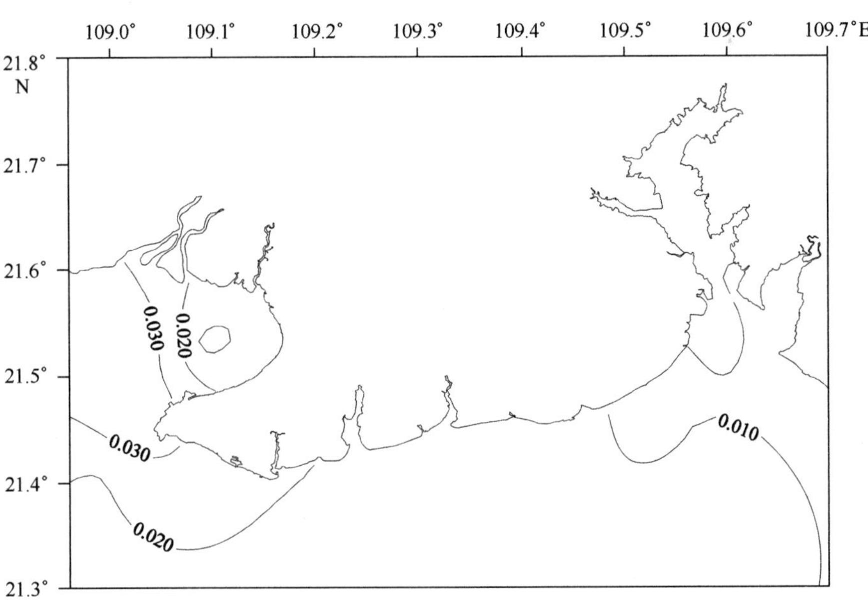

图 3-114　夏季北海海区石油类浓度等值线平面分布图（mg/L）

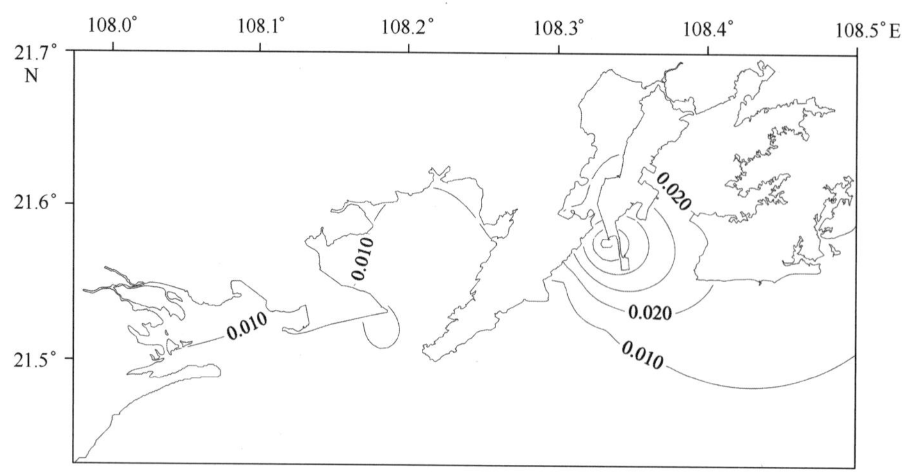

图 3－115　秋季防城港海区石油类浓度等值线平面分布图（mg/L）

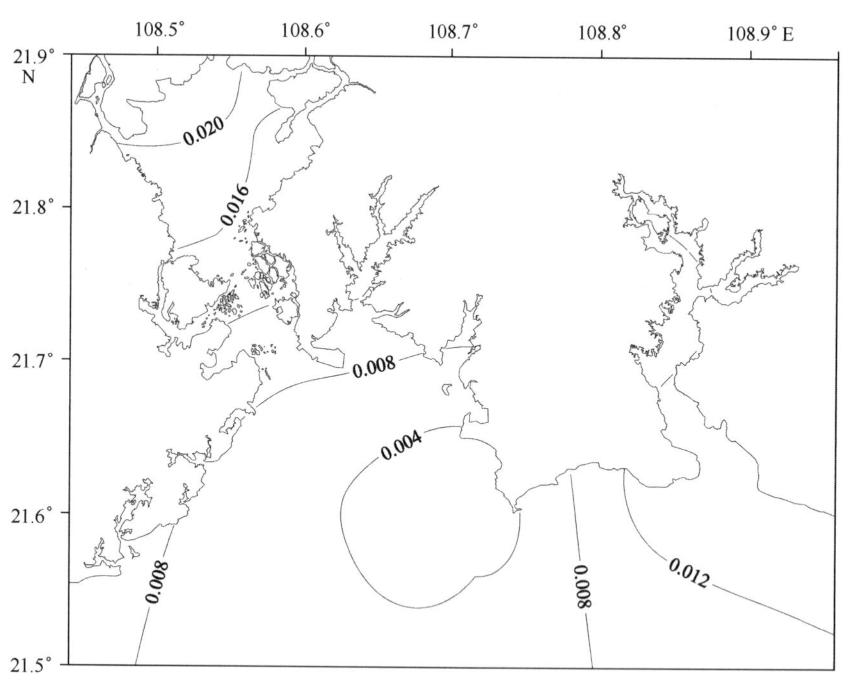

图 3－116　秋季钦州海区石油类浓度等值线平面分布图（mg/L）

（4）冬季石油类浓度的分布及变化

冬季，广西北部湾近岸海域石油类浓度变化范围为 0.004～0.086 mg/L，平均值为 0.020 mg/L。大部分站位海水的石油类浓度达到一类海水水质标准。

3 个海区中，防城港海区的石油类浓度平均值最高，为 0.022 mg/L，变化范围为

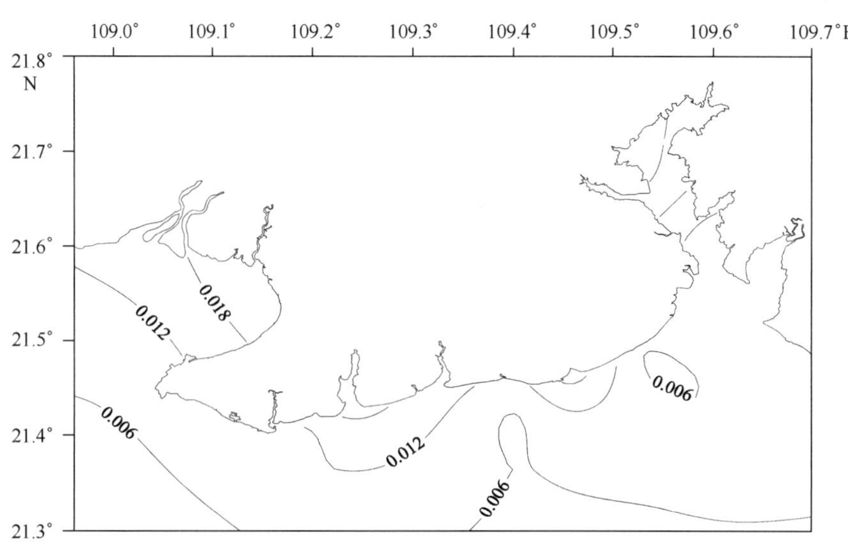

图 3－117　秋季北海海区石油类浓度等值线平面分布图（mg/L）

0. 010～0. 086 mg/L，最高值出现在西湾顶部的 6 号站；最低值出现在白龙尾海域的 3 号站和 4 号站。见图 3－118。

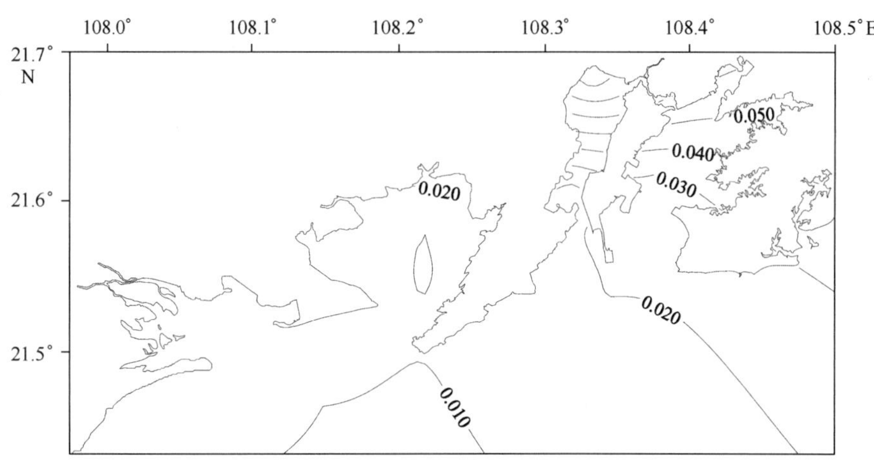

图 3－118　冬季防城港海区石油类浓度等值线平面分布图（mg/L）

钦州海区石油类浓度次之，平均值为 0. 020 mg/L，变化范围为 0. 010～0. 037 mg/L，最高值出现在勒沟河口附近的 13 号站，最低值出现在钦州湾外海域的 14 号站。见图 3－119。

北海海区的石油类浓度平均值最低，为 0. 019 mg/L，变化范围为 0. 004～0. 041 mg/L，最高值出现在铁山港海域的 33 号站；最低值出现在位白虎头海域的 27 号站。见图 3－120。

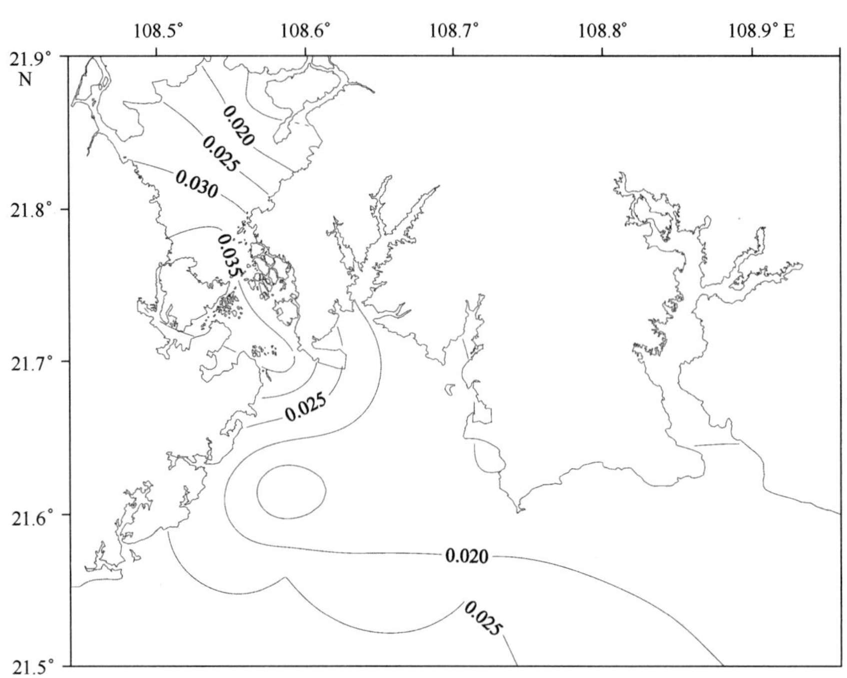

图 3－119　冬季钦州海区石油类浓度等值线平面分布图（mg/L）

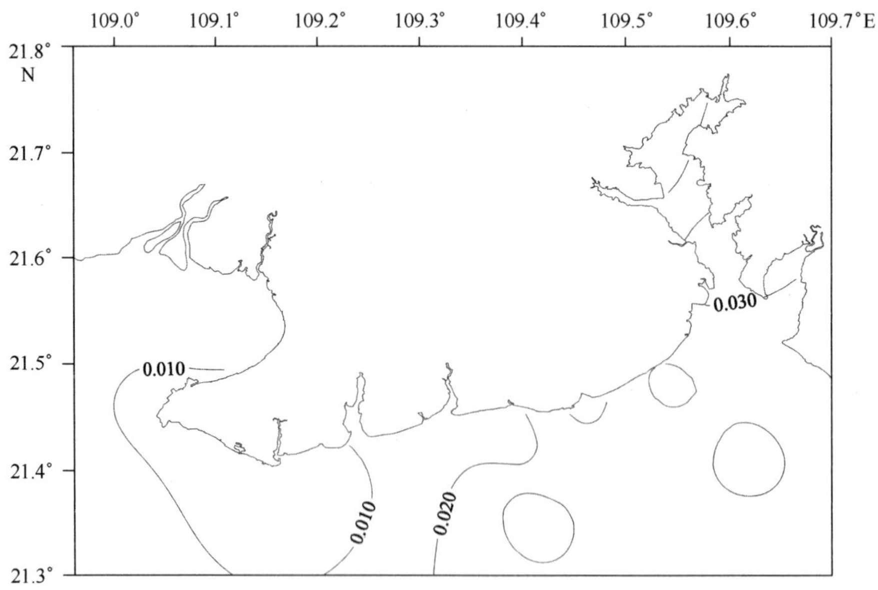

图 3－120　冬季北海海区石油类浓度等值线平面分布图（mg/L）

通过以上4个季度的调查和分析得出，广西北部湾近岸海域海水石油类浓度变化范围在0.001~0.326 mg/L之间，年平均值为0.022 mg/L；具有春季高，冬夏季次之，秋季较低的季节性变化特征。不同季节、不同海区之间，石油类浓度差异较大。

总体而言，广西北部湾近岸海水水质较好，春季有91%的站位达到一类海水水质标准，夏季100%的站位达到一类海水水质标准，秋季和冬季有98%的站位达到一类海水水质标准。从各个海区分析得出，防城港石油类浓度平均值最高，其次为北海，钦州最低。这可能与港口的开发利用程度有关。

3.1.12 铜

2010年，广西北部湾近岸海域各季度铜含量的变化范围及平均值见表3-12。

表3-12 广西北部湾近岸海域重金属铜含量的变化范围及平均值 单位：μg/L

海区	春季		夏季		秋季		冬季	
	变化范围	平均值	变化范围	平均值	变化范围	平均值	变化范围	平均值
广西北部湾	0.3~8.0	2.2	0.2~6.2	1.7	b~4.3	1.3	b~2.3	0.7
防城港	2.1~8.0	3.8	1.3~6.2	2.9	0.6~2.4	1.6	0.1~1.3	0.8
钦州	1.2~3.7	1.9	0.7~3.2	1.7	b~2.7	1.0	0.2~1.4	0.7
北海	0.3~5.8	1.5	0.2~2.0	1.0	0.4~4.3	1.4	b~2.3	0.6

注：b表示未检出。

（1）春季铜含量的分布及变化

春季，铜含量位居4个季度月之首，平均值为2.2 μg/L，区域性变化很大，变化范围为0.3~8.0 μg/L。防城港受污染程度最大，北海受污染程度最小，整个广西北部湾调查区域内水质状况良好，大部分达到一类海水水质标准。

在3个海区中，防城港海区的铜含量最高，平均含量为3.8 μg/L，变化范围为2.1~8.0 μg/L，位于西湾码头附近海域08号站调查值最高，最低值出现在白龙尾附近海域10号站。见图3-121。

钦州海区的铜含量次之，调查平均值为1.9 μg/L，变化范围为1.2~3.7 μg/L，最高值出现在大风江海域H号站，最低值出现在三墩附近海域17号站。见图3-122。

北海海区铜平均含量最低，调查平均值为1.5 μg/L，变化范围为0.3~5.8 μg/L，大部分海水达到一类海水水质标准。在北海调查海区内，最高值和最低值均出现在铁山港，其中，铁山港大桥附近海域32号站调查值最高，最低值出现在铁山港湾口海域34号站。见图3-123。

（2）夏季铜含量的分布及变化

夏季，铜含量仅次于春季，平均值为1.7 μg/L，区域性变化也比较大，变化范围为

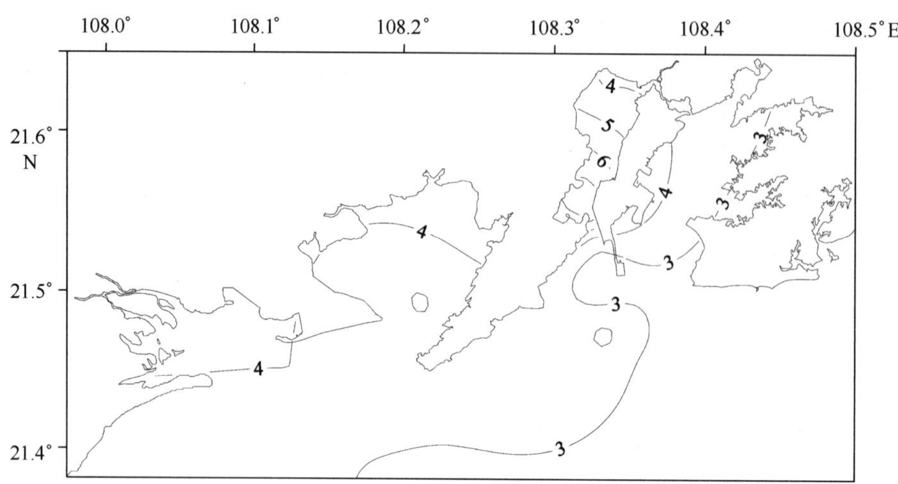

图 3-121　春季防城港海区重金属铜含量等值线分布图（μg/L）

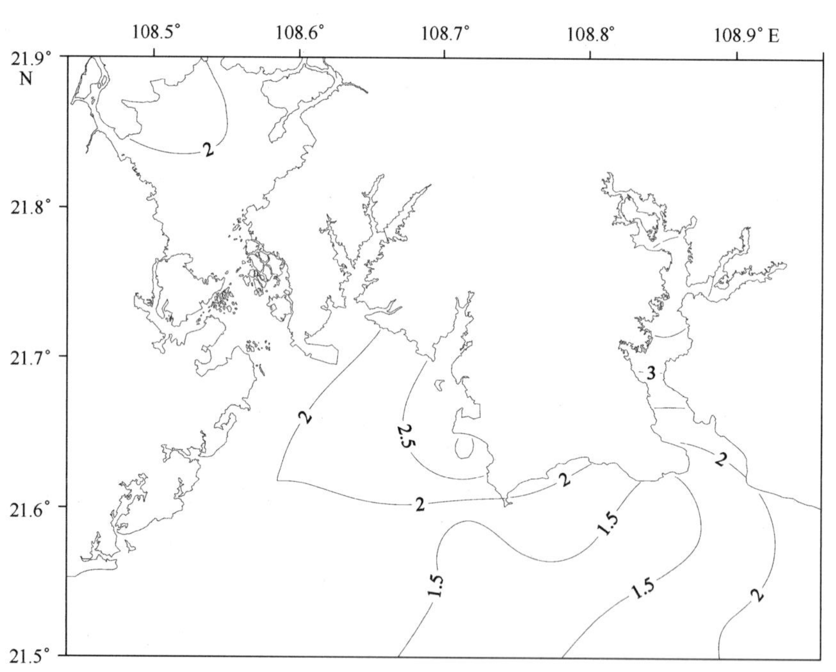

图 3-122　春季钦州海区重金属铜含量等值线分布图（μg/L）

0. 2 ~6. 2 μg/L。夏季，铜含量分布和春季相类似，防城港受污染程度最大，北海受污染程度最小，且整个广西北部湾调查区域内水质状况良好，大部分达到一类海水水质标准。

在 3 个海区中，防城港海区含量最高，平均含量为 2. 9 μg/L，变化范围为 1. 3 ~ 6. 2 μg/L，大部分水质达到一类海水水质标准。12 号站调查值最高，达到 6. 5 μg/L，

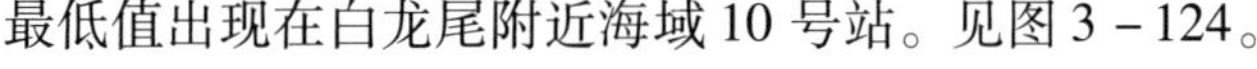
最低值出现在白龙尾附近海域10号站。见图3－124。

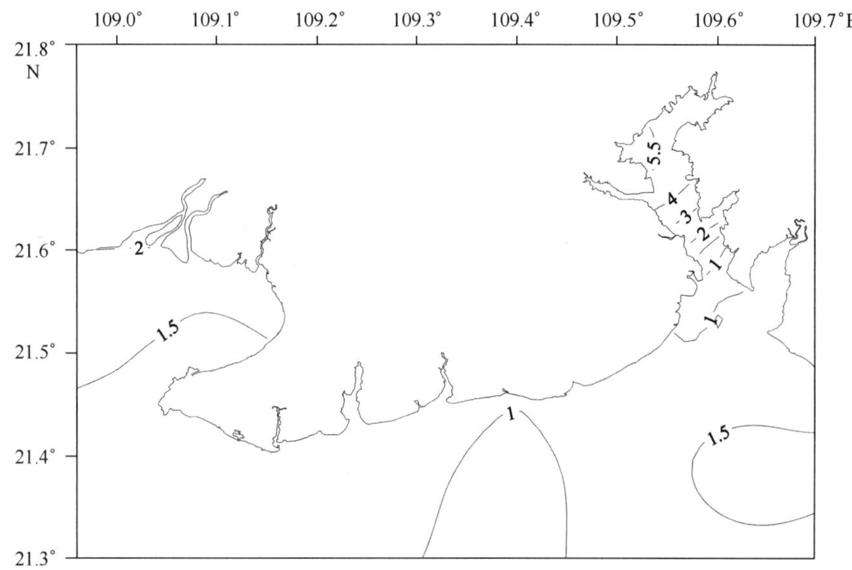

图3－123　春季北海海区重金属铜含量等值线分布图（μg/L）

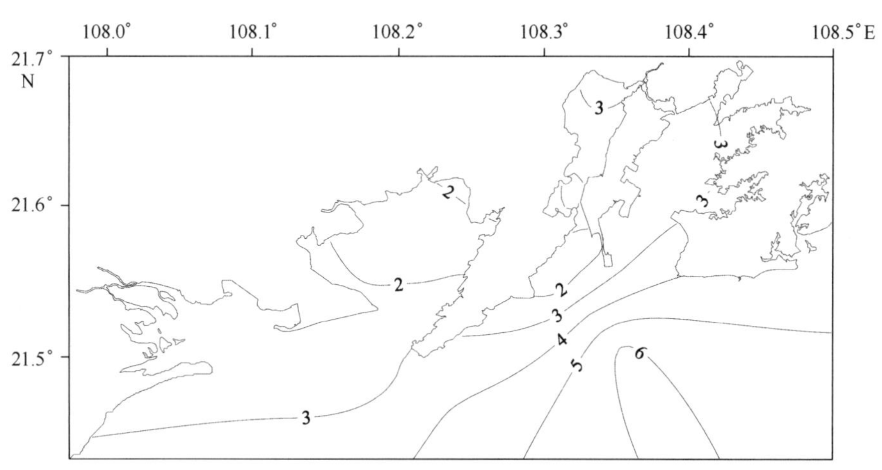

图3－124　夏季防城港海区重金属铜含量等值线分布图（μg/L）

钦州海区铜含量次之，调查平均值为1.7 μg/L，变化范围为0.7～3.2 μg/L，水质状况良好，均达到一类海水水质标准。在钦州湾调查海区内，铜含量分布规律呈现出近岸高远岸低的特点，最高值出现在三墩附近海域17号站，最低值出现在14号站。见图3－125。

北海海区铜平均含量最低，调查平均值为1.0 μg/L，变化范围为0.2～2.0 μg/L，变化幅度最小，且水质状况良好，均达到一类海水水质标准，铜含量最高值出现在营盘远岸海域31号站，最低值出现在冠头岭远岸点海域26号站。见图3－126。

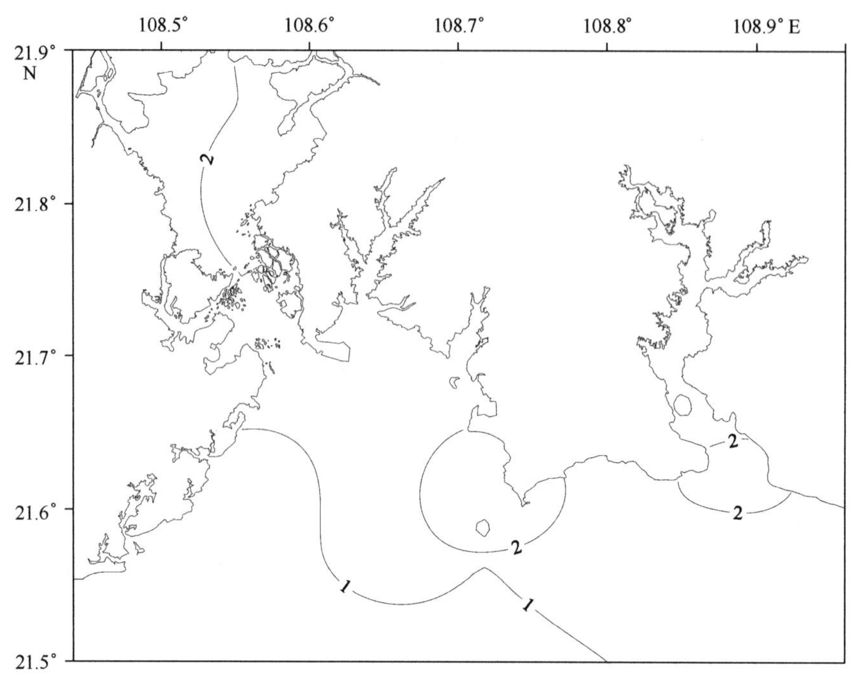

图 3－125　夏季钦州海区重金属铜含量等值线分布图（μg/L）

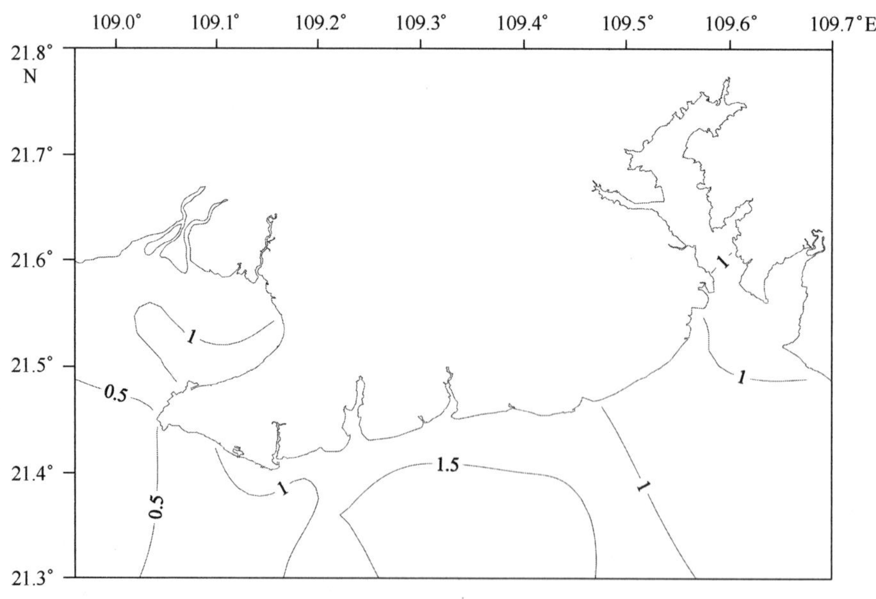

图 3－126　夏季北海海区重金属铜含量等值线分布图（μg/L）

(3) 秋季铜含量的分布及变化

秋季，铜含量较低，平均值为1.3 μg/L，区域性变化比较大，变化范围为未检出～4.3 μg/L。防城港受污染程度最大，钦州受污染程度最小，且整个广西北部湾调查区域内水质状况良好，均达到一类海水水质标准。

在3个海区中，防城港海区铜含量最高，平均含量为1.6 μg/L，变化范围为0.6～2.4 μg/L。铜含量分布呈现近岸含量高，远岸低的特点，最高值出现在西湾码头附近海域08号站，最低值出现在远岸点12号站。见图3－127。

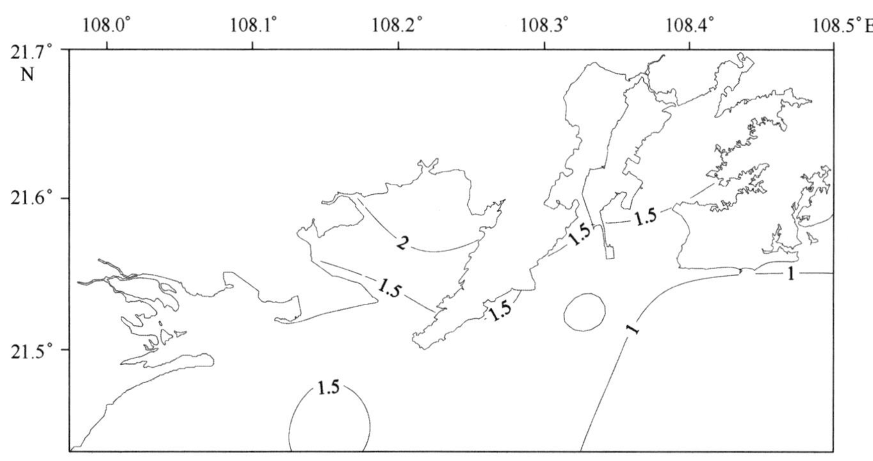

图3－127　秋季防城港海区重金属铜含量等值线分布图（μg/L）

钦州海区铜含量最低，调查平均值为1.0 μg/L，变化范围为未检出～2.7 μg/L，铜含量变化较小，茅尾海出海口附近13号站调查值最高，为2.7 μg/L，最低值出现在远岸点14号站。见图3－128。

北海海区铜含量平均值次之，调查平均值为1.4 μg/L，变化范围为0.4～4.3 μg/L。廉州湾海区的含量要高于其他海域，最高值出现在冠头岭近岸海域25号站，最低值出现在铁山港远岸点39号站。见图3－129。

(4) 冬季铜含量的分布及变化

冬季，广西北部湾近岸海域铜含量最低，平均为0.7 μg/L，变化范围为未检出～2.3 μg/L。冬季广西北部湾水质良好，全部达到一类海水水质标准，且整个海域分布较为均匀，区域性变化不明显。

防城港海区平均含量为0.8 μg/L，变化范围为0.1～1.3 μg/L，其中位于西湾码头附近海域08号站含量最高，最低值出现在珍珠湾湾口附近海域02号站。见图3－130。

钦州海区平均含量为0.7 μg/L，变化范围为0.2～1.4 μg/L，其中最高值位于茅尾海出海口海域40号站，最低值出现在14号站。见图3－131。

在3个海区中北海海区平均含量最小，为0.6 μg/L，变化范围为未检出～2.3 μg/L，

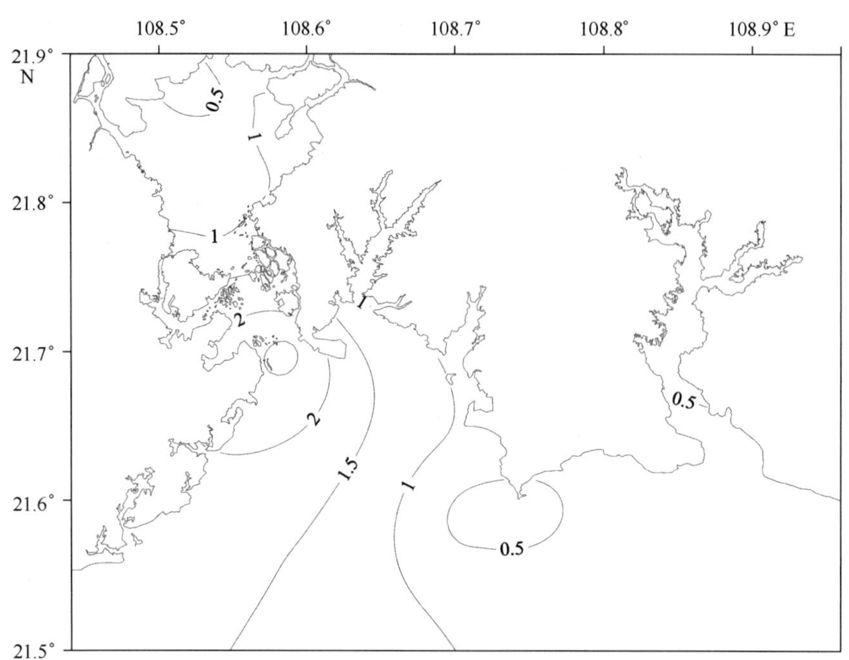

图 3－128　秋季钦州海区重金属铜含量等值线分布图（μg/L）

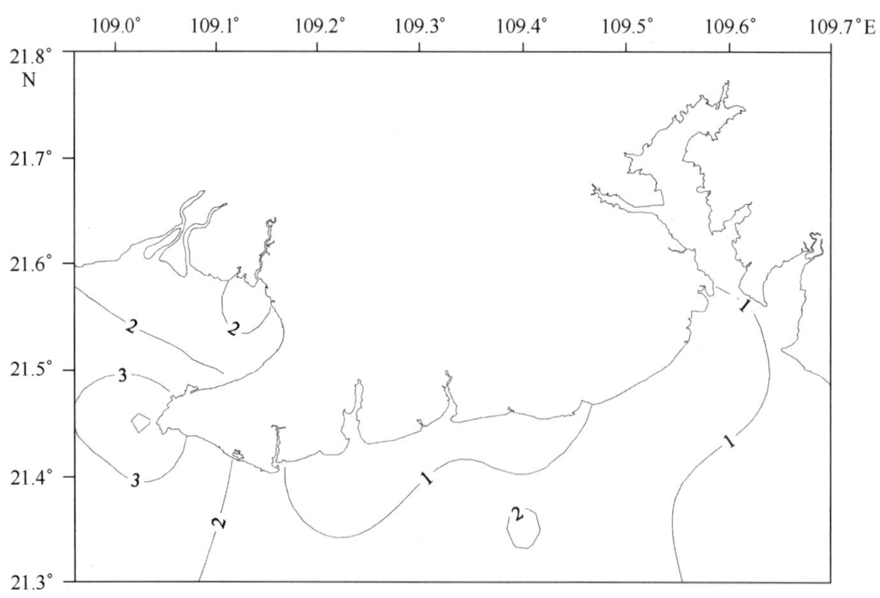

图 3－129　秋季北海海区重金属铜含量等值线分布图（μg/L）

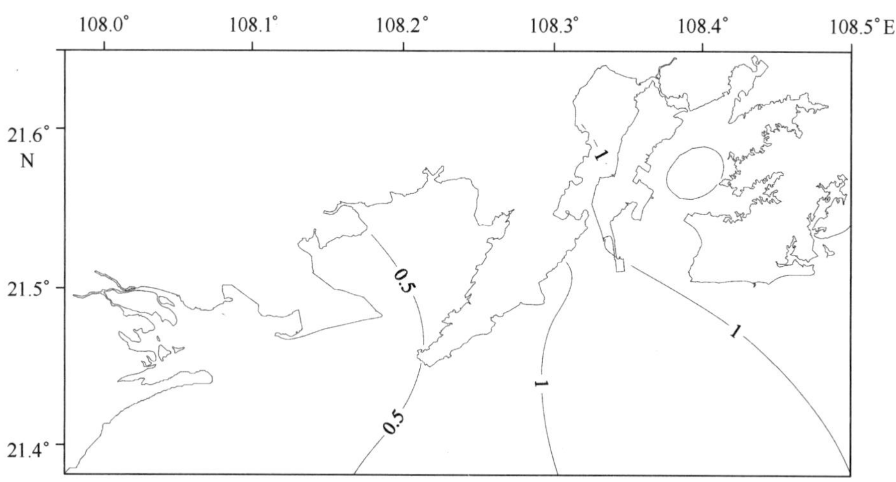

图 3-130　冬季防城港海区重金属铜含量等值线分布图（μg/L）

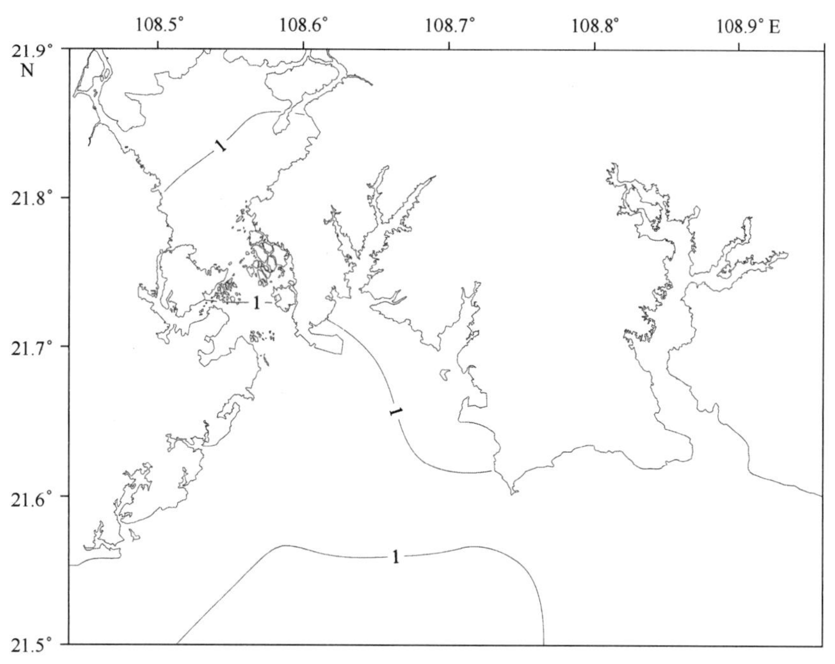

图 3-131　冬季钦州海区重金属铜含量等值线分布图（μg/L）

最高值出现在铁山港的 34 号站，在铁山港外湾海域 38 号站铜含量未检出。见图 3-132。

通过以上 4 个季度的调查和分析得出，广西北部湾近岸海域铜含量在未检出～8.0 μg/L 之间，年平均值为 1.5 μg/L；具有春季高，夏秋季次之，冬季较低的季节性变化

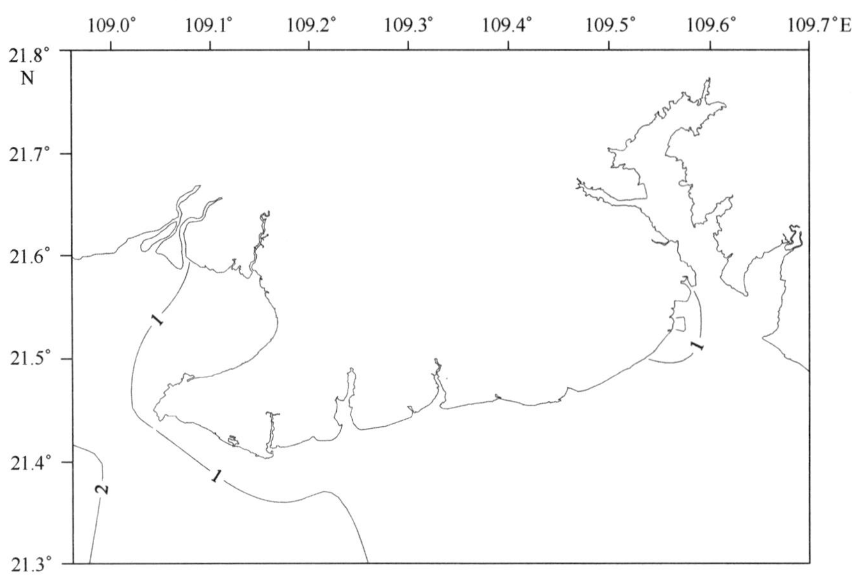

图 3－132　冬季北海海区重金属铜含量等值线分布图（μg/L）

特征；但在不同季节，不同海区的铜含量差异较大。总体来讲，广西北部湾水质良好，春季有96%的海水达到一类标准，夏季有98%海水达到一类标准，秋季和冬季水质全部达到一类海水水质标准。从各个海区分析得出，防城港海域污染最为严重，其次是钦州，北海海水水质最好，这可能是和港口开发程度有关。

3.1.13　铅

2010年，广西北部湾近岸海域各季度铅含量的变化范围及平均值见表3－13。

表3－13　广西北部湾海岸近岸海域铅含量的变化范围及平均值　单位：μg/L

海区	春季		夏季		秋季		冬季	
	变化范围	平均值	变化范围	平均值	变化范围	平均值	变化范围	平均值
广西北部湾	b～7.1	2.7	b～4.1	1.1	b～47.4	4.5	b～27.2	1.5
防城港	b～7.1	3.3	b～4.1	1.1	b～5.8	2.2	b～5.8	0.9
钦州	b～6.5	2.5	b～3.9	1.0	b～19.8	3.8	b～27.2	2.5
北海	0.6～5.3	2.6	b～4.0	1.1	b～47.4	6.4	b～11.3	1.3

注：b表示未检出。

（1）春季铅含量的分布及变化

春季，铅含量仅次于秋季，平均值为2.7 μg/L，区域性变化很大，变化范围为未检出～7.1 μg/L。春季广西北部湾水质状况较差，一类海水达标率仅为13%，大部分海域只能达到国家海水水质二类标准，少数站位甚至只达到三类标准范围。

在3个海区中，防城港海区铅含量最高，平均含量为3.3 μg/L，变化范围为未检出~7.1μg/L。铅的分布呈现近岸含量高，远岸低的特点，尤其是东湾、西湾，铅含量明显高于其他海域，最高值出现东湾的07号站，次高值出现在防城江入海口06号站，最低值出现在远岸点12号站。见图3－133。

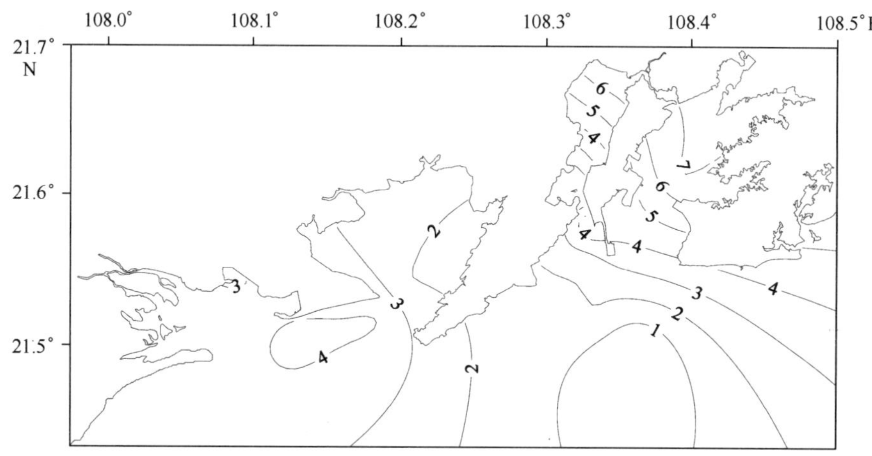

图3－133　春季防城港海区重金属铅含量等值线分布图（μg/L）

钦州海区含量最低，调查平均值为2.5 μg/L，变化范围为未检出~6.5 μg/L。铅的分布呈现近岸含量高，远岸低的特点。在大灶江海域和茅尾海北部海域，铅的含量比较高，污染较为严重，尤其是大灶江海域，海水铅含量达到6.5 μg/L，仅处于三类海水水质范围。见图3－134。

北海海区铅含量比钦州湾稍高，调查平均值为2.6 μg/L，变化范围为0.6~5.3 μg/L。廉州湾铅含量分布差异最大，最高值和最低值均出现在该处，最高值在24号站，最低值在23号站。见图3－135。

（2）夏季铅含量的分布及变化

夏季，广西北部湾近岸海域铅的含量最低，平均为1.1 μg/L，变化范围为未检出~4.1 μg/L，3个海区变化幅度和平均值相当。夏季广西北部湾近岸海域水质只有59%的调查站位水质达到一类海水水质标准。

在3个海区中，防城港海区铅含量最高，平均值为1.1 μg/L，变化范围为未检出~4.1 μg/L。铅的含量最高出现在西湾防城江入海口06号站，西湾铅的污染最为严重，而东湾07号站海水中未检出铅。见图3－136。

钦州海区铅含量最低，调查平均值为1.0 μg/L，变化范围为未检出~3.9 μg/L。茅尾海的铅含量最高，最高值出现在钦江入海口附近D号站，在三墩附近海域铅的含量最低。见图3－137。

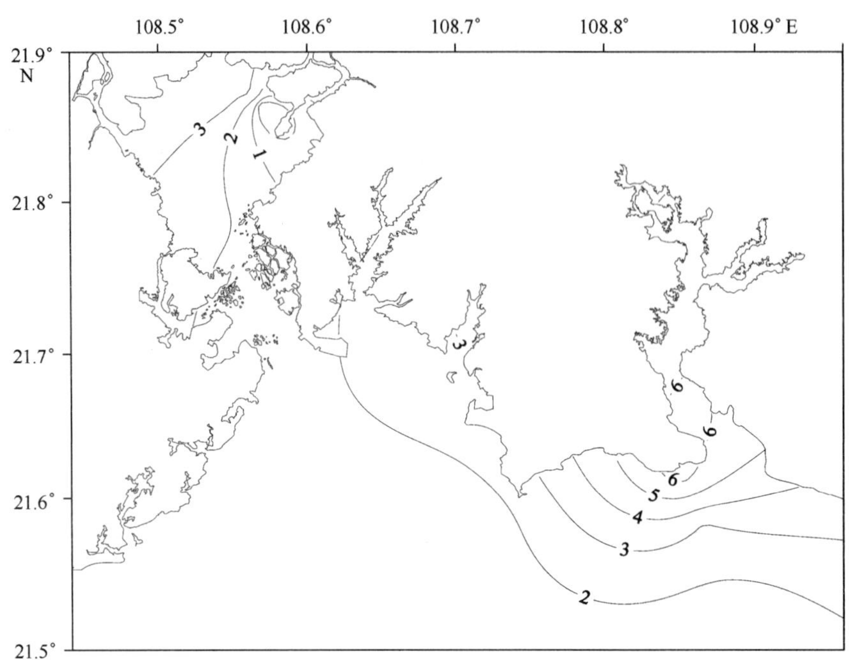

图 3－134　春季钦州海区重金属铅含量等值线分布图（μg/L）

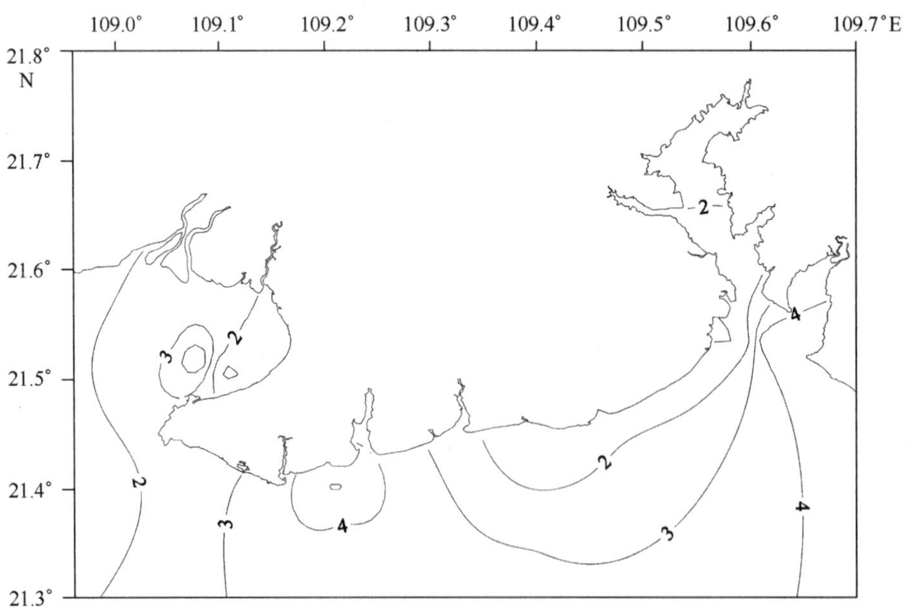

图 3－135　春季北海海区重金属铅含量等值线分布图（μg/L）

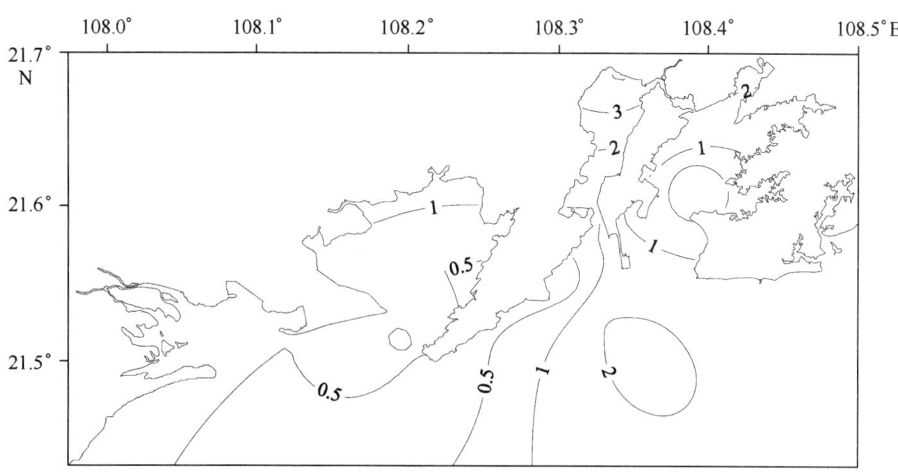

图3-136　夏季防城港海区重金属铅含量等值线分布图（μg/L）

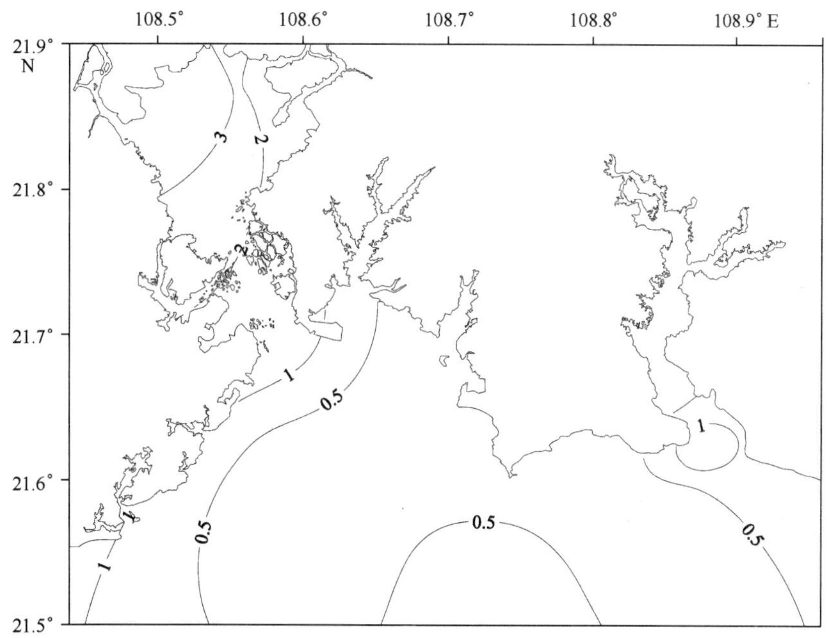

图3-137　夏季钦州海区重金属铅含量等值线分布图（μg/L）

北海海区铅含量和防城港相当，调查平均值均为1.1 μg/L，调查值变化范围为未检出~4.0 μg/L。铅含量分布呈现出廉州湾高，其他海域低的特点，铅的含量最高值出现在白虎头远岸点28号站，最低值出现在铁山港外湾海域39号站，在该处均未检出铅含量。见图3-138。

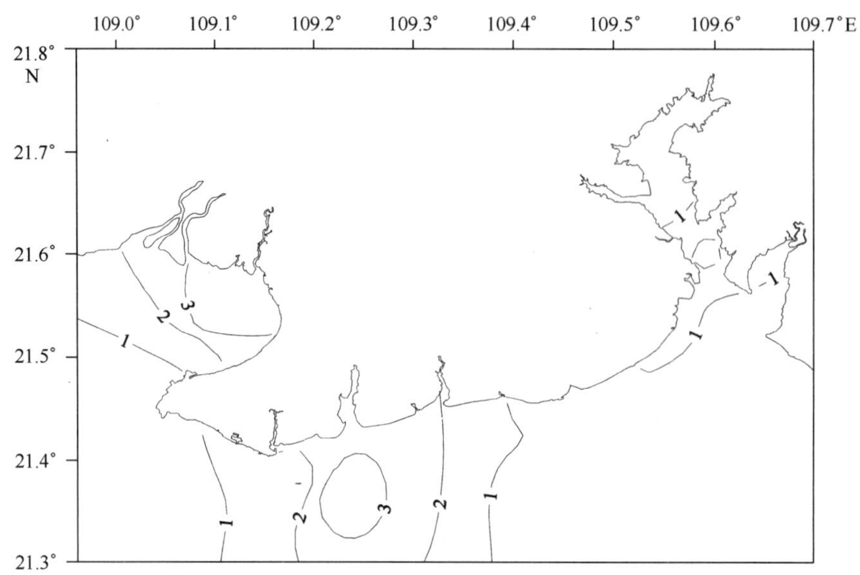

图 3－138　夏季北海海区重金属铅含量等值线分布图（μg/L）

（3）秋季铅含量的分布及变化

秋季，铅含量最高，平均值达 4.5 μg/L，区域性变化很大，变化范围为未检出～47.4 μg/L。北海受污染程度最大，钦州湾次之，防城港受污染程度最小，各海区调查极高值出现在内湾和江河入海口，基本呈现沿岸含量高，远岸含量低的特点。

在 3 个海区中，防城港海区铅含量最低，平均含量为 2.2 μg/L，变化范围为未检出～5.8μg/L。最高点出现在西湾海域 08 号站，最低值出现在珍珠湾附近海域 02 号站，仅有 25% 调查海域达到一类海水水质标准，且有一个站位调查值未达到国家海水水质二类标准。见图 3－139。

钦州海区铅含量较防城港海区高，铅平均含量为 3.8 μg/L，变化范围为未检出～19.8 μg/L。在茅尾海海域和大灶江及附近海域，铅的含量比较高，海水达到甚至超过了国家二类海水水质标准，尤其在大灶江 19 号站和 H 号站，铅的含量分别达到 15.2 μg/L 和 19.8 μg/L，在三墩附近海域 16 号站、17 号站，未检出铅的含量。见图 3－140。

北海海区铅含量最高，调查平均值为 6.4 μg/L，变化范围为未检出～47.4 μg/L，秋季北海铅污染非常严重，部分海域处于国家海水水质四类标准范围，尤其是在西村港 K 号站，达到 47.4 μg/L，接近四类海水标准值，同时，廉州湾水质均超过二类海水水质标准范围。见图 3－141。

（4）冬季铅含量的分布及变化

冬季，铅含量略高于夏季，平均值为 1.5 μg/L，但调查值变化很大，变化范围为

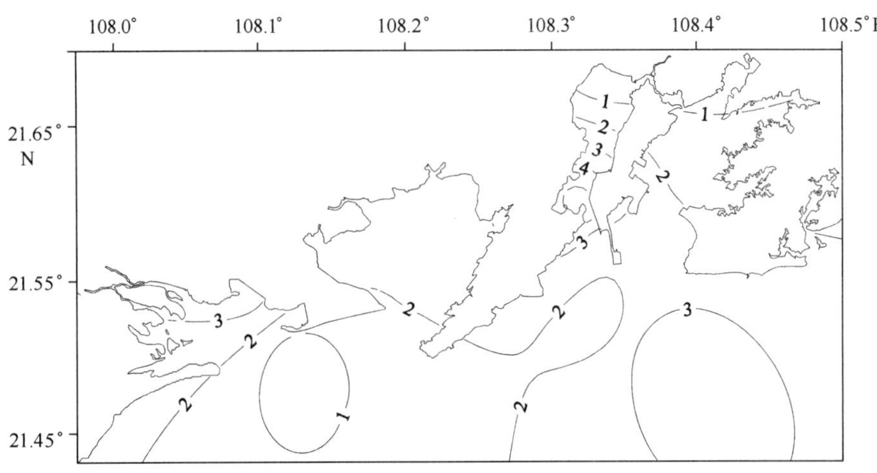

图 3-139 秋季防城港海区重金属铅含量等值线分布图（μg/L）

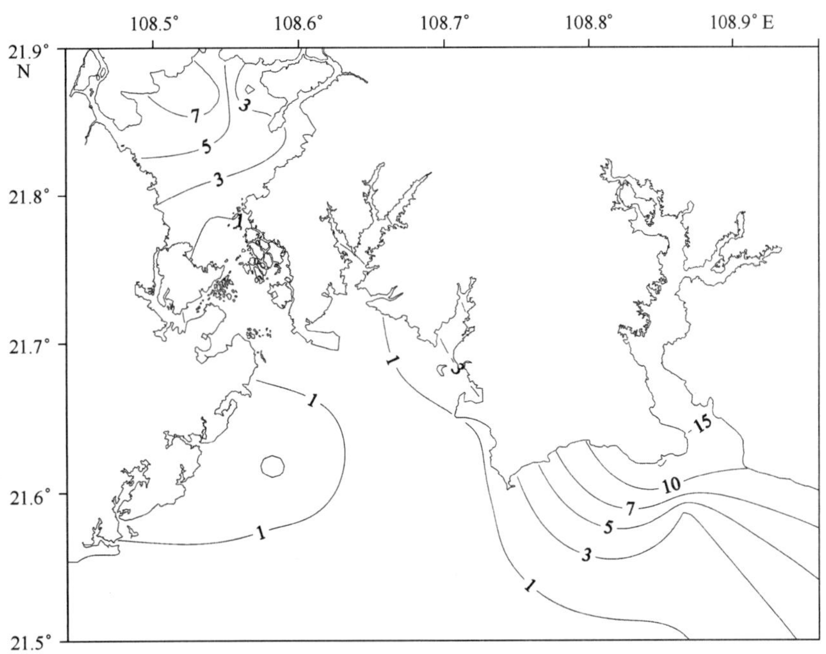

图 3-140 秋季钦州海区重金属铅含量等值线分布图（μg/L）

未检出~27.2 μg/L。钦州湾茅尾海和铁山港海域受污染程度最大，部分海水水质超过二类水质标准。

在3个海区中，防城港海区含量最低，平均含量为0.9 μg/L，变化范围为未检出~5.8 μg/L，大部分水质达到一类海水水质标准。在防城港调查海区内，10号站和11号站调查值最高，分别为3.0 μg/L和5.8 μg/L，其余海域调查值大部分未检出有铅含量。见图 3－142。

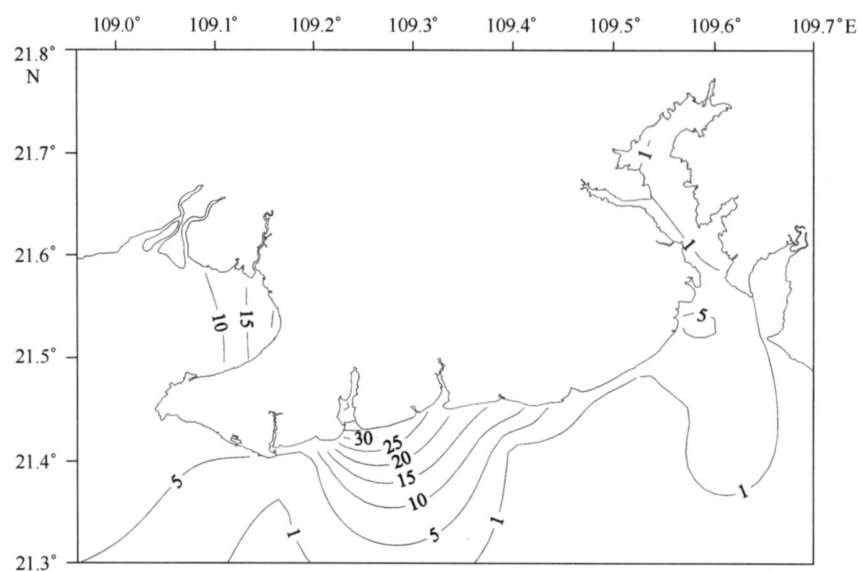

图 3－141　秋季北海海区重金属铅含量等值线分布图（μg/L）

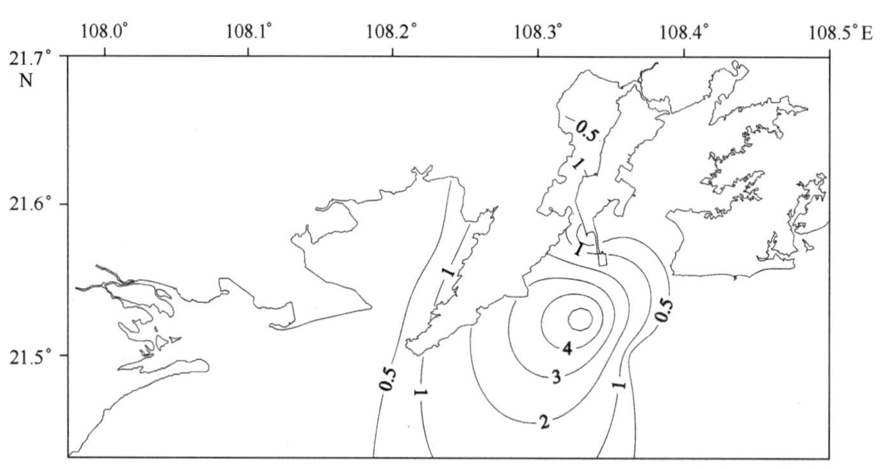

图 3－142　冬季防城港海区重金属铅含量等值线分布图（μg/L）

钦州海区铅含量最高，调查平均值为 2.5 μg/L，调查值范围为未检出～27.2 μg/L，调查值变化幅度很大，最高值出现茅尾海北部钦江入海口附近海域，其调查值接近劣四类海水水质标准，而其他海域调查值比较低，有 73% 的水质达到一类海水水质标准范围。见图 3－143。

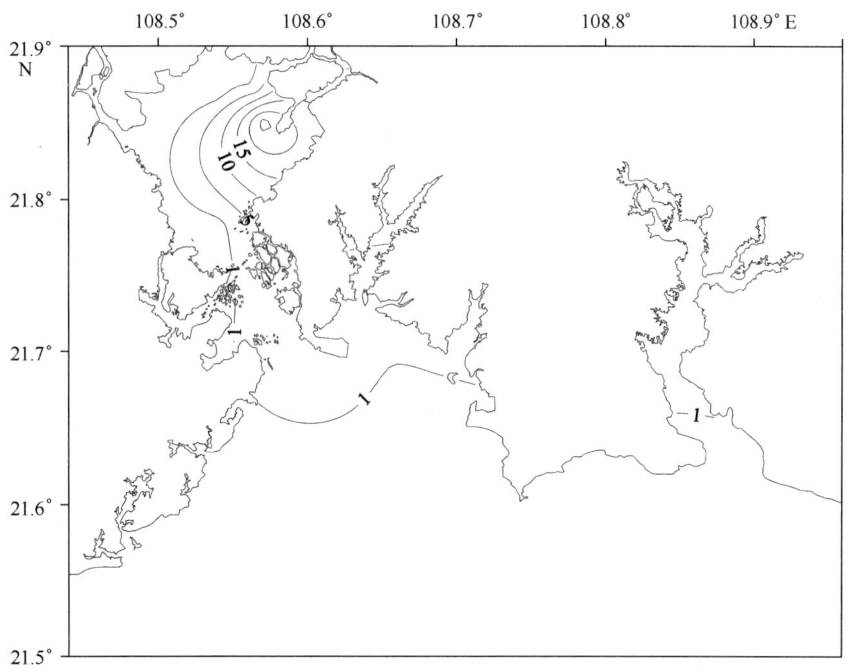

图 3－143　冬季钦州海区重金属铅含量等值线分布图（μg/L）

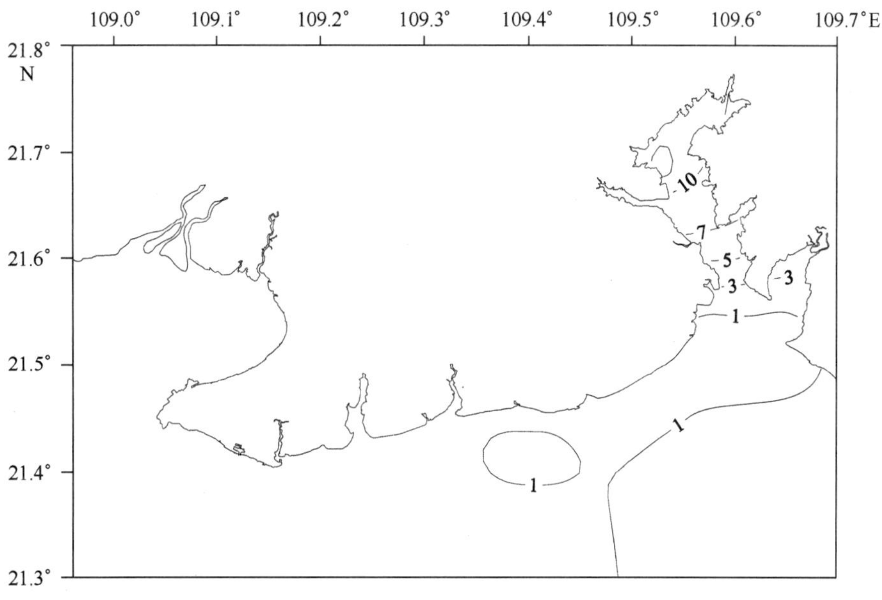

图 3－144　冬季北海海区重金属铅含量等值线分布图（μg/L）

北海海区铅含量比钦州低，平均值为1.3 μg/L，调查值变化范围为未检出~11.3 μg/L。北海海域铅含量分布差异很大，最高值出现在铁山港的32号站，海水超过二类海水水质范围，其他海域调查值较低，有75%的水质达到一类海水水质标准范围。见图3-144。

通过以上4个季度的调查和分析可以得出，广西北部湾近岸海域铅含量变化范围在未检出~47.4 μg/L，年平均值为2.4 μg/L；具有秋季高，春冬季次之，夏季较低的季节性变化特征；但在不同季节，不同海区的铅含量差异较大。总体来讲，广西北部湾水质状况较差，春季仅有13%的海水达到一类海水水质标准范围，夏季有54%海水达到一类海水水质标准范围，秋季有38%海水达到一类海水水质标准范围，冬季有74%海水达到一类海水水质标准范围。从各个海区分析得出，防城港海域污染最为严重，其次是钦州，北海海水水质最好，这可能是和港口开发程度有关。

3.1.14 锌

2010年，广西北部湾近岸海域各季度锌含量的变化范围及平均值见表3-14。

表3-14 广西北部湾海岸近岸海域锌含量的变化范围及平均值 单位：μg/L

海区	春季		夏季		秋季		冬季	
	变化范围	平均值	变化范围	平均值	变化范围	平均值	变化范围	平均值
广西北部湾	1.0~17.2	6.9	1.0~43.1	19.4	b~37.0	10.3	b~69.6	7.4
防城港	5.4~11.2	7.5	20.2~41.1	28.7	b~12.0	7.6	b~69.6	11.8
钦州	1.0~8.0	4.0	1.0~22.2	8.4	5.1~37.0	16.8	b~22.1	5.7
北海	1.4~17.2	8.7	7.2~43.1	22.1	1.2~15.3	7.0	b~40.6	5.9

注：b表示未检出。

（1）春季锌含量的分布及变化

春季，锌含量最低，平均值为6.9 μg/L，区域性变化不大，变化范围为1.0~17.2 μg/L。春季广西北部湾水质良好，全部达到一类海水水质标准，其中北海锌含量最高，钦州锌含量最低。

在3个海区中，防城港海区含量较北海低，平均含量为7.5 μg/L，变化范围为5.4~11.2 μg/L，防城江入海口06号站锌含量最高，最低位于白龙尾附近海域10号站。其次，从整个海域看，防城港海区锌含量分布较为均匀，除西湾外，其他海域调查值变化差别不大。见图3-145。

钦州海区平均含量最低，平均值为4.0 μg/L，变化范围为1.0~8.0 μg/L，变化幅度较大。其中最高值位于茅尾海北部钦江入海口D号站，最低值位于大灶江外湾21号站。见图3-146。

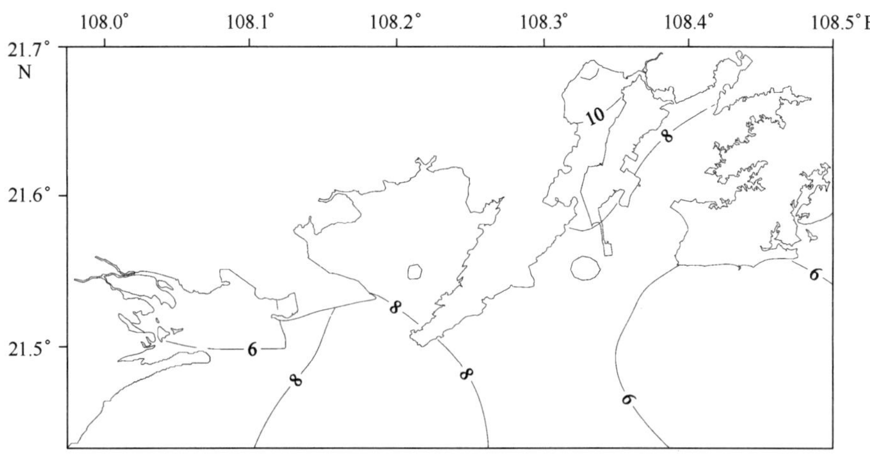

图3-145　春季防城港海区重金属锌含量等值线分布图（μg/L）

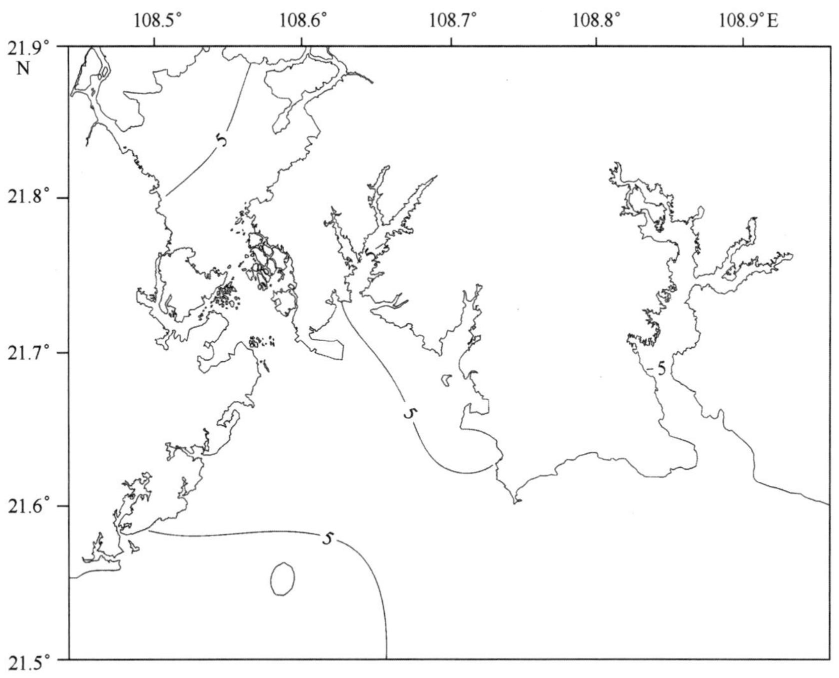

图3-146　春季钦州海区重金属锌含量等值线分布图（μg/L）

北海海区锌平均含量最高，调查平均值为8.7 μg/L，变化范围为1.4～17.2 μg/L，变化幅度在3个海区中最大，其中最高值出现在铁山港大桥附近海域32号站，最低值出现在冠头岭远岸点26号站。见图3-147。

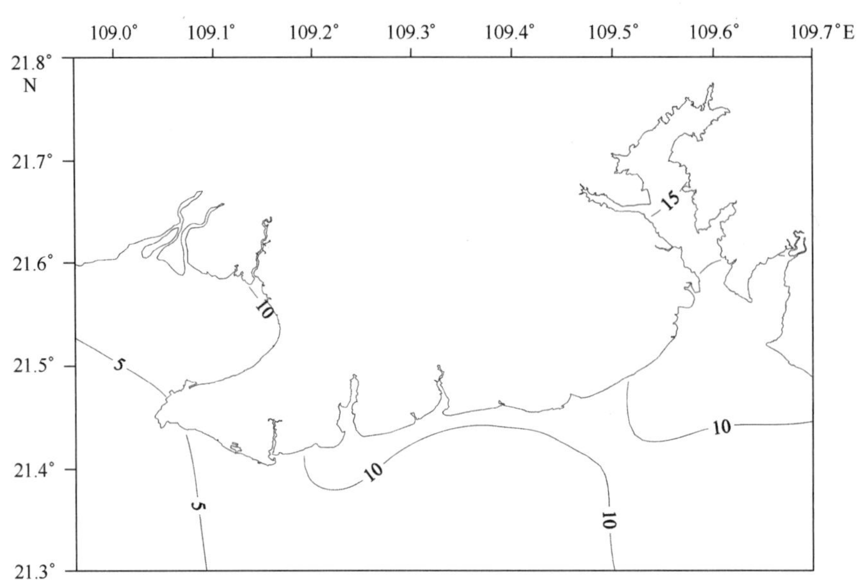

图 3-147 春季北海海区重金属锌含量等值线分布图（μg/L）

（2）夏季锌含量的分布及变化

夏季，锌含量最高，平均达 19.4 μg/L，区域性变化很大，变化范围为 1.0～43.1 μg/L。防城港受污染程度最大，北海次之，钦州湾受污染程度最小，各海区调查极高值出现在江河入海口。

在 3 个海区中，防城港海区锌含量最高，平均含量为 28.7 μg/L，变化范围为 20.2～41.1 μg/L。调查值最高值出现在防城江入海口 06 号站，最低值出现在白龙尾附近海域 10 号站。整个防城港海区锌调查值均处于国家海水水质二类标准范围。见图 3-148。

钦州海区锌含量最低，平均含量为 8.4 μg/L，变化范围为 1.0～22.2 μg/L。茅尾海海域锌含量普遍高于其他海域，极大值均出现在茅尾海北部钦江入海口附近海域的 D 号站、E 号站和 F 号站，其调查值分别为 20.0 μg/L、20.0 μg/L 和 22.2 μg/L，最低值出现在大灶江附近海域 16 号站。见图 3-149。

北海海区锌含量仅次于防城港，调查平均值为 22.1 μg/L，变化范围为 7.2～43.1 μg/L。从调查结果和图 3-150 等值线分布图可以得出，在廉州湾和铁山港海域锌含量比较高，整个北海海域水质状况比较差，一类海水达标率仅为 45%，最大值出现在 37 号站，最低值出现在西村港 K 号站。见图 3-150。

（3）秋季锌含量的分布及变化

秋季，锌含量较低，平均值为 10.3 μg/L，变化范围为未检出～37.0 μg/L。钦州湾受污染程度最大，北海受污染程度最小，整个广西北部湾调查区域内水质状况较好。

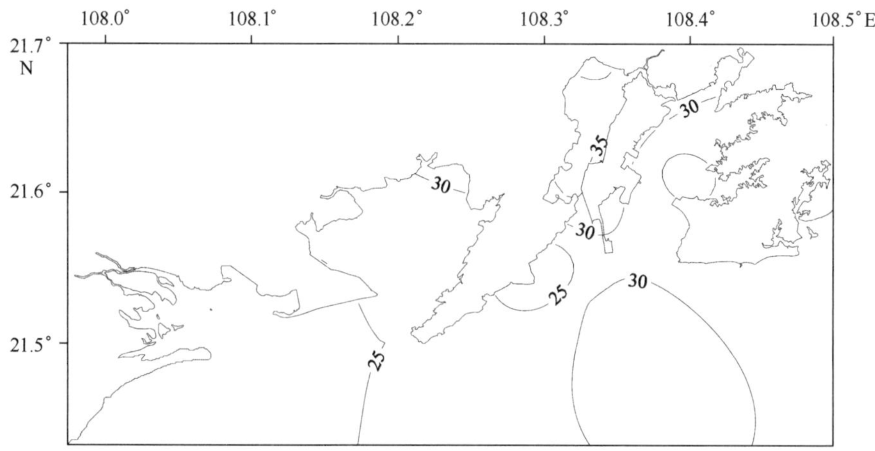

图 3－148　夏季防城港海区重金属锌含量等值线分布图（μg/L）

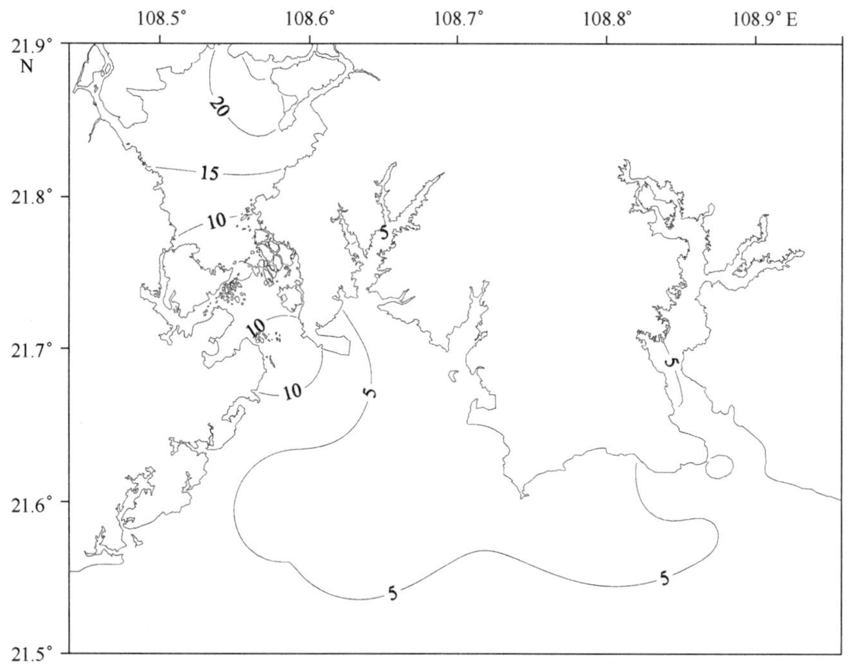

图 3－149　夏季钦州海区重金属锌含量等值线分布图（μg/L）

在 3 个海区中，钦州海区锌含量最高，调查平均值达 16.8 μg/L，变化范围为 5.1～37.0 μg/L，有 4 个站位的调查值未达到一类海水水质标准。大灶江海域及茅尾海北部海域锌调查值较高，最大值出现在大灶江 H 号站，最低值出现在三墩附近海域 16 号站。见图 3－151。

防城港海区锌平均含量次之，平均含量为 7.6 μg/L，变化范围为未检出～12.0

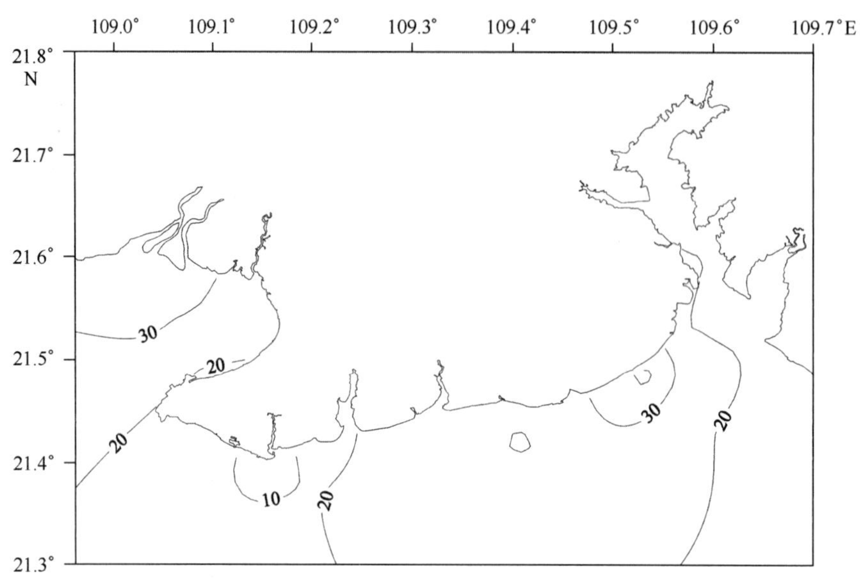

图 3-150　夏季北海海区重金属锌含量等值线分布图（μg/L）

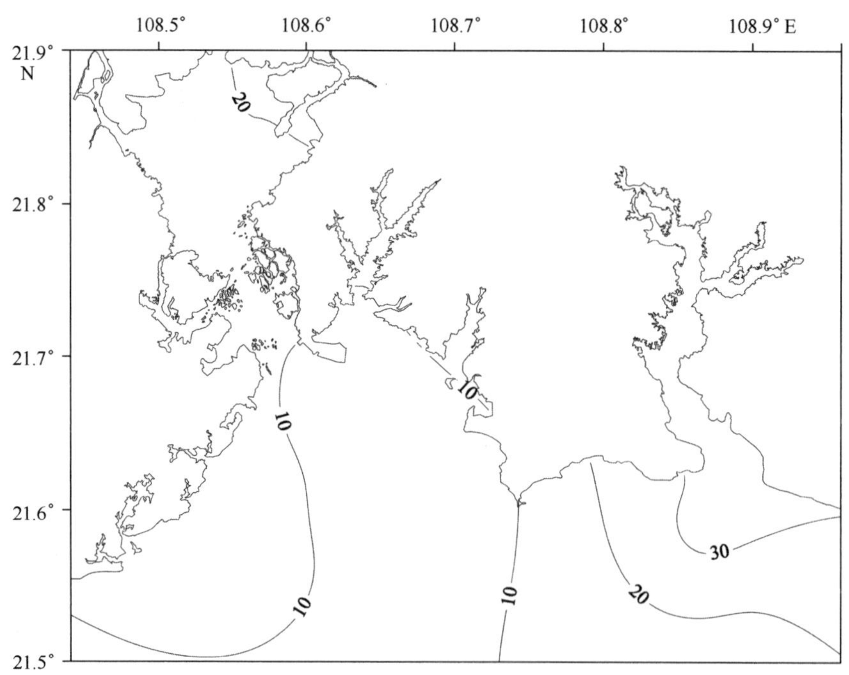

图 3-151　秋季钦州海区重金属锌含量等值线分布图（μg/L）

μg/L。调查区内锌调查值均达到一类海水质标准。防城港海区秋季锌含量分布比较均匀，最高值出现在珍珠湾外湾 03 号站和白龙尾附近海域 11 号站，在东湾海域 07 号站未检出。见图 3－152。

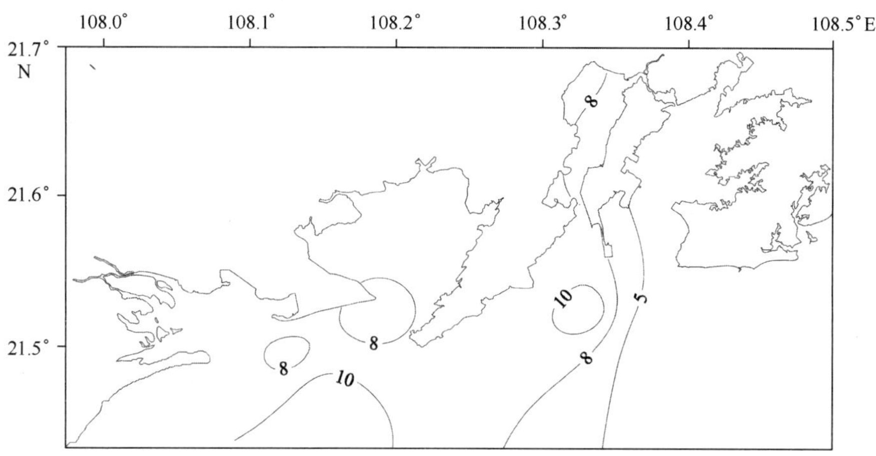

图 3－152　秋季防城港海区重金属锌含量等值线分布图（μg/L）

北海海区锌含量最低，调查平均值为 7.0 μg/L，变化范围为 1.2～15.3 μg/L，调查海域海水均达到一类海水水质标准。从调查结果和图 3－153 等值线分布图分析，廉州湾海区锌含量较其他海域高，但最高值出现在西村港的 K 号站，最低值出现在铁山港海域 39 号站。见图 3－153。

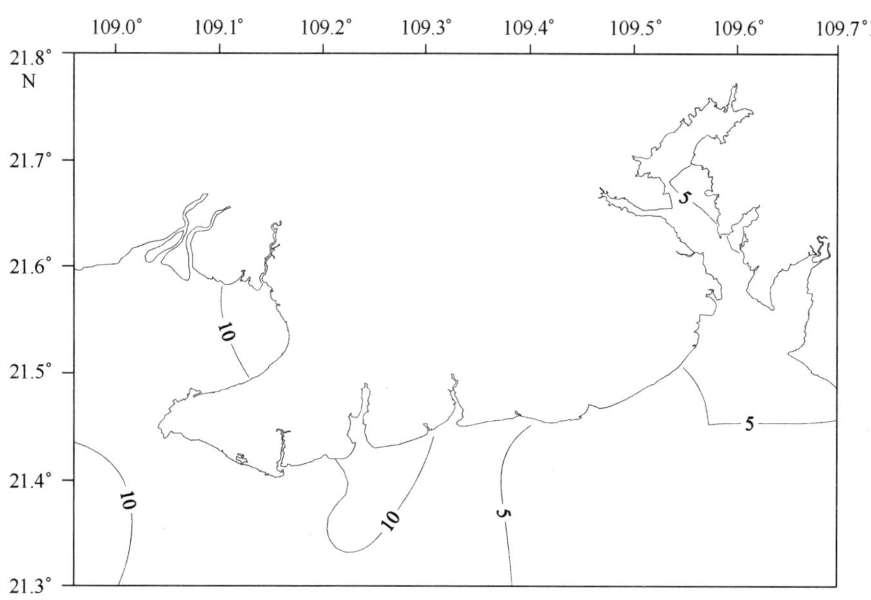

图 3－153　秋季北海海区重金属锌含量等值线分布图（μg/L）

（4）冬季锌含量的分布及变化

冬季，锌含量较低，平均值为 7.4 μg/L，区域性变化很大，变化范围为未检出～69.6 μg/L。冬季广西北部湾水质大多数均能达到一类海水水质标准，达标率为 89%，但个别站位，尤其是港口码头附近海域污染比较大，水质甚至未达到二类海水水质标准。其中防城港锌平均含量最高，钦州锌平均含量最低。

在 3 个海区中，防城港海区锌含量最高，平均含量为 11.8 μg/L，变化范围为未检出～69.6 μg/L，一类海水达标率为 83%。位于西湾码头附近海域 08 号站和 09 号站锌含量比其他站位高，其调查值分别为 26.9 μg/L 和 69.6 μg/L，其他水域锌含量较低，珍珠湾内 04 号站和 05 号站未检出锌含量。见图 3－154。

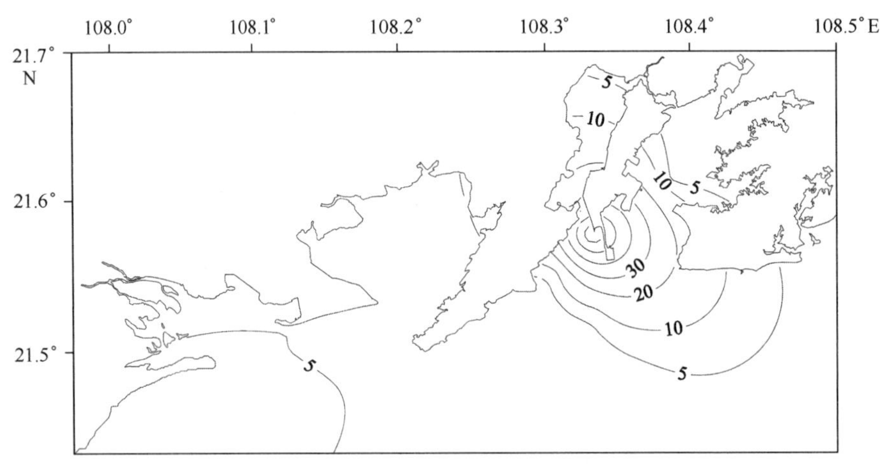

图 3－154　冬季防城港海区重金属锌含量等值线分布图（μg/L）

钦州海区平均含量最低，调查平均值为 5.7 μg/L，变化范围为未检出～22.1 μg/L。位于金鼓江 G 号站和茅尾海北部海域的锌调查值比较高，使得钦州湾海域总体呈现近岸高远岸低的特点。见图 3－155。

北海海区锌平均含量略高于钦州湾，平均值为 5.9 μg/L，变化范围为未检出～40.6 μg/L，一类海水达标率为 90%。位于廉州湾的 24 号站锌含量达到最高值 40.6 μg/L，使得廉州湾的水质较其他海域污染较为明显，其他海域锌含量较低，其中 29 号站、30 号站、34 号站、36 号站和 38 号站未检出锌含量。见图 3－156。

通过以上 4 个季度的调查和分析得出，广西北部湾近岸海域锌含量在未检出～69.6 μg/L 之间，年平均值为 11.1 μg/L；具有夏季高，秋冬季次之，春季较低的季节性变化特征；但在不同季节，不同海区的锌含量差异较大。总体来讲，广西北部湾水质状况变化较大，春季水质全部达到一类标准，夏季仅有 52% 海水达到一类标准，秋季有 91% 海水达到一类标准，冬季有 89% 海水达到一类标准。从各个海区分析得出，防城港海域锌含量最高，北海海区和钦州湾海区水质较好，这可能是和港口开发程度有关。

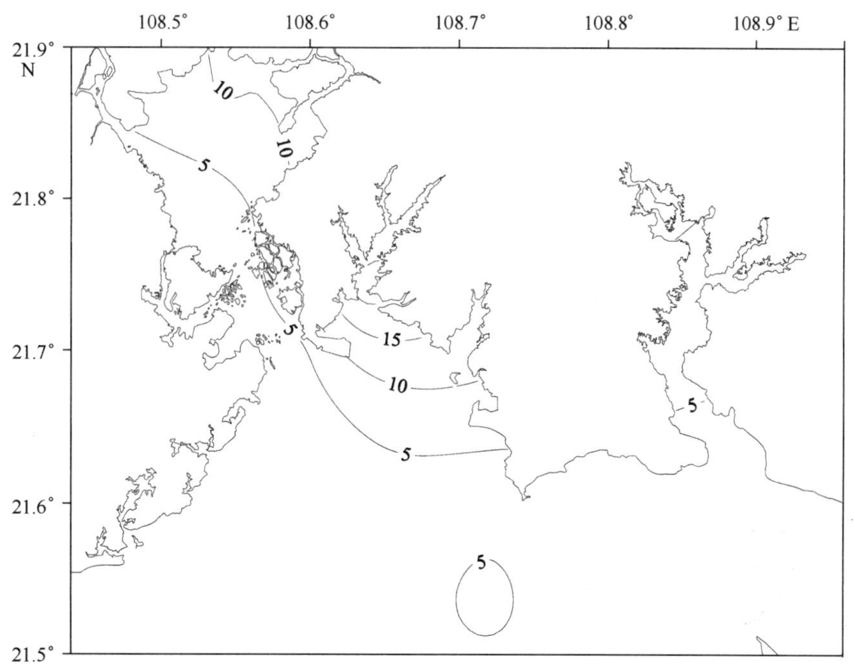

图 3－155　冬季钦州海区重金属锌含量等值线分布图（μg/L）

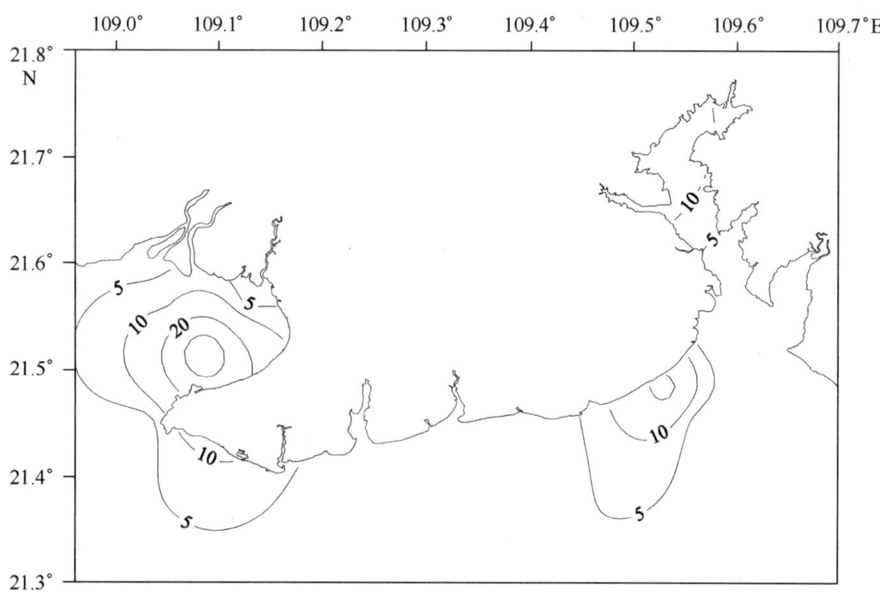

图 3－156　冬季北海海区重金属锌含量等值线分布图（μg/L）

3.1.15 总铬

2010 年，广西北部湾近岸海域各季度总铬含量的变化范围及平均值见表 3－15。

表 3－15 广西北部湾近岸海域总铬含量的变化范围及平均值 单位：μg/L

海区	春季		夏季		秋季		冬季	
	变化范围	均值	变化范围	均值	变化范围	均值	变化范围	均值
广西北部湾	0.2～1.5	0.5	b～0.7	0.1	b～91.3	27.4	b～3.1	0.3
防城港	0.3～1.5	0.6	b～0.5	0.1	b～84.9	25.4	b～3.1	0.5
钦州湾	0.2～0.5	0.4	b～0.7	0.1	b～56.5	20.7	b～0.4	0.2
北海	0.2～1.1	0.5	b～0.2	0.1	b～91.3	33.6	b～0.9	0.3

注：b 表示未检出。

（1）春季总铬含量的分布及变化

春季，总铬含量较低，平均值为 0.5 μg/L，区域性变化不大，变化范围为 0.2～1.5 μg/L。3 个海区受污染程度不大，调查值变化不明显，且整个广西北部湾调查区域内水质状况良好，全部达到一类海水水质标准。

在 3 个海区中，防城港海区总铬含量比其他两个海区稍高，平均含量为 0.6 μg/L，变化范围为 0.3～1.5 μg/L。防城港海区总铬含量变化不大，仅在珍珠湾口 05 号站总铬含量稍高一些，达到 1.5 μg/L，其他海域分布较为均匀。见图 3－157。

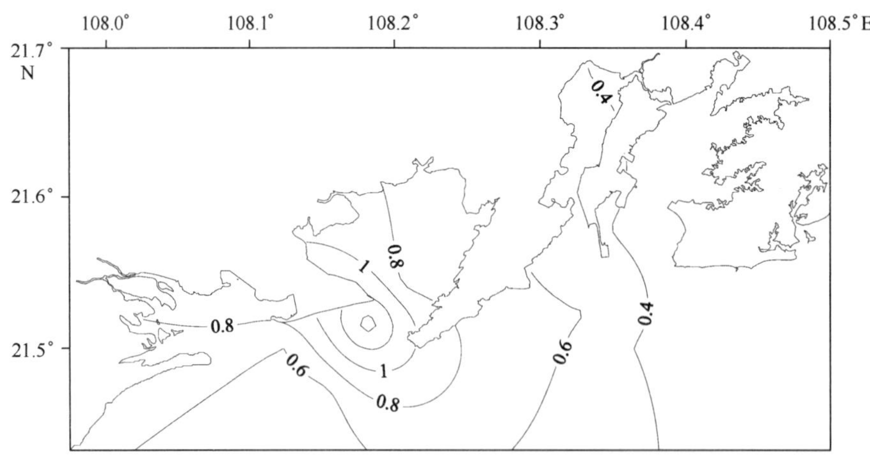

图 3－157 春季防城港海区重金属总铬含量等值线分布图（μg/L）

钦州海区含量最低，调查平均值为 0.4 μg/L，变化范围为 0.2～0.5 μg/L。钦州海区总铬含量变化很小，整个海区总铬分布比较均匀。见图 3－158。

北海海区总铬含量次之，平均含量为 0.5 μg/L，变化范围为 0.2～1.1 μg/L。北海海区总铬含量变化不大，仅在铁山港大桥附近海域 32 号站和营盘近岸点 L 号站总铬含量稍高一些，达到 1.0 μg/L 和 1.1 μg/L，其他海域分布较为均匀。见图 3－159。

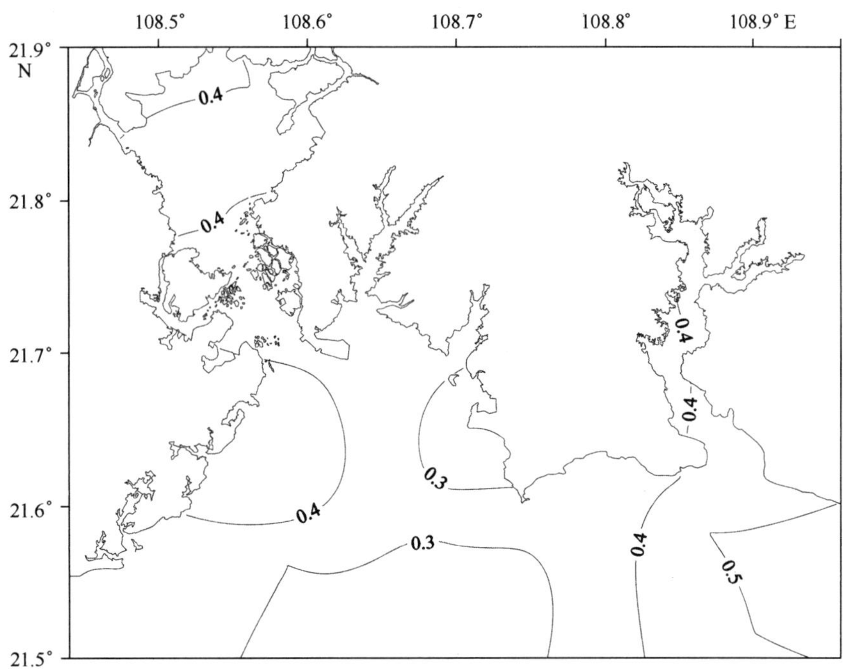

图 3－158　春季钦州湾海区重金属总铬含量等值线分布图（μg/L）

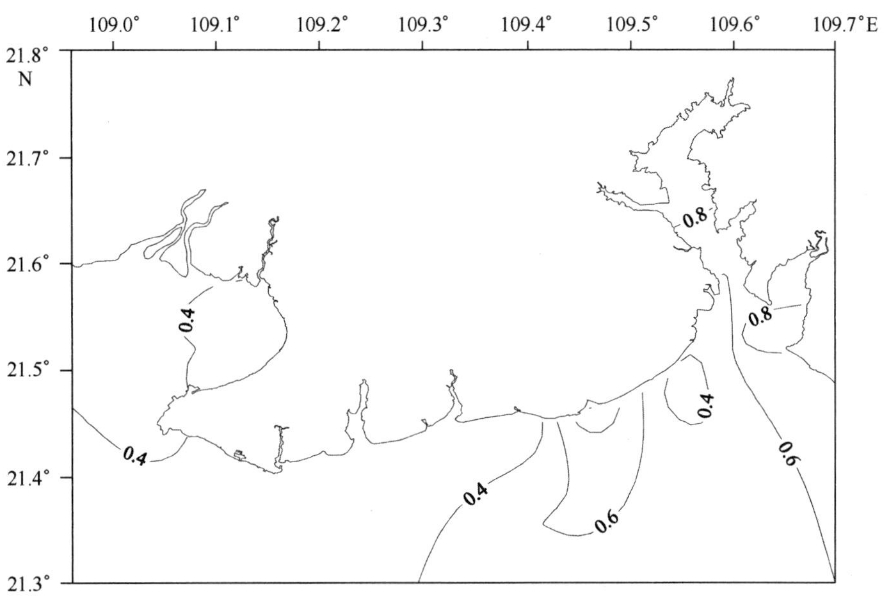

图 3－159　春季北海海区重金属总铬含量等值线分布图（μg/L）

(2) 夏季总铬含量的分布及变化

夏季，总铬含量最低，平均值为0.1 μg/L，区域性变化不大，变化范围为未检出～0.7 μg/L。3 个海区受污染程度不大，调查值变化不明显，且整个广西北部湾调查区域内水质状况良好，全部达到一类海水水质标准。

防城港海区总铬平均含量为0.1 μg/L，变化范围为未检出～0.5 μg/L，珍珠湾及防城港湾外侧多个站位未检出，最大值出现在珍珠湾02 号站。防城港海域总铬含量变化不大，整个海域分布较为均匀。见图3－160。

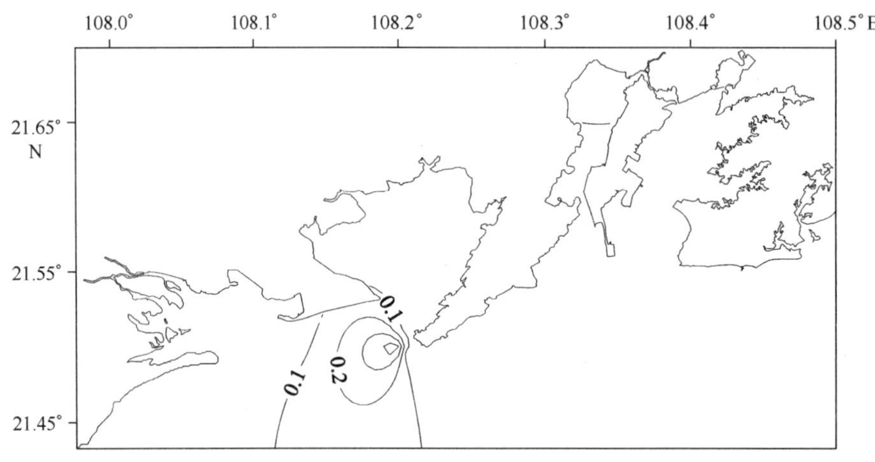

图3－160　夏季防城港海区重金属总铬含量等值线分布图（μg/L）

钦州海区总铬调查平均值为0.1 μg/L，变化范围为未检出～0.7 μg/L，在外海有多个站位未检出，最大值出现在大风江口的19 号站位。钦州湾海域总铬含量变化很小，整个海域总铬分布比较均匀。见图3－161。

北海海区总铬调查平均值为0.1 μg/L，变化范围为未检出～0.2 μg/L。北海海域总铬含量变化很小，整个海域总铬分布比较均匀。见图3－162。

(3) 秋季总铬含量的分布及变化

秋季，总铬含量位居4 个季度月之首，平均值为27.4 μg/L，区域性变化很大，变化范围为未检出～91.3 μg/L。北海海区受污染程度最大，钦州海区受污染程度最小，整个广西北部湾调查区域内水质状况较差，仅66%的海水达到一类海水水质标准。

在3 个海区中，防城港海区含量次之，平均含量为25.4 μg/L，变化范围为未检出～84.9 μg/L，只有67%的水质达到一类海水水质标准。位于珍珠湾的04 号站位和西湾码头附近海域08 号站调查值最高，分别达到84.9 μg/L 和84.6 μg/L，最低值出现在防城江入海口06 号站，该站位未检出总铬含量。见图3－163。

钦州海区含量最低，调查平均值为20.7 μg/L，变化范围为未检出～56.5 μg/L，80%的海水达到一类海水水质标准。位于茅尾海北部的D 号站位调查值最高，最低值

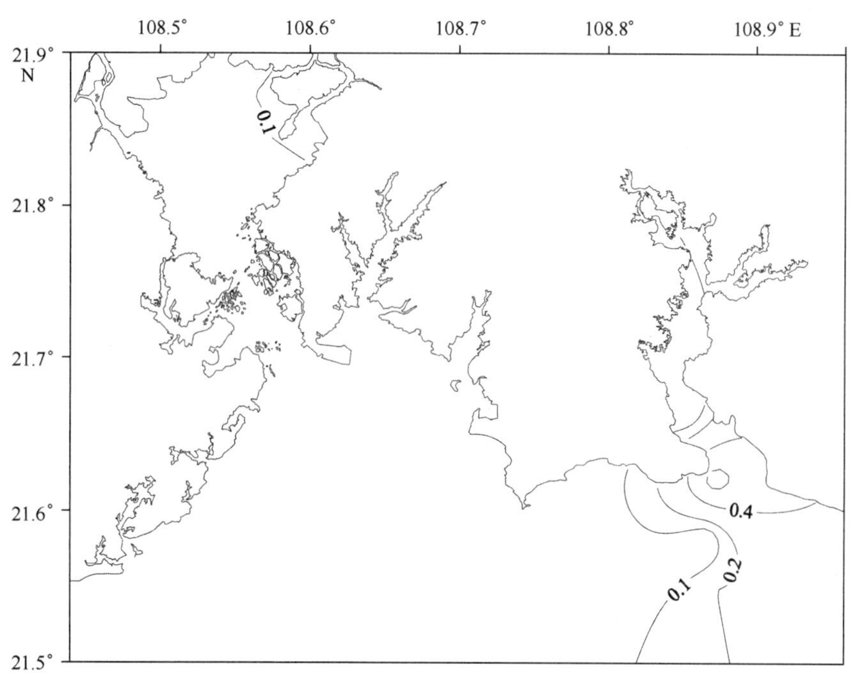

图 3－161　夏季钦州海区重金属总铬含量等值线分布图（μg/L）

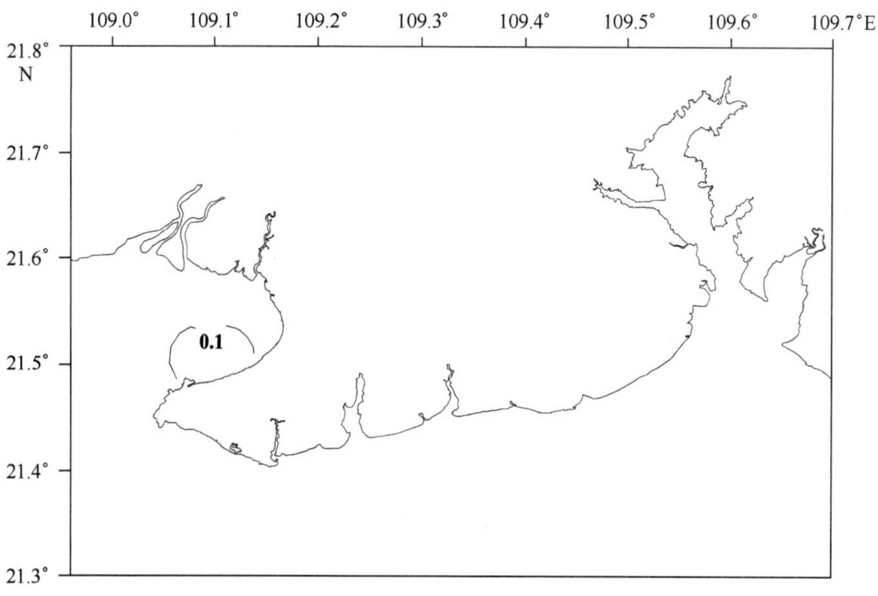

图 3－162　夏季北海海区重金属总铬含量等值线分布图（μg/L）

出现在三墩附近海域16号站和18号站，总铬含量均未检出。见图3－164。

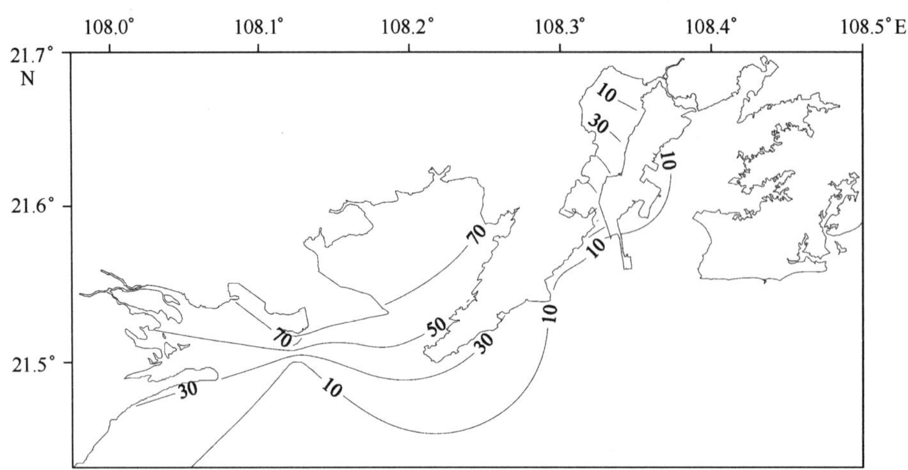

图3－163　秋季防城港海区重金属总铬含量等值线分布图（μg/L）

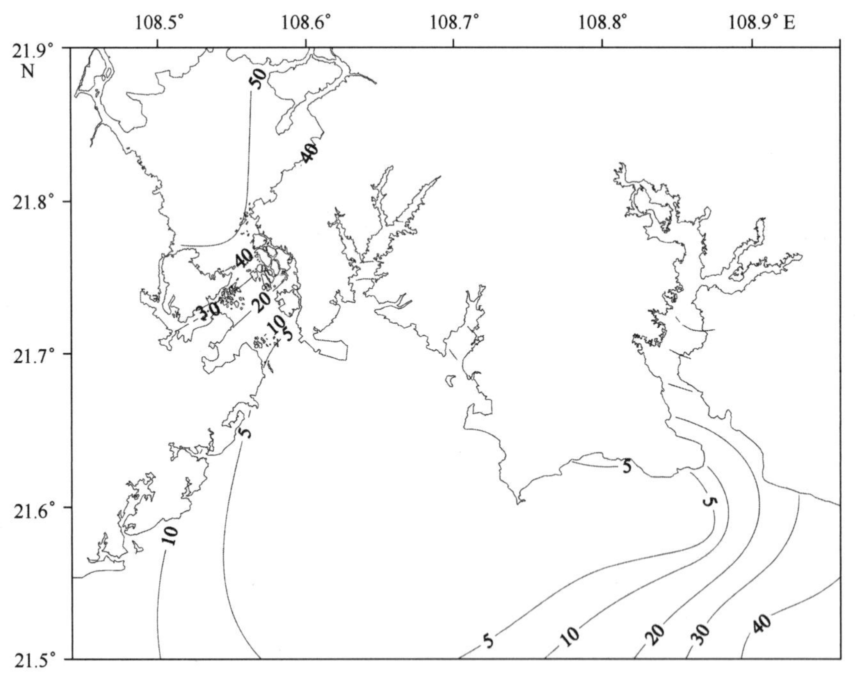

图3－164　秋季钦州海区重金属总铬含量等值线分布图（μg/L）

北海海区总铬平均含量最高，调查平均值为33.6 μg/L，变化范围为未检出～91.3 μg/L，仅有60%的海水达到一类海水水质标准。营盘近岸点L号站位调查值最高，最低值出现在南康江远岸点31号站，总铬含量未检出。见图3－165。

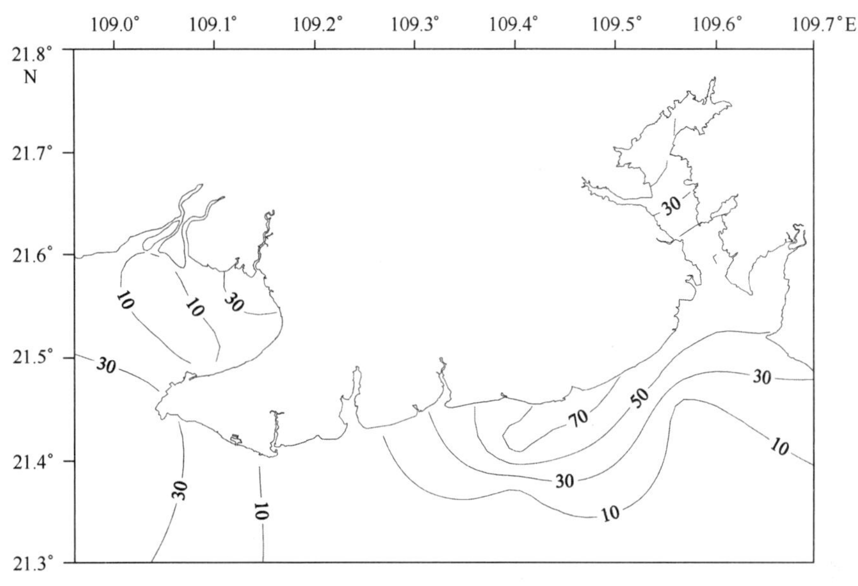

图3-165　秋季北海海区重金属总铬含量等值线分布图（μg/L）

（4）冬季总铬含量的分布及变化

冬季，总铬含量较低，平均值为0.3 μg/L，区域性变化不大，变化范围为未检出~3.1 μg/L。3个海区受污染程度不大，调查值变化不明显，且整个广西北部湾调查区域内水质状况良好，全部达到一类海水水质标准。

在3个海区中，防城港海区总铬含量比其他两个海区稍高，平均含量为0.5 μg/L，变化范围为未检出~3.1 μg/L。防城港海区总铬含量变化不大，最高值出现在防城江入海口06号站，其他海域分布较为均匀。见图3-166。

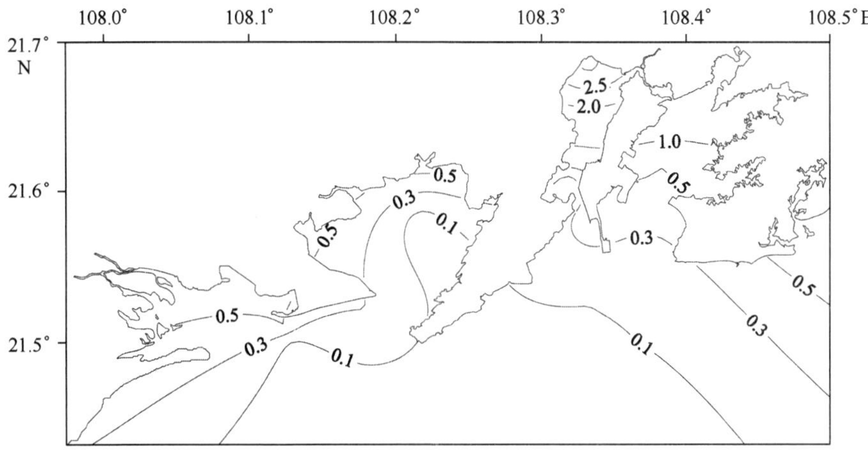

图3-166　冬季防城港海区重金属总铬含量等值线分布图（μg/L）

钦州海区含量最低，调查平均值为0.2 μg/L，变化范围为未检出～0.4 μg/L. 钦州海区总铬含量变化很小，整个海域总铬分布比较均匀。见图3－167。

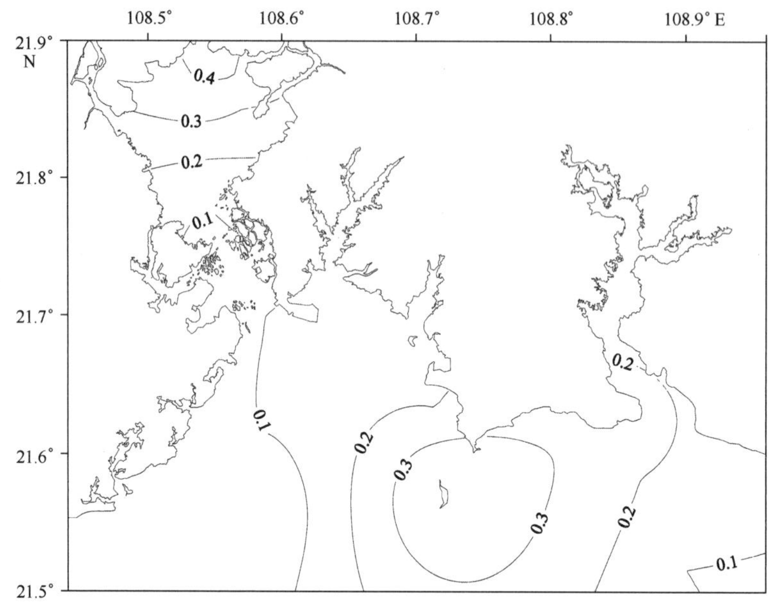

图3－167　冬季钦州海区重金属总铬含量等值线分布图（μg/L）

北海海区总铬含量次之，平均含量为0.3 μg/L，变化范围为未检出～0.9 μg/L。北海海域总铬含量变化不大，仅在铁山港大桥附近海域32号站含量稍高一些，为0.9 μg/L，其他海域分布较为均匀。见图3－168。

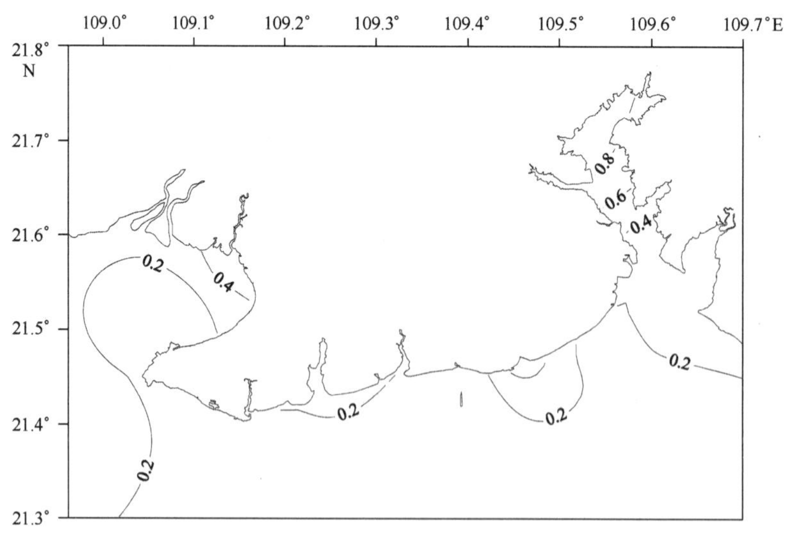

图3－168　冬季北海海区重金属总铬含量等值线分布图（μg/L）

通过以上4个季度的调查和分析得出，广西北部湾近岸海域总铬含量在b~91.3 μg/L之间，年平均值为7.1 μg/L；春季、夏季和冬季含量较低，分布也较为均匀，秋季总铬的含量比其他季度的含量要高许多，且不同海区不同站位总铬含量差异很大。总体来讲，广西北部湾水质状况变化较大，春季、夏季和冬季水质全部达到一类标准，而秋季只有66%的海水达到一类标准，具体原因有待研究。

3.1.16 镉

2010年，广西北部湾近岸海域各季度镉含量的变化范围及平均值见表3-16。

表3-16 广西北部湾近岸海域镉含量的变化范围及平均值 单位：μg/L

海区	春季		夏季		秋季		冬季	
	变化范围	平均值	变化范围	平均值	变化范围	平均值	变化范围	平均值
广西北部湾	0.04~0.17	0.09	b~0.54	0.13	b~0.09	0.01	0.01~0.15	0.05
防城港	0.07~0.13	0.09	0.05~0.11	0.08	b~0.03	0.01	0.02~0.15	0.05
钦州	0.06~0.17	0.11	b~0.54	0.20	b~0.09	0.02	0.01~0.12	0.06
北海	0.04~0.16	0.08	0.01~0.28	0.11	b~0.07	0.02	0.01~0.09	0.04

注：b表示未检出。

（1）春季镉含量的分布及变化

春季，镉含量较低，平均为0.09 μg/L，区域性变化不大，变化范围为0.04~0.17 μg/L。3个海区受污染程度不大，调查值变化不明显，且整个广西北部湾调查区域内水质状况良好，全部达到一类海水水质标准。

防城港海区镉平均含量为0.09 μg/L，变化范围为0.07~0.13 μg/L。防城港海区镉含量变化不大，分布较为均匀，最高值出现在珍珠湾口05号站，最低值出现在白龙尾附近海域10号站。见图3-169。

在3个海区中，钦州海区镉含量最高，平均含量为0.11 μg/L，变化范围为0.06~0.17 μg/L。钦州海区镉含量变化不大，分布较为均匀，但茅尾海海域较其他海域稍高，最高值出现在茅尾海北部海域D号站，最低值出现在三墩远岸海域18号站。见图3-170。

北海海区镉含量最低，平均含量为0.08 μg/L，变化范围为0.04~0.16 μg/L。北海海区镉含量变化不大，分布较为均匀，最高值出现在铁山港大桥附近海域32号站，最低值出现在冠头岭远岸海域26号站。见图3-171。

（2）夏季镉的分布及变化

夏季，镉含量在4个季度中最高，平均值为0.13 μg/L，区域性变化不大，变化范围为未检出~0.54 μg/L。3个海区受污染程度不大，调查值变化不明显，且整个广西

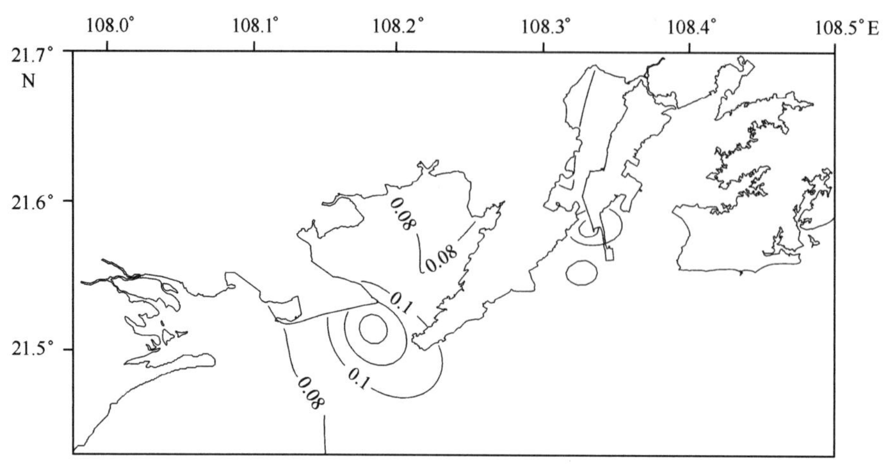

图 3-169　春季防城港海区重金属镉含量等值线分布图（μg/L）

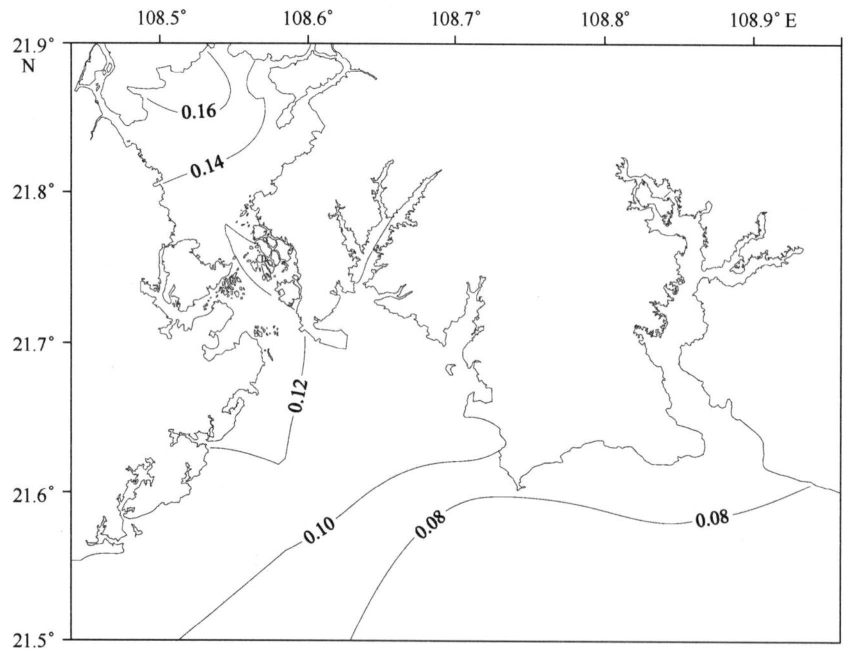

图 3-170　春季钦州海区重金属镉含量等值线分布图（μg/L）

北部湾调查区域内水质状况良好，全部达到一类海水水质标准。

在 3 个海区中，防城港海区镉含量最低，平均含量为 0.08 μg/L，变化范围为 0.05 ~ 0.11 μg/L。防城港海域镉含量变化不大，海域分布较为均匀，最高值出现在珍珠湾远岸点。3 号站和防城湾远岸海域 12 号站，为 0.11 μg/L，最低值出现在白龙尾附近海域 10 号站，为 0.05 μg/L。见图 3-172。

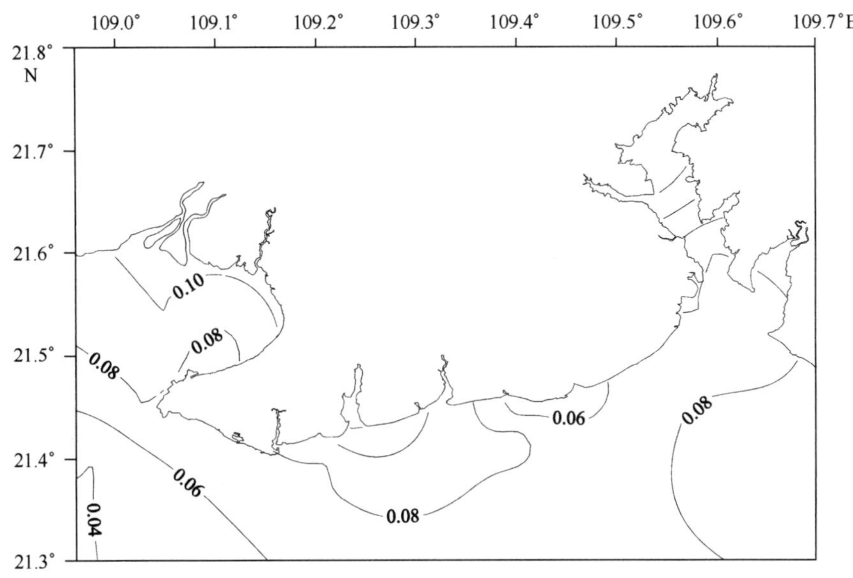

图3-171 春季北海海区重金属镉含量等值线分布图（μg/L）

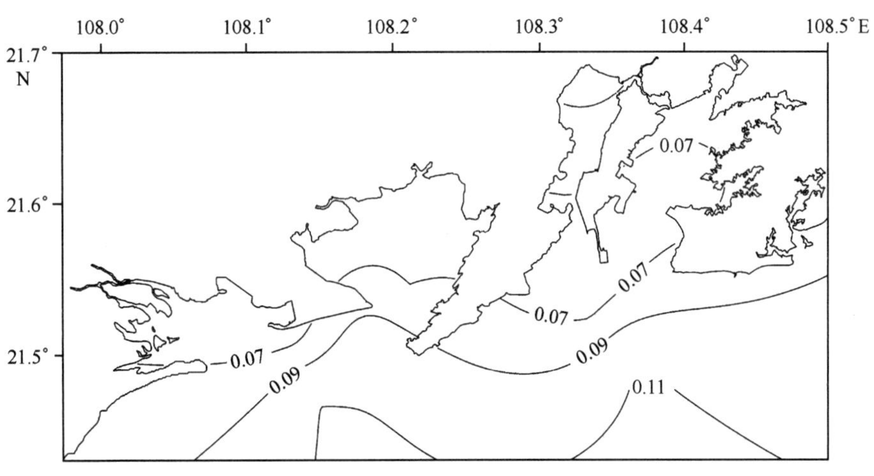

图3-172 夏季防城港海区重金属镉含量等值线分布图（μg/L）

钦州海区镉含量最高，平均含量为0.20 μg/L，变化范围为未检出~0.54 μg/L。钦州湾海区镉含量变化不大，海域分布较为均匀，茅尾海出海口40号站较其他站位含量稍高，在三墩附近海域16号站镉含量未检出。见图3-173。

北海海区镉含量次之，平均含量为0.11 μg/L，变化范围为0.01~0.28 μg/L。北海海区镉含量变化不大，海域分布较为均匀，最高值出现在冠头岭附近海域25号站，最低值出现在廉州湾22号站。见图3-174。

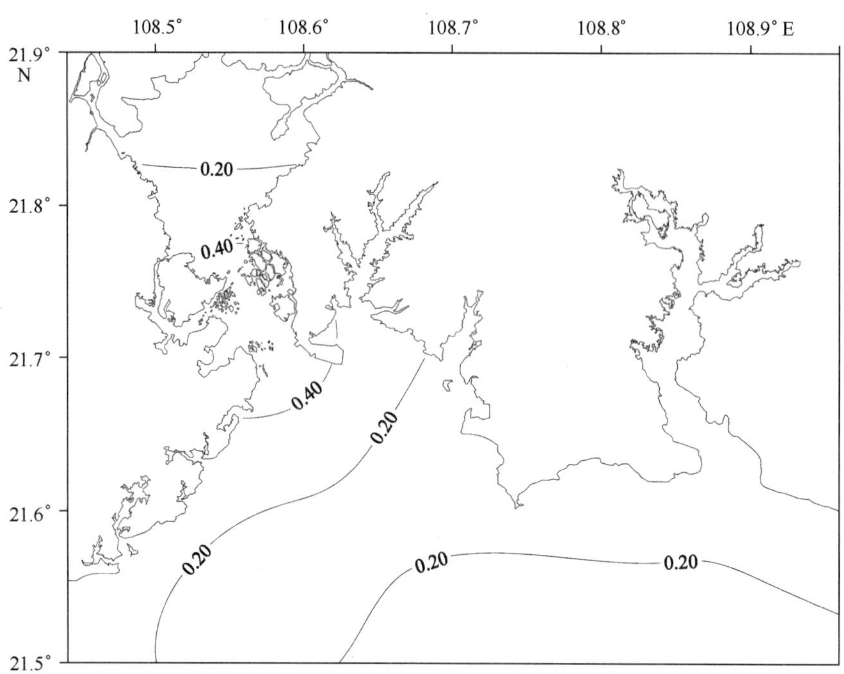

图 3－173　夏季钦州海区重金属镉含量等值线分布图（μg/L）

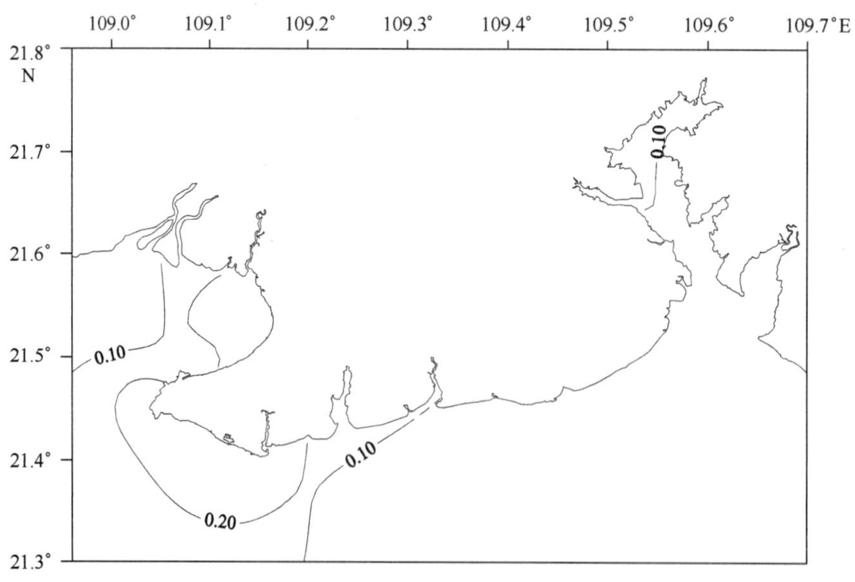

图 3－174　夏季北海海区重金属镉含量等值线分布图（μg/L）

(3) 秋季镉含量的分布及变化

秋季，镉含量最低，平均值为0.01 μg/L，区域性变化不大，变化范围为未检出~0.09 μg/L。3个海区受污染程度不大，调查值变化不明显，且整个广西北部湾调查区域内水质状况良好，全部达到一类海水水质标准。

在3个海区中，防城港海区镉含量最低，平均含量为0.01 μg/L，变化范围为未检出~0.03 μg/L。防城港海区镉含量变化不大，海域分布较为均匀，多个调查站位均未检出镉含量。见图3-175。

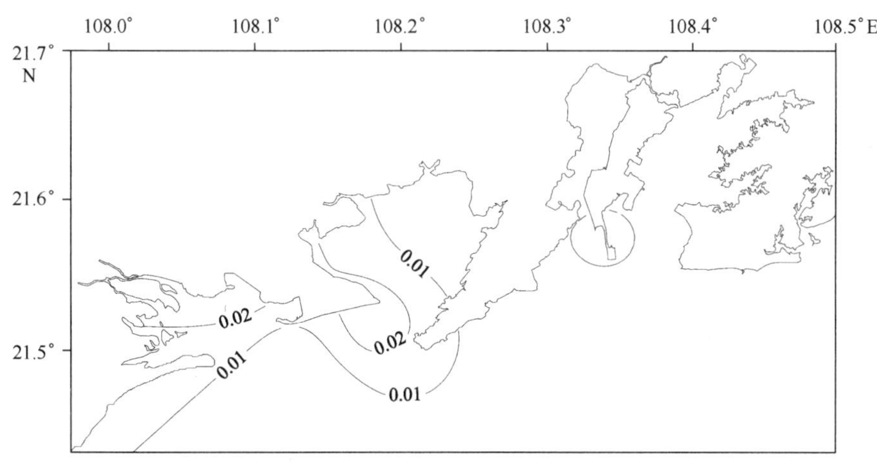

图3-175 秋季防城港海区重金属镉含量等值线分布图（μg/L）

钦州海区镉平均含量为0.02 μg/L，变化范围为未检出~0.09 μg/L。钦州海区镉含量变化不大，海域分布较为均匀，茅尾海北部海域F号站较其他站位含量稍高，多个调查站位均未检出镉含量。见图3-176。

北海海区镉含量次之，平均含量为0.02 μg/L，变化范围为未检出~0.07 μg/L。北海海区镉含量变化不大，海域分布较为均匀，最高值出现在铁山港34号站，多个调查站位均未检出镉含量。见图3-177。

(4) 冬季镉含量的分布及变化

冬季，镉含量略高于夏季，平均值为0.05 μg/L，区域性变化不大，变化范围为0.01~0.15 μg/L。3个海区受污染程度不大，调查值变化不明显，且整个广西北部湾调查区域内水质状况良好，全部达到一类海水水质标准，总体上呈现出近岸高远岸低的特点。

防城港海区镉平均含量为0.05 μg/L，变化范围为0.02~0.15 μg/L。防城港海区镉含量变化不大，分布较为均匀，最高值出现在20万吨码头附近海域09号站，最低值出现在珍珠湾外湾03号站。见图3-178。

钦州海区镉含量最高，平均含量为0.06 μg/L，变化范围为0.01~0.12 μg/L。整

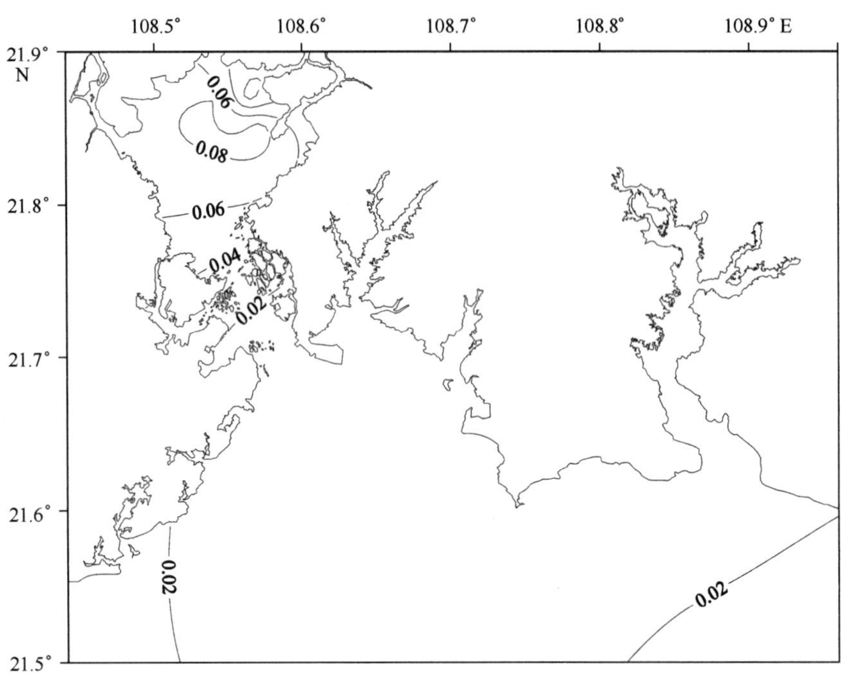

图 3－176　秋季钦州海区重金属镉含量等值线分布图（μg/L）

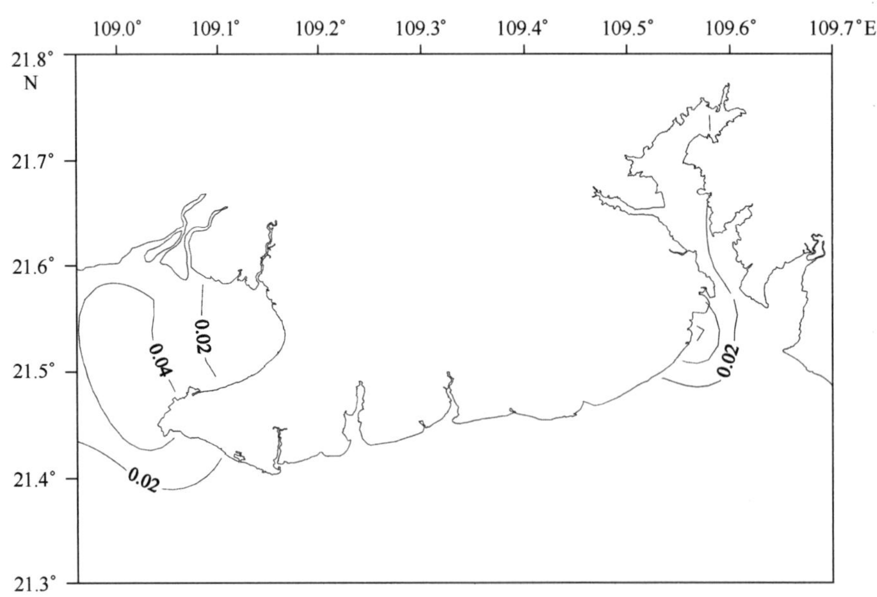

图 3－177　秋季北海海区重金属镉含量等值线分布图（μg/L）

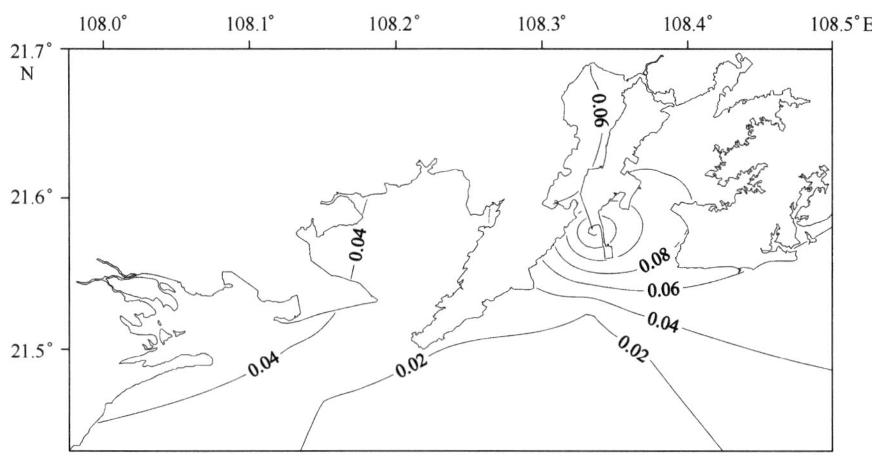

图3-178　冬季防城港海区重金属镉含量等值线分布图（μg/L）

个钦州湾呈现近岸高远岸低的特点，但镉含量变化不大，茅尾海北部E号站较其他站位含量稍高，最低值出现在20号站。见图3-179。

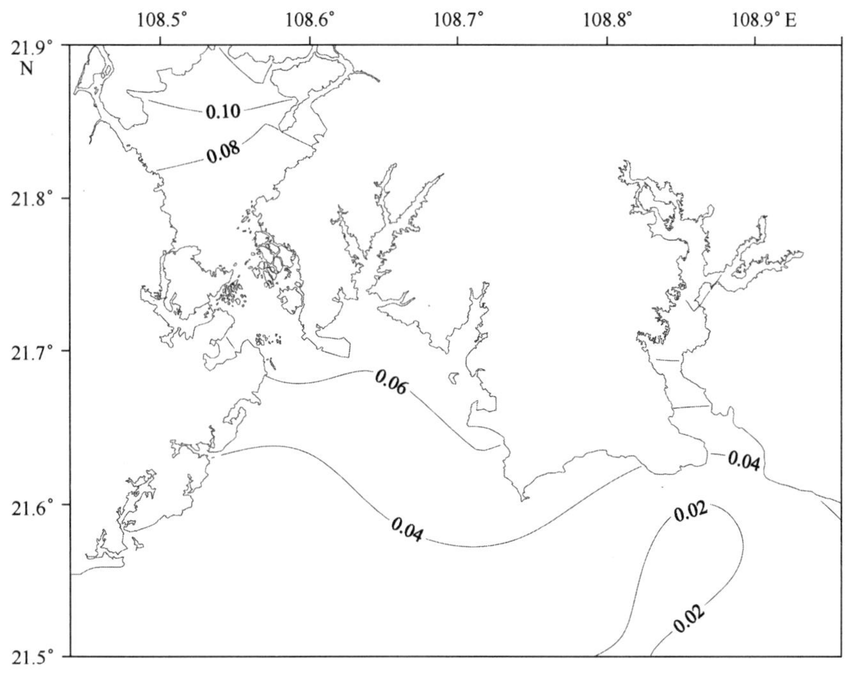

图3-179　冬季钦州海区重金属镉含量等值线分布图（μg/L）

北海海区镉含量最低，平均含量为0.04 μg/L，变化范围为0.01～0.09 μg/L。北海海区镉含量变化不大，海域分布较为均匀，最高值出现在铁山港大桥附近海域32号站，最低值出现在铁山港湾口海域 37 号站。见图 3－180。

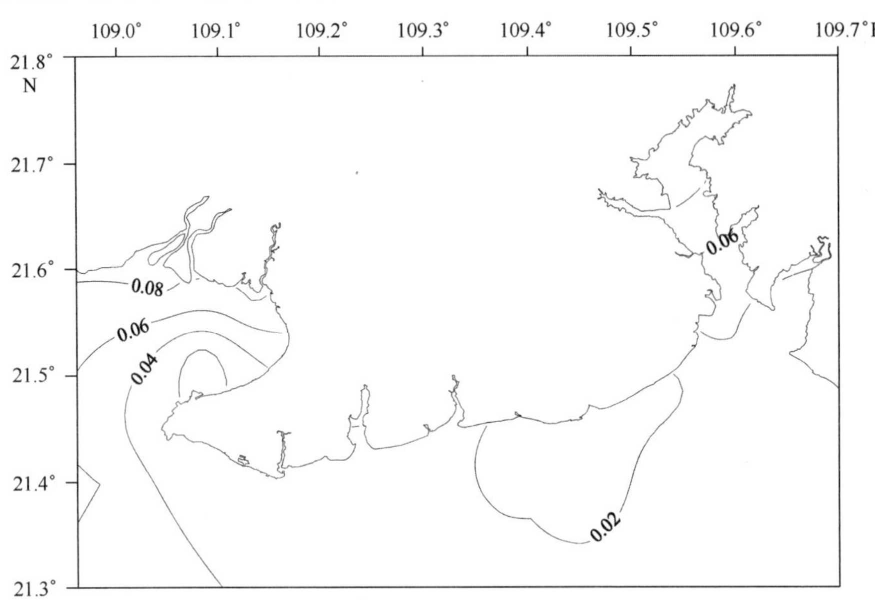

图 3－180　冬季北海海区重金属镉含量等值线分布图（μg/L）

通过以上 4 个季度的调查和分析得出，广西北部湾近岸海域镉含量在未检出～0.54 μg/L 之间，年平均值为 0.07 μg/L；具有夏季高，春冬季次之，秋季较低的季节性变化特征；但在不同季节，不同海区的镉含量差别很小。总体来讲，广西北部湾水质良好，4 个季度的水质全部达到一类海水水质标准。

3.1.17　汞

2010 年，广西北部湾近岸海域各季度汞含量的变化范围及平均值见表 3－17。

表 3－17　广西北部湾近岸海域汞含量的变化范围及平均值　　单位：μg/L

海区	春季		夏季		秋季		冬季	
	变化范围	平均值	变化范围	平均值	变化范围	平均值	变化范围	平均值
广西北部湾	0.035～0.125	0.081	0.013～0.237	0.043	0.031～0.174	0.065	b～0.182	0.071
防城港	0.045～0.113	0.080	0.036～0.237	0.082	0.039～0.174	0.085	b～0.160	0.063
钦州湾	0.036～0.125	0.080	0.013～0.140	0.029	0.031～0.097	0.061	0.001～0.182	0.076
北海	0.035～0.118	0.081	0.019～0.059	0.029	0.034～0.096	0.055	0.003～0.167	0.072

注：b 表示未检出。

（1）春季汞含量的分布及变化

春季，广西北部湾近岸海域汞含量变化范围为 0.035～0.125 μg/L，平均值为

0.081 μg/L，大部分站位为二类海水。

3个海区中，北海海区的汞含量平均值最高，为0.081 μg/L，变化范围为0.035～0.118 μg/L。汞含量最高值出现在铁山港海域的36号站；最低值出现在廉州湾海域的23号站。见图3－181。

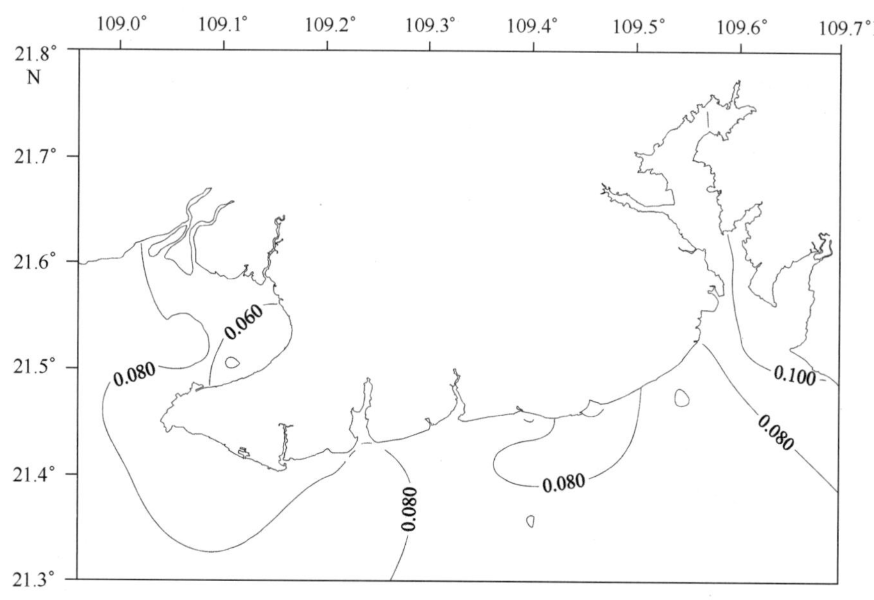

图3－181　春季北海海区汞含量等值线分布图（μg/L）

防城港和钦州海区汞含量平均值均为0.080 μg/L。防城港海区汞含量变化范围为0.045～0.113 μg/L。汞含量最高值出现在西湾湾顶的01号站；最低值出现在西湾外湾海域的11号站。见图3－182。

钦州湾海区汞浓度变化范围为0.036～0.125 μg/L，最高值出现在茅尾海的D号站，最低值出现在大风江湾海域的19号站。见图3－183。

（2）夏季汞含量的分布及变化

夏季，广西北部湾近岸海域汞含量变化范围为0.013～0.237 μg/L，平均值为0.043 μg/L。大部分站位的汞含量均到一类海水水质标准（≤0.20 μg/L）。整个广西北部湾海域，汞含量最高值出现在防城港西湾顶部的06号站，最低值出现在钦州湾茅尾海的D号站。

3个海区中，防城港海区的汞含量平均值最高，为0.082 μg/L，变化范围为0.036～0.237 μg/L，大部分站位的汞含量达到二类海水水质标准。汞含量最高值出现在防城港西湾顶部的06号站；最低值出现在防城港东湾海域的07号站。见图3－184。

钦州和北海海区的汞含量平均值均为0.029 μg/L。钦州海区汞含量变化范围为0.013～0.140 μg/L，大部分站位的均达到一类海水水质标准。汞含量最高值出现在茅

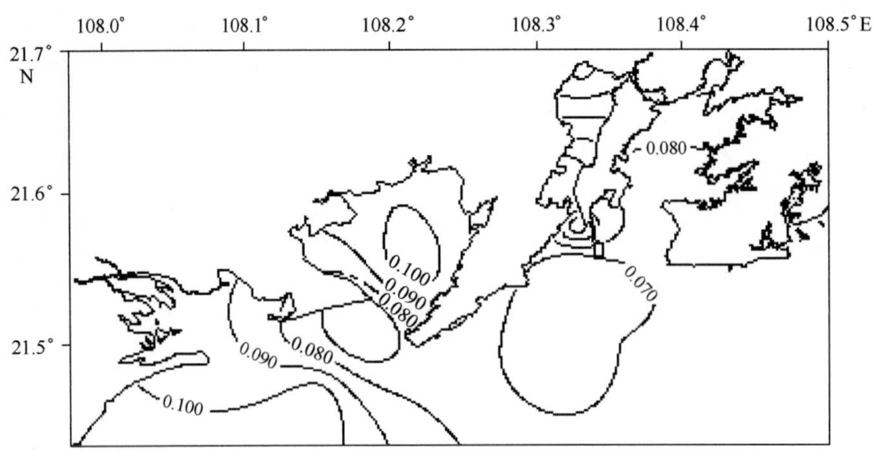

图 3 – 182　春季防城港海区汞含量等值线分布图（μg/L）

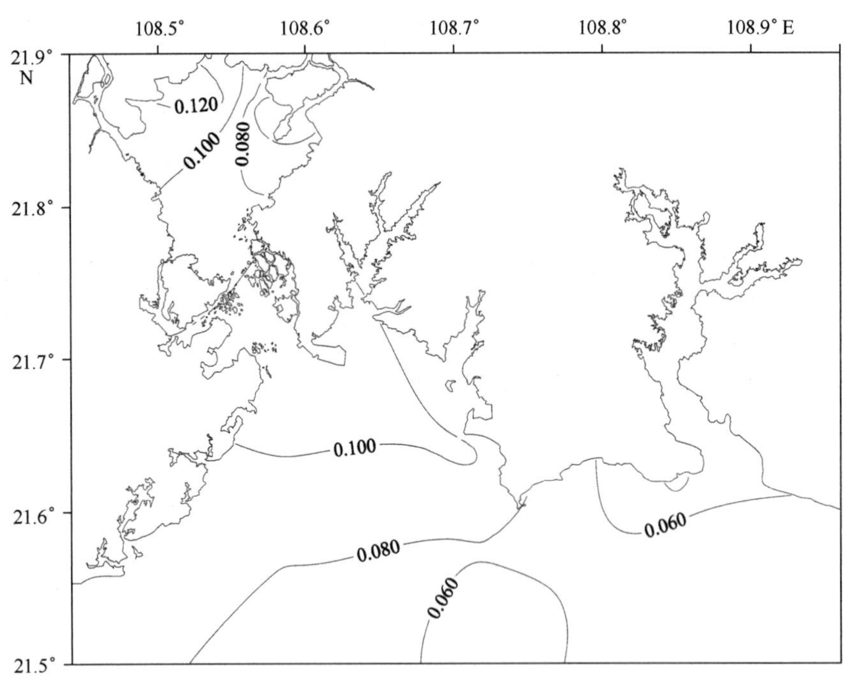

图 3 – 183　春季钦州海区汞含量等值线分布图（μg/L）

尾海海域的 F 号站；最低值出现在茅尾海海域的 D 号站。见图 3 – 185。

北海海区汞含量变化范围为 0. 019 ~ 0. 059 μg/L，大部分站位的汞含量均达到一类海水水质标准。汞含量最高值出现在廉州湾海域的 23 号站；最低值出现在营盘外海域的 31 号站。见图 3 – 186。

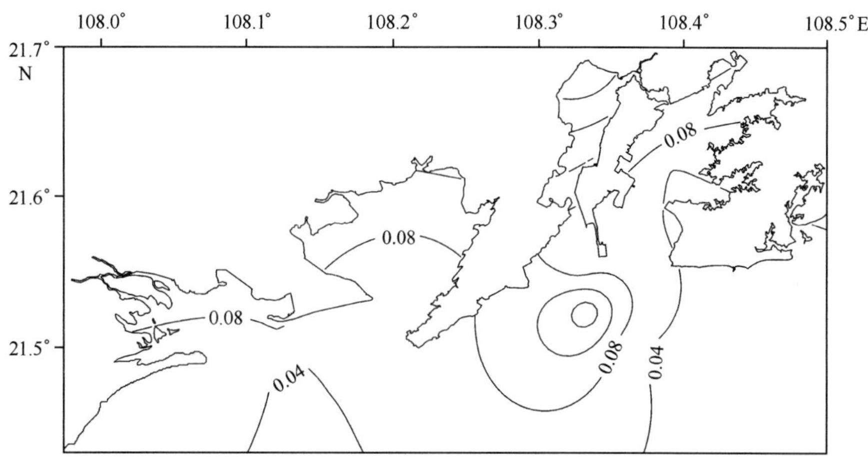

图 3-184　夏季防城港海区汞含量等值线分布图（μg/L）

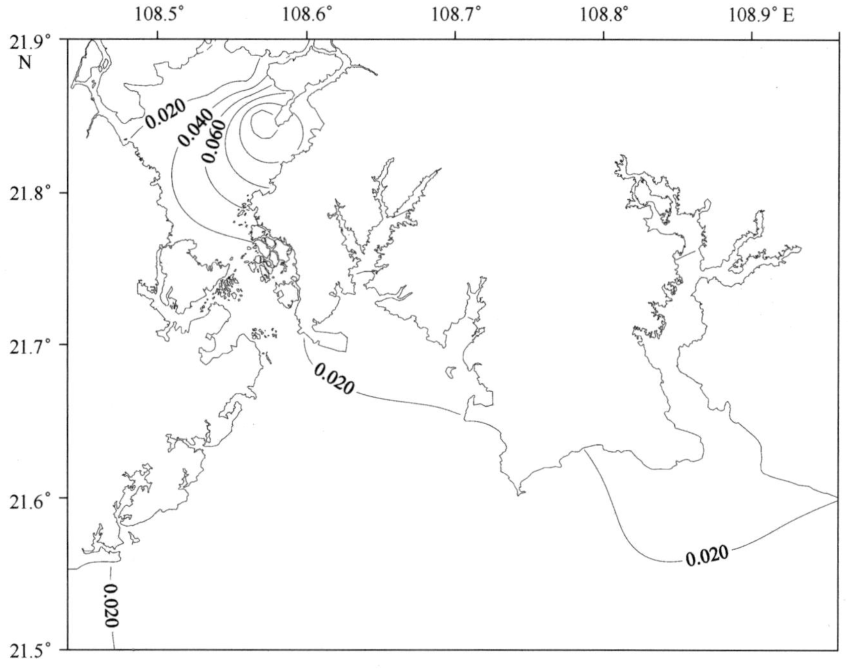

图 3-185　夏季钦州湾海区汞含量等值线分布图（μg/L）

（3）秋季汞含量的分布及变化

秋季，广西北部湾近岸海域汞含量变化范围为 0.031 ~ 0.174 μg/L，平均值为 0.065 μg/L。大部分站位的汞含量均达到二类海水水质标准。整个广西北部湾海域，汞含量最高值出现在防城港西湾海域的 09 号站，最低值出现在钦州湾大风江外海域的

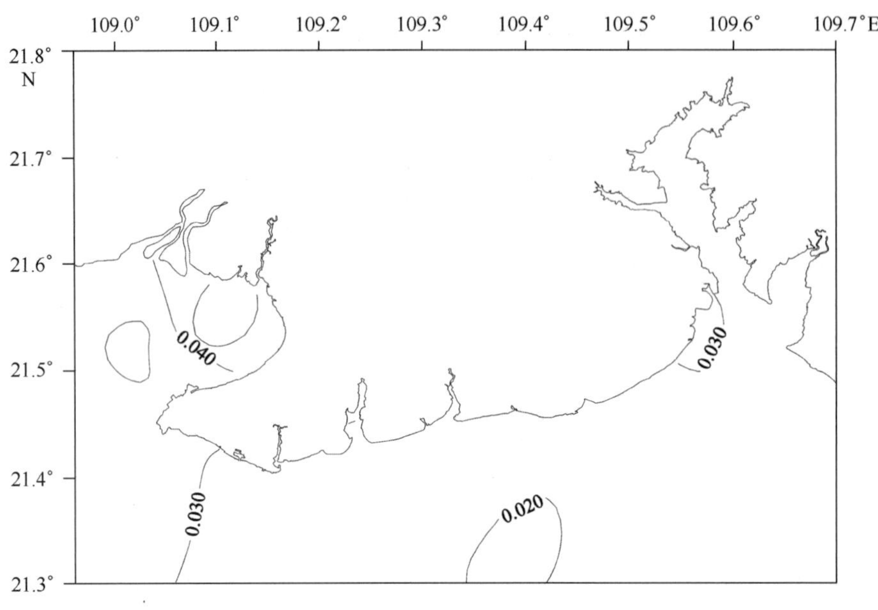

图 3－186　夏季北海海区汞含量等值线分布图（μg/L）

20 号站。

3 个海区中，防城港海区的汞含量平均值最高，为 0.085 μg/L，变化范围为 0.039～0.174 μg/L，大部分站位的汞含量均达到二类海水水质标准。汞含量最高值出现在防城港西湾海域的 09 号站；最低值出现在白龙尾海域的 02 号站。见图 3－187。

钦州海区次之，汞含量平均值为 0.061 μg/L，变化范围为 0.031～0.097 μg/L，大部分站位的汞含量均达到二类海水水质标准。汞含量最高值出现在大风江海域的 19 号站；最低值出现在大风江海域的 20 号站。见图 3－188。

北海海区汞含量平均值最低，为 0.055 μg/L，变化范围为 0.034～0.096 μg/L。大部分站位的汞含量均达到二类海水水质标准。，汞含量最高值出现在铁山港大桥附近海域的 35 号站；最低值出现在廉州湾海域的 23 号站。见图 3－189。

（4）冬季汞含量的分布及变化

冬季，广西北部湾近岸海域汞含量变化范围为未检出～0.182 μg/L，平均值为 0.071 μg/L。大部分站位的汞含量均到二类海水水质标准。整个广西北部湾海域，汞含量最高值出现在钦州湾大风江海域的 20 号站，最低值出现在防城港西湾顶部的 06 号站。

防城港海区汞含量平均值最低，为 0.063 μg/L。变化范围为未检出～0.160 μg/L。大部分站位的汞含量均达到二类海水水质标准。汞含量最高值出现在东湾外海域的 12 号站；最低值出现在西湾顶部的 06 号站。见图 3－190。

3 个海区中，钦州海区的汞含量平均值最高，为 0.076 μg/L，变化范围为 0.001～

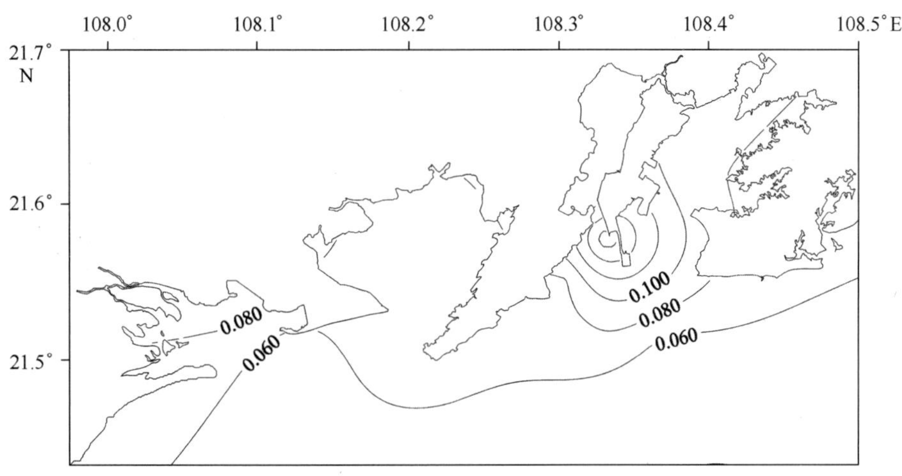

图 3－187　秋季防城港海区汞含量等值线分布图（μg/L）

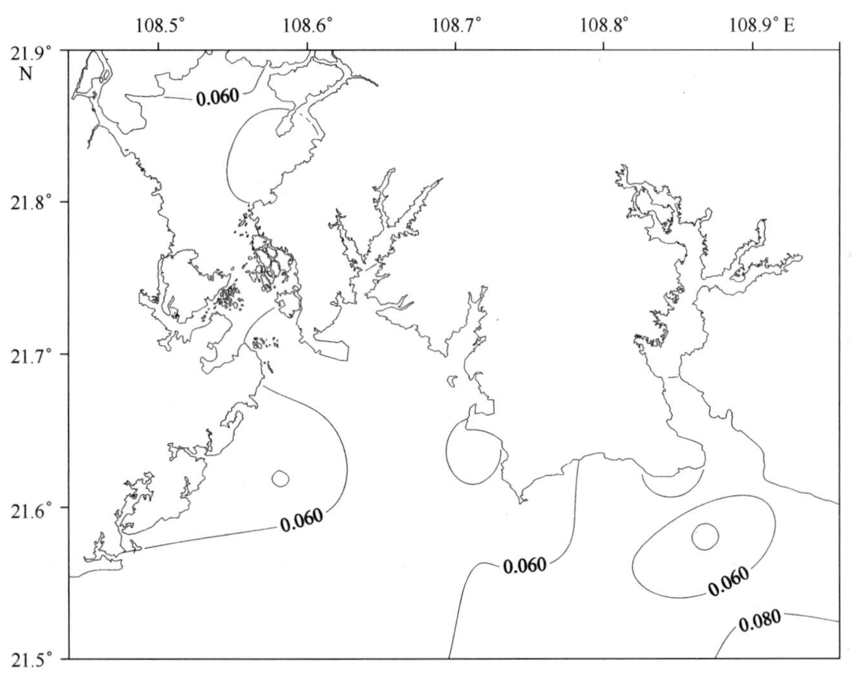

图 3－188　秋季钦州海区汞含量等值线分布图（μg/L）

0.182 μg/L，大部分站位的汞含量均达到二类海水水质标准。汞含量最高值出现在大风江海域的 20 号站；最低值出现在钦州港外海域的 15 号站。见图 3－191。

北海海区汞含量平均值次之，汞含量平均值为 0.072 μg/L，变化范围为 0.003～0.167 μg/L，大部分站位的汞含量均达到二类海水水质标准。汞含量最高值出现在廉

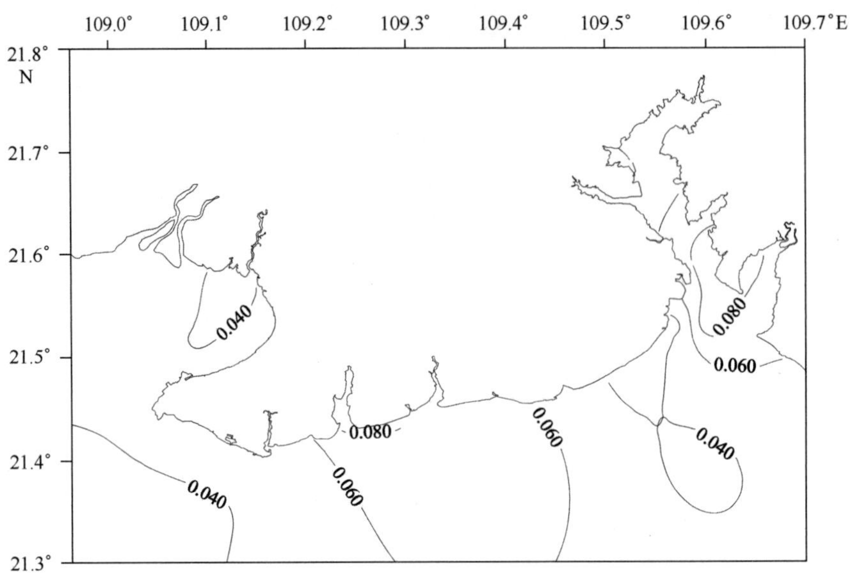

图 3-189　秋季北海海区汞含量等值线分布图（μg/L）

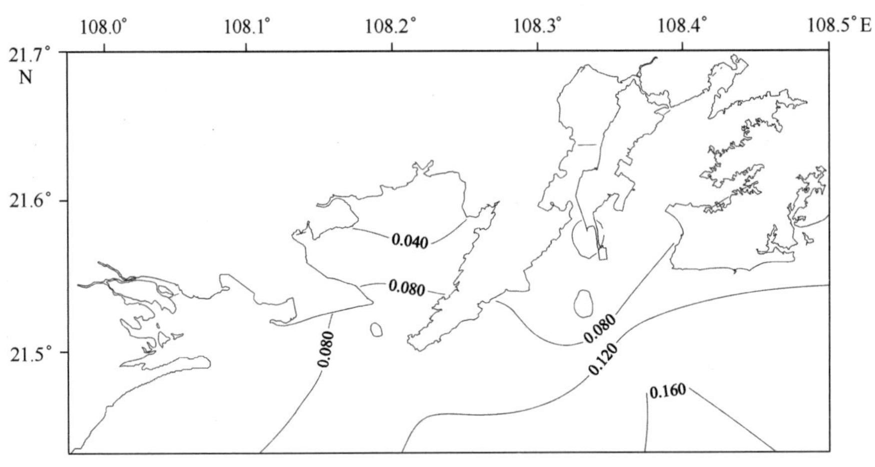

图 3-190　冬季防城港海区汞含量等值线分布图（μg/L）

州湾海域的 23 号站；最低值出现在营盘外海域的 39 号站。见图 3-192。

通过以上 4 个季度的调查和分析得出，广西北部湾近岸海域海水汞含量变化范围在未检出 ~0.237 μg/L 之间，年平均值为 0.065 μg/L；具有春季高，秋、冬季次之，夏季较低的季节性变化特征。不同季节、不同海区之间，汞含量差异较大。

总体而言，夏季广西北部湾近岸海水水质较好，有 79% 的站位达到一类海水水质标准，春、秋、冬季水质较差，分别只有 15%、43%、43% 达到一类海水水质标准。

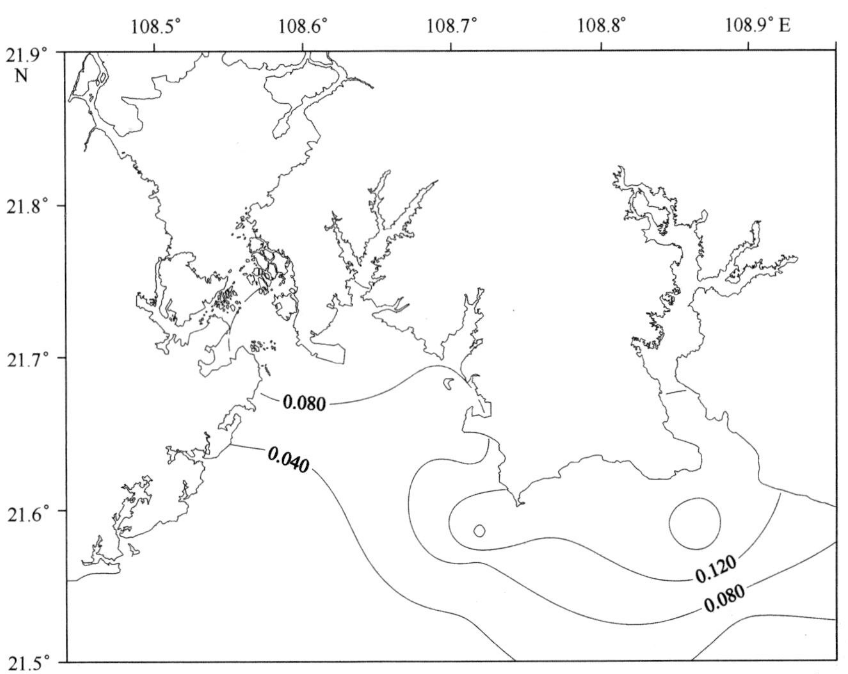

图 3－191　冬季钦州海区汞含量等值线分布图（μg/L）

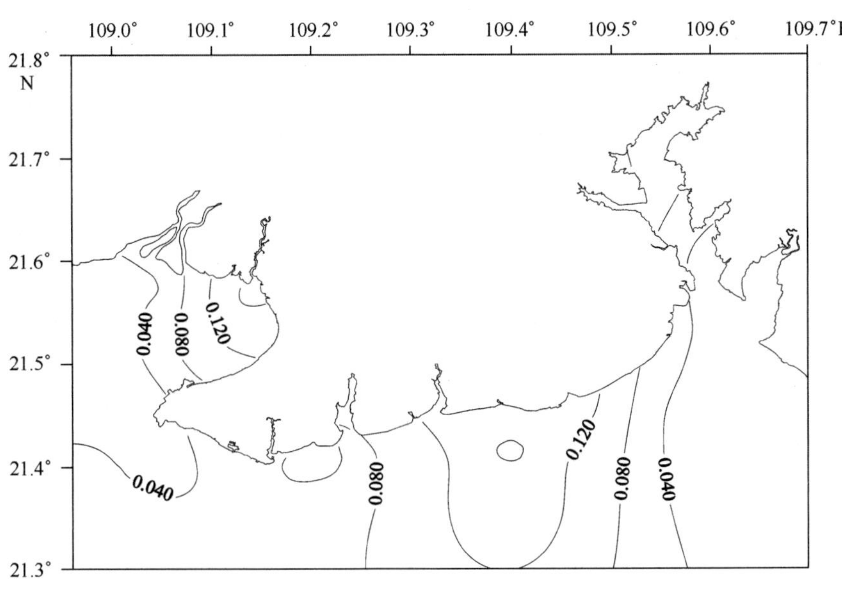

图 3－192　冬季北海海区汞含量等值线分布图（μg/L）

从各个海区分析得出，防城港汞含量平均值最高，其次为钦州湾，北海最低。这可能与港口、码头的开发利用程度有关。

3.1.18 砷

2010 年，广西北部湾近岸海域各季度砷含量的变化范围及平均值见表 3 - 18。

表 3 - 18 广西北部湾近岸海域砷含量的变化范围及平均值 单位：μg/L

海区	春季		夏季		秋季		冬季	
	变化范围	平均值	变化范围	平均值	变化范围	平均值	变化范围	平均值
广西北部湾	0. 40 ~ 1. 84	0. 95	0. 17 ~ 3. 67	1. 51	0. 30 ~ 2. 63	1. 20	0. 36 ~ 1. 63	0. 76
防城港	0. 70 ~ 1. 20	0. 92	0. 49 ~ 2. 07	0. 93	0. 47 ~ 1. 71	0. 97	0. 36 ~ 0. 96	0. 64
钦州湾	0. 40 ~ 1. 20	0. 82	0. 17 ~ 2. 97	1. 53	0. 30 ~ 1. 90	1. 14	0. 41 ~ 0. 93	0. 72
北海	0. 66 ~ 1. 84	1. 07	0. 71 ~ 3. 67	1. 85	0. 84 ~ 2. 63	1. 39	0. 63 ~ 1. 63	0. 87

（1）春季砷含量的分布及变化

春季，广西北部湾近岸海域砷含量变化范围为 0. 40 ~ 1. 84 μg/L，平均值为 0. 95 μg/L。变化幅度为 1. 44 μg/L，变化幅度不大。所有站位的汞含量均达到一类海水水质标准（≤0. 020 mg/L，即≤20 μg/L）。整个广西北部湾海域，砷含量最高值出现在北海铁山港大桥附近海域的 32 号站，最低值出现在钦州湾茅尾海的 E 号站。

防城港海区砷含量平均值为 0. 92 μg/L，变化范围为 0. 70 ~ 1. 20 μg/L。所有站位的砷含量均达到一类海水水质标准。砷含量最高值出现在东湾外海域的 11 号站；最低值出现在白龙尾海域的 02 号站和西湾海域的 09 号站。见图 3 - 193。

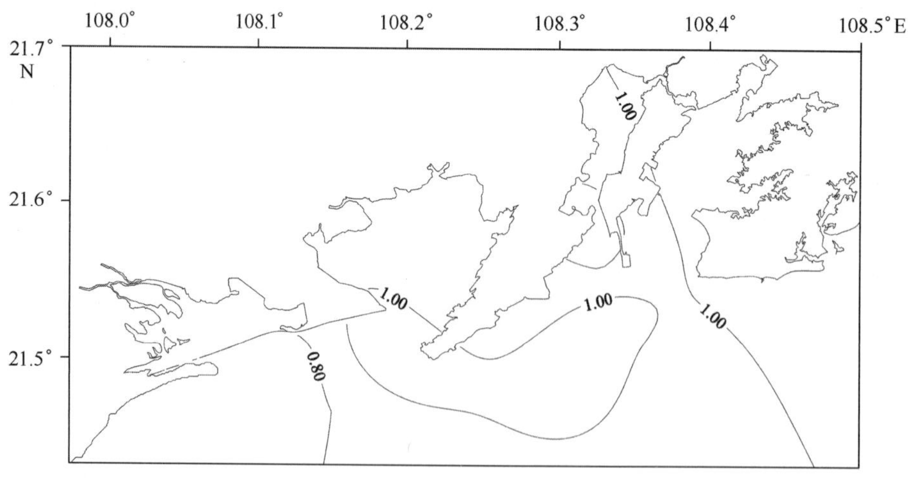

图 3 - 193 春季防城港海区砷含量等值线分布图（μg/L）

钦州海区砷含量平均值最低，为 0. 82 μg/L。变化范围为 0. 40 ~ 1. 20 μg/L。所有站位的砷含量均达到一类海水水质标准。砷含量最高值出现在大风江海域的 H 号站；最低值出现在茅尾海的 E 号站。见图 3 - 194。

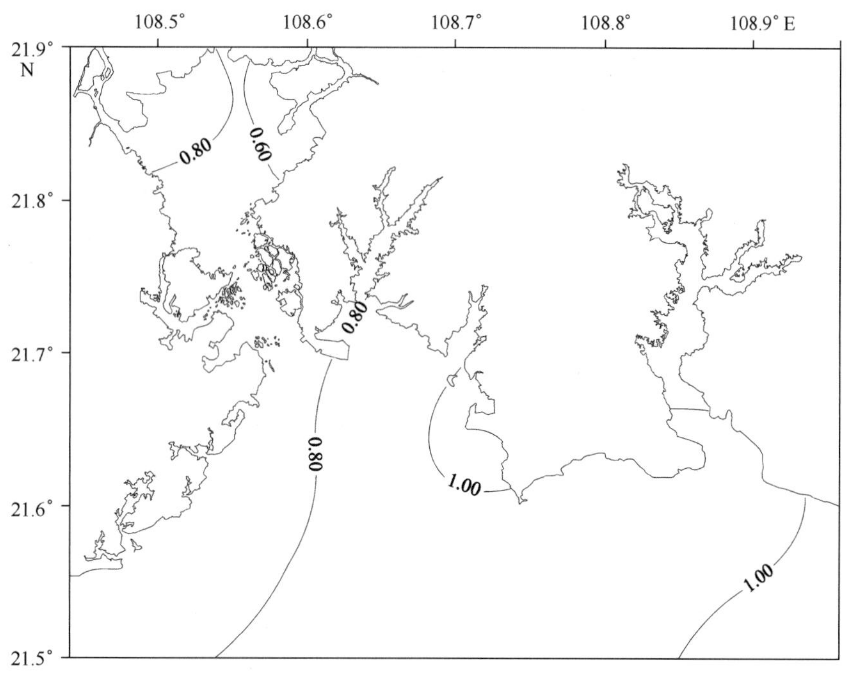

图 3 - 194　春季钦州海区砷含量等值线分布图（μg/L）

3 个海区中，北海海区的砷含量平均值最高，为 1.07 μg/L，变化范围为 0.66 ~ 1.84 μg/L。所有站位的砷含量均达到一类海水水质标准。砷含量最高值出现在北海铁山港大桥附近海域的 32 号站；最低值出现在铁山港附近海域的 36 号站。见图 3 - 195。

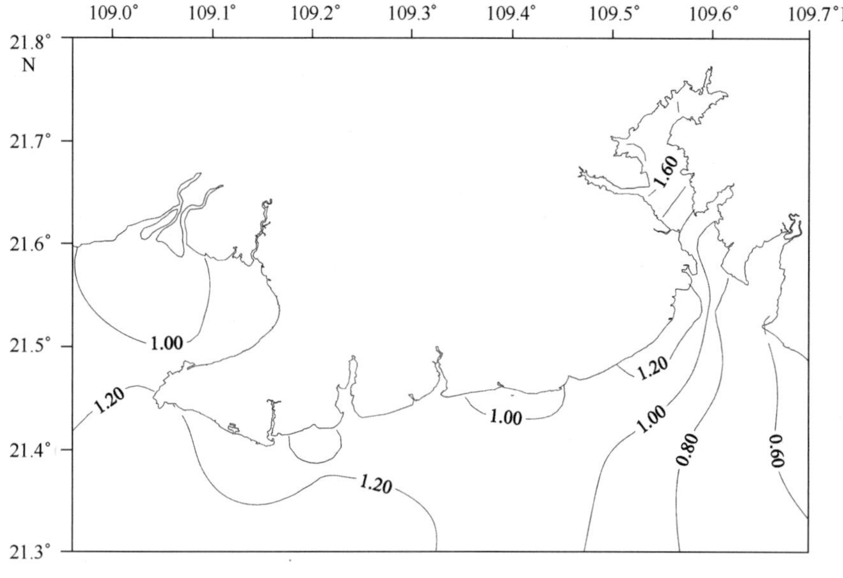

图 3 - 195　春季北海海区砷含量等值线分布图（μg/L）

（2）夏季砷含量的分布及变化

夏季，广西北部湾近岸海域砷含量变化范围为 0. 17 ~ 3. 67 μg/L，平均值为 1. 51 μg/L。变化幅度不大。所有站位的汞含量均达到一类海水水质标准（≤0. 020 mg/L，即≤20 μg/L）。整个广西北部湾海域，砷含量最高值出现在北海廉州湾海域的 22 号站，最低值出现在钦州湾茅尾海的 D 号站。

防城港海区砷含量平均值最低，为 0. 93 μg/L。变化范围为 0. 49 ~ 2. 07 μg/L。所有站位的砷含量均达到一类海水水质标准。砷含量最高值出现在白龙尾海域的 02 号站；最低值出现在东湾外海域的 12 号站。见图 3 – 196。

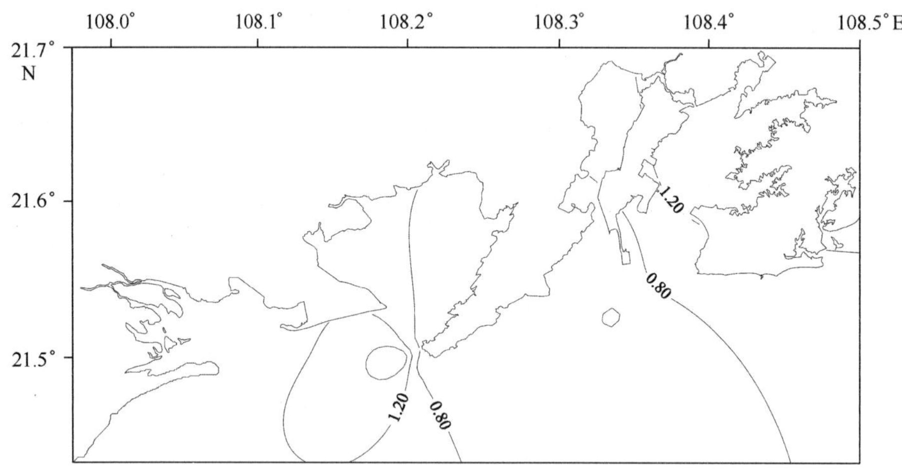

图 3 – 196　夏季防城港海区砷含量等值线分布图（μg/L）

钦州次之，砷含量平均值为 1. 53 μg/L，变化范围为 0. 17 ~ 2. 97 μg/L，变化幅度为 2. 80 μg/L。所有站位的砷含量均达到一类海水水质标准。砷含量最高值出现在钦州湾外海域的 15 号站；最低值出现在茅尾海海域的 D 号站。见图 3 – 197。

3 个海区中，北海海区的砷含量平均值最高，为 1. 85 μg/L，变化范围为 0. 71 ~ 3. 67 μg/L。所有站位的砷含量均达到一类海水水质标准。砷含量最高值出现在北海廉州湾海域的 22 号站；最低值出现在铁山港附近海域的 37 号站。见图 3 – 198。

（3）秋季砷含量的分布及变化

秋季，广西北部湾近岸海域砷含量变化范围为 0. 30 ~ 2. 63 μg/L，平均值为 1. 20 μg/L。所有站位的砷含量均到一类海水水质标准（≤0. 020 mg/L，即≤20 μg/L）。整个广西北部湾海域，砷含量最高值出现在北海廉州湾海域的 23 号站，最低值出现在钦州湾茅尾海的 D 号站。

3 个海区中，北海海区的砷含量平均值最高，为 1. 39 μg/L，变化范围为 0. 84 ~ 2. 63 μg/L。所有站位的砷含量均达到一类海水水质标准。砷含量最高值出现在北海廉

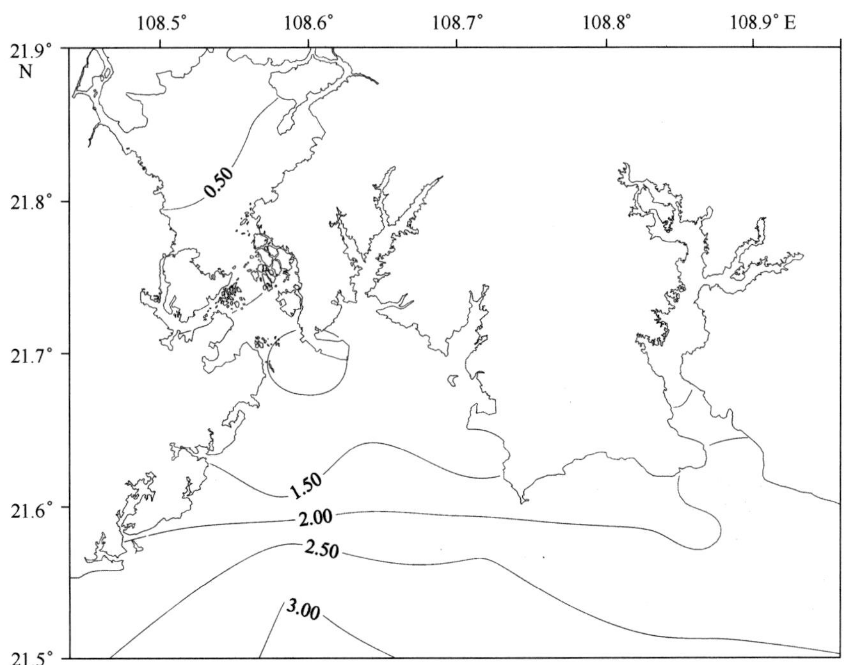

图 3 - 197　夏季钦州海区砷含量等值线分布图（μg/L）

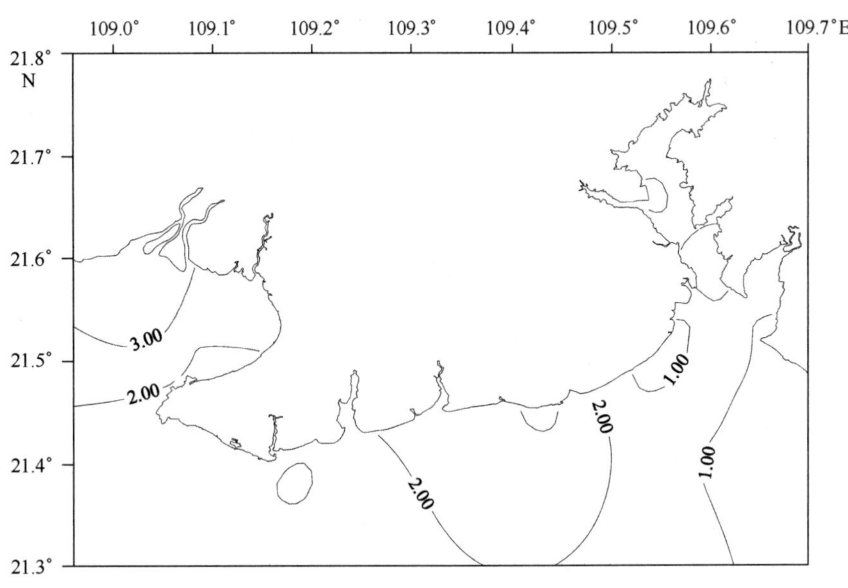

图 3 - 198　夏季北海海区砷含量等值线分布图（μg/L）

州湾海域的23号站；最低值出现在营盘附近海域的L号站。见图3－199。

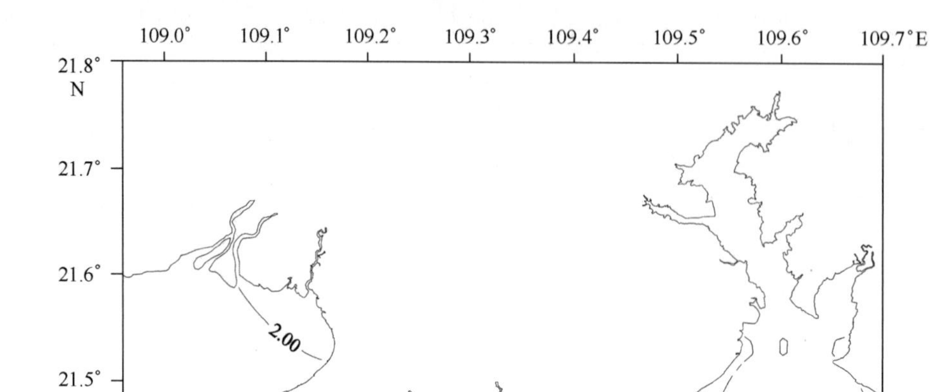

图3－199　秋季北海海区砷含量等值线分布图（μg/L）

钦州次之，砷含量平均值为1.14 μg/L，变化范围为0.30～1.90 μg/L。所有站位的砷含量均达到一类海水水质标准。砷含量最高值出现在大风江海域的19号站；最低值出现在茅尾海海域的D号站。见图3－200。

防城港海区砷含量平均值最低，为0.97 μg/L。变化范围为0.47～1.71 μg/L。所有站位的砷含量均达到一类海水水质标准。砷含量最高值出现在防城港西湾海域的08号站；最低值出现在西湾顶部的06号站。见图3－201。

（4）冬季砷含量的分布及变化

冬季，广西北部湾近岸海域砷含量变化范围为0.36～1.63 μg/L，平均值为0.76 μg/L所有站位的砷含量均到一类海水水质标准（≤0.020 mg/L，即≤20 μg/L）。整个广西北部湾海域，砷含量最高值出现在北海铁山港大桥附近海域的32号站，最低值出现在防城港白龙尾海域的2号站。

防城港海区砷含量平均值最低，为0.64 μg/L。变化范围为0.36～0.96 μg/L。所有站位的砷含量均达到一类海水水质标准。砷含量最高值出现在白龙尾海域的01号站；最低值出现在白龙尾海域的02号站。见图3－202。

钦州次之，砷含量平均值为0.72 μg/L，变化范围为0.41～0.93 μg/L。所有站位的砷含量均达到一类海水水质标准。砷含量最高值出现在三墩附近海域的17号站；最低值出现在茅尾海海域的E号站。见图3－203。

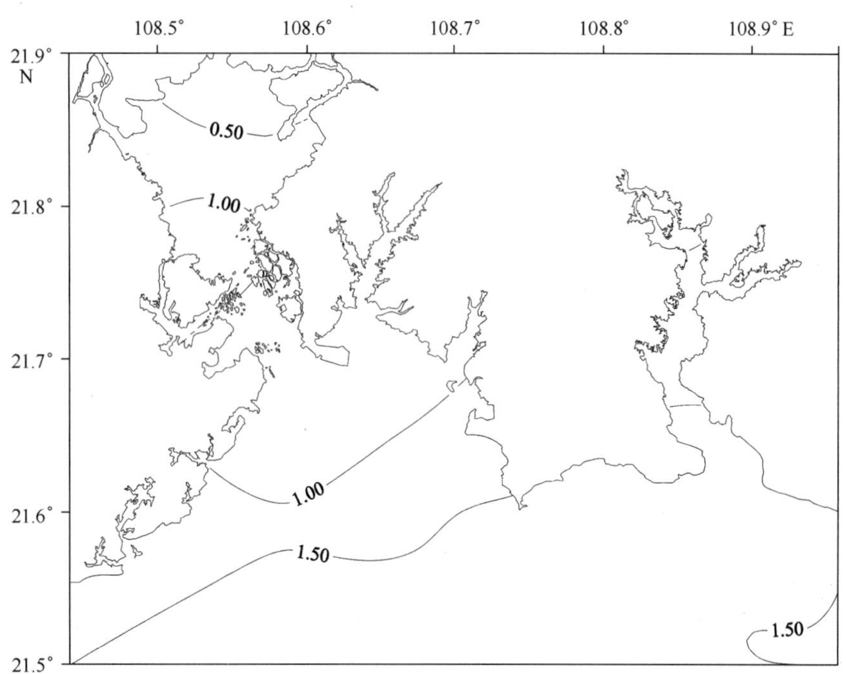

图 3-200　秋季钦州海区砷含量等值线分布图（μg/L）

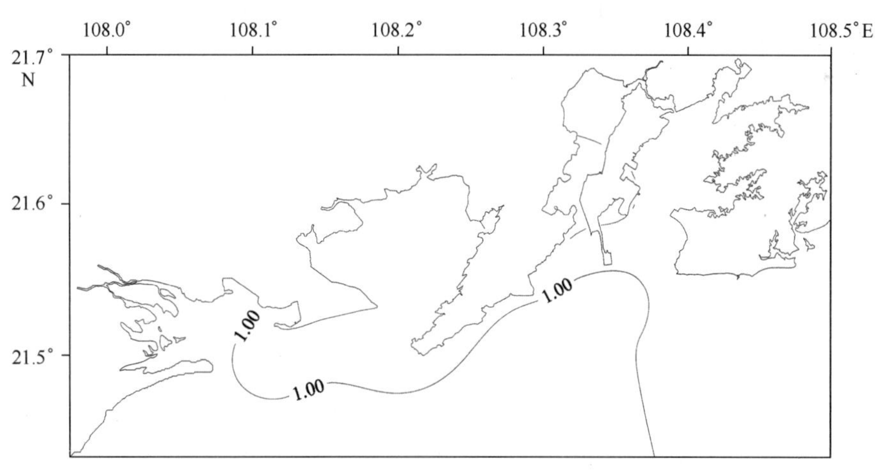

图 3-201　秋季防城港海区砷浓度等值线分布图（μg/L）

3 个海区中，北海海区的砷含量平均值最高，为 0.87 μg/L，变化范围为 0.63 ~ 1.63 μg/L。所有站位的砷含量均达到一类海水水质标准。砷含量最高值出现在北海铁山港大桥附近海域的 32 号站，最低值出现在营盘附近海域的 29 号站。见图 3-204。

通过以上 4 个季度的调查和分析得出，广西北部湾近岸海域海水砷含量变化范围在 0.17 ~ 3.67 μg/L 之间，年平均值为 1.10 μg/L；具有夏季高，春秋季次之，冬季较

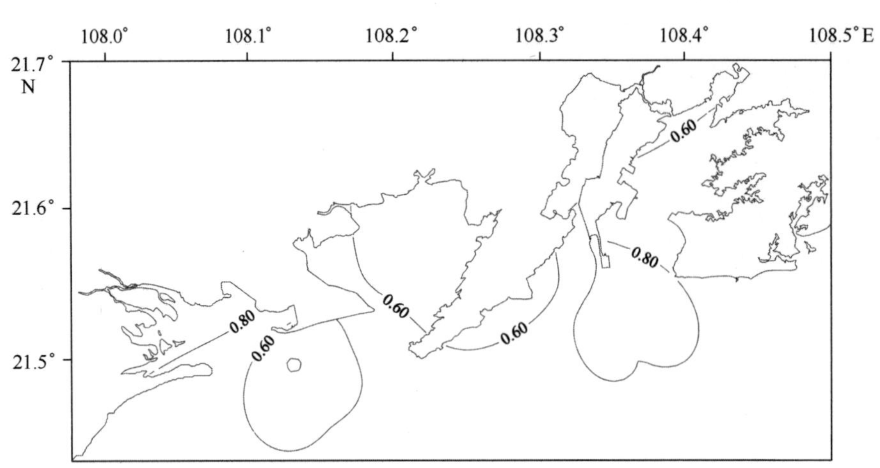

图 3－202　冬季防城港海区砷含量等值线分布图（μg/L）

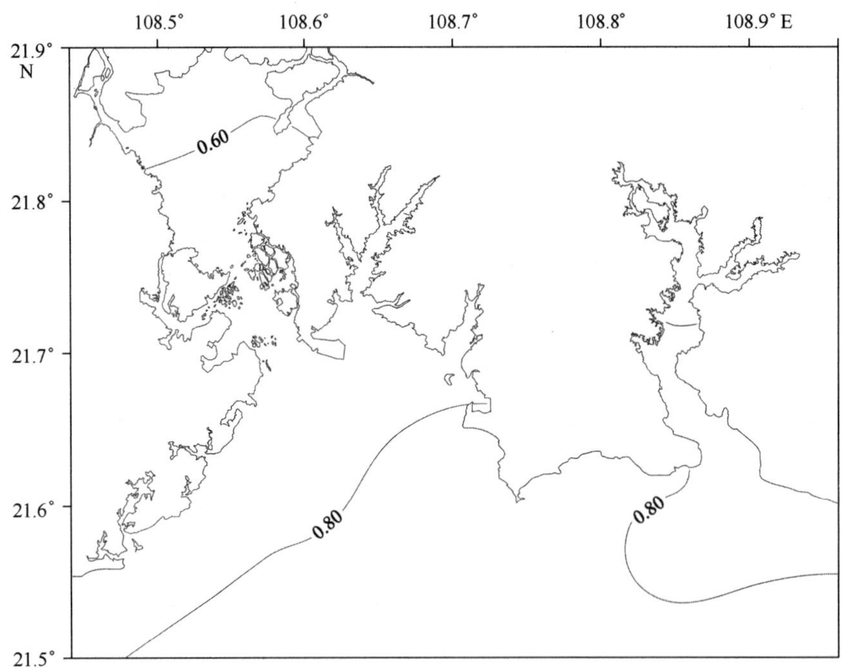

图 3－203　冬季钦州海区砷含量等值线分布图（μg/L）

低的季节性变化特征。不同季节、不同海区之间，砷含量差异不大。

总体而言，广西北部湾近岸海水水质较好，4 个季节所有站位的砷含量均达到一类海水水质标准。从各个海区分析得出，北海海区砷含量平均值最高，其次为钦州海区，防城港海区最低。

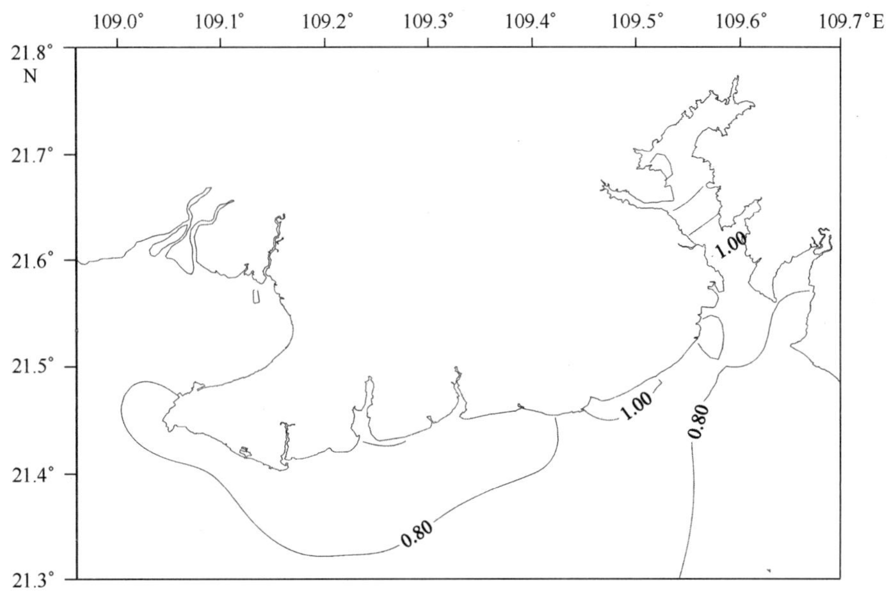

图 3 - 204　冬季北海海区砷含量等值线分布图（μg/L）

3.1.19　水质环境小结

（1）调查海域的水温呈现明显季节性变化趋势。空间分布上，夏、秋季各海区水温较接近，无明显差异，而春、冬季受沿岸水影响大的近岸海域水温较低。

（2）广西北部湾近岸海域盐度分布变化受南流江、大风江、钦江、茅岭江、防城江和北仑河等淡水输入的影响较明显，调查海域海水盐度均未超过 32，呈现由近岸高而向远岸逐渐降低的趋势。

（3）潮汐、淡水径流以及降雨对广西北部湾近岸海域 pH 的影响较大；总体而言，广西北部湾近岸海水 pH 值有 84.5% 的站位达到一类海水水质标准，防城港海区 pH 最高，其次是北海海区，钦州海区 pH 最低。

（4）春冬季两季所有站位 DO 含量均达到一类标准，夏季和秋季达一类海水水质标准的站位均为 67%，钦州海区 DO 含量较低，其次是防城港海区，北海海区海水水质最好，这可能与近年来临海工业及港口开发程度有关。

（5）广西北部湾近岸海域悬浮物分布变化受径流输入的影响较明显，呈现由近岸高而远岸低的特点。

（6）广西北部湾近海水质主要污染物为营养盐类和 COD，局部海域还受到油类以及铜、铅、汞等重金属的轻度污染。

（7）广西北部湾近岸海域内湾（钦州湾、防城港湾和廉州湾）受污染程度明显高于其他海域，主要是由于这些海域污染物排放较集中以及内湾水动力较弱、水交换能力差。

3.2 沉积物质量现状

2010 年广西北部湾沉积物质量调查结果统计表见表 3-19 和 3-20。

表 3-19 广西北部湾沉积物调查统计表（夏季）

项目	广西北部湾		防城港		钦州		北海	
	变化范围	平均值	变化范围	平均值	变化范围	平均值	变化范围	平均值
石油类/10^{-6}	5.20 ~ 1 292.90	186.03	6.10 ~ 1 292.90	299.8	8.10 ~ 597.70	223.02	5.20 ~ 547.50	99.27
有机碳/10^{-2}	b ~ 2.22	0.45	0.06 ~ 2.22	0.56	0.02 ~ 1.18	0.63	b ~ 1.10	0.30
硫化物/10^{-6}	b ~ 121.95	19.95	0.15 ~ 5.35	1.41	b ~ 121.95	30.34	b ~ 102.79	17.47
铜/10^{-6}	b ~ 50.9	8.8	2.7 ~ 50.9	13.6	1.7 ~ 17.2	11.7	b ~ 19.3	4.4
铅/10^{-6}	4.9 ~ 97.7	21	4.9 ~ 97.7	22.8	12.6 ~ 26.7	21.2	4.9 ~ 48.4	19.9
锌/10^{-6}	5.0 ~ 156.2	39	16.1 ~ 156.2	48	35.2 ~ 67.0	50.8	5.0 ~ 77.0	27.7
总铬/10^{-6}	b ~ 65.2	22.6	8.1 ~ 65.2	24.5	9.2 ~ 54.8	36.6	b ~ 50.5	14.5
镉/10^{-6}	b ~ 0.45	0.04	0.01 ~ 0.45	0.10	0.01 ~ 0.05	0.03	b ~ 0.07	0.02
汞/10^{-6}	0.010 ~ 0.160	0.050	0.010 ~ 0.140	0.040	0.010 ~ 0.120	0.072	0.010 ~ 0.160	0.045
砷/10^{-6}	0.52 ~ 27.00	10.13	2.83 ~ 15.89	7.42	9.21 ~ 19.73	14.9	0.52 ~ 27.00	9.36

注：b 表示未检出。

表 3-20 广西北部湾沉积物调查统计表（冬季）

项目	广西北部湾		防城港		钦州		北海	
	变化范围	平均值	变化范围	平均值	变化范围	平均值	变化范围	平均值
石油类/10^{-6}	2.80 ~ 943.70	173.66	2.80 ~ 943.70	219.58	28.90 ~ 137.40	78.02	6.60 ~ 750.60	193.92
有机碳/10^{-2}	0.07 ~ 2.54	0.46	0.07 ~ 2.54	0.73	0.29 ~ 0.69	0.46	0.09 ~ 0.87	0.31
硫化物/10^{-6}	b ~ 69.26	9.52	b ~ 58.96	12.89	0.09 ~ 3.12	1.22	b ~ 69.26	11.64
铜/10^{-6}	0.9 ~ 38.9	9.7	2.6 ~ 38.9	15.2	6.4 ~ 28.4	13.7	0.9 ~ 10.9	4.3
铅/10^{-6}	4.2 ~ 60.1	19.4	5.7 ~ 60.1	25	18.5 ~ 30.5	23.1	4.2 ~ 34.5	14.3
锌/10^{-6}	1.6 ~ 113.6	29.2	12.3 ~ 113.6	34.8	30.2 ~ 62.5	42.9	1.6 ~ 60.7	19.0
总铬/10^{-6}	3.5 ~ 47.9	17.6	6.9 ~ 47.9	21.2	18.1 ~ 29.0	21.5	3.5 ~ 31.4	13.5
镉/10^{-6}	0.01 ~ 0.44	0.12	0.02 ~ 0.44	0.21	0.06 ~ 0.34	0.15	0.01 ~ 0.14	0.06
汞/10^{-6}	0.003 ~ 0.148	0.047	0.003 ~ 0.148	0.064	0.035 ~ 0.076	0.049	0.012 ~ 0.079	0.039
砷/10^{-6}	0.59 ~ 26.93	7.20	2.88 ~ 26.93	10.19	7.39 ~ 13.59	9.22	0.59 ~ 13.04	4.39

注：b 表示未检出。

3.2.1 石油类

广西北部湾及各海区夏、冬季沉积物中石油类含量见图 3-205。

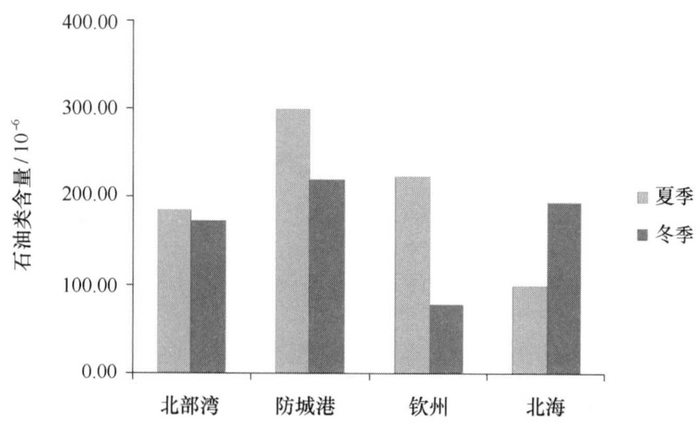

图3-205　广西北部湾夏、冬季沉积物中石油类含量平均值（10^{-6}）

（1）夏季

夏季，广西北部湾调查区沉积物中石油类含量在 5.20×10^{-6} ~ $1\ 292.90\times10^{-6}$ 之间，平均值为 186.03×10^{-6}，最高值出现在防城港西湾顶部海域的06号站，最低值出现在北海白虎头海域的27号站。其中06号站达到三类海洋沉积物质量标准，19号和23号达到二类海洋沉积物质量标准，其余各站均未超一类海洋沉积物质量标准。具有防城港海区含量较高、钦州海区次之、北海海区含量较低的区域性变化特征。

防城港海区石油类的含量在 6.10×10^{-6} ~ $1\ 292.90\times10^{-6}$ 之间，平均含量为 299.80×10^{-6}，最高值出现在防城港西湾顶部的06号站，最低值出现在珍珠湾的01号站；钦州海区石油类含量在 8.10×10^{-6} ~ 597.70×10^{-6} 之间，平均含量为 223.02×10^{-6}，最高值出现在大风江口的19号站，最低值出现在龙门附近海域的40号站；北海海区石油类含量在 5.20×10^{-6} ~ 547.50×10^{-6} 之间，平均含量为 99.27×10^{-6}，最高值出现在廉州湾海域的23号站，最低值出现在白虎头海域的27号站。

（2）冬季

冬季，广西北部湾调查区沉积物中石油类含量在 2.80×10^{-6} ~ 943.7×10^{-6} 之间，平均值为 173.66×10^{-6}，最高值出现在防城港西湾海域的08号站，最低值出现在防城港白龙尾海域的01号站。其中，防城港湾的08号和北海海区的32、34号站达到二类海洋沉积物质量标准，其余各站均未超一类海洋沉积物质量标准。具有防城港海区含量较高、北海海区次之、钦州海区含量较低的区域性变化特征。

防城港海区石油类的含量在 2.80×10^{-6} ~ 943.70×10^{-6} 之间，平均含量为 219.58×10^{-6}，最高值出现在防城港西湾海域的08号站，最低值出现在防城港白龙尾海域的01号站；北海海区石油类含量在 6.60×10^{-6} ~ 750.60×10^{-6} 之间，最高值出现在大风江口铁山港大桥附近的32号站，最低值出现在铁山港海域的36号站；钦州海区石油类含量在 28.90×10^{-6} ~ 137.40×10^{-6} 之间，平均含量为 78.02×10^{-6}，最高值出现在大风江口的19号站，最低值出现在勒沟河口附近海域的13号站。

3.2.2 有机碳

广西北部湾及各海区夏、冬季沉积物中石油类含量见图3－206。

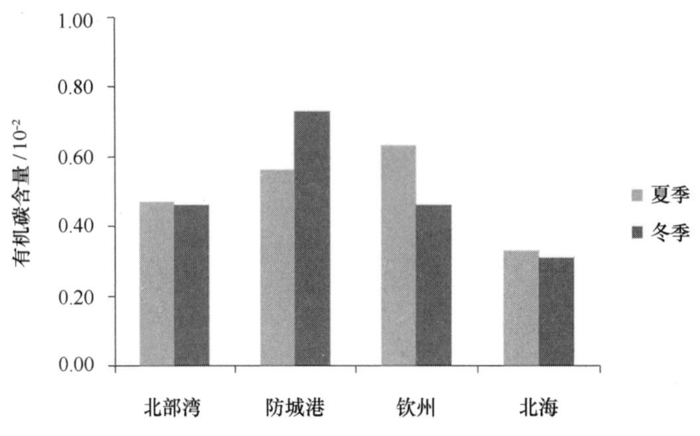

图3－206 广西北部湾夏、冬季沉积物中有机碳含量平均值

(1) 夏季

夏季，广西北部湾调查区沉积物中有机碳含量在未检出～2.22×10^{-2}之间，平均值为0.45×10^{-2}，最高值出现在防城江入海口的06号站，在北海白虎头海域的27号站有机碳含量未检出。除防城江入海口06号站有机碳含量为海洋沉积物质量二类标准外，其余站位有机碳含量均符合海洋沉积物质量一类标准。具有钦州海区含量较高、防城港海区次之、北海海区含量较低的区域性变化特征。

钦州海区有机碳含量在0.02×10^{-2}～1.18×10^{-2}之间，平均含量为0.63×10^{-2}，最高值出现在大风江口的19号站，最低值出现在龙门附近海域的40号站；防城港海区有机碳含量在0.06×10^{-2}～2.22×10^{-2}之间，平均含量为0.56×10^{-2}，最高值出现在防城港西湾顶部海域的06号站，最低值出现在防城港西湾外海域的10号站；北海海区有机碳含量在未检出～1.10×10^{-2}之间，平均含量为0.30×10^{-2}，最高值出现在廉州湾海域的23号站，在北海白虎头海域的27号站有机碳含量未检出。

(2) 冬季

冬季，广西北部湾调查区沉积物中有机碳含量在0.07×10^{-2}～2.54×10^{-2}之间，平均值为0.46×10^{-2}。最高值出现在防城江入海口的06号站，最低值出现在防城港白龙尾海域的01号站。除防城江入海口06号站有机碳含量为海洋沉积物质量二类标准外，其余站位有机碳含量均符合海洋沉积物质量一类标准。具有防城港海区含量较高、钦州海区次之、北海海区含量较低的区域性变化特征。

防城港海区有机碳含量在0.07×10^{-2}～2.54×10^{-2}之间，平均含量为0.73×10^{-2}，

最高值出现在防城江入海口的06号站，最低值出现在防城港白龙尾海域的01号站；钦州海区有机碳的含量在$0.29\times10^{-2}\sim0.69\times10^{-2}$之间，平均含量为$0.46\times10^{-2}$，最高值出现在勒沟河口附近海域的13号站，最低值出现在龙门附近海域的40号站；北海海区有机碳含量在$0.09\times10^{-2}\sim0.87\times10^{-2}$之间，平均含量为$0.31\times10^{-2}$，最高值出现在铁山港海域的34号站，最低值出现在铁山港海域的36号站。

3.2.3 硫化物

广西北部湾及各海区夏、冬季沉积物中铜含量见图3－207。

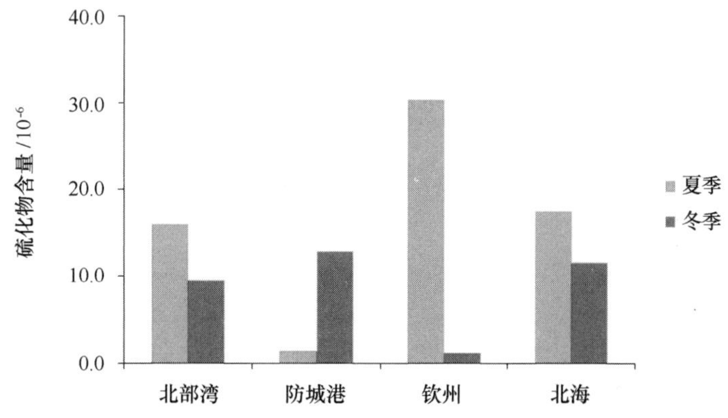

图3－207 广西北部湾夏、冬季沉积物中硫化物含量平均值

（1）夏季

夏季，广西北部湾调查区沉积物中硫化物的含量在未检出～121.95×10^{-6}之间，平均值为19.95×10^{-6}，在茅尾海入海口附近海域40号站和北海29号站均未检出，最高值出现在大风江入海口海域19号站，具有钦州海区含量较高，北海海区次之、防城港海区含量较低的区域性变化特征。

防城港海区硫化物的平均含量为1.41×10^{-6}，变化范围为$0.15\times10^{-6}\sim5.35\times10^{-6}$，最高值出现在防城江入海口06号站，最低值出现在01号站。钦州海区硫化物的平均含量为30.34×10^{-6}，变化范围为未检出～121.95×10^{-6}，最高值出现在大风江入海口海域19号站，最低值出现在茅尾海入海口附近海域40号站。北海海区硫化物的平均含量为17.47×10^{-6}，变化范围为未检出～102.79×10^{-6}，最高值出现在廉州湾海域23号站位，在29号站未检出硫化物含量。

（2）冬季

冬季，广西北部湾调查区沉积物中硫化物的含量在未检出～69.26×10^{-6}之间，平均值为9.52×10^{-6}，在防城港01号站和29号站硫化物含量未检出，最高值出现在铁山港大桥附近海域32号站位。具有防城港海区含量较高，北海海区次之、钦州海区含量较低的区域性变化特征。

防城港海区硫化物的平均含量 12.89×10^{-6}，变化范围为未检出 ~ 58.96×10^{-6}，高值区出现在西湾码头附近海域08 号站，在01 号站位未检出硫化物含量。钦州海区硫化物的平均含量为 1.22×10^{-6}，变化范围为 0.09×10^{-6} ~ 3.12×10^{-6}，最高值出现在大风江入海口海域19 号站，最低值出现在茅尾海入海口附近海域13 号站，北海海区硫化物的平均含量为 11.64×10^{-6}，变化范围为未检出 ~ 69.26×10^{-6}，最高值出现在铁山港大桥附近海域32 号站，在29 号站未检出硫化物含量。

两次调查，各站位硫化物含量均符合海洋沉积物质量一类标准。

3.2.4 铜

广西北部湾及各海区夏、冬季沉积物中铜含量见图 3 – 208。

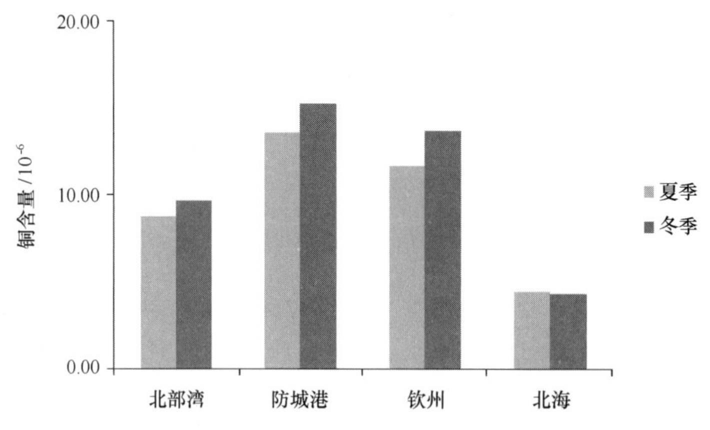

图 3 – 208　广西北部湾夏、冬季沉积物中铜含量平均值

（1）夏季

夏季，广西北部湾调查区沉积物中铜的含量在未检出 ~ 50.9×10^{-6}之间，平均值为 8.8×10^{-6}，在西村港入海口 27 号站铜含量未检出，最高值出现在防城江入海口 06 号站，除防城江入海口 06 号站铜含量为海洋沉积物质量二类标准外，其余站位铜含量均符合海洋沉积物质量一类标准。具有防城港海区含量较高，钦州海区次之、北海海区含量较低的区域性变化特征。

防城港海区铜的平均含量为 13.6×10^{-6}，变化范围为 2.6×10^{-6} ~ 50.9×10^{-6}，最高值出现在防城江入海口 06 号站位，最低值出现在 10 号站位。钦州湾海区铜的平均含量为 11.7×10^{-6}，变化范围为 1.7×10^{-6} ~ 17.2×10^{-6}，最高值出现在大风江口附近海域 19 号站，最低值出现在茅尾海出海口 40 号站。北海海区铜的平均含量为 4.4×10^{-6}，变化范围为未检出 ~ 19.3×10^{-6}，最高值出现在廉州湾海域 23 号站，西村港入海口 27 号铜含量未检出。

（2）冬季

冬季，广西北部湾调查区沉积物中铜的含量在 $0.9\times10^{-6}\sim38.9\times10^{-6}$ 之间，平均值为 9.7×10^{-6}，最高值出现在西湾码头附近海域 08 号站，最低值出现在营盘附近海域 29 号站，除防城江入海口 06 号站和西湾码头附近海域 08 号站铜含量达到海洋沉积物质量二类标准外，其余站位铜含量均符合海洋沉积物质量一类标准。具有防城港海区含量较高，钦州海区次之、北海海区含量较低的区域性变化特征。

防城港海区铜的平均含量 15.2×10^{-6}，变化范围为 $2.6\times10^{-6}\sim38.9\times10^{-6}$，高值区出现在西湾码头附近海域 08 号站和防城江入海口 06 号站，含量分别为 38.9×10^{-6} 和 35.8×10^{-6}，最低值出现在 01 号站。钦州海区铜的平均含量为 13.7×10^{-6}，变化范围为 $6.4\times10^{-6}\sim28.4\times10^{-6}$，最高值出现在茅尾海出海口附近海域 40 号站，最低值出现在大风江出海口附近海域 20 号站。北海海区铜的平均含量为 4.3×10^{-6}，变化范围为 $0.9\times10^{-6}\sim10.9\times10^{-6}$，最高值出现在廉州湾海域 24 号站，最低值出现在营盘附近海域 29 号站。

3.2.5 铅

广西北部湾及各海区夏、冬季沉积物中铅含量见图 3－209。

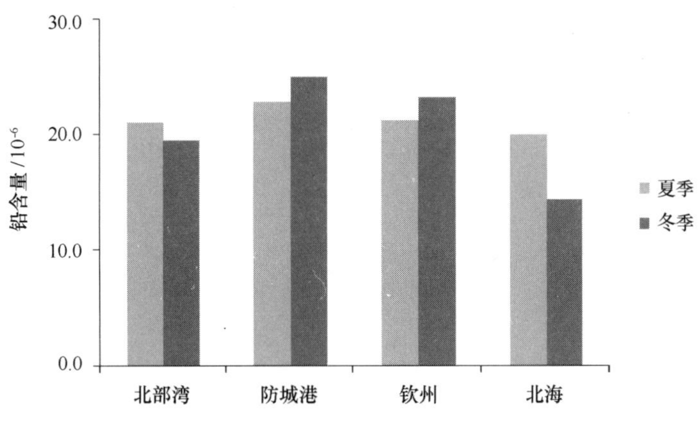

图 3－209　广西北部湾夏、冬季沉积物中铅含量平均值

（1）夏季

夏季，广西北部湾调查区沉积物中铅的含量在 $4.9\times10^{-6}\sim97.7\times10^{-6}$ 之间，平均值为 21.0×10^{-6}，最高值出现在防城江入海口 06 号站，最低值出现在西村港入海口海域 27 号站，除防城江入海口 06 号站铅含量为海洋沉积物质量二类标准外，其余站位铅含量均符合海洋沉积物质量一类标准。具有防城港海区含量较高、钦州海区次之、北海海区含量较低的区域性变化特征。

防城港海区铅的平均含量为 22.8×10^{-6}，变化范围为 $4.9\times10^{-6}\sim97.7\times10^{-6}$，最

高值出现在防城江入海口06号站，最低值出现在珍珠湾04号站。钦州海区铅的平均含量为21.2×10^{-6}，变化范围为$12.6\times10^{-6}\sim26.7\times10^{-6}$，最高值出现在大灶江海域16号站，最低值出现在茅尾海出海口13号站。北海海区铅的平均含量19.9×10^{-6}，变化范围为$4.9\times10^{-6}\sim48.4\times10^{-6}$，最高值出现在廉州湾海域23号站，最低值出现在西村港入海口海域27号站。

（2）冬季

冬季，广西北部湾调查区沉积物中铜的含量在$4.2\times10^{-6}\sim60.1\times10^{-6}$之间，平均值为$19.4\times10^{-6}$，高值区出现在西湾码头附近海域08号站，最低值出现在沙田镇附近海域36号站。除西湾码头附近海域08号站铅含量为海洋沉积物质量二类标准外，其余站位铅含量均符合海洋沉积物质量一类标准。具有防城港海区含量较高，钦州湾海区次之、北海海区含量较低的区域性变化特征。

防城港海区铅的平均含量25.0×10^{-6}，变化范围为$5.7\times10^{-6}\sim60.1\times10^{-6}$，高值区出现在西湾码头附近海域08号站，最低值出现在01号站。钦州湾海区铅的平均含量为23.1×10^{-6}，变化范围为$18.5\times10^{-6}\sim30.5\times10^{-6}$，最高值出现在茅尾海出海口附近海域13号站，最低值出现在茅尾海出海口附近海域13号站。北海海区铅的平均含量为14.3×10^{-6}，变化范围为$4.2\times10^{-6}\sim34.5\times10^{-6}$，最高值出现在廉州湾海域24号站，最低值出现在沙田镇附近海域36号站。

3.2.6 锌

广西北部湾及各海区夏、冬季沉积物中锌含量见图3－210。

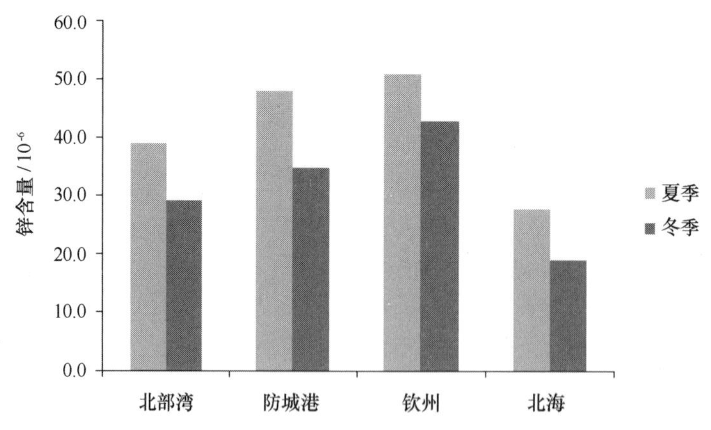

图3－210　广西北部湾夏、冬季沉积物中锌含量平均值

（1）夏季

夏季，广西北部湾调查区沉积物中锌的含量在$5.0\times10^{-6}\sim156.2\times10^{-6}$之间，平均值$22.6\times10^{-6}$，最低值出现在铁山港湾口附近海域37号站，最高值出现在防城江入

海口06号站，除防城江入海口06号站锌含量为海洋沉积物质量二类标准外，其余站位锌含量均符合海洋沉积物质量一类标准。具有钦州海区含量较高、防城港海区次之、北海海区含量较低的区域性变化特征。

防城港海区锌的平均含量为48.0×10^{-6}，变化范围为$16.1\times10^{-6}\sim156.2\times10^{-6}$，最高值出现在防城江入海口06号站，最低值出现在珍珠湾04号站；钦州海区锌的平均含量为50.8×10^{-6}，变化范围为$35.2\times10^{-6}\sim67.0\times10^{-6}$，最高值出现在大风江入海口附近海域19号站，最低值出现在茅尾海出海口海域40号站；北海海区锌的平均含量为27.7×10^{-6}，变化范围为$5.0\times10^{-6}\sim77.0\times10^{-6}$，最高值出现在廉州湾海域23号站，最低值出现在铁山港湾口附近海域37号站。

（2）冬季

冬季，广西北部湾调查区沉积物中锌的含量在$1.6\times10^{-6}\sim113.6\times10^{-6}$之间，平均值为$29.2\times10^{-6}$，最低值出现在沙田镇附近海域36号站，最高值出现在西湾码头附近海域08号站，各站位锌含量均符合海洋沉积物质量一类标准。具有钦州海区含量较高，防城港海区次之、北海海区含量较低的区域性变化特征。

防城港海区锌的平均含量34.8×10^{-6}，变化范围为$12.3\times10^{-6}\sim113.6\times10^{-6}$，最高值出现在西湾码头附近海域08号站，最低值出现在珍珠湾04号站。钦州海区锌的平均含量为42.9×10^{-6}，变化范围为$30.2\times10^{-6}\sim62.5\times10^{-6}$，最高值出现在茅尾海出海口附近海域13号站，最低值出现在大风江湾口附近海域20号站。北海海区锌的平均含量为19.0×10^{-6}，变化范围为$1.6\times10^{-6}\sim60.7\times10^{-6}$，最高值出现在廉州湾海域24号站，最低值出现在沙田镇附近海域36号站。

3.2.7 总铬

广西北部湾及各海区夏、冬季沉积物中总铬含量见图3-211。

（1）夏季

夏季，广西北部湾调查区沉积物中总铬的含量在未检出$\sim65.2\times10^{-6}$之间，平均值为22.6×10^{-6}，在铁山港湾口附近海域37号站总铬含量未检出，最高值出现在防城江入海口06号站，各站位总铬含量均符合海洋沉积物质量一类标准。具有钦州海区含量较高、防城港海区次之、北海海区含量较低的区域性变化特征。

防城港海区总铬的平均含量为24.5×10^{-6}，变化范围为$8.1\times10^{-6}\sim65.2\times10^{-6}$，最高值出现在防城江入海口06号站，最低值出现在10号站。钦州海区总铬的平均含量为36.6×10^{-6}，变化范围为$9.2\times10^{-6}\sim54.8\times10^{-6}$，最高值出现在大风江口附近海域19号站，最低值出现在茅尾海出海口40号站。北海海区总铬的平均含量为14.5×10^{-6}，变化范围为未检出$\sim50.5\times10^{-6}$，最高值出现在廉州湾海域23号站，在铁山港湾口附近海域37号站总铬含量未检出。

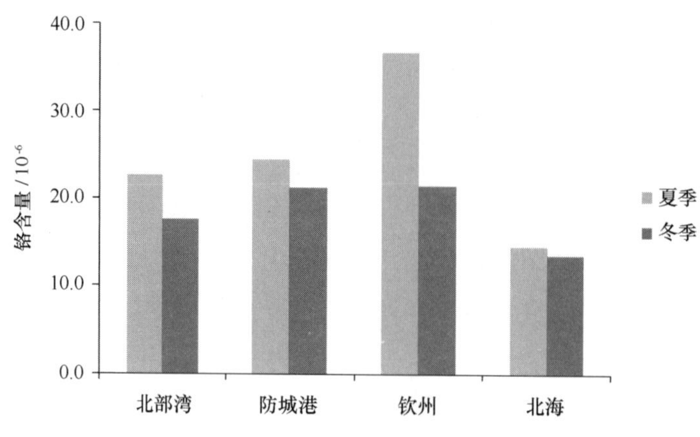

图 3－211 广西北部湾夏、冬季沉积物中总铬含量平均值

（2）冬季

冬季，广西北部湾调查区沉积物中总铬的含量在 $3.5\times10^{-6}\sim47.9\times10^{-6}$之间，平均值为 17.6×10^{-6}，最低值出现在西村港入海口 27 号站，最高值出现在防城江入海口 06 号站。具有钦州海区含量较高，防城港海区次之、北海海区含量较低的区域性变化特征。

防城港海区总铬的平均含量 21.2×10^{-6}，变化范围为 $6.9\times10^{-6}\sim47.9\times10^{-6}$，最高值出现在防城江入海口 06 号站位，最低值出现在 01 号站位。钦州海区总铬的平均含量为 21.5×10^{-6}，变化范围为 $18.1\times10^{-6}\sim29.0\times10^{-6}$，最高值出现在茅尾海出海口附近海域 13 号站位，最低值出现在茅尾海出海口 40 号站位。北海海区总铬的平均含量为 13.5×10^{-6}，变化范围为 $3.5\times10^{-6}\sim31.4\times10^{-6}$，最高值出现在铁山港大桥附近海域 32 号站位，最低值出现在西村港入海口 27 号站。

两次调查，各站位总铬含量均符合海洋沉积物质量一类标准。

3.2.8 镉

广西北部湾及各海区夏、冬季沉积物中镉含量见图 3－212。

（1）夏季

夏季，广西北部湾调查区沉积物中镉的含量在未检出 $\sim0.45\times10^{-6}$之间，平均值为 0.04×10^{-6}，在营盘附近海域 29 号站镉含量未检出，最高值出现在防城江入海口 06 号站位。具有防城港海区含量较高、钦州湾海区次之、北海海区含量较低的区域性变化特征。

防城港海区镉的平均含量为 0.10×10^{-6}，变化范围为 $0.01\times10^{-6}\sim0.45\times10^{-6}$，最高值出现在防城江入海口 06 号站，最低值出现在 10 号站；钦州海区镉的平均含量为 0.03×10^{-6}，变化范围为 $0.01\times10^{-6}\sim0.05\times10^{-6}$，整个海区镉含量分布较为均匀，

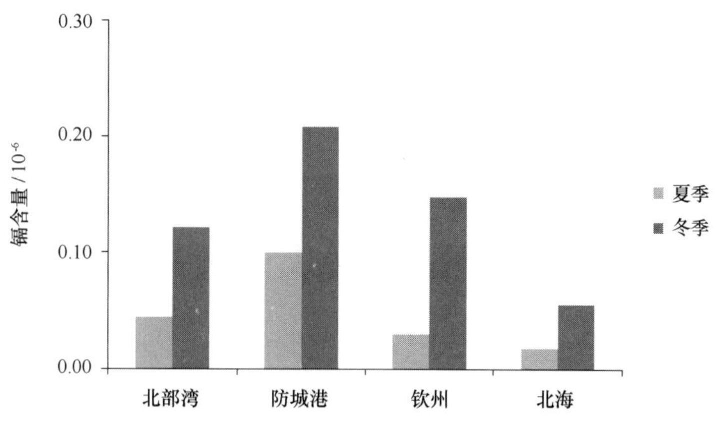

图 3－212　广西北部湾夏、冬季沉积物中镉含量平均值

最高值出现在大风江的 20 号站，最低值出现在茅尾海出口的 40 号站；北海海区镉的平均含量为 0.02×10^{-6}，变化范围为未检出 ~ 0.07×10^{-6}，最高值出现在廉州湾海域 23 号站，在营盘附近海域 29 号站镉含量未检出。

（2）冬季

冬季，广西北部湾调查区沉积物中镉的含量在 0.01×10^{-6} ~ 0.44×10^{-6} 之间，平均值为 0.12×10^{-6}，最低值出现在沙田镇附近海域 36 号站，高值区出现在防城江入海口 06 号站。具有防城港海区含量较高、钦州海区次之、北海海区含量较低的区域性变化特征。

防城港海区镉的平均含量 0.21×10^{-6}，变化范围为 0.02×10^{-6} ~ 0.44×10^{-6}，高值区出现在防城江入海口 06 号站，最低值出现在 10 号站；钦州海区镉的平均含量为 0.15×10^{-6}，变化范围为 0.06×10^{-6} ~ 0.34×10^{-6}，最高值出现在茅尾海出海口附近海域 40 号站，最低值出现在大灶江海域 16 号站；北海海区镉的平均含量为 0.06×10^{-6}，变化范围为 0.01×10^{-6} ~ 0.14×10^{-6}，最高值出现在铁山港大桥附近海域 32 号站，最低值出现在沙田镇附近海域 36 号站。

两次调查，各站位镉含量均符合海洋沉积物质量一类标准。

3.2.9　汞

广西北部湾及各海区夏、冬季沉积物中汞含量见图 3－213。

（1）夏季

夏季，广西北部湾调查区沉积物中汞含量在 0.010×10^{-6} ~ 0.160×10^{-6} 之间，平均值为 0.050×10^{-6}，最低值出现在防城港白龙尾海域的 01 号站、04 号站，防城港西湾外海域的 10 号站，钦州湾龙门附近海域的 40 号站，北海廉州湾海区的 22 号站，北海营盘海域的 29 号站，北海铁山港海域的 32 号站、33 号站，最高值出现在北海廉州

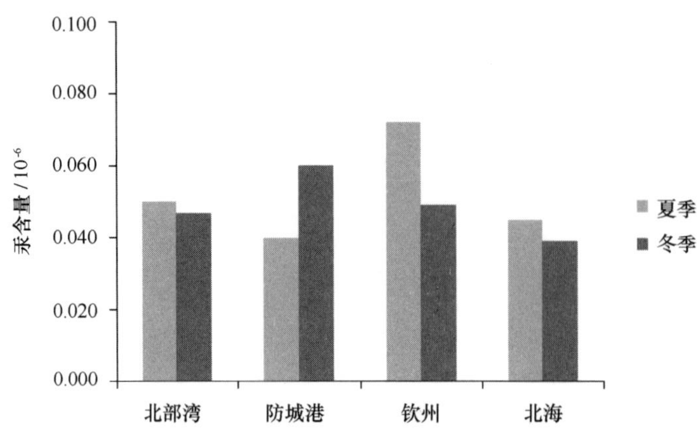

图 3-213 广西北部湾夏、冬季沉积物中汞含量平均值

湾海域的 23 号站。具有钦州湾海区含量较高、北海海区次之、防城港海区含量较低的区域性变化特征。

防城港海区汞含量在 $0.010\times10^{-6}\sim0.140\times10^{-6}$之间，平均含量为 0.040×10^{-6}，最高值出现在西湾顶部的 06 号站，最低值出现在防城港白龙尾海域的 01 号站、04 号站，防城港西湾外海域的 10 号站；钦州海区汞的含量在 $0.010\times10^{-6}\sim0.120\times10^{-6}$之间，平均含量为 0.072×10^{-6}，最高值出现在大风江海域的 19 号站、20 号站，最低值出现在龙门附近海域的 40 号站；北海海区汞含量在 $0.010\times10^{-6}\sim0.160\times10^{-6}$之间，平均含量为 0.045×10^{-6}，最高值出现在廉州湾海域的 23 号站，最低值出现在北海廉州湾海区的 22 号站，北海营盘海域的 29 号站，北海铁山港海域的 32 号站、33 号站。

（2）冬季

冬季，广西北部湾调查区沉积物中汞含量在 $0.003\times10^{-6}\sim0.148\times10^{-6}$之间，平均值为 0.047，最低值出现在防城港白龙尾海域的 01 号站，最高值出现在防城港西湾顶部的 06 号站。具有防城港海区含量较高、钦州海区次之、北海海区含量较低的区域性变化特征。

防城港海区汞含量在 $0.003\times10^{-6}\sim0.148\times10^{-6}$之间，平均含量为 0.064×10^{-6}，最高值出现在西湾顶部的06 号站，最低值出现在白龙尾海域的01 号站；钦州海区汞含量在 $0.035\times10^{-6}\sim0.076\times10^{-6}$之间，平均含量为 0.049×10^{-6}，最高值出现在勒沟河口附近海域的 13 号站，最低值出现在大风江口的 19 号站；北海海区汞含量在 $0.012\times10^{-6}\sim0.079\times10^{-6}$之间，平均含量为 0.039×10^{-6}，最高值出现在铁山港海域的 34 号站，最低值出现在营盘海区的 29 号站。

两次调查，所有站位的汞含量均达到海洋沉积物质量一类标准。

3.2.10 砷

广西北部湾及各海区夏、冬季沉积物中砷含量见图 3－214。

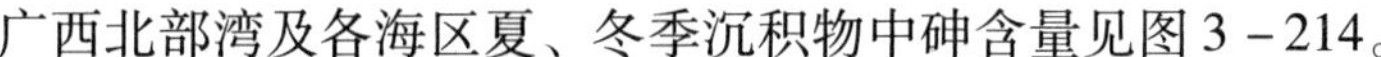

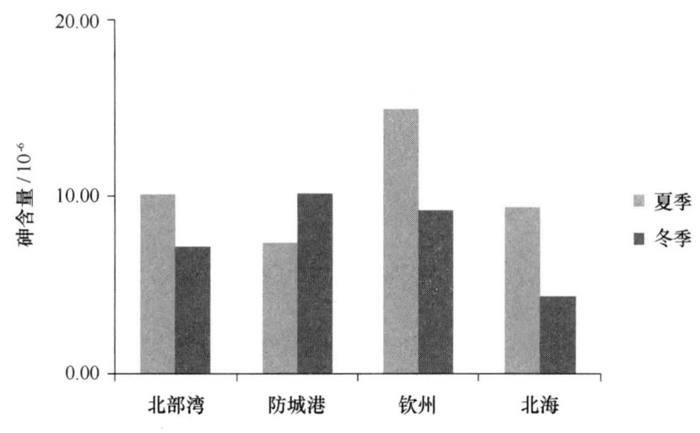

图 3－214 广西北部湾夏、冬季沉积物中砷含量平均值

（1）夏季

夏季，广西北部湾调查区沉积物中砷含量在 $0.52\times10^{-6}\sim27.00\times10^{-6}$之间，平均值为 10.13×10^{-6}，最低值出现在北海铁山港大桥附近的 33 号站，最高值出现在北海廉州湾海域的 22 号站，除 22 号站之外，其余各站的砷含量均达到海洋沉积物质量一类标准。具有钦州海区含量较高，北海海区次之、防城港海区含量较低的区域性变化特征。

防城港海区砷含量在 $2.83\times10^{-6}\sim15.89\times10^{-6}$之间，平均含量为 7.42×10^{-6}，最高值出现在西湾顶部的 6 号站（入海口、附近有排污口），最低值出现在白龙尾海域的 4 号站；钦州海区砷的含量在 $9.21\times10^{-6}\sim19.73\times10^{-6}$之间，平均含量为 14.90×10^{-6}，最高值出现在龙门附近海域的 40 号站，最低值出现在犀牛脚附近海域的 16 号站；北海海区砷含量在 $0.52\times10^{-6}\sim27.00\times10^{-6}$之间，平均含量为 9.36×10^{-6}，最高值出现在廉州湾海域的 22 号站，最低值出现在铁山港大桥附近的 33 号站。

（2）冬季

冬季，广西北部湾调查区沉积物中砷含量在 $0.59\times10^{-6}\sim26.93\times10^{-6}$之间，与夏季相比，变化不大，平均值为 7.20×10^{-6}，最低值出现在北海白虎头海域的 27 号站，最高值出现在防城港西湾顶部的 06 号站。除 06 号站之外，其余各站的砷含量均达到海洋沉积物质量一类标准。具有防城港海区含量较高，钦州海区次之、北海海区含量较低的区域性变化特征。

防城港海区砷的含量在 $2.88\times10^{-6}\sim26.93\times10^{-6}$之间，平均含量为 10.19×10^{-6}，最高值出现在防城港西湾顶部的 06 号站，最低值出现在西湾外海域的 10 号站；钦州海

区砷含量在 $7.39\times10^{-6}\sim13.59\times10^{-6}$之间，平均含量为 9.22×10^{-6}，最高值出现在勒沟河口附近的 13 号站，最低值出现在大风江海域的 19 号站；北海海区砷含量在 $0.59\times10^{-6}\sim13.04\times10^{-6}$之间，平均含量为 4.39×10^{-6}，最高值出现在廉州湾海域的的 24 号站，最低值出现在白虎头海域的 27 号站。

3.2.11 沉积物环境小结

广西北部湾近岸海域沉积物总体质量良好，除部分测站铜、铅、锌、总铬、砷、石油类和硫化物超出一类沉积物质量标准外，其他各项污染物含量均符合一类沉积物质量标准。

3.3 近岸海域海洋生物质量现状

3.3.1 叶绿素

2010 年，广西北部湾近岸海域各季度叶绿素 *a* 含量范围及平均值见表 3－21。叶绿素 *a* 含量变化范围为 0.14～30.67 μg/L，平均值为 3.48 μg/L。

表 3－21 广西北部湾近岸海域各季度叶绿素 *a* 含量变化范围及平均值 单位：μg/L

海区	春季		夏季		秋季		冬季	
	范围	均值	范围	均值	范围	均值	范围	均值
广西北部湾	0.14～8.98	2.52	0.53～9.68	4.00	0.35～30.67	4.45	0.75～23.41	2.96
防城港	0.72～8.90	2.13	0.53～9.68	3.98	0.35～6.61	2.41	1.76～23.41	4.72
钦州	0.14～8.98	3.19	1.62～8.97	4.66	1.42～12.23	5.57	1.28～7.59	2.90
北海	0.36～7.04	2.26	1.04～7.29	3.49	0.35～30.67	4.84	0.75～3.86	1.94

3.3.1.1 春季叶绿素 *a* 含量平面分布特征

春季，防城港、钦州、北海海区叶绿素 *a* 等值线分布见图 3－215～3－217。春季，广西北部湾近岸海域叶绿素 *a* 含量为全年最低，平均值为 2.52 μg/L，变化范围 0.14～8.98 μg/L。

防城港海区叶绿素 *a* 含量变化范围为 0.72～8.90 μg/L，平均含量为 2.13 μg/L。含量最低的为滠尾附近海域的 01 号站，最高的为防城江口 06 号站。

钦州海区叶绿素 *a* 含量最高，变化范围为 0.14～8.98 μg/L，平均含量为 3.19 μg/L。含量最低的为钦州港西航道、红沙附近海域的 14 号站，最高的为茅尾海深水通道与簕沟交汇处的 13 号站。

北海海区叶绿素 *a* 含量与防城港海区相近，含量变化范围为 0.36～7.04 μg/L，平均含量为 2.26 μg/L。含量最低的为白虎头附近海域的 28 号站，最高的为青山头附近

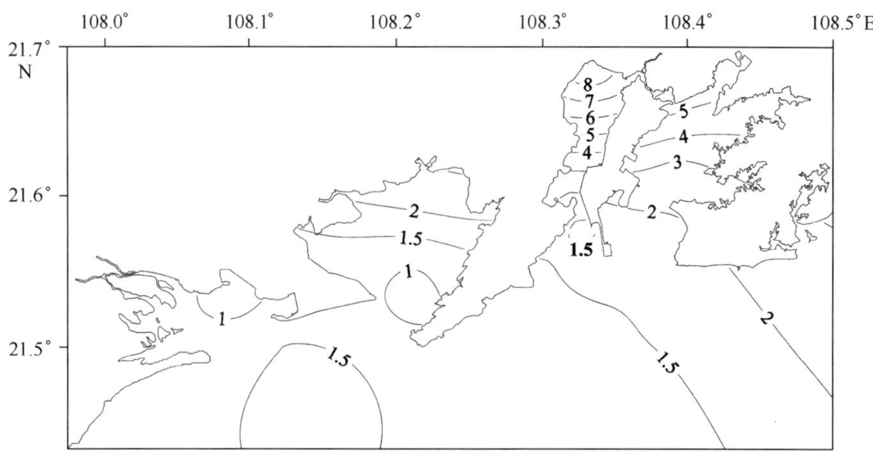

图 3－215　春季防城港海区叶绿素 a 含量等值线分布图（μg/L）

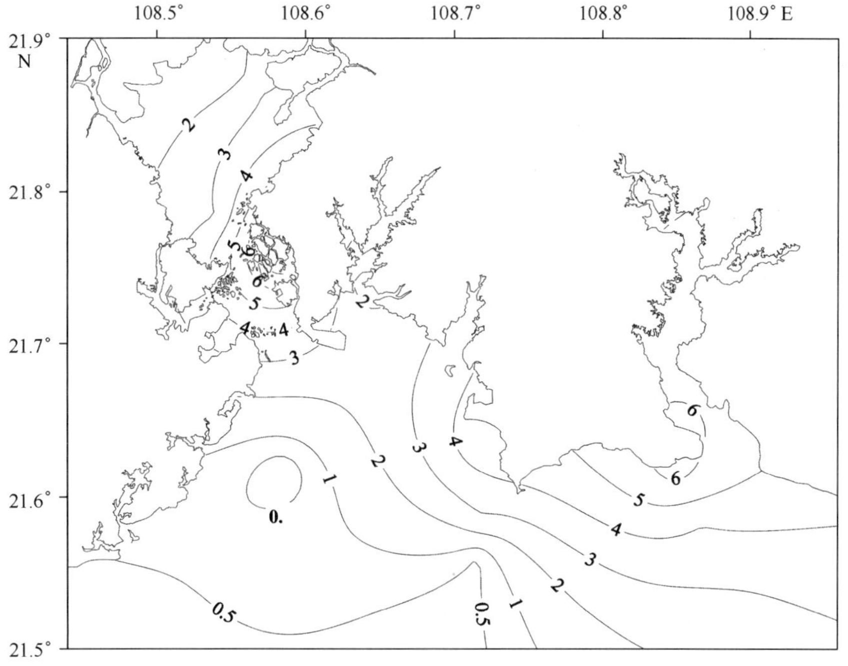

图 3－216　春季钦州海区叶绿素 a 含量等值线分布图（μg/L）

海域的 L 号站。

3.3.1.2　夏季叶绿素 a 含量平面分布特征

夏季，防城港、钦州、北海海区叶绿素 a 含量等值线分布见图 3－218～3－220。夏季，广西北部湾近岸海域叶绿素 a 含量高于春季，平均值为 4.00 μg/L，变化范围

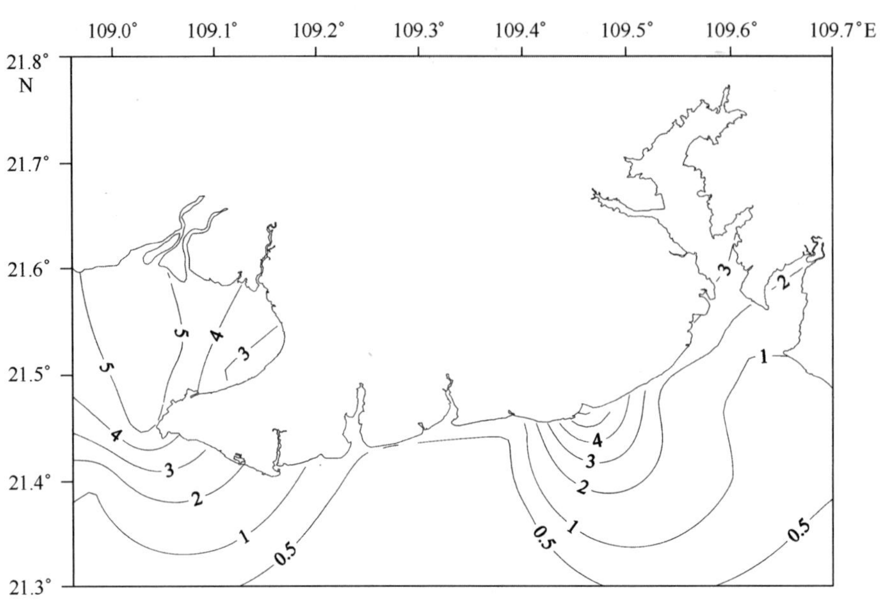

图 3－217　春季北海海区叶绿素 a 含量等值线分布图（μg/L）

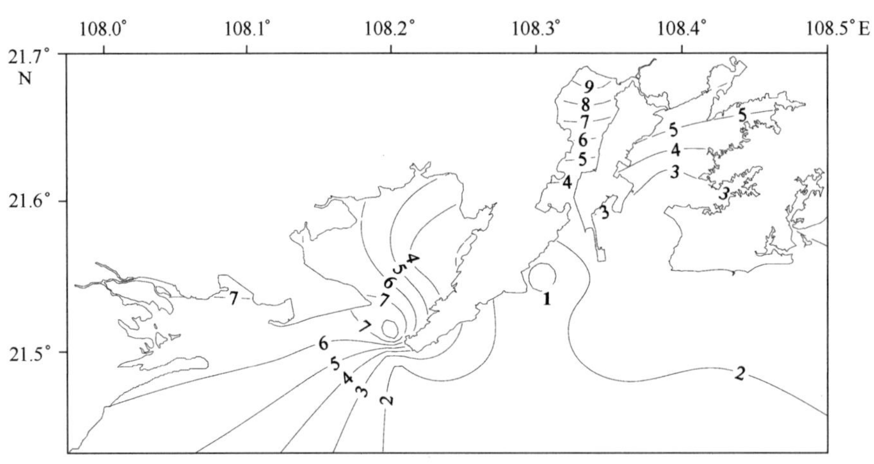

图 3－218　夏季防城港海区叶绿素 a 含量等值线分布图（μg/L）

0.53～9.68 μg/L。叶绿素 a 含量总体呈近岸海域高、离岸低趋势。

防城港海区叶绿素 a 含量变化范围为 0.53～9.68 μg/L，平均含量为 3.98 μg/L。含量最低的为大坪坡附近海域的 10 号站，最高的为防城江口 06 号站。

钦州海区叶绿素 a 含量最高，变化范围为 1.62～8.97 μg/L，平均含量为 4.66 μg/L。含量最低的为钦江出海口的 F 号站，最高的为月亮湾附近海域的 16 号站。

北海海区叶绿素 a 含量与防城港海区相近，含量变化范围为 1.04～7.29 μg/L，平

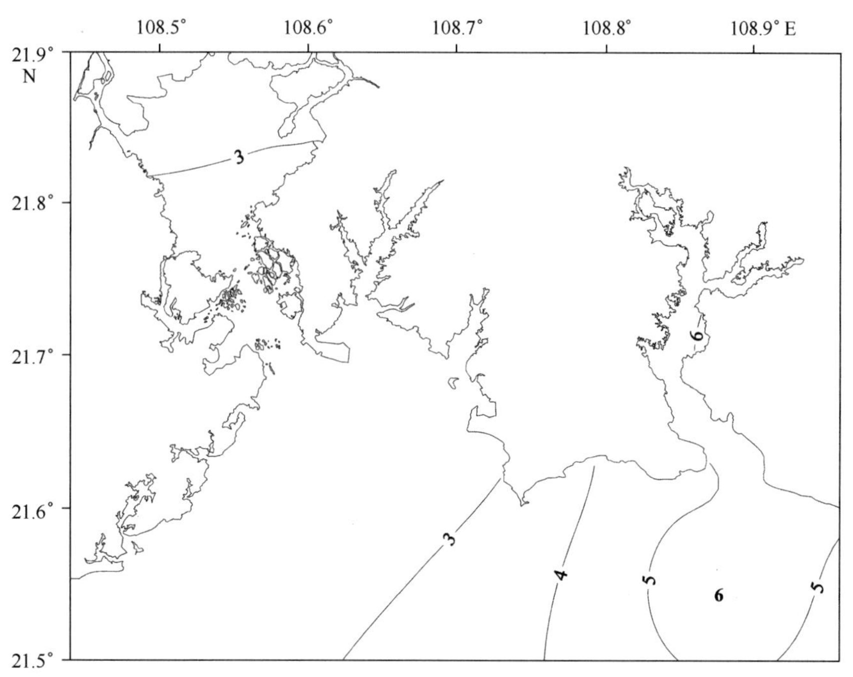

图 3－219　夏季钦州海区叶绿素 a 含量等值线分布图（μg/L）

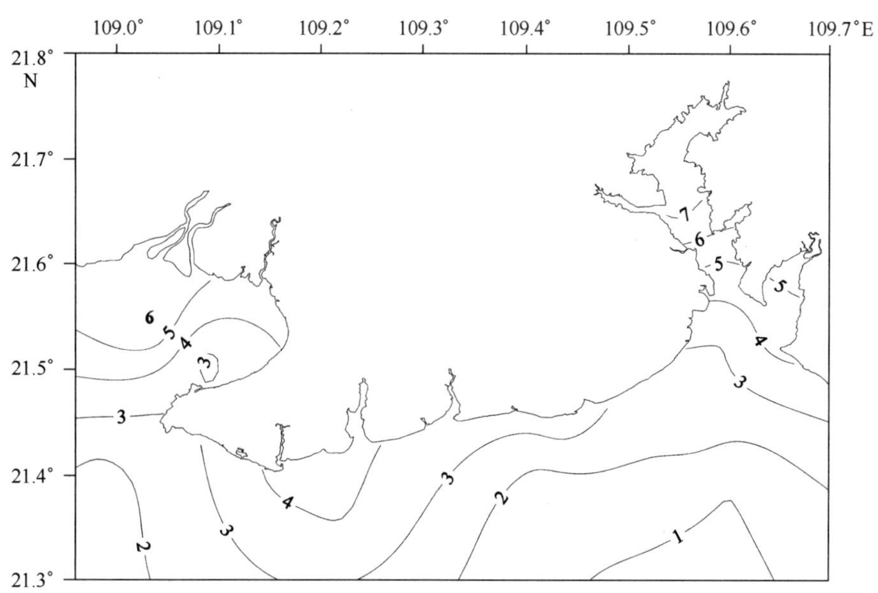

图 3－220　夏季北海海区叶绿素 a 含量等值线分布图（μg/L）

均含量为3.49 μg/L。含量最低的为铁山港航道起点附近海域的39号站，最高的为铁山港跨海大桥附近海域的32号站。

3.3.1.3 秋季叶绿素 *a* 含量平面分布特征

秋季，防城港、钦州、北海海区叶绿素 *a* 含量等值线分布见图3-221~3-223。秋季，广西北部湾近岸海域叶绿素 *a* 含量为全年最高，平均值为4.45 μg/L，变化范围0.35~30.67 μg/L。叶绿素 *a* 总体呈近岸海域高、离岸低趋势。

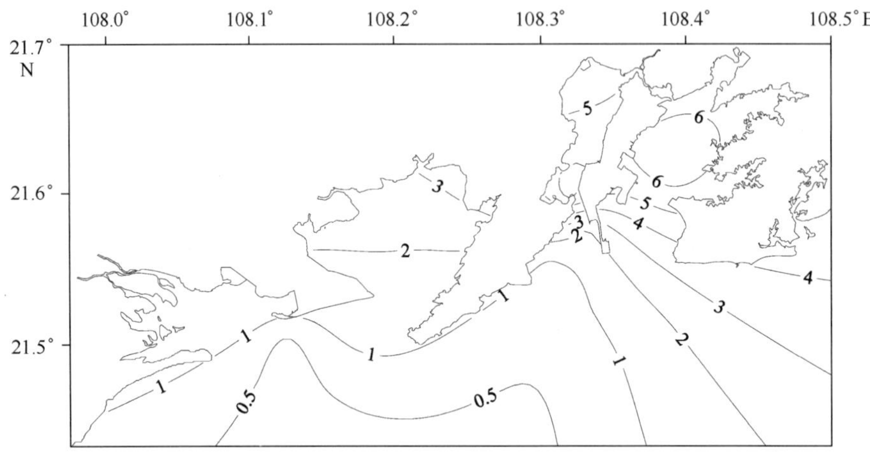

图3-221 秋季防城港海区叶绿素 *a* 含量等值线分布图（μg/L）

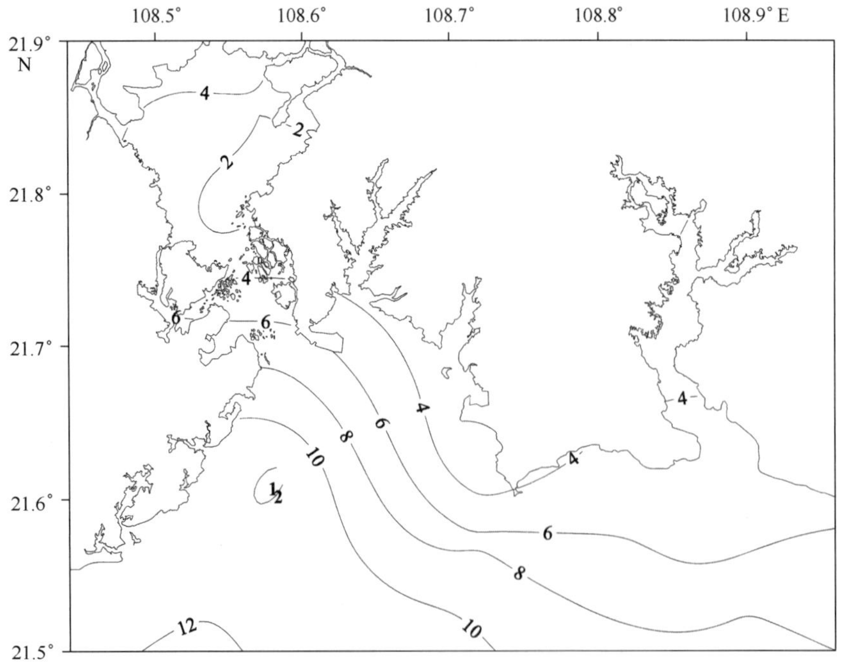

图3-222 秋季钦州海区叶绿素 *a* 含量等值线分布图（μg/L）

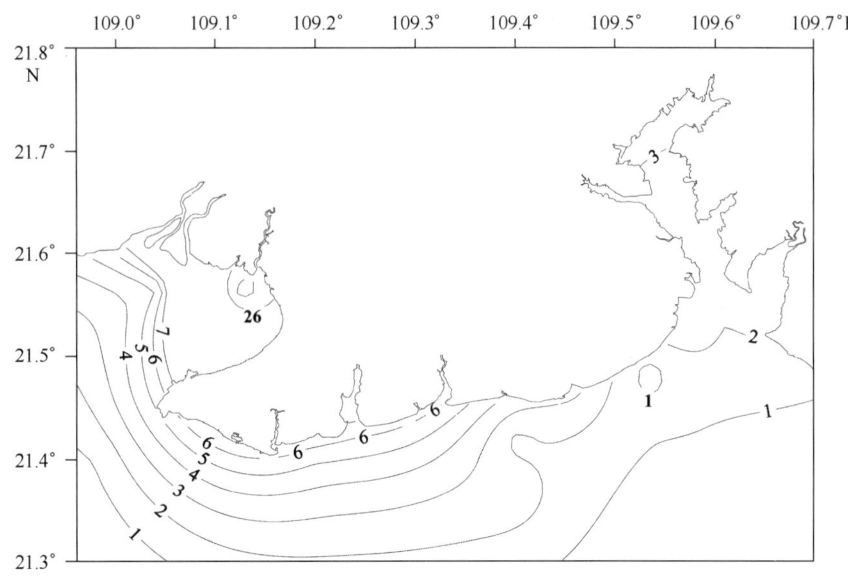

图3-223　秋季北海海区叶绿素 a 等值线分布图（μg/L）

防城港海区叶绿素 a 含量为全海域最低，变化范围为0.35～6.61 μg/L，平均含量为2.41 μg/L。含量最低的为白龙尾附近海域的02号站，最高的为云约江口的07号站。

钦州海区叶绿素 a 含量最高，变化范围为1.42～12.23 μg/L，平均含量为5.57 μg/L。含量最低的为亚公山附近的40号站，最高的为钦州港西航道、红沙附近海域的14号站。

北海海区叶绿素 a 含量与防城港海域相近，含量变化范围为0.35～30.67 μg/L，平均含量为4.84 μg/L。含量最低的为铁山港航道起点附近海域的39号站，最高的为党江口的23号站。

3.3.1.4　冬季叶绿素 a 含量平面分布特征

冬季，防城港、钦州、北海海区叶绿素 a 含量等值线分布图见图3-224～3-226。冬季，广西北部湾近岸海域叶绿素 a 含量平均值为2.96 μg/L，变化范围为0.75～23.41 μg/L。叶绿素 a 含量分布规律性不明显。

防城港海区叶绿素 a 含量为全海域最低，变化范围为1.76～23.41 μg/L，平均含量为4.72 μg/L。含量最低的为白龙尾附近海域的05号站，最高的为防城江口的06号站。

钦州海区叶绿素 a 含量最高，变化范围为1.28～7.59 μg/L，平均含量为2.90 μg/L。含量最低的为大风江口的19号站，最高的为钦州港西航道起点附近海域的15号站。

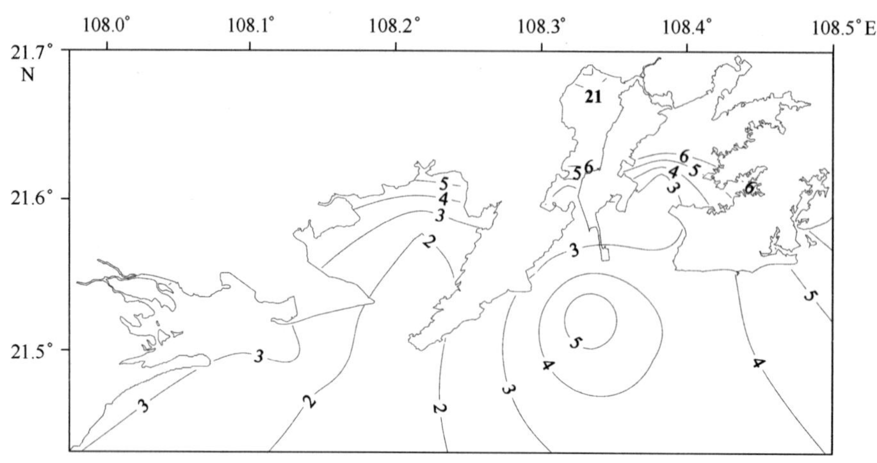

图 3－224　冬季防城港海区叶绿素 a 含量等值线分布图（μg/L）

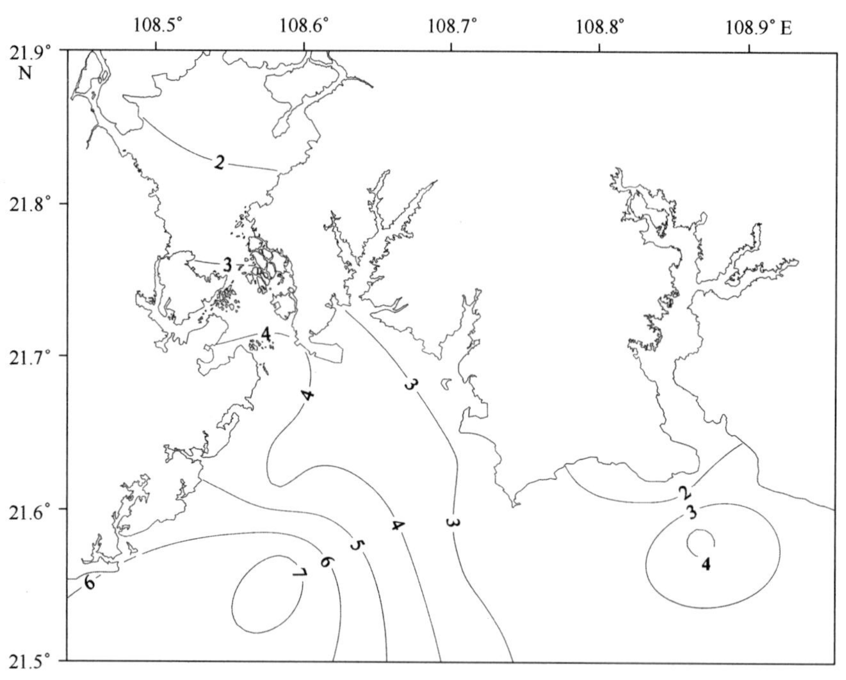

图 3－225　冬季钦州海区叶绿素 a 含量等值线分布图（μg/L）

北海海区叶绿素 a 含量为全海域最低，变化范围为 0.75～3.86 μg/L，平均含量为 1.94 μg/L。含量最低的为炼油厂附近海域的 37 号站，最高的为青山头附近的 L 号站。

通过以上分析可以得出，广西北部湾近岸海域叶绿素 a 含量在 0.14～30.67 μg/L 之间，年平均值为 1.5 μg/L；具有冬季较低、春夏季逐步升高、秋季最高的特征；但

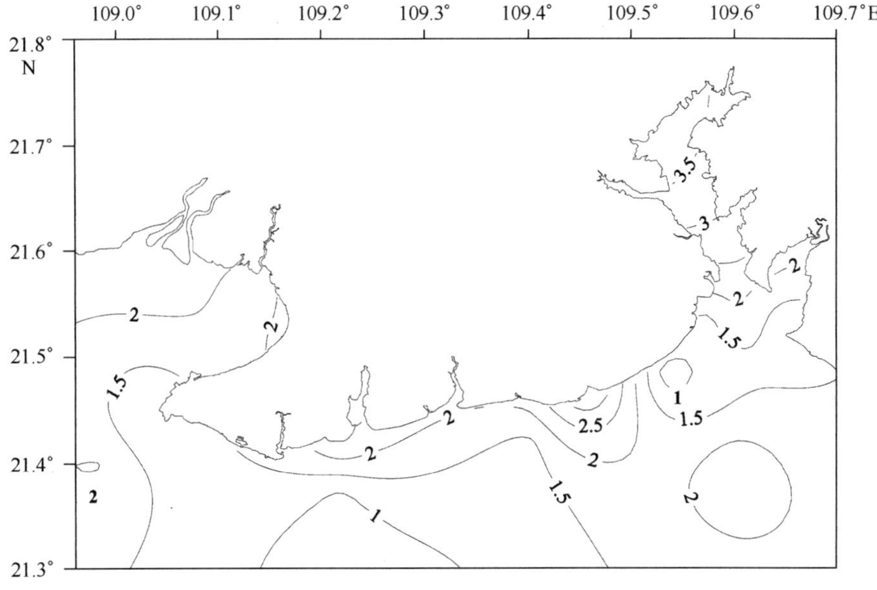

图 3－226　冬季北海海区叶绿素 *a* 含量等值线分布图（μg/L）

在不同季节，不同海区的叶绿素 *a* 含量差异较大。叶绿素 *a* 含量较高的站位基本上都位于河流入海口处。

3.3.2　浮游植物

3.3.2.1　种类组成

（1）春季

2011 年春季广西北部湾浮游植物名录见表 3－22。春季航次调查，全海域共鉴定出浮游植物 7 门 56 属 120 种（含变种、变型），其中硅藻 36 属 98 种（包含变种、变型），占所有物种数的 81.67%；甲藻 11 属 13 种，占所有物种数的 10.83%，绿藻 3 种，蓝藻、黄藻各 2 种，裸藻、金藻各 1 种。各海域中防城港海区为 6 门 49 属 81 种，其中硅藻 33 属 64 种（包含变种、变型），占所有物种数的 79.01%，甲藻 8 属 9 种，占所有物种数的 11.11%，黄藻 2 种，金藻 1 种，蓝藻 1 种，绿藻 3 种，裸藻 1 种；钦州海区为 5 门 40 属 72 种，其中硅藻 26 属 57 种（包含变种、变型），占所有物种数的 79.17%，甲藻 9 属 10 种，占所有物种数的 13.89%，黄藻 2 种，绿藻、金藻、裸藻各 1 种；北海海区为 4 门 28 属 58 种，其中硅藻 19 属 49 种（包含变种、变型），占所有物种数的 84.48%，甲藻 7 属 7 种，占所有物种数的 12.07%，蓝藻、绿藻各 1 种。物种丰富度从高至低依次为：防城港海区、钦州海区、北海海区。

表 3－22　春季广西北部湾浮游植物名录

序号	中文名	拉丁文	防城港海区	钦州海区	北海海区
1	拟旋链角毛藻	*Chaetoceros pseudocurvisetus*		+	+
2	扭链角毛藻	*Chaetoceros curvisetus*		+	
3	旋链角毛藻	*Chaetoceros curvisetus*			+
4	洛氏角毛藻	*Chaetoceros cellulosum*	+	+	+
5	窄面角毛藻	*Chaetoceros paradoxus*	+		+
6	秘鲁角毛藻	*Chaetoceros peruvianum*			+
7	卡氏角毛藻	*Chaetoceros castracanei*	+		
8	平滑角毛藻	*Chaetoceros laevis*			+
9	四楞角毛藻	*Chaetoceros tetrastichon*			+
10	范氏角毛藻	*Chaetoceros van heurckii*	+		+
11	小角毛藻	*Chaetoceros minutissimus*	+	+	+
12	翼根管藻	*Rhizosolenia alata*			+
13	中华根管藻	*Rhizosolenia sinensis*		+	+
14	脆根管藻	*Rhizosolenia fragillissima*	+	+	+
15	透明根管藻	*Rhizosolenia hyalina*			+
16	柔弱根管藻	*Rhizosolenia delicatula*	+	+	+
17	斯托根管藻	*Rhizosolenia stolterfothii*		+	+
18	覆瓦根管藻细茎变种	*Rhizosolenia imbricata* var. *schrubsolei*	+	+	+
19	覆瓦根管藻	*Rhizosolenia imbricata*			+
20	伯氏根管藻	*Rhizosolenia bergonii*			+
21	螺端根管藻	*Rhizosolenia cochlea*		+	+
22	笔尖根管藻	*Rhizosolenia styliformis*	+		
23	直舟形藻	*Navicula directa*	+	+	+
24	盾形舟形藻	*Navicula scutiformis*	+	+	+
25	柔软舟形藻	*Navicula mollis*	+		+
26	帕维舟形藻	*Navicula pavillardi*	+	+	+
27	羽状舟形藻	*Navicula pinna*		+	
28	细微舟形藻	*Navicula parva*	+	+	
29	方格舟形藻	*Navicula cancellata*	+	+	+
30	盔状舟形藻	*Navicula corymbosa*	+	+	
31	钳状舟形藻密条变种	*Navicula forcipata* var. *densestriata*		+	
32	十字舟形藻	*Navicula crucicula*		+	
33	饱满舟形藻	*Navicula satura*	+		

续表

序号	中文名	拉丁文	防城港海区	钦州海区	北海海区
34	带状舟形藻	*Navicula zostereti*	+		
35	海洋舟形藻	*Navicula marina*	+		
36	似菱舟形藻	*Navicula perrhombus*	+	+	
37	菱形斜纹藻	*Pleurosigma rhombeum*			+
38	柔弱斜纹藻	*Pleurosigma delicatulum*		+	+
39	艾希斜纹藻	*Pleurosigma aestuarii*		+	+
40	端尖斜纹藻	*Pleurosigma acutum*		+	
41	叉状辐杆藻	*Bacteriastrum furcatum*			+
42	众毛辐杆藻	*Bacteriastrum comosum*	+		
43	微小小环藻	*Cyclotella caspia*		+	+
44	条纹小环藻	*Cyclotella striata*	+	+	+
45	柱状小环藻	*Cyclotella stylorum*	+		
46	柔弱井字藻	*Eunotogramma debile*	+	+	+
47	平滑井字藻	*Eunotogramma laevis*			+
48	狭窄双眉藻	*Amphora angusta*	+	+	+
49	卵形双眉藻	*Amphora ovalis*	+		+
50	咖啡形双眉藻	*Amphora coffeaeformis*	+	+	+
51	截端双眉藻	*Amphora terroris*	+		
52	变异双眉藻	*Amphora commutata*	+		
53	简单双眉藻	*Amphora exigua*	+		
54	细弱圆筛藻	*Coscinodiscus subtilis*		+	
55	洛氏菱形藻	*Nitzschia lorenzian*	+	+	+
56	新月菱形藻	*Nitzschia closterium*	+	+	+
57	海洋菱形藻	*Nitzschia marina*	+		+
58	琴式菱形藻	*Nitzschia panduriformis*		+	
59	碎片菱形藻	*Nitzschia frustulum*	+	+	
60	溢缩菱形藻	*Nitzschia constricta*	+	+	
61	双尖菱板藻	*Hantzschia amphioxys*		+	
62	江河骨条藻	*Skeletonema potamos*	+		
63	中肋骨条藻	*Skeletonema costatum*	+	+	+
64	霍氏半管藻	*Hemiaulus hauckii*			
65	布氏双尾藻	*Ditylum brightwell*	+	+	
66	太阳双尾藻	*Ditylum sol*			+

续表

序号	中文名	拉丁文	防城港海区	钦州海区	北海海区
67	长角弯角藻	*Eucampia cornuta*	+		
68	短角弯角藻	*Eucampia zodiacus*	+		+
69	大角管藻	*Cerataulina daemon*	+	+	
70	大洋角管藻	*Cerataulina pelagica*	+	+	
71	菱形海线藻	*Thalassionema nitzschioides*	+	+	+
72	小伪菱形藻漂白变种	*Psudo-nitzschia sicula* var. *migrans*	+		
73	柔弱伪菱形藻	*Pseudo-nitzschia delicatissima*			+
74	尖刺伪菱形藻	*Pseudo-nitzschia pungens*	+	+	+
75	华丽针杆藻	*Synedra formosa*		+	
76	平片针杆藻渐尖变种	*Synedra tabulata* var. *acuminata*	+		
77	平片针杆藻小形变种	*Synedra tabulata* var. *parva*	+	+	
78	平片针杆藻	*Synedra tabulata*	+	+	
79	三角褐指藻	*Phaeodactylum tricornutum*		+	
80	具槽帕拉藻	*Paralia sulcat*		+	
81	太阳漂流藻	*Planktoniella solschutt*			+
82	日本星杆藻	*Asterionella japonica*	+	+	
83	丹麦细柱藻	*Leptocylindrus danicus*	+		
84	星冠盘藻	*Stephanodiscus astraes* var. *astraes*	+	+	
85	直链念珠藻	*Melosira moniliformis*	+	+	
86	唐氏藻	*Donkinia* sp.	+	+	
87	短柄曲壳藻变狭变种	*Achnanthes brevipes* var. *angustata*	+		
88	蜂腰双壁藻	*Diploneis bombus*	+	+	+
89	短楔形藻	*Licmophora abbreviata*	+		
90	薄壁几内亚藻	*Guinardia cylindrus*	+	+	+
91	微小胸隔藻亚头状变种	*Mastogloia pusilla* var. *subcapitata*	+		
92	矮小胸隔藻	*Mastogloia pumila*	+		
93	克罗脆杆藻	*Fragilaria* sp.	+		
94	海生斑条藻	*Grammatophora marine*	+		
95	长布纹藻	*Gyrosigma macrum*		+	
96	刀形布纹藻	*Gyrosigma scalproides*		+	
97	斯氏布纹藻	*Gyrosigma spencerii*	+	+	+
98	柔弱布纹藻	*Gyrosigma tenuissimum*	+	+	+
99	血红哈卡藻	*Akashiwo sanguineum*	+	+	

续表

序号	中文名	拉丁文	防城港海区	钦州海区	北海海区
100	锥状斯克里普藻	*Scrippsiella trochoidea*		+	
101	塔玛亚历山大藻	*Alexandrium amarense*	+	+	+
102	米氏凯伦藻	*Karenia mikimotoi*	+	+	+
103	叉状角藻	*Ceratium furca*	+	+	+
104	裸甲藻	*Gymnodinium* sp.	+	+	+
105	夜光藻	*Noctiluca scintillans*		+	+
106	透明原多甲藻	*Protoperidinium pellucidum*		+	+
107	具毒冈比甲藻	*Gambierdiscus toxicus*	+		
108	哈曼褐多沟藻	*Pheopolykrikos hartmannii*	+		
109	利马原甲藻	*Prorocentrum lima*		+	
110	微小原甲藻	*Prorocentrum micans*	+	+	
111	海洋原甲藻	*Prorocentrum minimum*	+		+
112	海洋卡盾藻	*Chattonella marina*	+	+	
113	赤潮异湾藻	*Heterosiga akashiwo*	+	+	
114	球形棕囊藻	*Phaeoecystis globosa*	+	+	
115	小球藻	*Chlorella* sp.	+	+	
116	针形纤维藻	*Ankistrodesmus acicularis*	+		
117	螺旋弓形藻	*Schroederia spiralis*	+		
118	颤藻	*Oscillatoria* sp.	+		
119	螺旋藻	*Spirulina* sp.			+
120	绿色裸藻	*Euglena viridis*	+	+	+

（2）夏季

2010年夏季广西北部湾浮游植物名录见表3－23。夏季航次，全海域共鉴定出浮游植物7门76属184种（含变种、变型），其中硅藻46属138种（包含变种、变型），占所有物种数的75.00%；甲藻17属33种，占所有物种数的17.93%；绿藻6种，黄藻2种，金藻1种，蓝藻3种，裸藻1种。各海域中防城港海区为5门48属103种，其中硅藻33属80种（包含变种、变型），占所有物种数的77.67%，甲藻13属19种，占所有物种数的18.45%，绿藻2种，金藻、黄藻各1种；钦州海区为6门63属121种，其中硅藻37属84种（包含变种、变型），占所有物种数的69.42%，甲藻17属28种，占所有物种数的23.14%，绿藻4种，蓝藻2种，黄藻1种，裸藻1种；北海为6门54属129种，其中硅藻35属98种（包含变种、变型），占所有物种数的75.97%，甲藻13属25种，占所有物种数的19.38%，黄藻2种，金藻1种，绿藻2种，蓝藻1

种。物种丰富度从高到低依次为：北海海区、钦州海域、防城港海区。

表 3－23　夏季广西北部湾浮游植物名录

序号	中文名	拉丁文	防城港海区	钦州海区	北海海区
1	异角毛藻	*Chaetoceros diversus*	+		+
2	克尼角毛藻	*Chaetoceros knipowitschii*	+	+	+
3	平滑角毛藻	*Chaetoceros laevis*	+	+	+
4	窄隙角毛藻	*Chaetoceros affinis*	+		+
5	丹麦角毛藻	*Chaetoceros danicus*	+	+	+
6	大西洋角毛藻那不勒斯变种	*atlanticus* var. *neapolitana*	+		
7	罗氏角毛藻	*Chaetoceros lauderi*	+		
8	短孢角毛藻	*Chaetoceros brevis*	+		
9	双胞角毛藻	*Chaetoceros didymus*	+		+
10	秘鲁角毛藻	*Chaetoceros peruvianum*	+		+
11	海洋角毛藻	*Chaetoceros pelagicus*	+		+
12	拟旋链角毛藻	*Chaetoceros pseudocurvisetus*	+	+	+
13	放射角毛藻	*Chaetoceros radians*	+		
14	垂缘角毛藻	*Chaetoceros laciniosus*	+		+
15	远距角毛藻	*Chaetoceros distan*	+	+	+
16	扁面角毛藻	*Chaetoceros compressu*	+		+
17	范氏角毛藻	*Chaetoceros vanheurckii*	+	+	+
18	洛氏角毛藻	*Chaetoceros cellulosum*	+	+	+
19	窄面角毛藻	*Chaetoceros paradoxus*		+	+
20	小角毛藻	*Chaetoceros minutissimus*	+	+	+
21	聚生角毛藻	*Chaetoceros socialis*			+
22	桥联角毛藻	*Chaetoceros anastomsans*			+
23	嘴状角毛藻	*Chaetoceros rostratu*			+
24	扭链角毛藻	*Chaetoceros curvisetus*			+
25	旋链角毛藻	*Chaetoceros curvisetus*			+
26	覆瓦根管藻细茎变种	*Rhizosolenia imbricata* var. *schrubsolei*		+	
27	刚毛根管藻	*Rhizosolenia setigera*	+	+	+
28	柔弱根管藻	*Rhizosolenia delicatula*	+	+	+
29	厚刺根管藻	*Rhizosolenia crassispin*	+	+	
30	脆根管藻	*Rhizosolenia fragillissima*	+	+	+
31	中华根管藻	*Rhizosolenia sinensis*	+	+	+
32	斯托根管藻	*Rhizosolenia stolterfothii*	+		+

续表

序号	中文名	拉丁文	防城港海区	钦州海区	北海海区
33	距端根管藻	*Rhizosdenia calcar-avis* f. *lata*	+		+
34	覆瓦根管藻	*Rhizosolenia imbricata*			+
35	螺端根管藻	*Rhizosolenia cochlea*			+
36	翼根管藻纤细变型	*Rhizosolenia alata* f. *gracillima*			+
37	变异辐杆藻	*Bacteriastrum furcatum*	+		+
38	优美辐杆藻	*Bacteriastrum delicatulum*	+		+
39	透明辐杆藻	*Bacteriastrum hyalinum*	+		+
40	地中海辐杆藻	*Bacteriastrum mediterraneum*		+	+
41	柔软舟形藻	*Navicula mollis*	+	+	+
42	小头舟形藻	*Navicula capitata*	+		
43	直舟形藻	*Navicula directa*	+	+	+
44	带状舟形藻	*Navicula zostereti*	+	+	+
45	帕维舟形藻	*Navicula pavillardi*	+		+
46	多枝舟形藻	*Navicula ramosissima*	+	+	+
47	微绿舟形藻	*Navicula viridula*			+
48	盾型舟形藻	*Navicula scutiformis*		+	+
49	瞳孔舟形藻椭圆变种	*Navicula pupula* var. *elliptica*			+
50	瞳孔舟形藻	*Navicula pupula*		+	
51	扁舟形藻	*Navicula impressa*		+	
52	盔状舟形藻	*Navicula corymbosa*			+
53	似菱舟形藻	*Navicula perrhombus*			+
54	细微舟形藻	*Navicula parva*			+
55	不对称舟形藻	*Navicula asymmetrica*			+
56	艾希斜纹藻	*Pleurosigma aestuarii*	+	+	+
57	端尖斜纹藻	*Pleurosigma acutum*		+	+
58	宽角斜纹藻	*Pleurosigma angulstum*			+
59	镰刀斜纹藻	*Pleurosigma falx*	+	+	+
60	中形斜纹藻	*Pleurosigma intermedium*			+
61	舟形斜纹藻	*Pleurosigma naviculaceum*	+		+
62	菱形斜纹藻	*Pleurosigma rhombeum*		+	
63	微小小环藻	*Cyclotella caspia*	+	+	+
64	条纹小环藻	*Cyclotella striata*	+	+	+
65	柔弱井字藻	*Eunotogramma debile*		+	+

续表

序号	中文名	拉丁文	防城港海区	钦州海区	北海海区
66	平滑井字藻	*Eunotogramma laevis*		+	
67	卵形双眉藻	*Amphora ovalis*	+	+	+
68	咖啡形双眉藻微尖变种	*Amphora coffeaeformis* var. *acutiuscula*	+	+	+
69	狭窄双眉藻	*Amphora angusta*	+	+	+
70	虹彩圆筛藻	*Coscinodiscus oculus-iridis*			+
71	具边线性圆筛藻	*Coscinodiscus marginato-lineatus*			+
72	小圆筛藻	*Coscinodiscus minor*	+	+	+
73	细弱圆筛藻	*Coscinodiscus subtilis*	+	+	+
74	中心圆筛藻	*Coscinodiscus centralis*		+	
75	洛伦菱形藻密条变种	*Nitzschia lorenziana* var. *densestriata*			+
76	碎片菱形藻	*Nitzschia frustulum*	+	+	+
77	长菱形藻	*Nitzschia longissima*	+	+	+
78	簇生菱形藻	*Nitzschia fasciculata*		+	
79	海洋菱形藻	*Nitzschia marina*		+	
80	披针菱形藻	*Nitzschia lanceolata*		+	
81	洛氏菱形藻	*Nitzschia lorenzian*	+	+	+
82	新月菱形藻	*Nitzschia closterium*	+	+	+
83	弯菱形藻	*Nitzschia sigma*		+	
84	中肋骨条藻	*Skeletonema costatum*	+	+	+
85	热带骨条藻	*Skeletonema tropicum*	+	+	+
86	霍氏半管藻	*Hemiaulus hauckii*	+		+
87	中华半管藻	*Hemiaulus sinensis*	+		+
88	掌状冠盖藻	*Stephanopyxis palmeriana*	+		
89	塔形冠盖藻	*Stephanopyxis turris*	+		
90	中华盒形藻	*Bidduiphia sinensis*		+	
91	活动盒形藻	*Bidduiphia mobiliensis*	+	+	+
92	高盒形藻	*Bidduiphia regia*	+	+	
93	三刺盒形藻	*Bidduiphia tridens*		+	
94	正盒形藻	*Bidduiphia biddulphiana*	+		+
95	布氏双尾藻	*Ditylum brightwell*	+	+	+
96	太阳双尾藻	*Ditylum sol*		+	+
97	长角弯角藻	*Eucampia cornuta*			+
98	短角弯角藻	*Eucampia zodiacus*	+		

续表

序号	中文名	拉丁文	防城港海区	钦州海区	北海海区
99	环纹娄氏藻	*Lauderia annulata*	+	+	+
100	薄壁几内亚藻	*Guinardia cylindrus*	+	+	+
101	蜂腰双壁藻	*Diploneis bombus*	+	+	+
102	星冠盘藻	*Stephanodiscus astraes*	+	+	+
103	唐氏藻	*Donkinia* sp.	+	+	+
104	尖刺伪菱形藻	*Pseudo-nitzschia pungens*	+	+	+
105	伪菱形藻	*Pseudo-nitzschia* sp.		+	
106	菱形海线藻	*Thalassionema nitzschioides*	+	+	+
107	佛氏海线藻	*Thalassiothrix frauenfeldii*	+	+	+
108	长海毛藻	*Thalassiothrix longissima*			+
109	具槽帕拉藻	*Paralia sulcat*	+		+
110	泰晤士旋鞘藻	*Helicotheca tamesis*	+		
111	丹麦细柱藻	*Leptocylindrus danicus*	+	+	
112	日本星杆藻	*Asterionella japonica*	+	+	+
113	优美旭氏藻	*Schroederella delicatula*	+	+	
114	针杆藻	*Synedra* sp.	+	+	+
115	楔形藻	*Licmophora* sp.	+	+	+
116	马鞍藻	*Campylodiscus*	+		
117	波状石丝藻	*Lithodesmium undulatum*		+	
118	短柄曲壳藻变狭变种	*Achnanthes brevipes* var. *angustata*		+	
119	地中海指管藻	*Dactyliosolen mediterraneus*		+	
120	环状辐裥藻	*Actinoptychus annulatus*		+	
121	大角管藻	*Cerataulina daemon*	+	+	+
122	双标胸膈藻	*Mastogloia binotata*		+	
123	拟货币直链藻	*Melosira nummuloides*		+	
124	念珠直链藻	*Melosira moniliformis*		+	
125	三角褐指藻	*Phaeodactylum tricornutum*	+	+	+
126	热带环刺藻	*Gossleriella tropica*			+
127	盔甲双菱藻	*Surirella armoricana*			+
128	盾卵形藻	*Cocconeis scutellum*			+
129	微小海链藻	*Thalassiosira exigua*			+
130	圆海链藻	*Thalassiosira rotula*		+	
131	沃氏双菱藻	*Gyrosigma spencerii*		+	

续表

序号	中文名	拉丁文	防城港海区	钦州海区	北海海区
132	簇生布纹藻薄喙变种	*Gyrosigma fasciola* var. *tenuirostris*	+		
133	斯氏布纹藻	*Gyrosigma spencerii*	+	+	+
134	柔弱布纹藻	*Gyrosigma tenuissimum*		+	
135	结节布纹藻	*Gyrosigma nodiferum*		+	
136	尖布纹藻虫瘿变种	*Gyrosigma acuminatum* var. *gallica*		+	
137	金色金盘藻	*Chrysanthemodiscus floriatus*			+
138	双角缝舟藻四角形变种	*Rhaphoneis amphiceros* var. *tetragona*			+
139	倒卵形鳍藻	*Dinophysis fortii*		+	
140	具尾鳍藻	*Dinophysis caudata*			+
141	锥状斯克里普藻	*Scrippsiella trochoidea*	+	+	+
142	塔玛亚历山大藻	*Alexandrium amarense*	+	+	+
143	短凯伦藻	*Karenia breve*	+	+	+
144	米氏凯伦藻	*Karenia mikimotoi*	+	+	+
145	梭甲藻	*Ceratium fusus*	+	+	+
146	血红哈卡藻	*Akashiwo sanguineum*	+	+	+
147	多边膝沟藻	*Gonyaulax polyedra*			+
148	具刺膝沟藻	*Gonyaulax spinifera*	+	+	+
149	春膝沟藻	*Gonyaulax verior*	+	+	+
150	链状裸甲藻	*Gymnodinium catenatum*		+	+
151	裸甲藻	*Gymnodinium* sp.	+	+	+
152	里昂多甲藻	*Protoperidinium leonis*			+
153	海洋原多甲藻	*Protoperidinium oceanicum*		+	
154	锥形原多甲藻	*Protoperidinium conicum*	+		
155	透明原多甲藻	*Protoperidinium pellucidum*	+	+	+
156	歧散原多甲藻	*Protoperidinium divergens*	+	+	+
157	墨西哥原甲藻	*Prorocentrum mexicanum*		+	+
158	利马原甲藻	*Prorocentrum lima*		+	+
159	东海原甲藻	*Prorocentrum donghaiense*		+	+
160	齿状原甲藻	*Prorocentrum dentatum*			+
161	海洋原甲藻	*Prorocentrum micans*	+	+	+
162	微小原甲藻	*Prorocentrum minimum*	+	+	+
163	反曲原甲藻	*Prorocentrum sigmoides*	+	+	+

续表

序号	中文名	拉丁文	防城港海区	钦州海区	北海海区
164	具毒刚比甲藻	*Gambierdiscus toxicus*	+	+	+
165	三角角藻	*Ceratium tripos*	+	+	
166	叉状角藻	*Ceratium furca*	+	+	+
167	夜光藻	*Noctiluca scintillans*	+	+	+
168	多边舌甲藻	*Lingulodinium polyedrum*		+	
169	环沟藻	*Gyrodinium* sp.		+	
170	条纹环沟藻	*Gyrodinium dominans*		+	
171	斯氏多沟藻	*Polykrikos schwarzii*		+	
172	海洋卡盾藻	*Chattonella marina*	+	+	+
173	赤潮异湾藻	*Heterosiga akashiwo*		+	+
174	棕囊藻	*Phaeoecystis globosa*	+		+
175	硬弓形藻	*Schroederia robusta*			+
176	四角十字藻	*Crucigenia quadrata*		+	+
177	镰形纤维藻	*Ankistrodesmus falcatus*	+		
178	四球藻	*Westella botryoides*	+		
179	斜生栅藻	*Scenedesmus obliquus*		+	
180	尖细栅藻	*Scenedesmus acuminatus*		+	
181	粘四集藻	*Palmella mucosa*		+	
182	鱼腥藻	*Anabaena* sp.		+	
183	颤藻	*Oscillatoria* sp.		+	+
184	绿色裸藻	*Euglena viridis*		+	

（3）秋季

2010年秋季广西北部湾浮游植物名录见表3－24。秋季航次调查，全海域共鉴定出浮游植物6门65属146种（含变种、变型），其中硅藻43属116种（包含变种、变型），占所有物种数的79.45%；甲藻14属22种，占所有物种数的15.07%，绿藻3种，黄藻2种，蓝藻2种，金藻1种。各海区中防城港海区为4门46属89种，其中硅藻30属70种（包含变种、变型），占所有物种数的78.65%，甲藻12属15种，占所有物种数的16.85%，黄藻2种，蓝藻2种；钦州海区为5门57属104种，其中硅藻38属81种（包含变种、变型），占所有物种数的77.88%，甲藻12属16种，占所有物种数的15.38%，绿藻3种，蓝藻、黄藻各2种；北海为6门54属113种，其中硅藻

35 属 87 种（包含变种、变型），占所有物种数的 76.99%，甲藻 12 属 20 种，占所有物种数的 17.70%，黄藻 2 种，蓝藻 2 种，绿藻、金藻各 1 种。物种丰富度从高到低依次为：北海海区，钦州海区，防城港海区。

表 3-24　秋季广西北部湾浮游植物名录

序号	中文名	拉丁文	防城港海区	钦州海区	北海海区
1	异角毛藻	*Chaetoceros diversus*	+		+
2	平滑角毛藻	*Chaetoceros laevis*		+	+
3	窄隙角毛藻	*Chaetoceros affinis*			+
4	罗氏角毛藻	*Chaetoceros lauderi*	+		+
5	短孢角毛藻	*Chaetoceros brevis*			+
6	双胞角毛藻	*Chaetoceros didymus*			+
7	秘鲁角毛藻	*Chaetoceros peruvianum*			+
8	拟旋链角毛藻	*Chaetoceros pseudocurvisetus*	+	+	+
9	远距角毛藻	*Chaetoceros distan*	+		+
10	扁面角毛藻	*Chaetoceros compressu*		+	+
11	窄面角毛藻	*Chaetoceros paradoxus*	+	+	+
12	范氏角毛藻	*Chaetoceros vanheurckii*	+	+	+
13	洛氏角毛藻	*Chaetoceros cellulosum*	+	+	+
14	印度角毛藻	*Chaetoceros indicus*	+		
15	小角毛藻	*Chaetoceros minutissimus*			+
16	翼根管藻	*Rhizosolenia alata*	+		+
17	柔弱根管藻	*Rhizosolenia delicatula*	+	+	+
18	覆瓦根管藻	*Rhizosolenia imbricata*	+		+
19	厚刺根管藻	*Rhizosolenia crassispin*	+	+	+
20	覆瓦根管藻细茎变种	*Rhizosolenia imbricata* var. *schrubsolei*	+	+	+
21	刚毛根管藻	*Rhizosolenia setigera*	+	+	+
22	笔尖形根管藻	*Rhizosolenia styliformis*	+		
23	螺端根管藻	*Rhizosolenia cochlea*	+		+
24	翼根管藻印度变型	*Rhizosolenia alata* f. *indica*	+		
25	翼根管藻纤细变型	*Rhizosolenia alata* f. *gracillima*	+	+	+
26	斯托根管藻	*Rhizosolenia stolterfothii*	+	+	+
27	脆根管藻	*Rhizosolenia fragillissima*	+	+	+
28	中华根管藻	*Rhizosolenia sinensis*	+	+	+

续表

序号	中文名	拉丁文	防城港海区	钦州海区	北海海区
29	克莱根管藻	*Rhizosolenia clevei*			+
30	优美辐杆藻	*Bacteriastrum delicatulum*	+	+	+
31	透明辐杆藻	*Bacteriastrum hyalinum*	+	+	+
32	众毛辐杆藻藻刚刺变种	*Bacteriastrum comosum* var. *comosum*			+
33	变异辐杆藻	*Bacteriastrum furcatum*		+	+
34	肩部舟型藻小型变种	*Navicula humerosa* var. *minor*	+		
35	小头舟形藻	*Navicula capitata*	+		
36	似菱舟形藻	*Navicula perrhombus*	+	+	
37	帕维舟形藻	*Navicula pavillardi*	+	+	+
38	柔弱舟形藻	*Navicula mollis*	+	+	+
39	直舟形藻	*Navicula directa*	+	+	+
40	盾形舟形藻	*Navicula scutiformis*	+	+	+
41	系带舟形藻	*Navicula cincta*			+
42	镰刀斜纹藻	*Pleurosigma falx*	+	+	+
43	端嘴斜纹藻	*Pleurosigma acutum*	+	+	+
44	艾希斜纹藻	*Pleurosigma aestuarii*	+	+	+
45	柔弱斜纹藻	*Pleurosigma delicatulum*			+
46	舟形斜纹藻微小变形	*Pleurosigma naviculaceum* f. *minuta*			+
47	菱形斜纹藻	*Pleurosigma rhombeum*			+
48	舟形斜纹藻	*Pleurosigma naviculaceum*		+	+
49	条纹小环澡	*Cyclotella striata*	+	+	+
50	微小小环澡	*Cyclotella caspia*	+	+	+
51	柔弱井字藻	*Eunotogramma debile*	+	+	+
52	平滑井字藻	*Eunotogramma laevis*	+	+	+
53	卵形双眉藻	*Amphora ovalis*	+	+	+
54	咖啡形双眉藻微尖变种	*Amphora coffeaeformis* var. *acutiuscula*		+	+
55	狭窄双眉藻	*Amphora angusta*	+	+	+
56	易变双眉藻眼状变种	*amphora proteus* var. *aculata*			+
57	卵形双眉藻有柄变种	*Amphora ovalis* var. *pediculus*			+
58	变异双眉藻	*Amphora commutata*	+	+	+
59	小形圆筛藻	*Coscinodiscus minor*	+	+	
60	细弱圆筛藻	*Coscinodiscus subtilis*	+	+	
61	细圆齿圆筛藻	*Coscinodiscus crenulatus*	+		

续表

序号	中文名	拉丁文	防城港海区	钦州海区	北海海区
62	中心圆筛藻	*Coscinodiscus centralis*		+	
63	有翼圆筛藻	*Coscinodiscus bipartitus*		+	
64	具边线圆筛藻	*Coscinodiscus marginato-lineatus*		+	
65	星脐圆筛藻	*Coscinodiscus asteromphalus* var. *asteromphalus*		+	
66	新月菱形藻	*Nitzschia closterium*	+	+	+
67	碎片菱形藻	*Nitzschia frustulum*			+
68	洛氏菱形藻	*Nitzschia lorenzian*			+
69	透明菱形藻	*Nitzschia vitrea*		+	
70	碎片菱形藻	*Nitzschia frustulum*		+	
71	中肋骨条藻	*Skeletonema costatum*	+	+	+
72	热带骨条藻	*Skeletonema tropicum*	+	+	+
73	中华半管藻	*Hemiaulus sinensis*	+		
74	霍氏半管藻	*Hemiaulus hauckii*	+	+	+
75	掌状冠盖藻	*Stephanopyxis palmeriana*	+		+
76	中华盒形藻	*Bidduiphia sinensis*	+	+	+
77	活动盒形藻	*Bidduiphia mobiliensis*	+	+	
78	高盒形藻	*Bidduiphia regia*	+	+	+
79	太阳双尾藻	*Ditylum sol*	+	+	+
80	布氏双尾藻	*Ditylum brightwell*	+	+	+
81	短角弯角藻	*Eucampia zodiacus*	+	+	+
82	长角弯角藻	*Eucampia cornuta*	+	+	
83	环纹娄氏藻	*Lauderia annulata*	+	+	+
84	薄壁几内亚藻	*Guinardia cylindrus*	+	+	+
85	蜂腰双壁藻	*Diploneis bombus*	+	+	+
86	星冠盘藻	*Stephanodiscus astraes* var. *astraes*	+	+	+
87	唐氏藻	*Donkinia* sp.	+	+	+
88	小伪菱形藻双锲变种	*Pseudo-nitzschia sicula* var. *bicuneata*		+	
89	尖刺伪菱形藻	*Pseudo-nitzschia pungens*	+	+	+
90	菱形海线藻	*Thalassionema nitzschioides*	+	+	+
91	佛氏海线藻	*Thalassiothrix frauenfeldii*	+	+	+
92	具槽帕拉藻	*Paralia sulcat*	+	+	+
93	泰晤士旋鞘藻	*Helicotheca tamesis*			+
94	丹麦细柱藻	*Leptocylindrus danicus*		+	+

续表

序号	中文名	拉丁文	防城港海区	钦州海区	北海海区
95	日本星杆藻	*Asterionella japonica*	+	+	+
96	优美旭氏藻矮小变形	*Schroderella delicatula* f. *schoderi*	+	+	+
97	念珠直链藻	*Melosira moniliformis*		+	+
98	楔形半盘藻	*Hemidiscus cuneiformis* var. *cuneiformis*		+	
99	派格棍形藻	*Bacillaria paxillifera*		+	
100	针杆藻	*Synedra* sp.	+	+	
101	近圆星脐藻	*Asteromphalus heptactis*		+	
102	椭圆胸膈藻	*Mastogloia elliptica*			+
103	微小胸膈藻亚头状变种	*Mastogloia pusilla* var. *subcapitata*		+	
104	直菱板	*Hantzschia virgata*		+	+
105	双尖菱板藻	*Hantzschia amphioxys*	+		
106	脆杆藻	*Fragilaria* sp.		+	+
107	细纹三角藻	*Triceratium affine*		+	
108	海氏窗纹藻	*Epithemia hyndmanii*		+	
109	环状辐裥	*Actinoptychus annulatus*	+	+	
110	大角管藻	*Cerataulina daemon*	+	+	+
111	大洋角管藻	*Cerataulina pelagica*		+	+
112	波状石丝藻	*Lithodesmium undulatum*			+
113	柔弱布纹	*Gyrosigma tenuissimum*		+	
114	尖布纹藻虫瘿变种	*Gyrosigma acuminatum* var. *gallica*			+
115	斯氏布纹藻	*Gyrosigma spencerii*		+	+
116	尖布纹藻	*Gyrosigma acuminatum*			+
117	具尾鳍藻	*Dinophysis caudata*	+	+	+
118	锥状斯克里普藻	*Scrippsiella trochoidea*	+		+
119	塔玛亚历山大藻	*Alexandrium amarense*	+	+	+
120	短凯伦藻	*Karenia breve*	+		
121	米氏凯伦藻	*Karenia mikimotoi*	+	+	+
122	梭甲藻	*Ceratium fusus*	+	+	+
123	血红哈卡藻	*Akashiwo sanguineum*		+	+
124	具刺膝沟藻	*Gonyaulax spinifera*	+	+	+
125	春膝沟藻	*Gonyaulax verior*	+	+	+
126	裸甲藻	*Gymnodinium* sp.	+	+	+
127	里昂原多甲藻	*Protoperidinium leonis*			+

续表

序号	中文名	拉丁文	防城港海区	钦州海区	北海海区
128	透明原多甲藻	*Protoperidinium pellucidum*		+	+
129	歧散原多甲藻	*Protoperidinium divergens*		+	+
130	三角棘原甲藻	*Protoperidinium triestinum*			+
131	利马原甲藻	*Prorocentrum lima*			+
132	海洋原甲藻	*Prorocentrum micans*	+	+	+
133	微小原甲藻	*Prorocentrum minimum*	+	+	+
134	反曲原甲藻	*Prorocentrum sigmoides*		+	+
135	具毒刚比甲藻	*Gambierdiscus toxicus*	+	+	
136	叉状角藻	*Ceratium furca*	+	+	+
137	夜光藻	*Noctiluca scintillans*	+	+	+
138	哈曼褐多沟藻	*Pheopolykrikos hartmannii*	+		
139	海洋卡盾藻	*Chattonella marina*	+	+	+
140	赤潮异湾藻	*Heterosiga akashiwo*	+	+	+
141	棕囊藻	*Phaeoecystis globosa*			+
142	十字藻	*Crucigenia* sp.		+	+
143	镰形纤维藻	*Ankistrodesmus falcatus*		+	
144	小球藻	*Chlorella* sp.		+	
145	螺旋藻	*Spirulina* sp.	+	+	+
146	颤藻	*Oscillatoria* sp.	+	+	+

（4）冬季

2010年冬季广西北部湾浮游植物名录见表3－25。冬季航次调查，全海域共鉴定出浮游植物7门73属190种（含变种、变型），其中硅藻46属152种（包含变种、变型），占所有物种数的80.00%；甲藻13属24种，占所有物种数的12.63%，绿藻6种，蓝藻3种，黄藻、金藻各2种，裸藻1种。各海区中防城港海区为5门44属89种，其中硅藻31属73种（包含变种、变型），占所有物种数的82.02%，甲藻8属11种，占所有物种数的12.36%，黄藻2种，蓝藻2种，裸藻1种；钦州海区为6门57属122种，其中硅藻39属101种（包含变种、变型），占所有物种数的82.79%，甲藻12属15种，占所有物种数的12.30%，蓝藻2种，金藻2种，黄藻1种，绿藻1种；北海为6门58属134种，其中硅藻39属110种（包含变种、变型），占所有物种数的82.09%，甲藻9属14种，占所有物种数的10.45%，黄藻、金藻各2种，蓝藻2种，绿藻4种。物种丰富度从高到低顺序依次为：北海海区、钦州海区、防城港海区。

表 3-25 冬季广西北部湾浮游植物名录

序号	中文名	拉丁文	防城港海区	钦州海区	北海海区
1	拟旋链角毛藻	*Chaetoceros pseudocurvisetus*	+	+	+
2	洛氏角毛藻	*Chaetoceros cellulosum*	+	+	+
3	异角毛藻	*Chaetoceros diversus*	+		+
4	饶胞角毛藻	*Chaetoceros cinctus*	+	+	
5	窄面角毛藻	*Chaetoceros paradoxus*	+	+	+
6	秘鲁角毛藻	*Chaetoceros peruvianum*	+	+	+
7	齿角毛藻	*Chaetoceros denticulatus* f. *denticulatus*	+		
8	双胞角毛藻	*Chaetoceros didymus*		+	+
9	卡氏角毛藻	*Chaetoceros castracanei*		+	+
10	范氏角毛藻	*Chaetoceros van heurckii*		+	+
11	齿角毛藻瘦胞变型角毛藻	*Chaetoceros denticulatus* f . *angusta*			+
12	密联角毛藻	*Chaetoceros densus*			+
13	桥联角毛藻	*Chaetoceros anastomsans*			+
14	小角毛藻	*Chaetoceros minutissimus*		+	+
15	克尼角毛藻	*Chaetoceros knipowitschii*		+	+
16	扁面角毛藻	*Chaetoceros compressu*		+	
17	平滑角毛藻	*Chaetoceros laevis*		+	
18	翼根管藻	*Proboscia alata*	+	+	+
19	覆瓦根管藻	*Rhizosolenia imbricata*	+	+	+
20	脆根管藻	*Rhizosolenia fragillissima*	+	+	
21	中华根管藻	*Rhizosolenia sinensis*	+	+	+
22	柔弱根管藻	*Rhizosolenia delicatula*	+	+	+
23	翼根管纤细变形	*Rhizosolenia alata* f. *gracillima*	+	+	+
24	覆瓦根管藻细茎变种	*Rhizosolenia imbricata* var. *schrubsolei*	+	+	+
25	斯托根管藻	*Rhizosolenia stolterfothii*	+	+	+
26	刚毛根管藻	*Rhizosolenia setigera*	+	+	+
27	笔尖根管藻	*Rhizosolenia styliformis*	+		
28	厚刺根管藻	*Rhizosolenia crassispin*		+	+
29	尖根管藻	*Rhizosolenia acuminata*			+
30	螺端根管藻	*Rhizosolenia cochlea*		+	+
31	粗根管藻	*Rhizosolenia robusta*			+
32	伯氏根管藻	*Rhizosolenia bergonii*		+	
33	叉状辐杆藻	*Bacteriastrum furcatum*	+	+	+

续表

序号	中文名	拉丁文	防城港海区	钦州海区	北海海区
34	众毛辐杆藻刚刺变种	*Bacteriastrum comosum* var. *comosum*	+	+	
35	优美辐杆藻	*Bacteriastrum delicatulum*	+	+	+
36	透明辐杆藻	*Bacteriastrum hyalinum*		+	+
37	盾形舟形藻	*Navicula scutiformis*		+	+
38	柔软舟形藻	*Navicula mollis*	+	+	+
39	细微舟形藻	*Navicula parva*		+	+
40	帕维舟形藻	*Navicula pavillardi*	+	+	+
41	肩部舟形藻小形变种	*Navicula humerosa* var. *minor*		+	
42	直舟形藻	*Navicula directa*	+	+	+
43	十字舟形藻	*Navicula crucicula*	+		
44	系带舟形藻	*Navicula cincta*			+
45	似菱舟形藻	*Navicula perrhombus*			+
46	盔状舟形藻	*Navicula corymbosa*	+		+
47	方格舟形藻	*Navicula cancellata*			+
48	货币舟形藻	*Navicula mummularia*	+		+
49	小头舟形藻	*Navicula cuspidata*			+
50	肩部舟形藻	*Navicula humerosa*			+
51	琴状舟形藻	*Navicula lyra*			+
52	多枝舟形藻	*Navicula ramosissima*	+		+
53	喙头舟形藻	*Navicula rhynchocephala*			+
54	菱形斜纹藻	*Pleurosigma rhombeum*		+	
55	埃希斜纹藻	*Pleurosigma aestuarii*	+	+	+
56	端尖斜纹藻	*Pleurosigma acutum*	+	+	+
57	舟形斜纹藻	*Pleurosigma naviculaceum*		+	
58	长斜纹藻	*Pleurosigma elongatum*	+	+	+
59	坚实斜纹藻	*Pleurosigma rigidum*			+
60	微小斜纹藻	*Pleurosigma minutum*			+
61	宽角斜纹藻方形变种	*Pleurosigma anggultum* var. *quadratum*			+
62	微小小环藻	*Cyclotella caspia*	+	+	+
63	条纹小环藻	*Cyclotella striata*	+	+	+
64	柱状小环藻	*Cyclotella stylorum*		+	
65	平滑井字藻	*Eunotogramma laevis*	+		+
66	柔弱井字藻	*Eunotogramma debile*	+	+	+

续表

序号	中文名	拉丁文	防城港海区	钦州海区	北海海区
67	截端双眉藻	*Amphora terroris*	+		
68	咖啡形双眉藻	*Amphora coffeaeformis*	+	+	+
69	狭窄双眉藻	*Amphora angusta*	+	+	+
70	变异双眉藻	*Amphora commutata*	+		
71	易变双眉藻	*Amphora proteus*			+
72	沙生双眉藻	*Amphora arenaria*		+	+
73	卵形双眉藻	*Amphora ovalis*			+
74	咖啡型双眉藻微尖变种	*Amphora coffeaeformis* var. *acutiuscula*			+
75	琼氏圆筛藻	*Coscinodiscus jonesianus*		+	
76	细弱圆筛藻	*Coscinodiscus subtilis*		+	+
77	中心圆筛藻	*Coscinodiscus centralis*		+	
78	格氏圆筛藻	*Coscinodiscus granii*		+	
79	小形圆筛藻	*Coscinodiscus minor*		+	
80	有翼圆筛藻	*Coscinodiscus bipartitus*		+	+
81	缢缩菱形藻	*Nitzschia constricta*			+
82	新月菱形藻	*Nitzschia closterium*	+	+	+
83	洛氏菱形藻	*Nitzschia lorenzian*	+		+
84	具点菱形藻	*Nitzschia punctata*		+	
85	披针菱形藻	*Nitzschia lanceolata*			+
86	海洋菱形藻	*Nitzschia marina*		+	+
87	弯菱形藻	*Nitzschia sigma*		+	+
88	拟螺旋菱形藻	*Nitzschia sigmoidea*			+
89	碎片菱形藻	*Nitzschia frustulum*	+	+	+
90	钝头菱形藻	*Nitzschia obtusa*		+	
91	长菱形藻	*Nitzschia longissima*		+	
92	洛仑菱形藻密条变种	*Lorenziana* var. *densestriata*		+	
93	热带骨条藻	*Skeletonema tropicum*			+
94	中肋骨条藻	*Skeletonema costatum*	+	+	+
95	江河骨条藻	*Skeletonema potamos*	+	+	+
96	中华半管藻	*Hemiaulus sinensis*			+
97	霍氏半管藻	*Hemiaulus hauckii*	+		+
98	活动盒形藻	*Bidduiphia mobiliensis*	+		
99	中华盒形藻	*Bidduiphia sinensis*	+		+

续表

序号	中文名	拉丁文	防城港海区	钦州海区	北海海区
100	太阳双尾藻	*Ditylum sol*	+	+	+
101	布氏双尾藻	*Ditylum brightwell*	+	+	+
102	短弯角藻	*Eucampia zodiacus*	+	+	+
103	长弯角藻	*Eucampia cornuta*		+	+
104	大洋角管藻	*Cerataulina pelagica*	+	+	+
105	大角管藻	*Cerataulina daemon*	+	+	+
106	优美旭氏矮小变型	*Schroderella delicatula* f. *schoderi*	+	+	
107	优美旭氏藻	*Schroderella delicatula*	+	+	
108	菱形海线藻	*Thalassionema nitzschioides*	+	+	+
109	佛氏海线藻	*Thalassiothrix frauenfeldii*	+	+	+
110	小伪菱形藻	*Pseudo-Nitzschia sicula*			+
111	尖刺伪菱形藻	*Pseudo-nitzschia pungens*	+	+	+
112	柔弱伪菱形藻	*Pseudo-nitzschia delicatissima*	+	+	+
113	断纹双壁藻	*Diploneis interropta*			+
114	黄蜂双壁藻可疑变型	*Diploneis crabro* f. *suspecta*			+
115	蜂腰双壁藻	*Diploneis bombus*		+	+
116	掌状冠盖藻	*Stephanopyxis palmeriana*	+		
117	唐氏藻	*Donkinia* sp.	+	+	+
118	热带环刺藻	*Gossleriella tropica*		+	
119	哈氏半盘藻	*Hemidiscus hardmannianus*		+	
120	楔形半盘藻	*Hemidiscus cuneiformis*		+	
121	华壮双菱楔形变种	*Surirella fastuosa* var. *cuneata*		+	
122	双菱藻	*Surirella* sp.	+		
123	流水双菱藻	*Surirella fluminensis*			+
124	泰晤士扭鞘藻	*Helicotheca tamesis*	+		
125	环纹娄氏藻	*Lauderia annulata*	+	+	+
126	丹麦细柱藻	*Leptocylindrus danicus*	+	+	+
127	日本星杆藻	*Asterionella japonica*	+	+	+
128	易变石丝藻	*Lithodesmium variabile*		+	
129	星冠盘藻	*Stephanodiscus astraes* var. *astraes*	+	+	+
130	平片针杆藻小形变种	*Synedra tabulata* var. *parva*		+	
131	针杆藻	*Synedra* sp.	+	+	+
132	楔形藻	*Licmophora* sp.		+	+

续表

序号	中文名	拉丁文	防城港海区	钦州海区	北海海区
133	三角褐指藻	*Phaeodactylum tricornutum*		+	+
134	具槽帕拉藻	*Paralia sulcat*	+	+	+
135	爪哇四环藻	*Tetracyclusj avanicus*		+	
136	圆海链藻	*Thalassiosira rotula*	+	+	+
137	海链藻	*Thalassiosira* sp.	+	+	
138	椭圆辐环藻	*Actinocyclus ellipticus*		+	+
139	薄壁几内亚藻	*Guinardia cylindrus*	+	+	+
140	短楔形藻	*Licmophora abbreviata*		+	
141	线形美壁藻	*Caloneis linearis*			+
142	短柄曲壳藻变狭变种	*Achnanthes brevipes* var. *angustata*			+
143	派格棍形藻	*Bacillaria paxillifera*			+
144	柔弱布纹藻	*Gyrosigma tenuissimum*	+		+
145	长尾布纹藻	*Gyrosigma macrum*	+	+	
146	斯氏布纹藻	*Gyrosigma spencerii*	+	+	+
147	结节布纹藻	*Gyrosigma nodiferum*	+		+
148	刀形布纹藻	*Gyrosigma scalproides*		+	
149	簇生布纹藻弧形变种	*Gyrosigma fasciola* var. *arcuata*			
150	斜布纹藻	*Gyrosigma obliquum*			
151	尖布纹藻虫瘿变种	*Gyrosigma acuminatum* var. *gallica*			+
152	串珠梯锲藻	*Climacosphenia moniligera*			+
153	血红哈卡藻	*Akashiwo sanguineum*		+	+
154	透明原多甲藻	*Protoperidinium pellucidum*	+		+
155	叉形多甲藻	*Protoperidinium divergens*	+		
156	里昂原多甲藻	*Protoperidinium leonis*			+
157	锥状斯克里普藻	*Scrippsiella trochoidea*	+	+	+
158	塔玛亚历山大藻	*Alexandrium amarense*	+	+	+
159	墨西哥原甲藻	*Prorocentrum mexicanum*			+
160	齿状原甲藻	*Prorocentrum dentatum*		+	
161	东海原甲藻	*Prorocentrum donghaiense*		+	
162	利马原甲藻	*Prorocentrum lima*			+
163	海洋原甲藻	*Prorocentrum micans*	+	+	+

续表

序号	中文名	拉丁文	防城港海区	钦州海区	北海海区
164	微小原甲藻	*Prorocentrum minimum*	+	+	+
165	反曲原甲藻	*Prorocentrum sigmoides*			+
166	环沟藻	*Gyrodinium* sp.		+	
167	螺旋环沟藻	*Gyrodinium spirale*	+		+
168	叉状角藻	*Ceratium furca*	+	+	
169	夜光藻	*Noctiluca scintillans*		+	
170	裸甲藻	*Gymnodinium* sp.	+	+	+
171	链状裸甲藻	*Gymnodinium catenatum*	+		
172	透明原多甲藻	*Protoperidinium pellucidum*		+	
173	具尾鳍藻	*Dinophysis caudata*		+	
174	渐尖鳍藻	*Dinophysis acuminata*	+		
175	具毒冈比甲藻	*Gambierdiscus toxicus*		+	+
176	米氏凯伦藻	*Karenia mikimotoi*		+	+
177	鱼腥藻	*Anabaena* sp.	+		
178	颤藻	*Oscillatoria* sp.	+	+	+
179	螺旋藻	*Spirulina* sp.			+
180	球形棕囊藻	*Phaeoecystis globosa*		+	+
181	海洋卡盾藻	*Chattonella marina*	+		+
182	赤潮异弯藻	*Heterosiga akashiwo*	+	+	+
183	小等刺硅鞭藻	*Dictyocha fibula*		+	+
184	十字藻	*Crucigenia* sp.		+	
185	四角十字藻	*Koliella longiseta*			+
186	镰形纤维藻	*Korshikoviella schaefernai*		+	
187	盐生杜氏藻	*Dunaliella sallina*			+
188	小球藻	*Chlorella* sp.			+
189	变形藻	*Chloramoeba* sp.			+
190	绿色裸藻	*Euglena viridis*	+		

3.3.2.2 数量分布

广西北部湾近岸海域2011年各季度浮游植物数量变化范围及平均值见表3－26。浮游植物数量变化范围为$0.43 \times 10^4 \sim 650.82 \times 10^4$ cell/L，平均值为23.34×10^4 cell/L。

表 3－26　广西北部湾近岸海域各季度浮游植物数量变化范围及均值　　单位：10^4 cell/L

海区	春季		夏季		秋季		冬季	
	范围	均值	范围	均值	范围	均值	范围	均值
广西北部湾	0.52～54.47	9.78	1.40～650.82	58.59	0.90～201.06	15.17	1.14～124.33	9.82
防城港	1.35～54.47	11.24	2.58～650.82	161.58	4.13～114.89	27.56	1.14～38.98	8.25
钦州	0.94～47.55	14.51	1.40～40.22	8.72	0.49～67.74	16.53	1.58～28.78	7.79
北海	0.52～21.69	5.39	5.76～207.70	32.91	0.43～18.18	6.71	1.65～124.33	12.29

（1）春季

春季，防城港、钦州、北海海区浮游植物数量等值线分布见图 3－227～3－229。

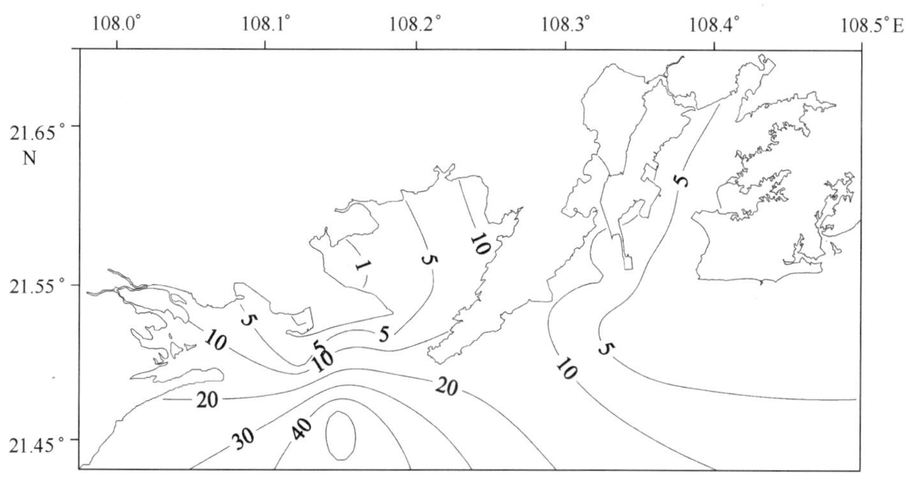

图 3－227　春季防城港海区浮游植物数量分布图（10^4 cell/L）

春季广西北部湾近岸海域浮游植物数量变化范围为 $0.52 \times 10^4 \sim 54.47 \times 10^4$ cell/L，平均丰度为 9.78×10^4 cell/L，最大值出现在防城港海域的 03 号站，最小值出现在防城港海区的 27 号站。

从平面分布来看，浮游植物数量从高到低依次为：钦州海区、防城港海区、北海海区，浮游植物数量高值区主要在钦州港附近海域。其中防城港海域浮游植物变化范围为 $1.35 \times 10^4 \sim 54.47 \times 10^4$ cell/L，平均丰度为 11.24×10^4 cell/L，最大值出现在 03 号站，最小值出现在 07 号站。钦州海区浮游植物变化范围为 $0.94 \times 10^4 \sim 47.55 \times 10^4$ cell/L，平均丰度为 14.51×10^4 cell/L，最大值出现在 15 号站，最小值出现在 G 号站。北海海区浮游植物变化范围为 $0.52 \times 10^4 \sim 21.69 \times 10^4$ cell/L，平均丰度为 5.39×10^4 cell/L，最大值出现在 24 号站，最小值出现在 27 号站。

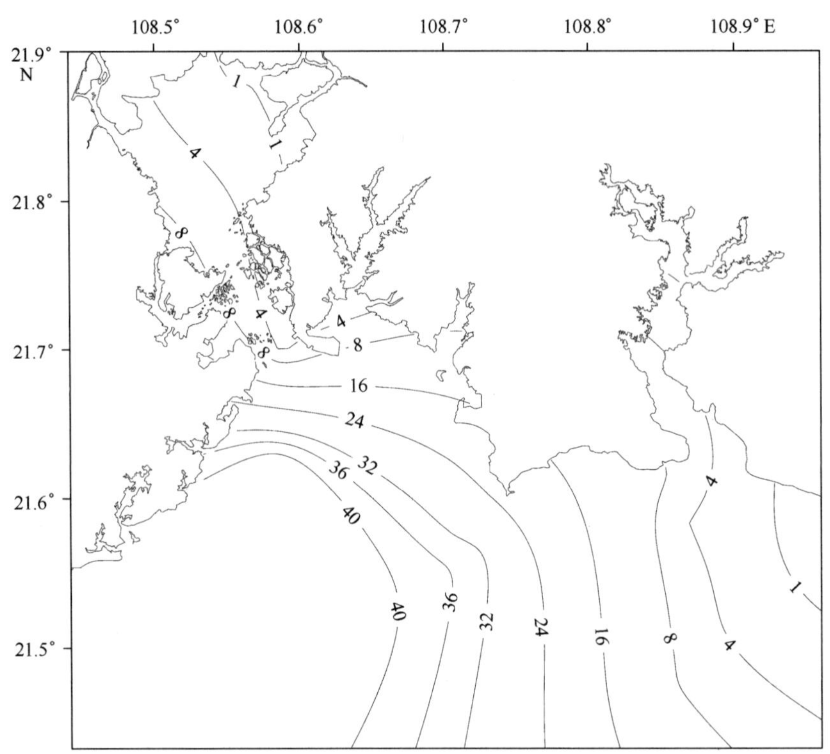

图 3－228　春季钦州海区浮游植物数量分布图（10^4 cell/L）

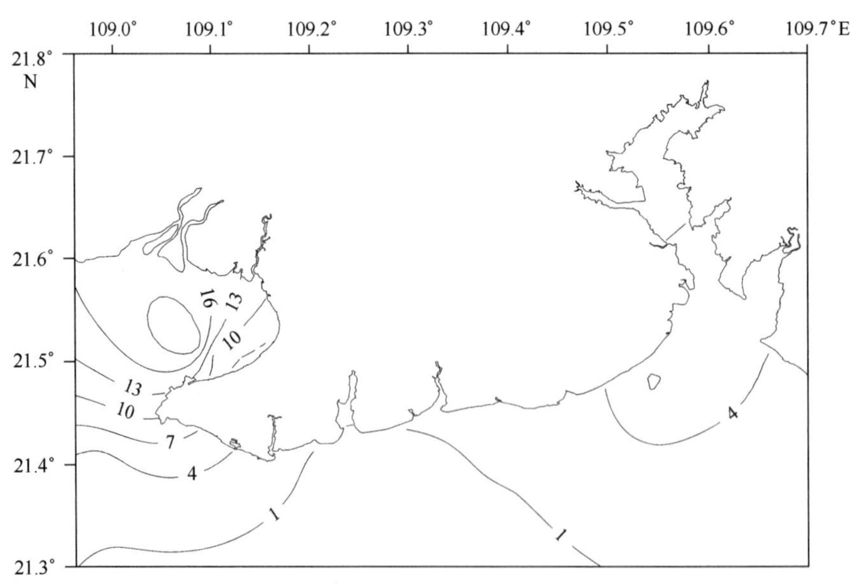

图 3－229　春季北海海区浮游植物数量分布图（10^4 cell/L）

(2) 夏季

夏季，防城港、钦州、北海海区浮游植物数量等值线分布图见图 3 - 230 ~ 3 - 232。

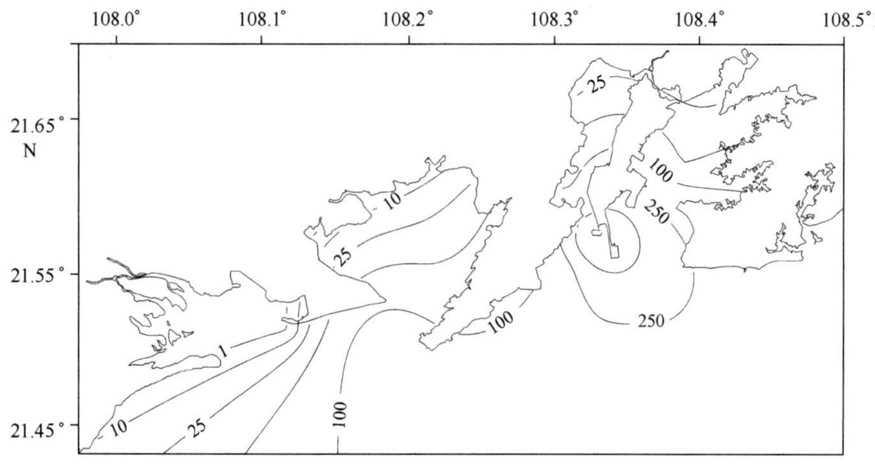

图 3 - 230　夏季防城港海区浮游植物数量分布图（10^4 cell/L）

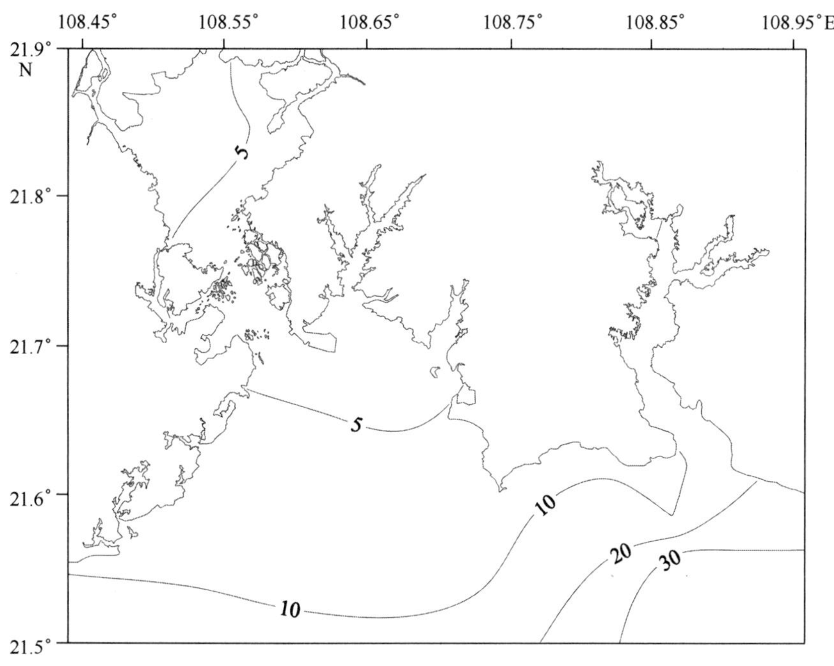

图 3 - 231　夏季钦州海区浮游植物数量分布图（10^4 cell/L）

夏季广西北部湾近岸海域浮游植物变化范围为 $1.40 \times 10^4 \sim 650.82 \times 10^4$cell/L，平均丰度为 58.59×10^4 cell/L，最大值出现在防城港海区的 09 号站，最小值出现在钦州

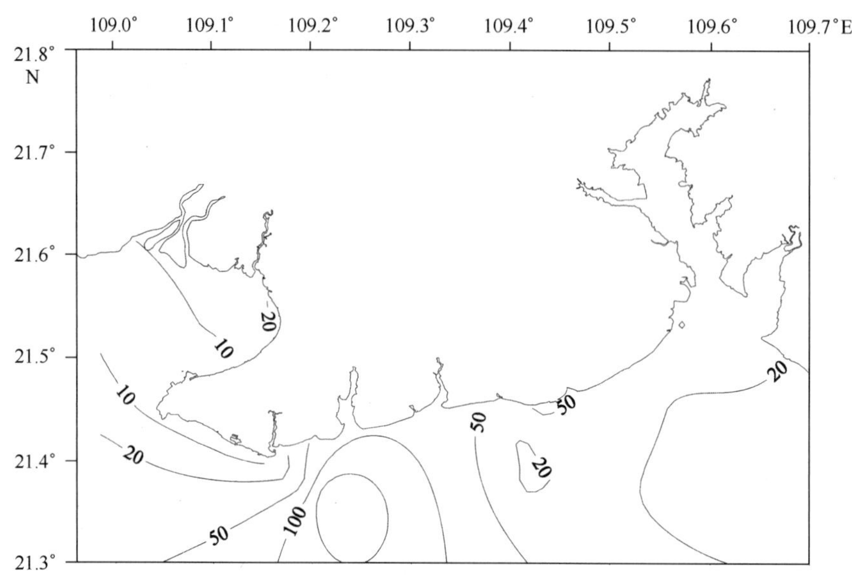

图 3－232　夏季北海海区浮游植物数量分布图（10^4 cell/L）

海区的 G 号站。

从平面分布来看，浮游植物数量从高到低依次为：防城港海区、北海海区、钦州海区，浮游植物密集区在防城湾海区，此外在北海营盘附近海域有一个较高的丰度区，浮游植物丰度在茅尾海、钦州港近岸海域区较低，除此两个海域外，浮游植物数量分布态势为近岸海域高、外海低。其中防城港海域浮游植物数量变化范围为 2.58×10^4 ~ 650.82×10^4 cell/L，平均丰度为 161.58×10^4 cell/L，最大值出现在 09 号站，最小值出现在 01 号站。钦州海区浮游植物数量变化范围为 1.40×10^4 ~ 40.22×10^4 cell/L，平均丰度为 8.72×10^4 cell/L，最大值出现在 21 号站，最小值出现在 G 号站。北海海区浮游植物数量变化范围为 5.76×10^4 ~ 207.70×10^4 cell/L，平均丰度为 32.91×10^4 cell/L，最大值出现在 21 号站位，最小值出现在 G 号站位。

（3）秋季

秋季，防城港、钦州、北海海区浮游植物数量等值线分布图见图 3－233 ~ 3－235。

秋季广西北部湾近岸海域浮游植物数量变化范围为 0.90×10^4 ~ 201.06×10^4 cell/L，平均密度为 15.17×10^4 cell/L，最大值出现在北海海域的 23 号站，最小值出现在北海海域的 39 号站。防城港海域浮游植物数量变化范围为 4.13×110^4 ~ 114.89×10^4 cell/L，平均丰度为 27.56×10^4 cell/L，最大值出现在 8 号站，最小值出现在 5 号站。钦州海区浮游植物数量变化范围为 0.49×10^4 ~ 67.74×10^4 cell/L，平均丰度为 16.53×10^4 cell/L，最大值出现在 17 号站，最小值出现在 40 号站。北海海区浮游植物数量变化范围为

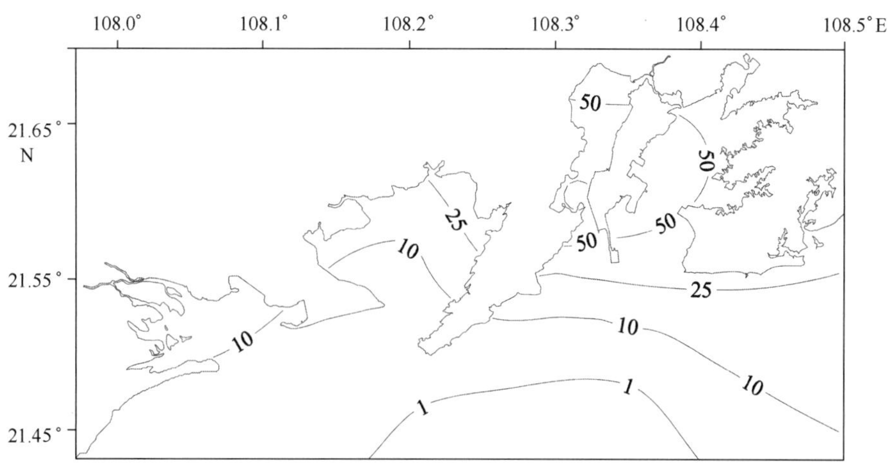

图3-233 秋季防城港海区浮游植物数量分布图（10^4 cell/L）

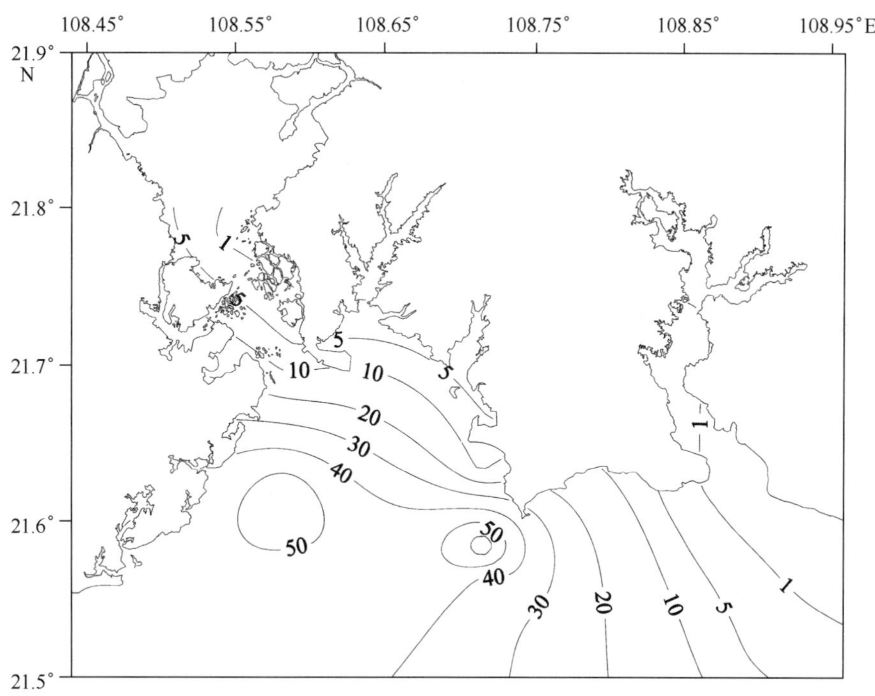

图3-234 秋季钦州海区浮游植物数量分布图（10^4 cell/L）

$0.43\times10^4\sim18.18\times10^4$ cell/L，平均丰度为 6.71×10^4 cell/L，最大值出现在37号站，最小值出现在25号站。从平面分布来看，浮游植物数量从高到低依次为：防城港海区、钦州海区、北海海区，浮游植物分布呈东西低、中间高的趋势。

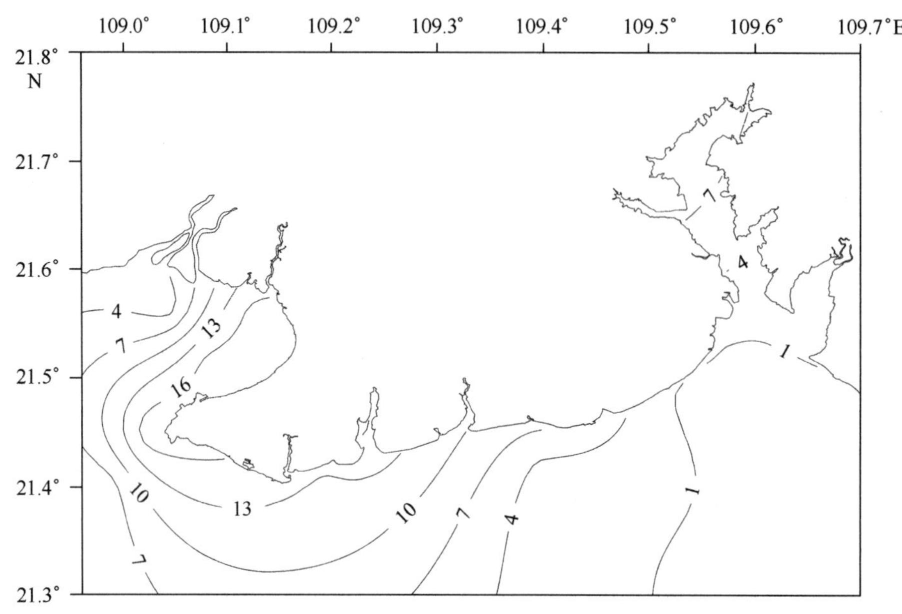

图 3－235　秋季北海海区浮游植物数量分布图（10^4 cell/L）

（4）冬季

冬季，防城港、钦州、北海海区浮游植物数量等值线分布见图 3－236～3－238。

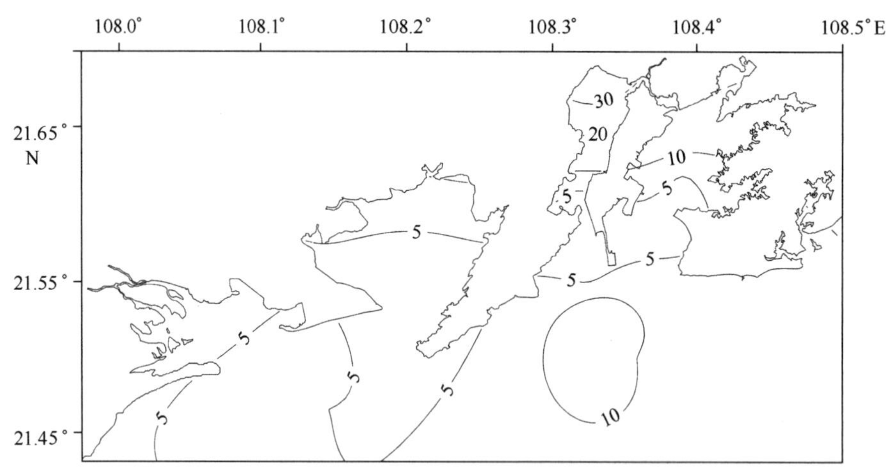

图 3－236　冬季防城港海区浮游植物数量分布图（10^4 cell/L）

冬季，广西北部湾近岸海域浮游植物数量变化范围为 1.14×10^4～124.33×10^4 cell/L，平均丰度为 9.82×10^4 cell/L，最大值出现在北海海区的 22 号站，最小值出现在防城港海区的 03 号站。防城港海区浮游植物数量变化范围为 1.14×10^4～38.98×10^4 cell/L，

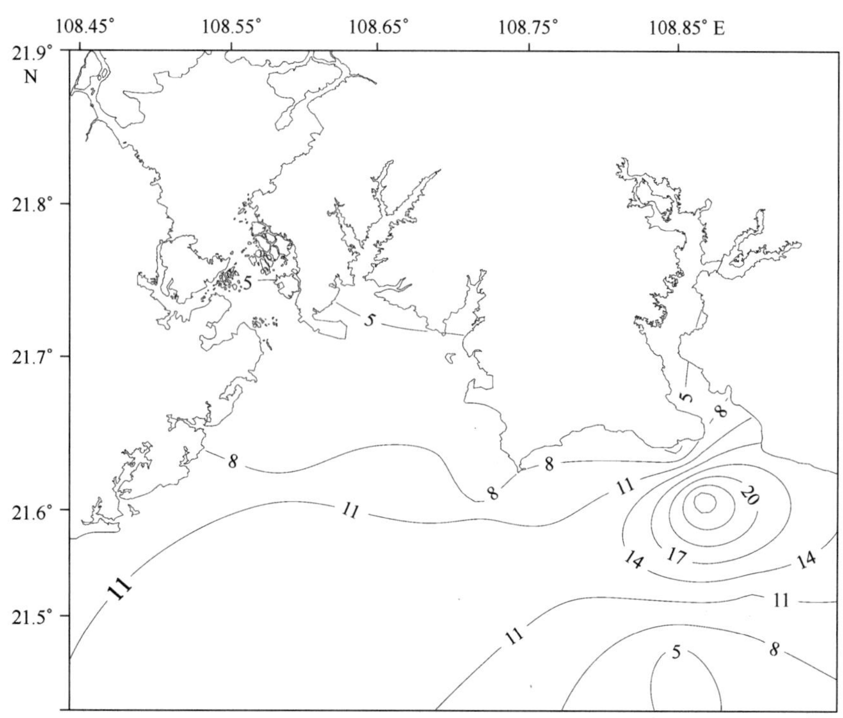

图 3－237　冬季钦州海区浮游植物数量分布图（10^4 cell/L）

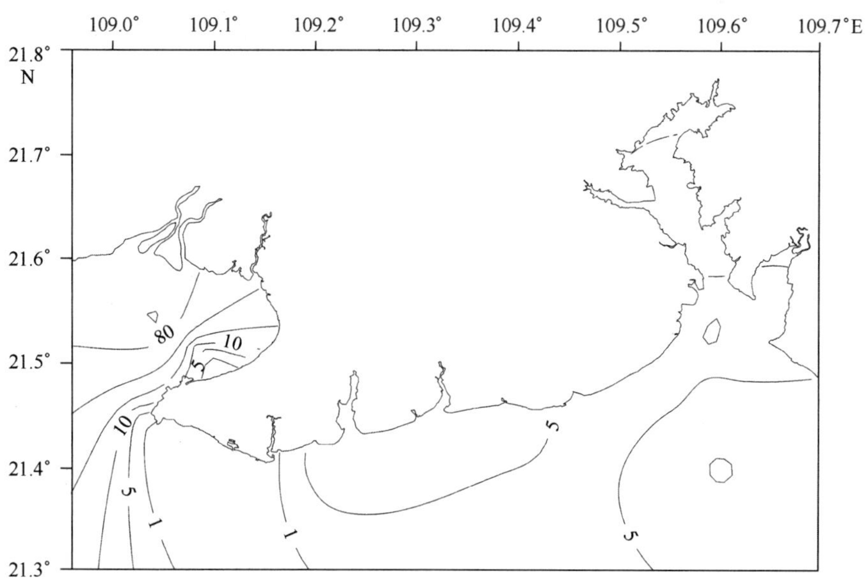

图 3－238　冬季北海海区浮游植物数量分布图（10^4 cell/L）

平均丰度为 8.25 $\times 10^4$ cell/L，最大值出现在 06 号站，最小值出现在 04 号站。钦州海区浮游植物数量变化范围为 1.58 $\times 10^4$ ~28.78 $\times 10^4$ cell/L，平均丰度为 7.79 $\times 10^4$ cell/L，最大值出现在 20 号站，最小值出现在 F 号站。北海海区浮游植物数量变化范围为 1.65 $\times 10^4$ ~124.33 $\times 10^4$ cell/L，平均丰度为 12.29 $\times 10^4$ cell/L，最大值出现在 22 号站，最小值出现在 36 号站。从平面分布来看，浮游植物数量从高到低依次为：北海海区、防城港海区、钦州海区，浮游植物高值区主要在北海廉州湾海域。

3.3.2.3 优势种和常见浮游植物

（1）春季

2011 年春季广西北部湾浮游植物优势种和常见浮游植物见表 3－27。优势种主要为薄壁几内亚 *Guinardia cylindrus*、脆根管藻 *Rhizosolenia fragillissima*、赤潮异弯藻 *Heterosiga akashiwo*、球形棕囊藻 *Phaeoecystis globosa*、中肋骨条藻 *Skeletonema costatum*、斯托根管藻 *Rhizosolenia stolterfothii*。

薄壁几内亚藻为本次调查中优势度最大的种类，平均丰度为 2.24 $\times 10^4$ cell/L，占浮游植物 22.87%，频度为 0.72，优势度为 0.255，在廉州湾 24 号站细胞丰度最大，达到 17.64 $\times 10^4$ cell/L，最小值出现在茅岭江口的 D 号站，为 0.05 $\times 10^4$ cell/L，主要分布在大风江以东海域。脆根管藻为本次调查中细胞数量最大，优势度为第二的种类，优势度为 0.075，平均丰度为 2.41 $\times 10^4$ cell/L，占浮游植物的 24.68%，频度为 0.40，在钦州港的 15 号站细胞丰度最大，达到 33.00 $\times 10^4$ cell/L，最小值仅为 0.05 $\times 10^4$ cell/L，在铁山港的 35 号站，主要分布在钦州港外侧海域，在防城港湾和北海附近海域细胞丰度较小。赤潮异弯藻为本次调查中优势度第三的种类，平均丰度为 1.75 $\times 10^4$ cell/L，占浮游植物的 17.89%，频度为 0.36，优势度为 0.047，在防城港湾的湾口 08 号站细胞丰度最大，达到 11.56 $\times 10^4$ cell/L，最小值出现在钦州湾的 17 号站，为 0.04 $\times 10^4$ cell/L，主要分布在防城港湾海域和珍珠湾附近海域，在钦州湾有较少分布，在北海海域未有检出。

表 3－27 春季广西北部湾优势和常见浮游植物名录

中文名	频度	优势度	平均丰度/10^4 cell · L^{-1}	占细胞丰度百分比/%
薄壁几内亚藻	0.72	0.255 37	2.24	22.87
脆根管藻	0.40	0.075 03	2.41	24.68
赤潮异弯藻	0.36	0.047 92	1.75	17.89
球形棕囊藻	0.21	0.012 59	0.76	7.78
中肋骨条藻	0.30	0.011 51	0.47	4.77
斯托根管藻	0.34	0.008 72	0.14	1.46
米氏凯伦藻	0.28	0.006 27	0.11	1.11
绿色裸藻	0.30	0.005 31	0.22	2.22

续表

中文名	频度	优势度	平均丰度/10^4 cell·L^{-1}	占细胞丰度百分比/%
裸甲藻	0.19	0.003 03	0.28	2.88
柔弱根管藻	0.30	0.003 03	0.06	0.66
新月菱形藻	0.30	0.000 88	0.04	0.46
夜光藻	0.17	0.000 85	0.02	0.22
微小小环藻	0.26	0.000 81	0.04	0.40
拟旋链角毛藻	0.19	0.000 64	0.03	0.32
菱形海线藻	0.13	0.000 13	0.01	0.14
尖刺伪菱形藻	0.09	0.000 09	0.01	0.14

（2）夏季

2010 年夏季广西北部湾浮游植物优势种和常见浮游植物见表 3－28。优势种为尖刺伪菱形藻、中肋骨条藻、拟旋链角毛藻、小角毛藻、菱形海线藻、丹麦细柱藻。

表 3－28　夏季广西北部湾优势和常见浮游植物名录

中文名	频度	优势度	平均丰度/10^4 cell·L^{-1}	占细胞丰度百分比/%
尖刺伪菱形藻	0.93	0.219 57	15.21	25.95
中肋骨条藻	0.80	0.120 05	6.89	11.77
拟旋链角毛藻	0.91	0.098 32	7.01	11.97
小角毛藻	0.39	0.068 80	11.05	18.85
菱形海线藻	0.89	0.024 28	1.51	2.58
丹麦细柱藻	0.54	0.023 69	2.79	4.76
日本星杆藻	0.83	0.017 96	1.45	2.47
微小小环藻	0.96	0.017 30	0.74	1.26
洛氏角毛藻	0.63	0.012 52	1.18	2.01
条纹小环藻	0.89	0.008 12	0.38	0.65
优美辐杆藻	0.46	0.007 46	1.07	1.83
大角管藻	0.76	0.007 36	0.60	1.03
变异辐杆藻	0.43	0.003 68	0.48	0.81
范氏角毛藻	0.50	0.002 88	0.39	0.66
透明辐杆藻	0.30	0.002 23	0.46	0.79
环纹娄氏藻	0.57	0.002 19	0.21	0.37
帕维舟形藻	0.70	0.001 97	0.17	0.29
脆根管藻	0.41	0.001 95	0.29	0.50
裸甲藻	0.43	0.001 60	0.13	0.22
窄面角毛藻	0.35	0.001 54	0.27	0.47
远距角毛藻	0.33	0.001 35	0.29	0.50

续表

中文名	频度	优势度	平均丰度/10^4 cell · L^{-1}	占细胞丰度百分比/%
锥状斯克里普藻	0.59	0.001 23	0.09	0.15
柔弱根管藻	0.43	0.001 18	0.16	0.28
热带骨条藻	0.13	0.001 01	0.30	0.51
刚毛根管藻	0.57	0.000 94	0.09	0.16
米氏凯伦藻	0.26	0.000 89	0.22	0.37
微小原甲藻	0.41	0.000 77	0.07	0.12
斯托根管藻	0.35	0.000 67	0.12	0.21
海洋原甲藻	0.46	0.000 66	0.05	0.08
塔玛亚历山大藻	0.50	0.000 57	0.06	0.10
具刺膝沟藻	0.26	0.000 48	0.04	0.07
小型园筛藻	0.35	0.000 43	0.04	0.06
中华根管藻	0.26	0.000 27	0.05	0.09
扁面角毛藻	0.20	0.000 18	0.06	0.10
丹麦角毛藻	0.17	0.000 16	0.06	0.10
春膝沟藻	0.15	0.000 05	0.01	0.02
叉状角藻	0.09	0.000 05	0.01	0.02
歧散原多甲藻	0.17	0.000 04	0.02	0.03
短凯伦藻	0.13	0.000 04	0.01	0.02

尖刺菱形藻为本次调查中细胞密度最大的种类，平均丰度为 15.11 $\times 10^4$ cell/L，占细胞丰度的 25.95%，频度为 0.93，优势度为 0.219 6，在防城港湾的湾口 11 号站细胞丰度最大，达到 175.32 $\times 10^4$ cell/L，最小值仅为 0.03 $\times 10^4$ cell/L，在廉州湾的 23 号站。密集区集中在防城港海区，在钦州海区和北海海区细胞丰度较小，分布态势是近岸高、外海低，由近岸区向外海区递减。尖刺拟菱形藻是中国沿海普遍存在的浮游生物种类，并且也是重要的赤潮生物种类，在大连、胶州湾、长江口、厦门港及南海各港湾都引起过赤潮。在本次调查中尖刺菱形藻已达到赤潮密度。中肋骨条藻为本次调查中优势度第二的种类，优势度为 0.120，平均丰度为 6.89 $\times 10^4$ cell/L，占浮游植物 11.77%，频度为 0.80，在北海银滩外侧的 28 号站细胞丰度最大，达到 166.54 $\times 10^4$cell/L，最小值仅为 0.03 $\times 10^4$cell/L，在廉州湾的 23 号站。主要分布在大风江以东海域，密集区集中在北海海区的银滩和营盘附近海域，在钦州湾海域和防城港海域细胞丰度较小。中肋骨条藻适应低盐的环境并且能耐受盐度的剧烈变化，其大量生长需要较丰富的营养盐环境，一般在近海及河口的冲淡水区域附近大量出现。中肋骨条藻一直是北海沿岸的最主要的优势种。

拟旋链角毛藻为本次调查中出现频度最高的种类，频度为0.91，平均丰度为7.01×10^4cell/L，占细胞丰度的11.97%，优势度为0.109. 细胞丰度最大值出现在珍珠湾的02号站位，为47.56×10^4cell/L，在钦州湾外侧的18号站位细胞丰度最小，为0.031×10^4 cell/L，主要分布在防城港海区，密集区集中在珍珠湾和防城港湾海域，在钦州海区和北海海区细胞丰度较小，分布趋势是近岸高、外海低，由近岸区向外海区递减。

（3）秋季

2010年秋季广西北部湾浮游植物优势种和常见浮游植物见表3－29。优势种为拟旋链角毛藻、菱形海线藻、中肋骨条藻、环纹娄氏藻。

表3－29　秋季广西北部湾优势和常见浮游植物名录

中文名	频度	优势度	平均丰度/10^4 cell·L^{-1}	占细胞丰度百分比/%
拟旋链角毛藻	0.79	0.264 18	4.92	34.19
菱形海线藻	0.91	0.113 52	1.84	12.81
中肋骨条藻	0.51	0.049 70	1.39	9.68
环纹娄氏藻	0.64	0.027 61	0.64	4.43
热带骨条藻	0.26	0.017 25	0.99	6.85
斯托根管藻	0.62	0.016 26	0.38	2.65
条纹小环藻	0.72	0.012 90	0.26	1.82
微小小环藻	0.89	0.012 86	0.20	1.42
脆根管藻	0.49	0.010 83	0.32	2.20
柔弱根管藻	0.51	0.010 32	0.30	2.09
洛氏角毛藻	0.51	0.006 20	0.18	1.22
尖刺拟菱形藻	0.55	0.005 19	0.14	0.95
春膝沟藻	0.34	0.005 01	0.20	1.39
大角管藻	0.26	0.004 08	0.23	1.62
优美辐杆藻	0.38	0.003 31	0.13	0.87
薄壁几内亚藻	0.51	0.003 30	0.09	0.65
丹麦细柱藻	0.43	0.002 44	0.08	0.57
中华根管藻	0.28	0.002 32	0.12	0.85
翼根管藻纤细变型	0.32	0.002 19	0.10	0.69
覆瓦根管藻细茎变种	0.32	0.002 17	0.10	0.69
米氏凯伦藻	0.34	0.001 35	0.06	0.40
叉状角藻	0.30	0.001 16	0.06	0.39
塔玛亚历山大藻	0.38	0.001 06	0.04	0.26
窄面角毛藻	0.21	0.001 01	0.07	0.48
变异辐杆藻	0.17	0.000 79	0.07	0.48
日本星杆藻	0.04	0.000 25	0.09	0.64
透明辐杆藻	0.15	0.000 20	0.02	0.13
锥状斯克里普藻	0.15	0.000 09	0.01	0.06
大洋角管藻	0.11	0.000 05	0.01	0.05

拟旋链角毛藻为本次调查中细胞丰度最大的种类，平均丰度为4.92×10^4 cell/L，占细胞丰度的34.19%，频度为0.79，优势度为0.264，在防城港湾的湾口08号站细胞密度最大，达到69.45.32×10^4 cell/L，最小值仅为0.02×10^4 cell/L，在铁山港的39号站，密集区集中在防城港东西湾海域。菱形海线藻为本次调查中优势度第二的种类，优势度为0.114，平均丰度为1.84×10^4 cell/L，占细胞丰度的12.81%，频度为0.91，在钦州湾的15号站细胞丰度最大，达到7.37×10^4 cell/L，最小值仅为0.02×10^4 cell/L，在铁山港的39号站，主要分布在防城港湾至廉州湾之间的海域，密集区集中在钦州湾外侧，在珍珠湾和铁山港附近海域细胞丰度较小。中肋骨条藻为本次调查中优势度第三的种类，平均丰度为1.39×10^4 cell/L，占细胞丰度的9.68%，频度为0.51，优势度为0.050，在防城港湾的湾口7号站细胞丰度最大，达到12.09×10^4 cell/L，最小值仅为0.04×10^4 cell/L，在龙门的40号站，密集区集中在防城港西湾海域、钦州湾外海西侧，以及廉州湾附近海域。

（4）冬季

2010年冬季广西北部湾浮游植物优势种和常见浮游植物见表3－30。主要优势种为赤潮异弯藻、菱形海线藻、柔弱根管藻、拟旋链角毛藻、微小小环藻。

表3－30　冬季广西北部湾优势和常见浮游植物名录

中文名	频度	优势度	平均丰度/10^4 cell·L^{-1}	占细胞丰度百分比/%
赤潮异弯藻	0.45	0.132 64	3.47	35.30
菱形海线藻	0.74	0.033 31	0.39	4.00
柔弱根管藻	0.68	0.031 58	0.41	4.15
拟旋链角毛藻	0.45	0.025 79	0.53	5.36
微小小环藻	0.79	0.012 71	0.16	1.64
尖刺拟角毛藻	0.60	0.009 22	0.14	1.38
洛氏角毛藻	0.38	0.008 28	0.19	1.92
大角管藻	0.30	0.007 29	0.18	1.82
叉状辐杆藻	0.28	0.006 84	0.21	2.13
条纹小环藻	0.55	0.006 79	0.12	1.23
斯托根管藻	0.40	0.006 65	0.14	1.42
中肋骨骨条藻	0.26	0.004 32	0.15	1.51
环纹娄氏藻	0.30	0.003 35	0.09	0.89
日本星杆藻	0.28	0.002 73	0.09	0.89
优美旭氏藻	0.19	0.002 46	0.11	1.14
中华根管藻	0.30	0.002 42	0.07	0.69
脆根管藻	0.36	0.002 25	0.05	0.48
江河骨条藻	0.15	0.002 20	0.15	1.55

续表

中文名	频度	优势度	平均丰度/10^4 cell · L^{-1}	占细胞丰度百分比/%
薄壁几内亚藻	0.30	0.001 89	0.06	0.61
微小原甲藻	0.40	0.001 42	0.03	0.32
大洋角管藻	0.26	0.000 99	0.04	0.36
丹麦细柱藻	0.17	0.000 86	0.04	0.43
覆瓦根管藻	0.21	0.000 71	0.03	0.26

赤潮异弯藻为本次调查中细胞丰度最大的种类，平均丰度为 3.47×10^4 cell/L，占细胞丰度的35.30%，频度为0.45，优势度为0.133，在防城江口06号站细胞丰度最大，达到 36.97×10^4 cell/L，最小值仅为 0.04×10^4 cell/L，在防城港湾的10号站。菱形海线藻为本次调查中优势度第二的种类，优势度为0.033，平均丰度为 0.39×10^4 cell/L，占浮游植物4.00%，频度为0.74，在钦州港的16号站细胞丰度最大，为 2.52×10^4 cell/L，最小值仅为 0.02×10^4 cell/L，在珍珠港的04号站，主要分布在钦州湾外侧。柔弱根管藻为本次调查中优势度第三的种类，平均丰度为 0.41×10^4 cell/L，占细胞丰度的4.15%，频度为0.68，优势度为0.032，在钦州湾的15号站细胞丰度最大，达到 2.89×10^4 cell/L，最小值仅为 0.04×10^4 cell/L，在钦州港的G站，密集区亦集中在钦州湾海域。

3.3.3 浮游细菌

广西北部湾近岸海域各季度浮游细菌数量变化范围及平均值见表3-31。浮游植物数量变化范围为 0.02×10^7 ~ 212.00×10^7 cell/L，平均值为 15.34×10^7 cell/L。

表3-31 广西北部湾近岸海域各季度浮游细菌数量变化范围及均值 单位：10^7 cell/L

海区	春季		夏季		秋季		冬季	
	范围	均值	范围	均值	范围	均值	范围	均值
广西北部湾	0.12~175.00	11.51	0.04~144.33	11.67	0.25~212.00	35.43	0.10~16.80	2.75
防城港	0.63~175.00	36.32	0.28~4.03	1.30	0.25~32.00	6.18	0.10~6.80	0.98
钦州	0.12~25.00	5.00	2.20~144.33	27.63	1.10~75.00	16.54	0.02~5.80	0.79
北海	0.16~4.30	1.52	0.04~19.44	5.11	1.02~212.00	67.14	0.03~16.80	12.29

3.3.3.1 春季广西北部湾浮游细菌数量分布

春季，防城港、钦州、北海海区浮游细菌数量等值线分布见图3-239~3-241。

2011年春季广西北部湾近岸海域浮游细菌数量变化范围为 0.12×10^7 ~ 175.00×10^7 cell/L，平均丰度为 11.51×10^7 cell/L，最大值出现在珍珠湾海域的04号站位，最小

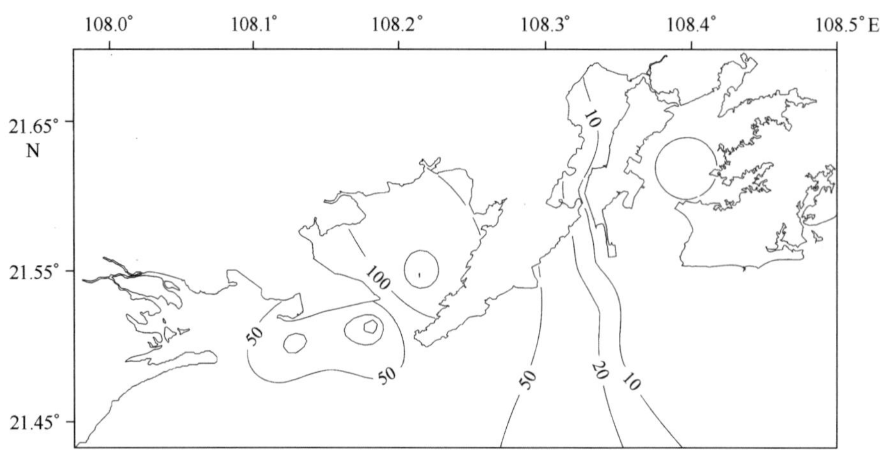

图 3－239　春季防城港海区浮游细菌数量分布图（10^7 cell/L）

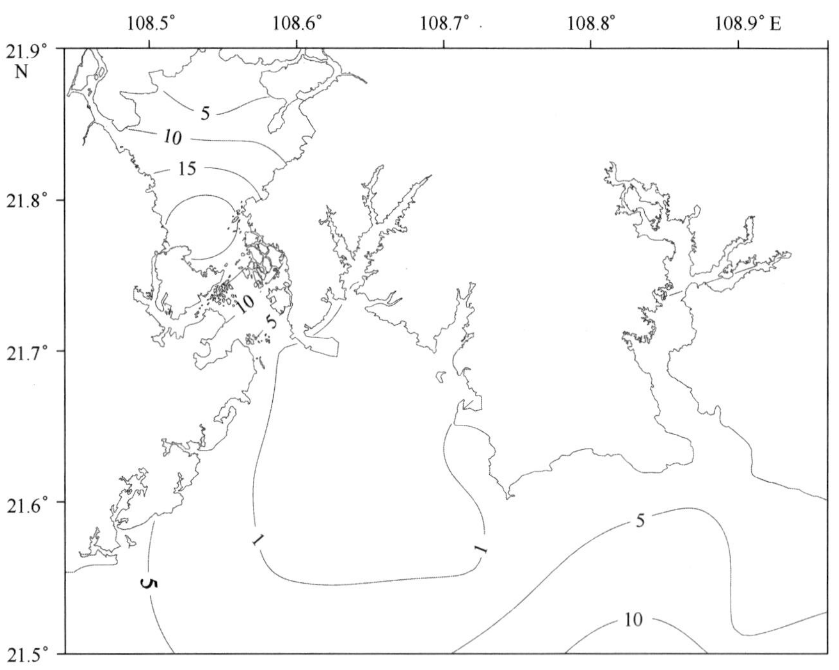

图 3－240　春季钦州湾海区浮游细菌数量分布图（10^7 cell/L）

值出现在钦州港海域的 14 号站位。从平面分布来看，浮游细菌数量从高到低依次为：防城港海区、钦州海区、北海海区，浮游植物数量高值区主要在珍珠湾附近海域。其中防城港海域浮游细菌数量变化范围为 $0.63 \times 10^7 \sim 175.00 \times 10^7$ cell/L，平均丰度为 36.32×10^7 cell/L，最大值出现在珍珠湾 04 号站，最小值出现在东湾 12 号站。钦州海

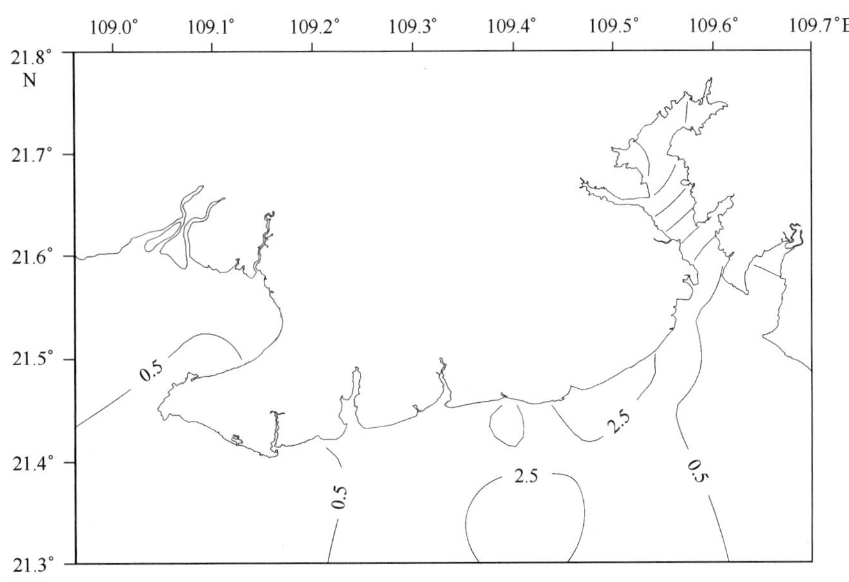

图3-241　春季北海海区浮游细菌数量分布图（10^7cell/L）

区浮游细菌数量变化范围为$0.12\times10^7\sim25.00\times10^7$ cell/L，平均丰度为5.00×10^7 cell/L，最大值和最小值均在钦州港，其中最大值在40号站，最小值出现在14号站。北海海区浮游细菌数量变化范围为$0.16\times10^7\sim4.30\times10^7$ cell/L，平均丰度为1.52×10^7 cell/L，最大值出现在铁山港的32号站，最小值出现在银盘的30号站。

3.3.3.2　夏季广西北部湾浮游细菌数量分布

夏季，防城港、钦州、北海海区浮游细菌数量等值线分布图见图3-242~3-244。

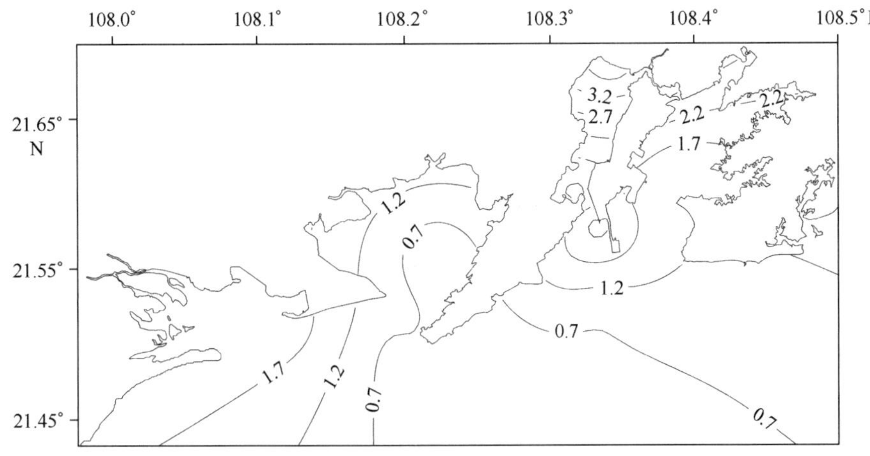

图3-242　夏季防城港海区浮游细菌数量分布图（10^7 cell/L）

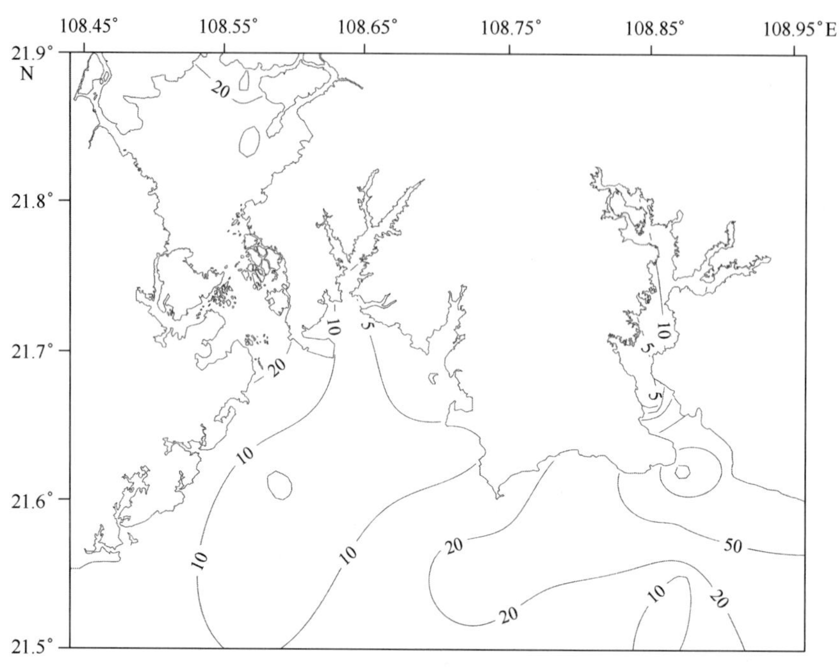

图 3－243　夏季钦州海区浮游细菌数量分布图（10^7 cell/L）

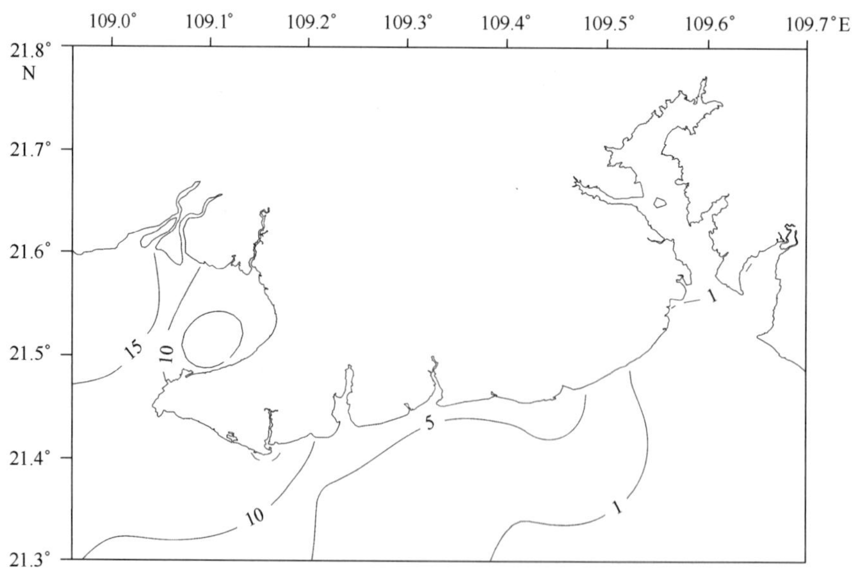

图 3－244　夏季北海海区浮游细菌数量分布图（10^7 cell/L）

2010 年夏季广西北部湾近岸海域浮游细菌数量变化范围为 $0.04\times10^{7}\sim144.33\times10^{7}$ cell/L，平均丰度为 11.67×10^{7} cell/L，最大值出现在钦州海区的 13 号站，最小值出现在铁山港的 39 号站。

从平面分布来看，浮游细菌数量从高至低依次为：钦州海区、北海海区、防城港海区，浮游细菌密集区在钦州湾附近海域，浮游细菌数量分布态势为近岸海域高、外海低。其中防城港海区浮游细菌数量变化范围为 $0.28\times10^{7}\sim4.03\times10^{7}$ cell/L，平均丰度为 1.30×10^{7} cell/L，最大值出现在防城江口的 06 号站，最小值出现在珍珠湾的 3 号站。钦州海区浮游细菌数量变化范围为 $2.20\times10^{7}\sim144.33\times10^{7}$ cell/L，平均丰度为 27.63×10^{7} cell/L，最大值出现在钦州港的 13 号站，最小值出现在大风江外侧的 21 号站。北海海区浮游细菌数量变化范围为 $0.04\times10^{7}\sim19.44\times10^{7}$ cell/L，平均丰度为 5.11×10^{7} cell/L，最大值出现在廉州湾 22 号站，最小值出现在铁山港的 38 号站。

3.3.3.3 秋季广西北部湾浮游细菌分布

秋季，防城港、钦州、北海海区浮游细菌数量等值线分布见图 3－245～3－247。

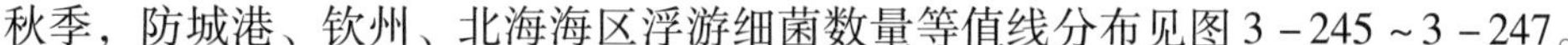

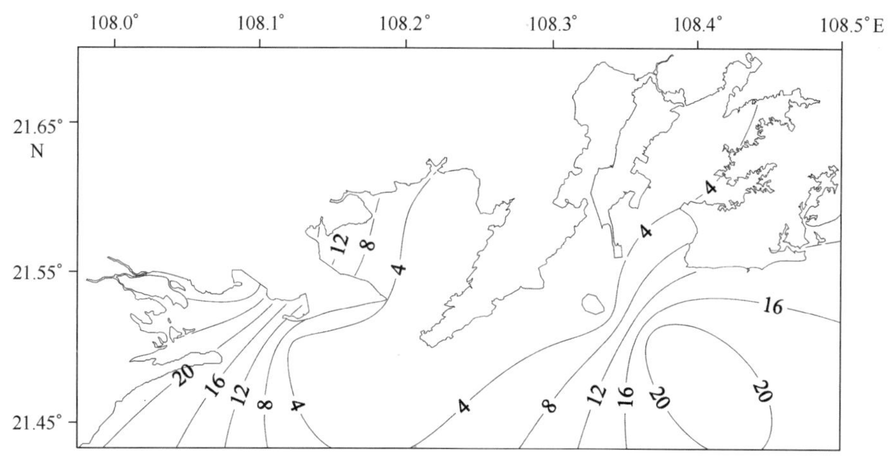

图 3－245 秋季防城港海区浮游细菌数量分布图（10^{7} cell/L）

2010 年秋季广西北部湾近岸海域浮游细菌数量变化范围为 $0.25\times10^{7}\sim212.00\times10^{7}$ cell/L，平均密度为 35.43×10^{7} cell/L，最大值出现在北海海域廉州湾的 24 号站位，最小值出现在东湾的 11 号站位。从平面分布来看，浮游细菌数量从高至低依次为：北海海区、钦州海区、防城港海区，浮游细菌分布呈由东向西、近岸海域向外海逐渐递减的的趋势。其中防城港海区浮游细菌数量变化范围为 $0.25\times10^{7}\sim32.00\times10^{7}$ cell/L，平均丰度为 6.18×10^{7} cell/L，最大值和最小值均出现在东湾，其中 11 站位值最小，最大值出现在 12 号站。钦州海区浮游细菌数量变化范围为 $1.10\times10^{7}\sim75.00\times10^{7}$ cell/L，平均丰度为 16.54×10^{7} cell/L，最大值出现在茅岭江口的 D 号站，最小值出现在金鼓江

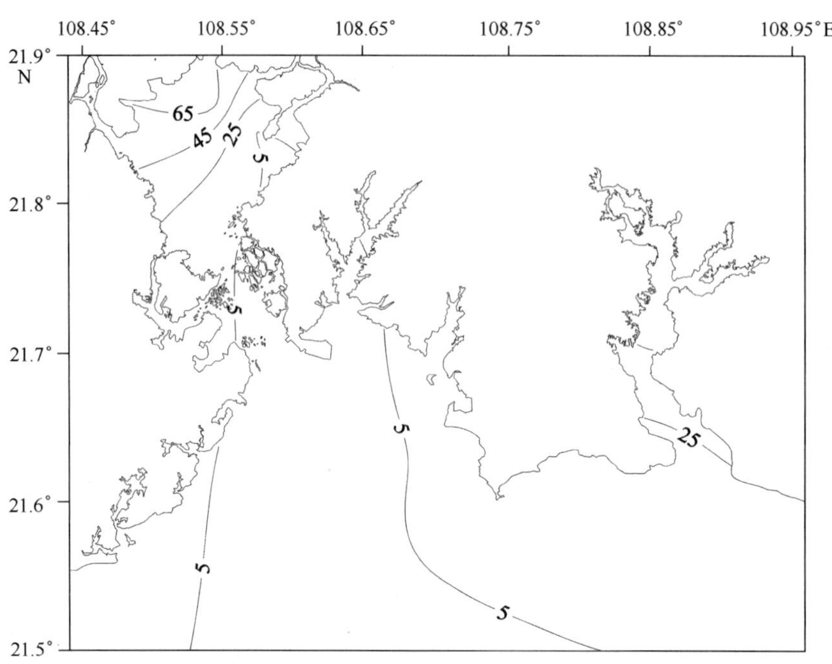

图 3 - 246　秋季钦州海区浮游细菌数量分布图（10^7 cell/L）

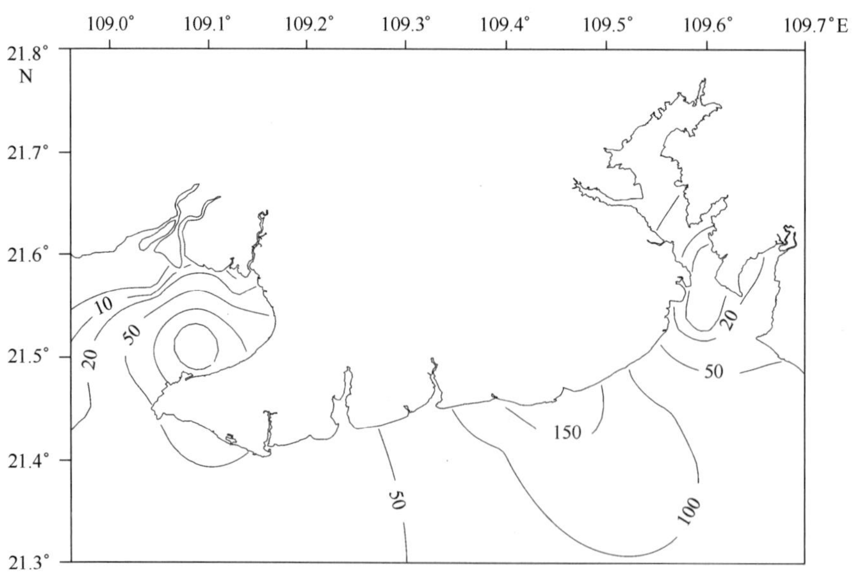

图 3 - 247　秋季北海海区浮游细菌数量分布图（10^7 cell/L）

口的 G 号站。北海海区浮游细菌数量变化范围为 $1.02 \times 10^7 \sim 212.00 \times 10^7$ cell/L，平均密度为 67.14×10^7 cell/L，最大值和最小值均出现在廉州湾，最大值出现在 24 号站，最小值出现在22号站。

3.3.3.4 冬季广西北部湾浮游细菌数量分布

冬季，防城港、钦州、北海海区浮游细菌数量等值线分布图见图3-248~3-250。

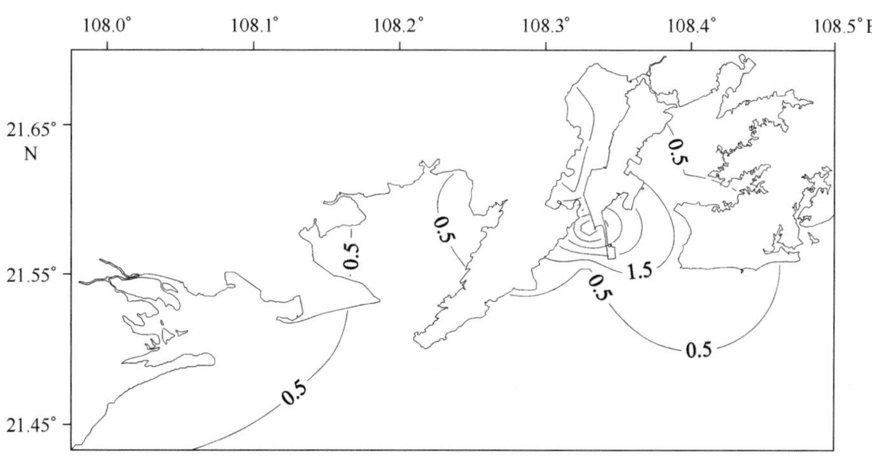

图3-248 冬季防城港海区浮游细菌数量分布图（10^7 cell/L）

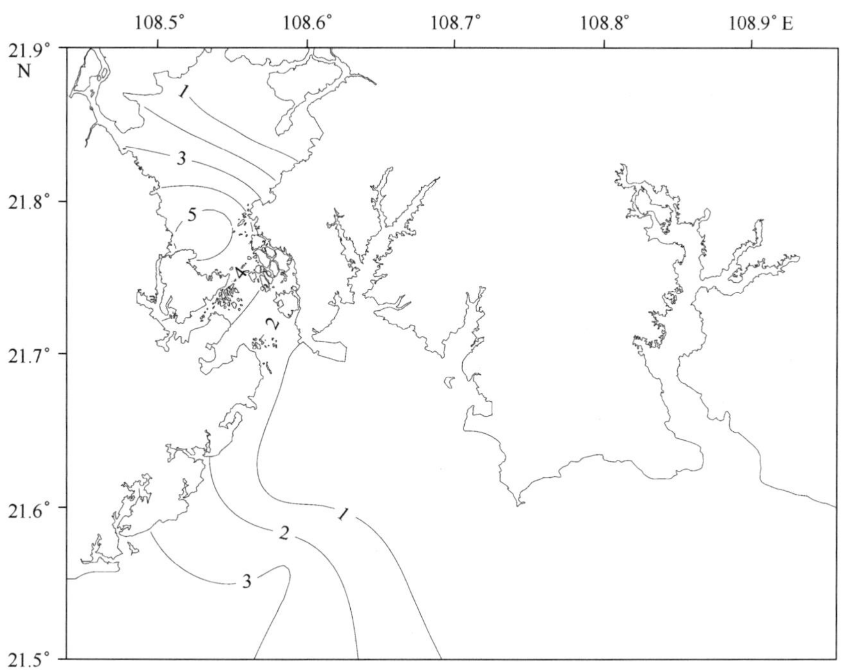

图3-249 冬季钦州海区浮游细菌数量分布图（10^7 cell/L）

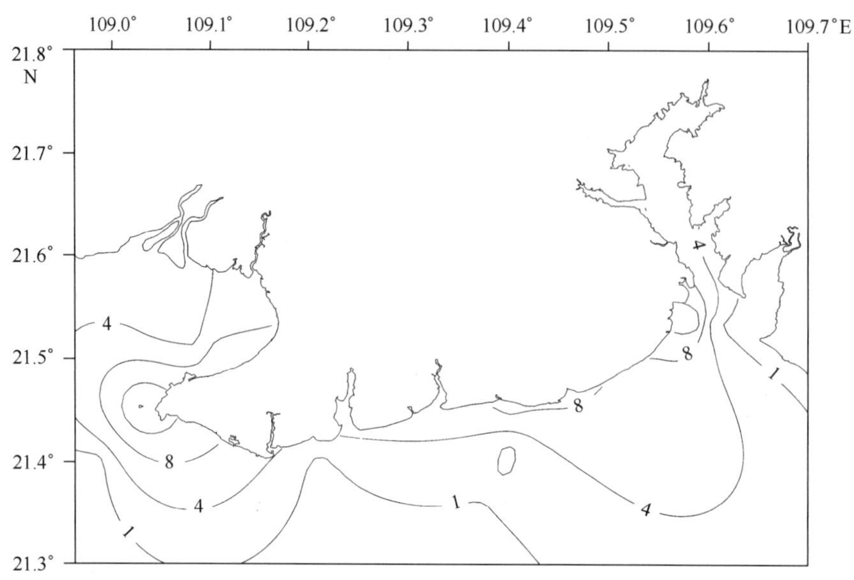

图 3－250　冬季北海海区浮游细菌数量分布图（10^7 cell/L）

2010 年冬季广西北部湾近岸海域浮游细菌数量变化范围为 0.10×10^7 ~ 16.80×10^7 cell/L，平均密度为 2.75×10^7 cell/L，最大值出现在廉州湾的 25 号站位，最小值出现在珍珠湾的 03 号站。从平面分布来看，浮游细菌数量从高至低依次为：北海海区、防城港海区、钦州海区，浮游细菌数量高值区主要在北海廉州湾海域。其中防城港海域浮游细菌数量变化范围为 0.10×10^7 ~ 6.80×10^7 cell/L，平均丰度为 0.98×10^7 cell/L，最大值出现在东湾的 06 号站位，最小值出现在珍珠湾的 03 号站位。钦州海区浮游细菌数量变化范围为 0.02×10^7 ~ 5.80×10^7 cell/L，平均丰度为 0.79×10^7 cell/L，最大值出现在钦州港的 40 号站，最小值出现在三墩附近的 18 号站。北海海区浮游细菌数量变化范围为 0.03×10^7 ~ 16.80×10^7 cell/L，平均丰度为 12.29×10^7 cell/L，最大值出现在廉州湾的 25 号站，最小值出现在银滩的 27 号站。

第4章 广西北部湾海洋环境生态数据库构建

4.1 数据库构建背景

以计算机技术为前提，用数据库作为海洋信息系统的基础，通过数据库系统存储和管理所有的海洋数据信息，来实现数据共享，减少数据重复、冗余，使数据实现集中控制，保持数据一致性和可维护性，这就是海洋数据库。随着海洋经济的快速发展，海洋信息资源已经相对滞后，不能满足海洋经济发展的需求。海洋数据库系统是通过提高海洋数据质量和管理效率来增加海洋资源信息的准确性和实用性。海洋数据库的数据结构很重要，它直接影响到整个运行系统维护、更新和使用。国家建设的科技基础条件平台是一个典型的数据库集合，而海洋数据库就是其中的一个子库，建立海洋资源基础数据库，可以把相关海洋的信息整合成为准确、规范的数据资料的集合，海洋数据库里可以有突出的主题，如海洋自然条件、海洋环境、海洋资源、海洋生物、海洋地质、海洋渔业数据库等。

目前海洋数据资料水平不一、数量有限，在建立海洋数据库时应立足于现有的资料收集、整理和分析，留有足够的扩展空间，以备日后扩充在建设的过程中，数据应采用有关规范和标准，对海洋资源数据进行系统的分类和编码，统一格式，达到数据共享的目的。数据库建好后，它的数据更新依托于信息网络和各相关部门进行的信息传输与共享。最初的海洋基础数据信息管理系统是基于数据库、数模库的管理系统结构，实践证明，这种系统结构很难做到内在的统一和完整，加上缺乏面向最终用户的决策支持工具，多年来一直处于理论探讨和实验阶段，没有取得实质性进展。近年来，国外兴起的空间数据仓库（SpatialDataWarehousing）技术、联机分析处理（OLAP）技术及数据挖掘（DM）技术为海洋信息决策管理系统的研究和开发提供了一条新的途径，将海洋研究推向了实用化阶段。世界上海洋科技发达的国家也都有专门的机构在整合、存储和积累海洋各方面的信息，构造超大型数据库。我国科学数据共享工程已在2003年启动，它是国家科技创新体系建设的重要内容，是提高我国科技整体水平、增强国家科技竞争能力的坚实基础。科学数据共享工程实施以来，海洋科学数据共享中心建设项目被国家科学数据共享工程列为重点项目之一，意在促进海洋科学数据更好地为国家科技创新和全社会提供信息共享服务。目前海洋数据共享工程已经建立了多个数据共享平台。

2010年广西壮族自治区开展的广西自然科学基金“广西北部湾经济区海洋、陆地环境生态背景数据调查及数据库构建研究”重大专项，取得了多方面具有实际应用价值和重要科学价值的成果。海洋环境生态综合调查资料、数据的具体应用，为广西北部湾海洋环境生态数据库框架构建提供了评价标准体系及科学评价结果等信息。专项对广西北部湾海域内物理海洋与海洋气象、海洋底质、海洋地球物理、海底地形地貌、海洋生物与生态、海洋化学等环境要素进行统计，以沿海地区社会经济基本状况为背景，结合海岸带、海岛、海域使用现状，在调查自然资源和环境状况的基础上，系统地分析了广西北部湾海洋资源、海洋环境生态的现状、变化及原因，并预测未来发展趋势。这项工作为广西北部湾海洋环境生态数据库建设提供了更新、更有价值的数据资料，降低了数据获取的难度，为广西北部湾开展环境生态数据库建设提供了必要条件。

该数据库是一套直接服务于广西海洋环境生态保护管理的信息系统。该系统密切结合广西北部湾经济区环境生态管理需求的实际情况，为管理部门提供监测数据检索查询、环境生态趋势性分析与评价和海洋环境质量评价等综合信息服务。这套系统在广西的应用，体现了广西北部湾资源的管理系统化。

4.2 数据库建设的目标

第一，具体数据库建设目标，建成3个数据实体，分别为元数据集、标准数据集和数据库。

第二，数据处理目标，达到数据格式标准、排除重复、质量高的目标。使广西科技基础条件平台力争成为国家海洋科技基础数据管理体系中能够实现可持续发展的区域性子系统的一部分。

第三，数据共享目标，数据库要建成与国家海洋数据库相关连的广西海洋信息子库。服务于中国近海“数字海洋”数据基础平台建设，实现对包括本次调查资料在内的广西近海海洋空间信息的有效获取、处理、更新、优化、整合、管理、传输和网络交换服务，最大程度地发挥我国海洋信息资源的经济效益和社会效益，为中国“数字海洋”建设奠定基础。

4.3 数据库构建意义

省级海洋环境生态资料库是地方性、地域性信息的来源地，是数据统计的基础。广西北部湾经济区海洋环境生态数据库建设，对服务现实社会具有独到的功能，既为科学研究提供丰富的资料，为社会提供全面的信息服务；又有利于了解广西北部湾海洋环境生态状况，加强管理部门和相关单位之间的互动与合作。

一是有利于统计广西北部湾经济区海洋资源情况，了解广西北部湾经济区海洋现状，对资源进行定量分析。信息数据是广西北部湾经济区科研、环境预测预报及评价、经济评价的主要依据，系统化的环境生态数据库可以通过执行链接，直接了解、查询各种资源情况，更新海洋信息，利用电脑处理资料，建立数据划定范围，把最新研究成果和数据资料引入模型，输入微机，进行科学运算，以取代主观的定性评价，使研究更富科学性。

二是真正实现经济区资源共享。海洋环境生态数据共享是开拓性探索，环境生态信息依托数据库不仅在于实现信息自动化管理以取代手工操作，提高工作效率；更重要的是增强信息检索和参考服务功能，逐步实现信息资源共享，为用户提供最快、最新、最全、最准的经济区信息数据；还能不断获取有价值的信息，通过信息了解经济区资源的现状也是经济发展的关键。随着广西北部湾经济区科研的进步，环境生态信息的作用越来越大，价值也越来越被更多的人所认识。实现广西北部湾经济区信息共享直接扩大了信息的共享程度，加大了环境生态信息对区域资源开发与利用和现实经济建设的影响力。

4.4 数据库建设内容

广西北部湾海洋环境生态数据库建设内容主要包括以下内容：

（1）海岸带海洋部分的地质地貌

该部分内容以收集资料为主。

（2）海岸带水文动力要素调查

内容包括以下水文动力学要素：潮汐、海浪、海流、含沙量、水温、盐度、水色透明度等近年的代表月内有关的背景数据。该部分内容以收集近年的调查资料为主，必要时可以补充一定的数据。

（3）近岸海水水质现状调查

包括海水化学要素如pH、营养盐（活性硅酸盐、无机磷、氨、亚硝酸盐、硝酸盐等）、悬浮物、溶解氧、化学需氧量、生化需氧量、油类、重金属及有毒元素（砷、铜、铅、锌、镉、总铬、汞）、有机农药（多氯联苯、DDT、狄氏剂）。

近岸入海地表水调查。主要调查具有代表性的入海地表水水质，调查内容应包括油类、营养盐（活性硅酸盐、无机磷、氨、亚硝酸盐、硝酸盐等）、重金属及有毒元素（砷、铜、铅、锌、镉、总铬、汞）、有机农药（多氯联苯、DDT、狄氏剂）。

（4）海洋沉积物调查

调查要素包括以下要素的背景资料：油类、含水率、有机碳、重金属及有毒元素（砷、铜、铅、锌、镉、铬、总汞）、硫化物、典型有机农药（多氯联苯、DDT、狄氏剂）。

（5）海洋生物调查

（a）浮游细菌和浮游植物，包括生物量（细胞丰度）、空间分布及其周年内的时间动态；

（b）河口区及重要滩面潮间带生物及底栖生物；

（c）生物残毒。

（6）海洋环境质量管理

广西北部湾经济区在海洋环境管理方面的机构及科研力量、政策及措施等资料。

（7）海洋生物资源保护

包括广西北部湾经济区海洋生物资源保护现状、海洋生物资源保护政策与法规、海洋生物资源保护职能部门、海洋生态环境教育和宣传等相关信息。

（8）海洋灾害

广西历年海洋灾害类型、特征、危害、防治对策及潜在灾害，海洋灾害预报机制和管理机制等相关信息。

4.5 数据库的总体框架

4.5.1 数据存储管理平台框架

广西北部湾海洋环境生态数据存储管理平台是依托现有存储区域网（简称 SAN）存储系统硬件和网络为环境，为面向数据存储综合管理而形成的多数据源、多数据应用管理模式。数据存储管理平台包括支撑层、数据存储管理系统（数据层、管理层、应用层），以及平台技术制度规范安全保障和数据生命周期管理六部分组成（平台技术框架图见图 4 - 1）。数据支撑层包括光纤磁盘阵列、NAS 磁盘阵列、小型机、磁带库、备份软件、操作系统软件、Oracle 数据库和光纤网络等组成的先进的网络存储软硬件系统。平台通过数据迁移软件，根据数据类型、使用频率、数据生产时间、文件大小等特征，制定不同数据分级管理策略，实现环境生态数据生命周期管理，最大程度地提高系统管理效率。平台通过数据库标准、元数据标准、权限分级制度、接口规范、保密制度等实现平台系统数据统一管理和涉密系统安全管理。平台通过数据存储管理系统这一中间件将数据层、管理层、应用层与存储软硬件、平台技术制度规范安全保障和数据生命周期管理有效集成。

管理系统通过建立资料库、成果库和专题应用库，对不同处理级别数据分级存储，为广西北部湾环境生态数据挖掘提供可能，也为不同应用目的数据集成提供有效途径。通过建立资料库元数据和数据入库对环境生态调查各类成果数据进行统一管理，采用统一元数据标准，按照文件方式统一管理数据资源，Oracle 数据库存储元数据，实现文件数据归档保存管理模式。提供成果数据产品定制和存储空间，构建规范化的环境生态调查成果库；采用统一的产品数据结构定义、图层元数据标准，提供通用数据管理功能、Oracle spatial 统一管理空间数据，实现集成产品管理模式。平台还提供专题数据

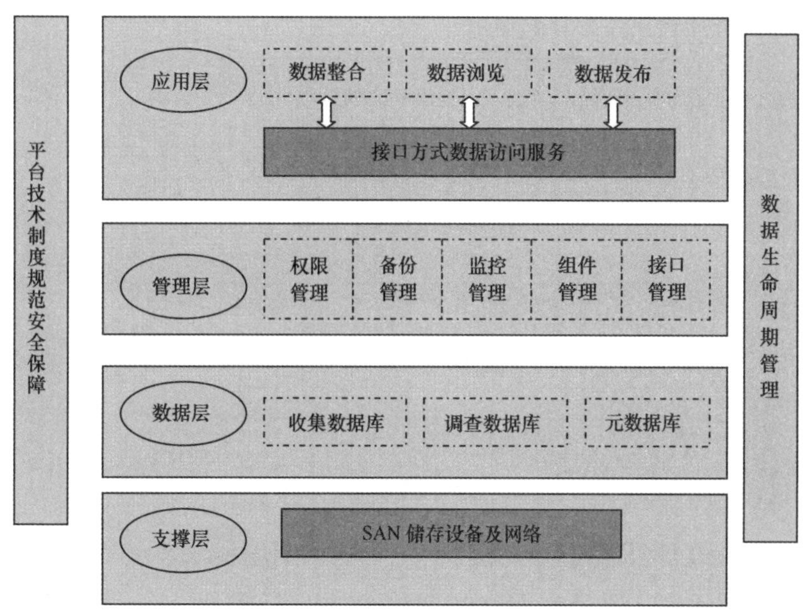

图 4－1　数据存储管理平台技术框架图

产品定制、专题应用工具调用和开发接口、专题数据库存储空间，提供个性化专题应用服务。采用统一的产品数据结构定义、图层元数据标准、Oracle spatial 统一管理空间数据，实现个性化专题管理模式。

广西北部湾海洋环境生态数据库系统是数据存储系统专题应用子系统之一，该子系统全面应用了存储管理平台环境和组件功能，采用统一的存储策略，并通过存储管理系统数据接口方式访问数据库，实现了数据存储和应用系统开发完全分离。

4.5.2　广西北部湾海洋环境生态数据库系统结构

根据系统建设目标，广西北部湾海洋环境生态数据库系统依据 SAN 存储环境和广西北部湾环境生态数据存储管理平台的相关标准进行设计，建立在统一的网络安全保障系统和存储设施之上。数据库系统采用 C/S 架构，后台数据库采用存储管理平台统一的大型商用数据库 Oracle 对空间与非空间数据进行一体化管理，采用空间数据库引擎提供空间数据服务，通过业务和数据访问处理组件对业务数据进行统一处理。系统的整体技术架构，自下而上，分别由数据层、逻辑中间层、应用层 3 层组成（见图 4－2）。

数据层是环境生态数据库系统最主要的部分，数据来源主要包括 3 个方面：一是实际调查数据；二是根据分析需要经过收集的数据；三是成果数据。

逻辑中间层的作用是建立用户与数据库数据之间的数据访问和业务逻辑处理关系。

应用层是环境生态数据库管理系统最终应用的软件实现和表现。可以进行数据的管理与处理、数据的查询统计，以及通过业务专题数据结合来满足客户的需求，同时将分析的结果进行可视化的形象化输出。

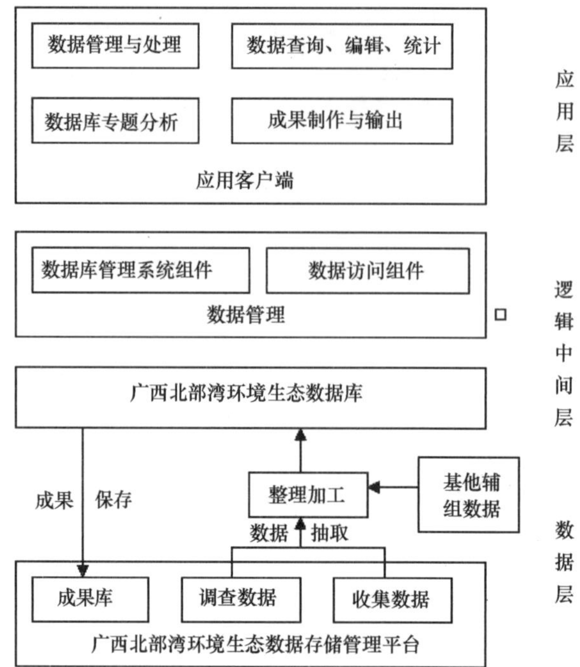

图 4－2　广西北部湾海洋环境生态数据库系统的架构

第5章　广西北部湾海洋环境生态数据库构建中的数据规范及标准

5.1　数据

5.1.1　数据源问题

数据源的获取是一项非常基本的工作，数据采集对象为已公开发表的论文专著、未发表的研究成果及补充性野外采集资料、测绘资料等。广西北部湾海洋环境生态数据资料来自图书馆馆藏书籍及一些专业性网站信息。数据源相对广泛，但是也存在着一些问题。

第一，数据源规格不统一，给使用带来不便。一些数据专业性太强、数据量小，不利于数据整合，不能直接用于数据库建设，以海洋生物数据为例，其数据来源为《大连海产软体动物志》海洋出版社出版，《中国经济动物志——海产软体动物》、《中国经济动物志——海产环节动物》、《中国经济动物志——海产鱼类》、《中国海洋底栖藻类》、《广西海岸带资源调查》等书籍，这些书籍中《中国经济动物志》系列书籍为生物资料专业书籍，内容科学，生物资料准确，但由于此系列书籍为专业书籍，所以对生物的形态特征描述详细，但生物的经济价值、养殖信息、生活环境资料较少；还有一些数据虽然内容全面广泛，图文并茂，容易理解，但又缺乏专业性，也不能直接使用。

第二，数据源的部分数据资料缺失，给数据收集造成困难。部分数据统计资料较少，查询不到。

第三，数据源本身存在谬误，需要查对核实后才能取用。来自生物学专业网站的数据，如中国科学院动物研究所 - 中国动物编目数据库、徐州师范大学动物学野外实习指导生物基础课程实验教学示范中心资料、国家海洋环境监测中心网站——赤潮植物部分，以及网络版《青岛海洋志》等网络资料的数据内容简单，图文并茂，但数据存在输入错误和内容不详等情况。

5.1.2　已建成数据库的数据准确性和有效性问题

现在已建成的数据库内容科学、资料准确，对获取的资料进行分析和甄别，经过重新整合后的数据，根据它所在数据库的特性，数据描述上的侧重也不同，我们要查阅和使用这些资料时，会发现内容、格式和资料统计单位不一致、数据描述不一等问题，这就降低了数据统计的准确性；另外有些数据库数据过于陈旧，资料长久没有更新，有效数据和可参考的少，时效性差，使数据库的利用价值大打折扣，数据库中数据质量还有提高的空间。

5.2 数据项

5.2.1 数据项设置问题

一方面，环境生态数据库内容复杂，包含的分科众多，使得数据中存在着多种数据项划分，没有统一的格式，出现层次不清，内容重复、冲突的现象；另一方面，各类专题数据库侧重不同，在管理上也较为松散，缺少统一的规范，使得很多数据库的设置存在着差异，这给环境生态数据库建设和借鉴造成困难。但是，数据项设置是数据库建设中最重要的步骤之一，是数据库建设工作成败的关键之举，所以广西北部湾经济区海洋环境生态的数据库建设中采用了大部分环境生态数据库采用的数据项设置，结合广西北部湾经济区资源的特点把不同科研水平的资料整合起来，使数据项设置所包含的数据属性尽量全面，尽量在数据项设置上和国家环境生态数据库系统保持一致。

5.2.2 数据项空缺问题

数据项设置的合理性与数据收集之间本身存在一定的矛盾，数据项设置的内容全面，在一定程度上引起数据项的空项。数据项的数据统计不全是所有数据库的数据记录中都存在的问题，在已建成的国家级、区域性海洋数据库中数据项都存在不同程度空项，内容空缺严重降低了数据库的数据质量。广西北部湾环境生态数据库的数据项也不能避免空项，有一些数据在采集时相关统计资料缺乏，这样的空缺很难补充，在将来很长一段时间内都可能得不到改善；但有一些空项是在数据建设中资料收集不到位、数据使用不充分造成的，这部分数据可以通过后期的完善和补充不断改进。

5.3 数据格式和类型

5.3.1 数据格式

广西北部湾海洋环境生态数据库主要包含数值、字符、图像等数据格式。描述性文件格式为 microsoft word，microsoft excel 文本，图像文件格式包括 BMP、GIF、JPEG、TIFF、PNG 等。

5.3.2 数据类型

定义数据项所表现的数据属性，本标准采用以下代码表示各种数据类型。

C－字符型，F－单精度数值，D－双精度数值，L－长整型数值，I－短整型数值，J－单字节数值，B－布尔型数值，T－日期型数值，G－长二进制型，M－备注型。

5.3.3 值域

数据域，是数据有效值的规则，用于限制在对象类的任何具体属性允许的值。每个要素有一个属性域的集合，属性域可分为缺省值、值的范围、代码范围等。

数字型值域范围

I：－32 768～32 767

L：－2 147 483 648～2 147 483 647

F：－3.402 823E38～3.402 823E38

D：－1.797 693 134 862 32E308～1.797 693 134 862 32E308

5.4 数据流程

（1）属性数据采集入库流程如图5－1所示。

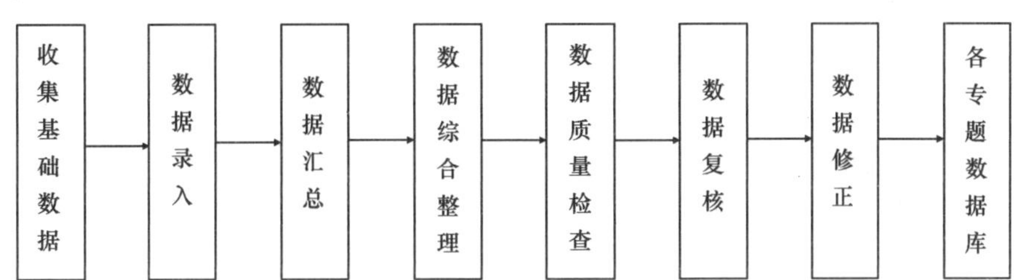

图5－1　属性数据入库流程图

（2）图件数据采集入库流程如图5－2所示。

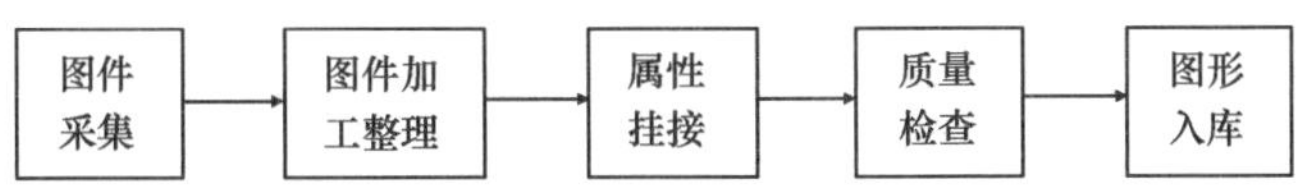

图5－2　图件数据采集入库流程图

5.5 数据库建设规范

5.5.1 技术术语定义

（1）源数据集：本系统所使用的数据来源的集合。

（2）数据集：由相关数据组成的可标识集合。一个数据集可能是一个较小的数据集合，在物理上或逻辑上位于一个较大的数据集之内；一个数据集也可能由若干数据集组成，是这些子数据集的父数据集。数据集是元数据的描述对象，图像、音频、视频、软件等也可以被视为数据集。

（3）数据库对象命名：将参数直接写在数据表中，通过数据表的名称来判断和定位数据，并缩小检索范围，以解决参数快速准确存取的技术问题。

（4）主子表结构：通过关联字段使主、子表对应，以解决数据记录表头和数据存、取的问题；主子表结构是数据记录“一对多”关系的具体体现。

（5）元数据：描述某类数据的属性、特征、时间和空间变化范围、质量、精度等相关信息的集合，用以说明数据集的情况。

（6）数据分组：根据数据的某些特征将数据存储在不同的数据库对象中；在录入和检索时根据数据特征来定位数据，能快速的输入、查询和管理同一特征的数据。

（7）数据查询方式：①网格数据查询，数据统计信息是在进行数据维护时生成的，并存储到单独的数据库对象中，当显示网格数据信息时，直接读取和调用数据统计信息。②鼠标点击查询，鼠标点击事件发生时，系统先通过中间数据定位查找结果，然后再将查询结果反馈给应用程序的全过程。

（8）空间数据结构：指空间数据在计算机内的组织和编码形式；它是一种适合于计算机存储、管理和处理空间数据的逻辑结构，是实体的空间排列和相互关系的抽象描述。

（9）排重与质量控制：剔除数据集或数据库中“随机错误”和“人为虚构”的观测站资料与数据的过程及技术之总称。排除数据集中重复数据的过程和技术。通过人工和计算机技术查找排重。

5.5.2 命名规则

环境生态数据库命名是为了方便建设和查询，同一性质的数据库的内容具有相似性，命名时应该与数据库性质相同，这样，既方便了数据使用又与其他环境生态数据信息具有一致性。

（1）数据库命名规则：根据数据库统计数据特征、数据库内容命名。

（2）子数据集命名规则：根据数据子集的主要内容、特征的侧重点命名。

（3）字段命名规则：根据数据项所统计数据需求、要素及特征命名。

5.6 数据库使用范围

针对广西北部湾经济区建设比较薄弱的基础、公益性数据库，建立广西北部湾经济区环境生态数据库，应属于公益性质，使用面很广泛。数据库容量较大，科普性强，是面对普通民众、研究机构的一般性基础数据。数据库会在建设中不断完善，及时更新数据。数据库支持数据共享，可以通过公益性共享、公益性借用共享、合作研究共享、知识产权性交易共享、资源纯交易性共享、资源租赁性共享、资源交换性共享、收藏共享、行政许可性共享等方式获得使用广西北部湾经济区环境生态数据库的数据。

5.7 数据库建设应注意的问题

5.7.1 建立与国家标准统一的地方性子库

海洋环境生态数据的网络化和系统化是一个比较新的领域，国家的标准和模式建设还不健全。环境生态海洋数据本身的多样、复杂，使得环境生态数据库没有形成统一的、标准的系统；另外国家、地区、省际建设的环境生态数据库的结构和数据项的设置都各不相同，降低了资源的共享程度，影响海洋环境生态数据库的使用效果。因此，建立与国家标准相统一的地方性子库是广西北部湾经济区海洋环境生态数据库建设的主要目的。

5.7.2 统一各省的数据设置及标准

统一各省的数据设置及标准，提高资源的共享程度。严格以国家环境生态数据库建设为样本，建设统一的地方环境生态子库，统一数据项设置和数据项等内容，使各省的数据库体系化；规定入库文档和条目的字数、字号和编辑格式，图表样式、字体和内容，以及图像和多媒体的规格、色调和分辨率等，便于数据采集者录入，也便于根据不同的使用需求来组合和拆分数据库；尽量使国家环境生态数据库和地方环境生态库之间、地方和地方环境生态数据库之间保持统一，通过现代的信息技术，打通国家环境生态数据库与省级子库之间资源信息交流的瓶颈，以实现数据的高度共享。

5.7.3 加强数据的准确性和完整性

数据的准确性、完整性是数据质量的标志。第一，环境生态数据库从数据的收集，数据整理要严格把关，在数据录入时将同一批数据分不同终端录入，虽然这样造成了数据冗余、增长录入时间，但在校对时可编制相应程序进行自动校对，经过校对、质控、排序、排重、归类处理等一系列工作后，通过数据导入程序转换成数据库的基本数据，这样就能保准数据准确性。第二，在有限的条件下，建设数据库要尽量保持数据的完整，避免属性空缺过多、数据集中数据记录缺失严重的情况，在数据分类统计、数据记录、数据项统计是都应该保持数据库的完整，这样才能达到数据库建设的意义，方便使用、浏览、下载。

5.7.4 注意数据库的维护

注意数据库的信息维护，保持信息的时效、准确、科学可用。数据库建设使用适合的软件。随着计算机应用的发展，各行业中使用的软件种类越来越多，要结合软件特点和环境生态数据库建设的需要和实际工作需要对软件做集成和适应性开发。在数据库建设时注意维护和更新，使数据库网站能良好地运行、及时地更新，不断补充完善数据库内部的数据建设，确保数据的时效。

第6章　广西北部湾经济区海洋环境生态数据库组成及数据库组成

广西北部湾经济区海洋环境生态背景数据库分为自然地理、海岸带地质地貌、近海水文气象、海洋生物生态、近海海洋资源、海洋灾害、海洋环境质量、海洋环境质量管理、海洋生物资源保护、海岸带地表水 10 个数据子库。数据库框架见图 6－1，数据库界面见图 6－2。

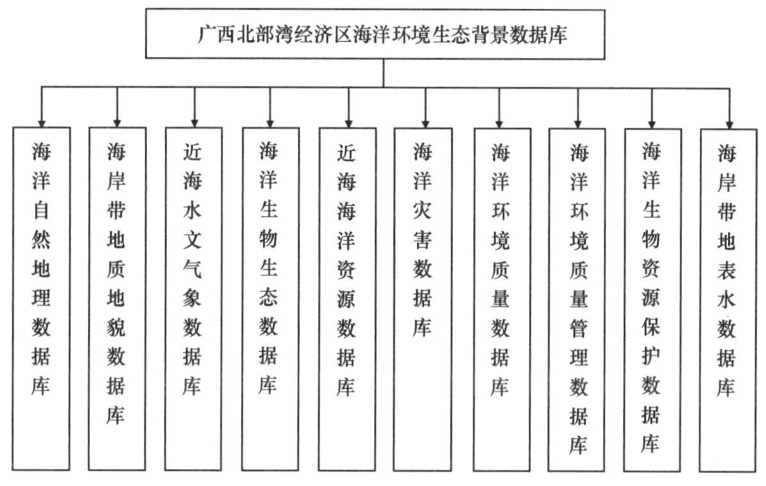

图 6－1　广西北部湾经济区海洋环境生态背景数据库结构

6.1　海洋自然地理数据库

本数据库以资料收集为主，包括海岸、河口、海湾、海岛、岛礁 5 个数据子库。数据库对广西北部湾海岸、河口、海湾、海岛、岛礁的地理分布、土壤类别、面积、植被类型和主要植被群落结构等资料进行收集。数据库实现数据文档、图片等文件的上传、下载功能，其中，图片文件提供在线查看功能。

6.2　海岸带地质地貌数据库

本数据库以资料收集为主，包括海岸类型、海底地貌、海底沉积物 3 个数据子库。数据库实现数据文档、图片等文件的上传、下载功能，其中，图片文件提供在线查看功能。

图 6-2　广西北部湾经济区海洋环境生态背景数据库界面

6.2.1　海岸类型数据子库

收集广西北部湾基岩海岸、砂（砾）质海岸、淤泥质海岸和生物海岸的地理分布。

6.2.2　海底地貌数据子库

收集广西北部湾主要海底河流、海底山脉、珊瑚礁海岸、深海平原、海沟等地貌数据资料。

6.2.3　海底沉积物数据子库

主要收集广西北部湾经济区近海沉积物的类型、分布情况、沉积结构等海洋沉积物的基本特征资料。

6.3　近海水文气象数据库

近海水文气象数据库分为潮汐、潮流、波浪、气象要素、海气相互作用等 5 个数据子库，其中潮汐、潮流、波浪 3 个子库以观测数据录入为主，气象要素、海气相互作用以资料收集为主。数据库实现对数据进行维护，包括添加、删除、修改、导出 Excel、从 Excel 批量将数据导入等功能，同时，可将对应数据的图片、文档等附件上传至服务器进行保存，图片类型的附件提供在线查看功能。

6.3.1　潮汐数据子库

潮汐是由天体引力变化引起的地球水体表面周期性升降的一种自然现象，对海岸地形的演变具有举足轻重的作用。广西沿海海湾按形态潮型（分潮比）法划分，珍珠港、防城港与涠洲岛海域为正规全日潮，钦州湾与铁山港为不正规全日潮。按周期潮型划分，两者均由全日潮和半日潮组成，为混合潮，港湾间的潮型差别只是全日潮和半日潮的组成比不同而已。潮汐数据子库以具体实测数据录入为主，潮汐数据子库界面见图6－3，具体数据项设置见表6－1所示。

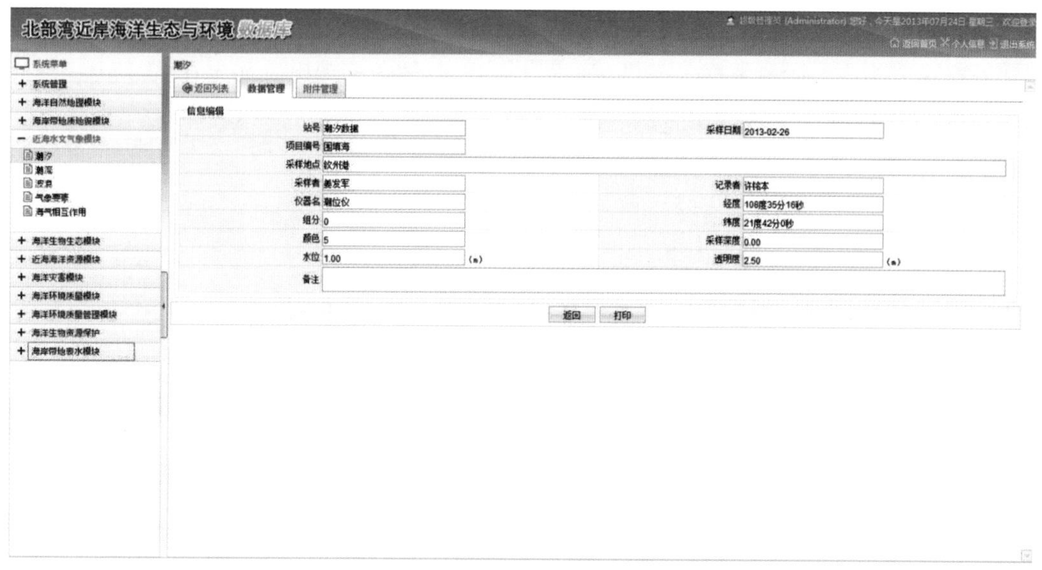

图6－3　潮汐数据子库界面

表6－1　潮汐数据库数据项设置

	数据项名称	数据类型	长度/小数位	备注
1	站号	C	15	
2	采样日期	T	8	
3	采样地点	C	20	
4	采样者	C	20	
5	记录者	C	20	
6	仪器名	C	20	
7	经度	D	9.5	
8	纬度	D	9.5	
9	组分	I	3	
10	水色	I	2	
11	采样深度	D	6.2	
12	水位	D	7.2	单位：m
13	透明度	D	5.2	单位：m

6.3.2 潮流数据子库

潮流现象是指海水在天体引潮力作用下在水平方向的流动所产生的周期性流动。广西近海的潮流主要有两种类型，即不正规半日潮流和不正规日潮流。在涠洲岛西北部一个小区域以及铁山港、钦州湾龙门港局部为不正规半日潮流，其余大部分海区均为不正规日潮流。潮流性质比值，最大为3.7，最小为1.6左右。潮流数据子库以具体实测数据录入为主，潮流数据子库界面见图6－4，具体数据项设置如表6－2所示。

图6－4 潮流数据子库界面

表6－2 潮流数据库数据项设置

	数据项名称	数据类型	长度/小数位	备注
1	站号	C	15	
2	采样日期	T	8	
3	采样地点	C	20	
4	采样者	C	20	
5	记录者	C	20	
6	仪器名	C	20	
7	经度	D	9.5	
8	纬度	D	9.5	
11	分层	D	4	
12	组分	I	3	
13	水色	I	2	
14	采样深度	D	6.2	
15	流速	D	5.2	单位：cm/s
16	流向	I	3	单位：(°)

6.3.3 波浪数据子库

波浪数据子库以具体实测数据录入为主，具体数据项设置如表 6－3 所示。

表 6－3 波浪数据库数据项设置

	数据项名称	数据类型	长度/小数位	备注
1	站号	C	15	
2	采样日期	T	8	
3	采样地点	C	20	
4	采样者	C	20	
5	记录者	C	20	
6	仪器名	C	20	
7	经度	D	9.5	
8	纬度	D	9.5	
9	组分	I	3	
10	水色	C	2	
11	采样深度	D	5.2	
12	波高	D	5.2	单位：m
13	波向	I	3	单位：(°)
14	周期	D	5.1	单位：s

6.3.4 气象要素数据子库

主要收集广西北部湾经济区日照、气温、风、降水、相对湿度、蒸发量、干燥度 7 个气候要素，每一个气候要素又有若干描述。本数据集就是以某一指标为数据项，再加上相关描述作为单独的一条记录。记录对地理分布特征、年内变化和影响因素进行说明。地理分布特征记录了某一气候要素的某一描述指标的在空间上的分布情况的区域特征差异。年内变化记录了某一气候要素的某一描述指标的在时间上的分布特征，不同地区间在某一时间段内气候特征并不一致，因此在描述某一气候要素的某一描述指标在一年内变化特征时，也要描述该描述指标在某一时间段内在不同地区间的分布特征。部分描述指标如年平均气温、1 月平均气温、7 月平均气温、蒸发量、干燥度等描述指标由于其自身特点，其年内变化是空缺的。影响因素主要描述气候要素的地理分布特征或年内变化的成因。由于每个气候要素的重要程度和传统描述方法的差异，不同气候要素的描述指标差异较大。气温有年平均气温、1 月平均气温、7 月平均气温、平均最低气温、平均最高气温、年极端最低气温、年极端最高气温、积温 8 个描述指标，风和降水分别有 3 个描述指标，日照有两个，相对湿度、蒸发量和干燥度分别只有 1 个与自身名称相同的描述指标。因此不同气候要素的详细程度也有很大差别。

6.3.5 海气相互作用数据子库

海气相互作用是指海洋与大气之间互相影响的物理过程，如动量、热量、质量、水分的交换，以及海洋环流与大气环流之间的联系等。该数据子库对广西北部湾在海气相互作用方面的研究资料进行收集。

6.4 海洋生物生态数据库

海洋生物生态数据库包括海洋生物的生态类群、海洋生物的数量、海洋初级生产力、海洋生物多样性 4 个数据子库。具体数据库框架如表 6－4 所示。

表 6－4　海洋生物生态数据库数据框架

<table>
<tr><td rowspan="22">海洋生物生态数据库</td><td rowspan="7">海洋生物生态类群子库</td><td rowspan="3">浮游生物生态类群</td><td>浮游植物生态类群</td></tr>
<tr><td>浮游动物生态类群</td></tr>
<tr><td>浮游细菌生态类群</td></tr>
<tr><td>底栖生物生态类群</td><td></td></tr>
<tr><td>潮间带生物生态类群</td><td></td></tr>
<tr><td>游泳生物生态类群</td><td></td></tr>
<tr><td>海洋植物生态类群</td><td></td></tr>
<tr><td rowspan="7">海洋生物的数量子库</td><td rowspan="3">浮游生物数量</td><td>浮游植物数量</td></tr>
<tr><td>浮游动物数量</td></tr>
<tr><td>浮游细菌数量</td></tr>
<tr><td>底栖生物数量</td><td></td></tr>
<tr><td>潮间带生物数量</td><td></td></tr>
<tr><td>游泳生物数量</td><td></td></tr>
<tr><td>海洋植物数量</td><td></td></tr>
<tr><td rowspan="3">海洋初级生产力子库</td><td>海洋初级生产力</td><td></td></tr>
<tr><td>海岸和近海初级生产力</td><td></td></tr>
<tr><td>河口区初级生产力</td><td></td></tr>
<tr><td rowspan="3">海洋生物多样性子库</td><td>多样性的现状</td><td></td></tr>
<tr><td>多样性的特点</td><td></td></tr>
<tr><td>近岸海洋生物多样性</td><td></td></tr>
</table>

6.4.1 海洋生物生态类群数据子库

海洋生物生态类群数据库分为浮游生物生态类群、底栖生物生态类群、潮间带生物生态类群、游泳生物生态类群、海洋植物生态类群等 5 个数据库。浮游生物生态类群数据库由浮游植物类群、浮游动物类群、浮游细菌类群组成。该数据库实现数据文档、图片等文件的上传、下载功能，其中，图片文件提供在线查看功能。

6.4.2 海洋生物的数量数据子库

海洋生物的数量数据子库分为浮游生物数量、底栖生物数量、潮间带生物数量、游泳生物数量、海洋植物数量等5个数据库，其中前4个数据库以实际调查数据录入为主，海洋植物数量数据库为资料收集。

6.4.2.1 浮游生物数量数据库

浮游生物数量数据库由浮游植物数量、浮游动物数量、浮游细菌数量组成，主要以实际调查数据录入为主。数据库实现对浮游生物数量数据进行维护，包括添加、删除、修改、导出Excel、从Excel批量将数据导入等功能，同时，可将对应数据的图片、文档等附件上传至服务器进行保存，图片类型的附件提供在线查看功能。各数据库界面见图6-5~6-7，各数据库数据项设置见表6-5~6-7。

图6-5 浮游植物数量数据库界面

表6-5 浮游植物数量数据项设置表

	数据项名称	数据类型	长度/小数位	备注
1	站号	C	15	
2	采样日期	T	8	
3	采样地点	C	20	
4	采样者	C	20	
5	记录者	C	20	
6	经度	D	9.5	
7	纬度	D	9.5	
8	组分	I	3	

续表

	数据项名称	数据类型	长度/小数位	备注
9	水色	I	2	
10	叶绿素 a	D	5.2	单位：mg/m^3
11	浮游植物：种数	I	5	单位：种
12	浮游植物：硅藻	L	9	单位：个/L
13	浮游植物：甲藻	L	9	单位：个/L
14	浮游植物：其他	L	9	单位：个/L
15	浮游植物：总计	L	9	单位：个/L

图 6－6　浮游动物数量数据库界面

图 6－7　浮游细菌数量数据库界面

表6-6 浮游动物数量数据项设置表

	数据项名称	数据类型	长度/小数位	备注
1	站号	C	15	
2	采样日期	T	8	
3	采样地点	C	20	
4	采样者	C	20	
5	记录者	C	20	
6	经度	D	9.5	
7	纬度	D	9.5	
8	组分	I	3	
9	水色	I	2	
10	浮游动物：种数	I	5	单位：种
11	浮游动物：密度	D	6.1	单位：个/m^3
12	浮游动物：生物量	D	6.2	单位：g/m^3

表6-7 浮游细菌数量数据项设置表

	数据项名称	数据类型	长度/小数位	备注
1	站号	C	15	
2	采样日期	T	8	
3	采样地点	C	20	
4	采样者	C	20	
5	记录者	C	20	
6	经度	D	9.5	
7	纬度	D	9.5	
8	组分	I	3	
9	水色	I	2	
10	细菌总数	L	9	单位：CFU/dm^3
11	粪大肠菌群	L	9	单位：个/（100 mL）

6.4.2.2 底栖生物数量数据库

底栖生物数量数据库主要收集广西北部湾底牺生物种类、密度、生物量等信息，主要以实际调查数据录入为主。数据库实现对底栖生物数量数据进行维护，包括添加、删除、修改、导出Excel、从Excel批量将数据导入等功能，同时，可将对应数据的图片、文档等附件上传至服务器进行保存，图片类型的附件提供在线查看功能。数据库数据项设置见表6-8。

表 6-8　底栖生物数量数据项设置表

	数据项名称	数据类型	长度/小数位	备注
1	站号	C	15	
2	采样日期	T	8	
3	采样地点	C	20	
4	采样者	C	20	
5	记录者	C	20	
6	经度	D	9.5	
7	纬度	D	9.5	
8	组分	I	3	
9	底栖生物：种数	I	5	单位：种
10	底栖生物：密度	D	6.1	单位：个/m^2
11	底栖生物：生物量	D	6.2	单位：g/m^2

6.4.2.3　潮间带生物数量数据库

潮间带生物数量数据库主要收集广西北部湾潮间带生物种类、密度、生物量等信息，主要以实际调查数据录入为主。数据库实现对潮间带生物数量数据进行维护，包括添加、删除、修改、导出 Excel、从 Excel 批量将数据导入等功能，同时，可将对应数据的图片、文档等附件上传至服务器进行保存，图片类型的附件提供在线查看功能。数据库数据项设置见表 6-9。

表 6-9　潮间带生物数量数据项设置表

	数据项名称	数据类型	长度/小数位	备注
1	站号	C	15	
2	采样日期	T	8	
3	采样地点	C	20	
4	采样者	C	20	
5	记录者	C	20	
6	经度	D	9.5	
7	纬度	D	9.5	
8	组分	I	3	
9	潮间带生物：种数	I	5	单位：种
10	潮间带生物：密度	D	6.1	单位：个/m^2
11	潮间带生物：生物量	D	6.2	单位：g/m^2

6.4.2.4　游泳生物数量数据库

游泳生物数量数据库主要收集广西北部湾游泳生物种类、密度、生物量等信息，主要以实际调查数据录入为主。数据库实现对游泳生物数量数据进行维护，包括添加、删除、修改、导出 Excel、从 Excel 批量将数据导入等功能，同时，可将对应数据的图片、文档等附件上传至服务器进行保存，图片类型的附件提供在线查看功能。数据库数据项设置见表 6－10。

表 6－10　游泳生物数量数据项设置

	数据项名称	数据类型	长度/小数位	备注
1	站号	C	15	
2	采样日期	T	8	
3	采样地点	C	20	
4	采样者	C	20	
5	记录者	C	20	
6	经度	D	9.5	
7	纬度	D	9.5	
8	组分	I	3	
9	水色	C	4	
10	游泳生物：种数	I	5	单位：种
11	游泳生物：密度	D	6.1	单位：个/m^3
12	游泳生物：生物量	D	6.2	单位：g/m^3

6.4.2.5　海洋植物数量数据库

本数据库以资料收集为主，主要收集广西北部湾有关红树林、海草、大型藻类等海洋植物的数量分布信息。数据库实现数据文档、图片等文件的上传、下载功能，其中，图片文件提供在线查看功能。

6.4.3　海洋初级生产力数据子库

海洋初级生产力，也称海洋原始生产力。指浮游植物、底栖植物及自养细菌等通过光合作用制造有机物的能力，一般以每日（或每年）单位面积所固定的有机碳［$g/(m^2 \cdot d)$］或能量［$kcal/(m^2 \cdot d)$］来表示，其大小首先受光照强度的制约，其次同海水中氮和磷的含量、使富含营养盐的深层水与表层水起混合作用的上升流的特征和季节有关。该数据子库为资料收集，主要包括海洋初级生产力、近岸和近海初级生产力、河口区初级生产力。数据库实现数据文档、图片等文件的上传、下载功能，其中，图片文件提供在线查看功能。

6.4.4　海洋生物多样性数据子库

该数据子库为资料收集，主要包括多样性的现状、多样性的特点、近岸海洋生物多样性 3 个数据库。数据库实现数据文档、图片等文件的上传、下载功能，其中，图片文件提供在线查看功能。

6.5 近海海洋资源数据库

近海海洋资源数据库包括石油与天然气数据、沉积与矿产数据、海水化学资源数据、海洋能资源数据、海洋渔业资源数据、海洋药用资源数据、滨海旅游资源数据、深水岸线与港口资源数据8个数据库。数据库框架如表6-11所示。数据库实现数据文档、图片等文件的上传、下载功能，其中，图片文件提供在线查看功能。

表6-11 近海海洋资源数据库框架

<table>
<tr><td rowspan="32">近海海洋
资源数据库</td><td rowspan="3">石油与天然气
数据子库</td><td>含油气盆地数据</td><td></td></tr>
<tr><td>油气资源区域数据</td><td></td></tr>
<tr><td>勘探开发前景数据</td><td></td></tr>
<tr><td rowspan="3">沉积与矿产
数据子库</td><td>铁锰数据</td><td></td></tr>
<tr><td>多金属矿数据</td><td></td></tr>
<tr><td>砂矿（石英砂）数据</td><td></td></tr>
<tr><td rowspan="2">海水化学资源
数据子库</td><td>钾、镍、镁数据</td><td></td></tr>
<tr><td>食盐数据</td><td></td></tr>
<tr><td rowspan="2">海洋能资源
数据子库</td><td>海洋能资源储量与分布数据</td><td></td></tr>
<tr><td>海洋能资源开发现状与前景数据</td><td></td></tr>
<tr><td rowspan="9">海洋渔业资源
数据子库</td><td>近海渔业经济种类数据</td><td></td></tr>
<tr><td>近海渔业分布数据</td><td></td></tr>
<tr><td rowspan="3">近海渔业捕捞数据</td><td>渔船</td></tr>
<tr><td>渔具</td></tr>
<tr><td>渔港、鱼期、渔业管理</td></tr>
<tr><td rowspan="4">近岸海水养殖数据</td><td>贝类</td></tr>
<tr><td>虾蟹类</td></tr>
<tr><td>鱼类</td></tr>
<tr><td>藻类</td></tr>
<tr><td rowspan="4">海洋药用资源
数据子库</td><td>无机物质类数据</td><td></td></tr>
<tr><td>海藻类数据</td><td></td></tr>
<tr><td>植物类数据</td><td></td></tr>
<tr><td>动物类数据</td><td></td></tr>
<tr><td rowspan="5">滨海旅游资源
数据子库</td><td>滨海城市数据</td><td></td></tr>
<tr><td>海岛数据</td><td></td></tr>
<tr><td>临海名山数据</td><td></td></tr>
<tr><td>奇特的海岸景观数据</td><td></td></tr>
<tr><td>滨海奇观数据</td><td></td></tr>
<tr><td rowspan="4">深水岸线与港口
资源数据子库</td><td>深水岸线</td><td></td></tr>
<tr><td>古代海港</td><td></td></tr>
<tr><td>近代海港</td><td></td></tr>
<tr><td>现代海港</td><td></td></tr>
</table>

6.5.1 石油与天然气数据子库

广西沿海地区和广西北部湾蕴藏着丰富的石油和天然气资源，有广西北部湾盆地、莺歌海盆地和合浦盆地3个含油沉积盆地。已开发的油气田有涠10－3、涠6－1、涠11－4。广西北部湾盆地具有良好的生储油条件，据有关专家预测，具有12.6×10^8 t的石油天然气储量，现已探明含油气面积45.87 km^2，地质储量1.157×10^8 t。到1994年止，钻探获得工业油气井39口，采气井2口，注水井2口，初步显示出良好的石油天然开发前景。莺歌海盆地已发现局部构造117个，初步探明含油气面积为53 075 km^2，天然气储量911.83×10^8 m^3，远景石油地质储量近6×10^8 m^3，是我国目前海陆勘探所发现的最大海上天然气田。合浦盆地探明石油储量为3.5×10^8 t，是全国最有开发前景的八大石油小盆地之一。该数据子库含3个数据子集，主要对广西北部湾含油气盆地、油气资源区域、勘探开发前景等资料进行收集。

6.5.2 沉积与矿产数据子库

广西沿海地区海洋矿产资源丰富，已探明矿产有20多种，主要有煤、泥炭、铝、锡、锌、汞、金、锆英石、黄金、钛铁矿、石英砂、石膏、石灰石、花岗岩、陶土等。其中石英砂矿远景储量10×10^8 t以上，石膏矿保有储量3×10^8 t以上、石灰石矿保有储量1.5×10^8 t、陶瓷用陶土矿保有储量约为300×10^4 t。特别是石英砂矿尤为丰富，且质量好，品位高，是发展玻璃制造业和建筑材料的良好原料。此外，钛铁矿比较丰富，沿岸已知产地8处，其中的3处初步勘查估算地质储量近$2\ 500\times10^4$ t，如西场宫井，矿区面积20多平方千米，矿层平均厚度为1.2～3.4 m，储量近100×10^4 t，而且矿体表露，易于开采，钛铁矿中伴生有氧化二钪，金红石、锆英石、黄玉等，综合开发利用的潜在价值很大。沉积与矿产数据子库主要收集近来广西北部湾铁锰、多金属矿、砂矿方面的数据。

6.5.3 海水化学资源数据子库

广西沿海地区海水化学资源丰富，海水平均盐度为30～32，海水含溴量为60×10^{-6}，平均海水温度23℃，滩涂平坦、广阔，同时，日照时间长，热辐射达447 kJ/cm^2。是发展盐业和海水化工的较好场所。此外，还可利用现有盐田发展溴素、氯化钾、氧化镁、硫化钠等化工产品。海水化学资源数据子库主要收集广西北部湾沿海钾、镍、镁以及食盐等数据，包括钾、镍、镁数据子集和食盐数据子集。

6.5.4 海洋能资源数据子库

广西沿海地区海洋能资源丰富。其中潮夕能理论蕴藏量为140×10^8 kW・h，风能、太阳能开发利用也有一定的潜力。本数据子库主要收集广西沿海地区海洋能资源储量与分布、海洋能资源开发现状与前景方面的资料，包括海洋能资源储量与分布、海洋能资源开发现状与前景两个数据子集。

6.5.5 海洋渔业资源数据子库

广西北部湾是我国著名的大渔场之一，有白马、西口、涠洲、莺歌海、青湾、夜莺岛、昌化等10多个渔场，是我国的传统渔区。广西北部湾生物资源种类繁多，有鱼类500多种，虾类200多种，头足类近50种，蟹类20多种，还有种类众多的贝类和其他海产动物、藻类。据有关资料，广西北部湾水产资源量为75×10^4 t，可捕量为$38\times10^4\sim40\times10^4$ t。其中：中国鲎、文昌鱼、海马、海蛇、海牛（儒艮）、海星、沙蚕、方格星虫等属于珍稀或重要药用生物。自古闻名于世的合浦珍珠就产自这一海域。分布于沿海滩涂，面积占全国40%左右的红树林以及分布于涠洲周围浅海，处于我国成礁珊瑚分布边缘的珊瑚礁，作为重要的热带海洋生态系，具有极大的科研和生态价值。这些海洋生物资源对发展海洋捕捞海水养殖、海产品加工、海洋生物制药和价值的提取以及科学研究都有非常重要的地位。本数据子库包括4个数据子集，主要对广西北部湾近海渔业经济种类、近海渔业分布、近海渔业捕捞、近岸海水养殖等方面的资料进行收集。

6.5.6 海洋药用资源数据子库

广西海洋药用生物资源极为丰富，沿海一带长期以来就有使用海洋生物防病治病的传统习惯。据调查广西海洋药用生物有96种，其中鱼类25种，节肢动物类12种，软体动物类32种，棘皮动物类7种，爬行动物类5种，环节动物类3种，藻类12种。本数据子库含4个数据子集，主要对无机物质类、植物类、动物类、海藻类海洋药用生物资源的开发与利用情况进行收集。

6.5.7 滨海旅游资源数据子库

广西沿海地区南濒广西北部湾，北部湾的海岸线长1 595 km，其中大陆岸线长1 020 km，岛屿近100座，形成了丰富的滨海旅游资源，既有优美的亚热带、热带滨海风光，又有浓郁的海洋文化和民族风情，同时拥有许多优质水体和沙滩，旅游资源类型多样。本数据子库含5个数据子集，主要对滨海城市、海岛、临海名山、奇特的海岸景观、滨海奇观等旅游资源进行收集。

6.5.8 深水岸线与港口资源数据子库

广西北部湾海岸线全长1 595 km，直线距离185 km，海岸线的曲直比高达9.6∶1。曲折的海岸线和众多的港湾、水道使广西沿海地区素有天然优良港群之称。可开发泊靠能力万吨以上的有北海港、铁山港、防城港、钦州港、珍珠港等多处，可建10万吨级码头的有钦州港和铁山港等；除防城港、北海港、钦州港3个中型深水港口之外，可供发展万吨级以上深水码头的海湾、岸段还有10多处，如：铁山港的石头埠岸段、北海的石步岭岸段，涠洲南湾、钦州湾的勒沟、防城的暗埠江口、珍珠港等，可建万吨级以上深水泊位100多个。而且沿海港湾水深，不冻、淤积少，掩护条件良好，具有建港口的良好条件，开发利用潜力很大，随着南昆铁路的建成运行，作为海上通道口的港口建设将进一步加快。本数据子库包括4个数据子集，主要对广西北部湾深水岸线、古代海港、近代海港、现代海港方面的资料进行收集。

6.6 海洋灾害数据库

广西沿海及广西北部湾地区是海洋灾害多发地区，各类海洋灾害，特别是台风、风暴潮、大浪、洪涝等灾害，一直是影响沿海地区经济社会发展的因素之一；据统计，近年来广西沿海因台风、风暴潮、大浪造成的巨大损失为：2000年，直接经济损失4 080万元，受灾范围包括北海市、钦州市、防城港市的近20个沿海村镇；2001年，直接经济损失16.56亿元，受害范围包括北海市、钦州市、防城港市的近58个村镇，房屋倒塌2 708间，受灾人口210万人；2002年，直接经济损失2.226亿元；2003年，直接经济损失16.6亿元，受灾范围涉及沿海36个乡镇，受灾人口130万人；2005年，直接经济损失0.6亿元。另一方面，由于广西临海工业、海水养殖和旅游业有了跨越式的发展，来自陆域和海域的污染物逐年增加，给广西邻近海域的海洋环境带来了较大的压力，发生赤潮的风险也随之增大。本数据库含8个数据子库，分别对广西海洋地震、海啸、风暴潮、海浪、赤潮、溢油、放射性危害、海岸侵蚀等灾害资料进行收集。数据库实现数据文档、图片等文件的上传、下载功能，其中，图片文件提供在线查看功能。具体数据库框架如表6-12所示。

表6-12 海洋灾害数据库框架

<table>
<tr><td rowspan="10">海洋灾害数据库</td><td rowspan="3">海洋地震数据子库</td><td>地震构造数据</td></tr>
<tr><td>地震灾害数据</td></tr>
<tr><td>地震研究数据</td></tr>
<tr><td rowspan="2">海啸数据子库</td><td>海啸危害数据</td></tr>
<tr><td>海啸防御数据</td></tr>
<tr><td rowspan="2">风暴潮数据子库</td><td>风暴潮增水数据</td></tr>
<tr><td>风暴潮灾害数据</td></tr>
<tr><td rowspan="2">海浪数据子库</td><td>波高数据</td></tr>
<tr><td>灾害数据</td></tr>
</table>

续表

海洋灾害数据库	赤潮数据子库	赤潮生物种类数据
		赤潮灾害形成数据
		赤潮灾害防治数据
	溢油数据子库	溢油类型数据
		历史溢油事故数据
		溢油应急方案数据
	放射性危害数据子库	放射性危害来源数据
		放射性危害途径数据
		放射性物质的危害数据
	海岸侵蚀数据子库	海岸类型数据
		海岸侵蚀数据
		海岸整治数据

6.7 海洋环境质量数据库

海洋环境质量数据库包括海水水质质量、海洋沉积物质量、海洋生物体质量、河流入海污染源、临岸工业污染源、生活污染源、海域环境容量、海域环境承载力、海域自净能力等9个数据子库。数据库实现对数据进行维护，包括添加、删除、修改、导出Excel、从Excel批量将数据导入等功能，同时，可将对应数据的图片、文档等附件上传至服务器进行保存，图片类型的附件提供在线查看功能。其中海水水质质量、海洋沉积物质量、海洋生物体质量3个数据子库以数据录入为主，其他数据子库为资料收集。现具体介绍海水水质质量、海洋沉积物质量、海洋生物体质量3个数据子库。

6.7.1 海水水质质量数据子库

海水水质质量数据子库主要以实际调查数据录入为主，包括水色、透明度、水温、pH、悬浮物，石油类、化学耗氧量、生物需氧量、溶解氧、五项营养盐、重金属、农残、硫化物、氰化物、挥发酚等33项水质要素。数据项设置见表6－13。数据库界面见图6－8。

表6－13　海水水质质量数据子库数据项设置

	数据项名称	数据类型	长度/小数位	备注
1	站号	C	15	
2	采样日期	T	8	
3	采样地点	C	20	

续表

	数据项名称	数据类型	长度/小数位	备注
4	采样者	C	20	
5	记录者	C	20	
6	经度	D	9.5	
7	纬度	D	9.5	
8	采样深度	D	5.2	单位：m
9	组分	I	3	
10	水色	C	4	
11	透明度	D	5.1	单位：m
12	水温	D	5.2	单位：℃
13	盐度	D	5.3	
14	pH	D	5.3	
15	溶解氧	D	5.2	单位：mg/L
16	化学需氧量	D	5.2	单位：mg/L
17	生化需氧量	D	5.2	单位：mg/L
18	悬浮物	D	5.1	单位：mg/L
19	石油类	D	6.3	单位：mg/L
20	硅酸盐	D	6.1	单位：μg/L
21	磷酸盐	D	6.1	单位：μg/L
22	氨氮	D	6.1	单位：μg/L
23	硝酸盐	D	6.1	单位：μg/L
24	亚硝酸盐	D	6.1	单位：μg/L
25	多氯联苯	D	6.2	单位：ng/L
26	六六六	D	6.2	单位：ng/L
27	DDT	D	6.2	单位：ng/L
28	狄氏剂	D	6.2	单位：ng/L
29	铜	D	6.1	单位：μg/L
30	铅	D	6.1	单位：μg/L
31	锌	D	6.1	单位：μg/L
32	总铬	D	6.1	单位：μg/L
33	镉	D	6.2	单位：μg/L
34	砷	D	6.2	单位：μg/L
35	汞	D	6.3	单位：μg/L
36	总有机碳	D	6.1	单位：μg/L
37	硫化物	D	6.1	单位：μg/L
38	挥发酚	D	6.1	单位：μg/L
39	氰化物	D	6.1	单位：μg/L
40	总氮（TN）	D	6.2	单位：μg/L
41	总磷（TP）	D	6.2	单位：μg/L
42	阴离子表面活性剂	D	6.1	单位：μg/L

图 6－8　海水水质质量数据库界面

6.7.2　海洋沉积物质量数据子库

海洋沉积物质量数据子库以实际调查数据录入为主，主要包括粒度、重金属、油类、总氮、总磷、有机碳、硫化物、农残等 19 项海洋沉积物质量要素。数据项设置见表 6－14，数据库界面见图 6－9。

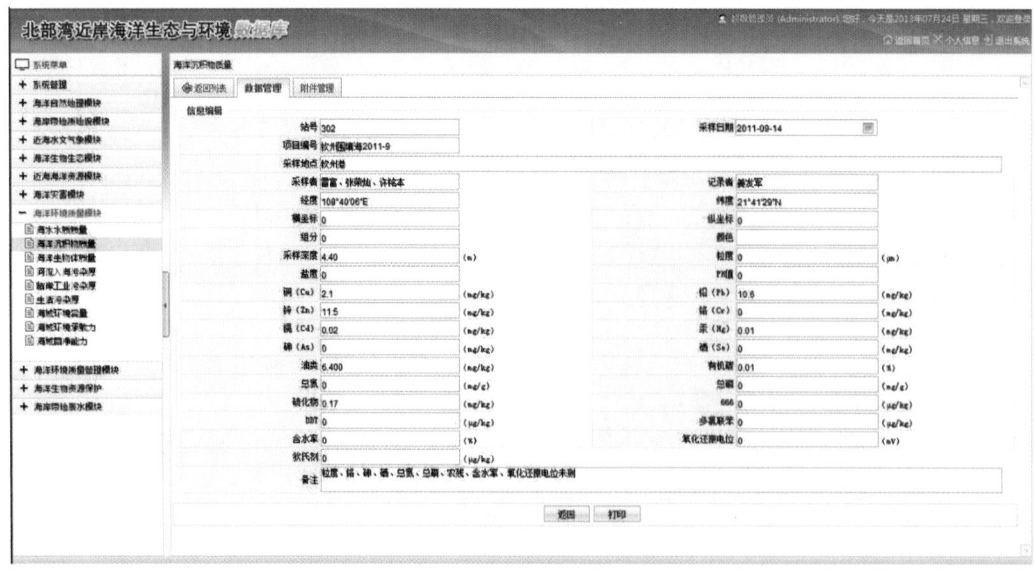

图 6－9　海洋沉积物质量数据库界面

表 6－14　海洋沉积物质量数据子库数据项设置

	数据项名称	数据类型	长度/小数位	备注
1	站号	C	15	
2	采样日期	T	8	
3	采样地点	C	20	
4	采样者	C	20	
5	记录者	C	20	
6	经度	D	9.5	
7	纬度	D	9.5	
8	采样深度	D	6.2	单位：m
9	粒度	D	6.2	单位：μm
10	铜	D	6.1	单位：mg/kg
11	铅	D	6.1	单位：mg/kg
12	锌	D	6.1	单位：mg/kg
13	铬	D	6.1	单位：mg/kg
14	镉	D	6.2	单位：mg/kg
15	砷	D	6.2	单位：mg/kg
16	汞	D	6.3	单位：mg/kg
17	硒	D	6.2	单位：mg/kg
18	油类	D	9.3	单位：mg/kg
19	总氮	D	5.2	单位：mg/g
20	总磷	D	5.3	单位：mg/g
21	有机碳	D	6.2	单位：%
22	硫化物	D	6.1	单位：mg/kg
23	六六六	D	6.2	单位：μg/kg
24	DDT	D	6.2	单位：μg/kg
25	多氯联苯	D	6.2	单位：μg/kg
26	狄氏剂	D	6.2	单位：μg/kg
27	含水率	D	6.2	单位：%
28	氧化还原电位	I	5	单位：mV

6.7.3　海洋生物体质量数据子库

海洋生物体质量数据子库以实际调查数据录入为主，数据项包括所调查海洋生物的学名、俗名、分析部位，以及重金属、石油烃、农残等 13 项海洋生物体质量要素。数据项设置见表 6－15，数据库界面见图 6－10。

图 6－10　海洋生物体质量数据库界面

表 6－15　海洋生物体质量数据子库数据项设置

		数据项名称	数据类型	长度/小数位	备注
1		站号	C	15	
2		采样日期	T	8	
3		采样地点	C	20	
4		采样者	C	20	
5		记录者	C	20	
6		经度	D	9. 5	
7		纬度	D	9. 5	
8	海洋生物体	生物种学名	C	50	
9		俗名	C	50	
10		平均体湿重	D	5. 2	单位：g
11		分析部位	C	30	
12		总汞	D	6. 3	单位：mg/kg
13		锌	D	6. 1	单位：mg/kg
14		铜	D	6. 1	单位：mg/kg
15		铅	D	6. 2	单位：mg/kg
16		镉	D	6. 2	单位：mg/kg
17		铬	D	5. 1	单位：mg/kg
18		砷	D	6. 2	单位：mg/kg
19		硒	D	6. 2	单位：mg/kg

续表

		数据项名称	数据类型	长度/小数位	备注
20	海洋生物体	石油烃	D	6.2	单位：mg/kg
21		多氯联苯	D	6.2	单位：μg/kg
22		狄氏剂	D	6.2	单位：μg/kg
23		六六六	D	6.2	单位：μg/kg
24		DDT	D	6.2	单位：μg/kg

6.8 海洋环境质量管理数据库

海洋环境管理是以海洋环境自然平衡和持续利用为目的，运用行政、法律、经济、科学技术和国际合作等手段，维持海洋环境的良好状况，防止、减轻和控制海洋环境破坏、损害或退化的行政行为。海洋环境质量管理数据库主要对广西目前在海洋环境管理方面的机构及科研力量、政策及措施等资料进行收集。海洋环境质量管理数据库含海洋环境质量监测、海洋环境功能区划、海洋环境管理3个数据子库。该数据库实现数据文档、图片等文件的上传、下载功能，其中，图片文件提供在线查看功能。

6.9 海洋生物资源保护数据库

海洋生物资源虽然是可再生的，但是有限的，过度的、不当的开发利用行为导致生物资源衰退、生态系统失衡、海洋环境恶化等一系列严重问题。只有遵循自然发展规律，依据科学发展思路，维护海洋生态系统的良性循环，适度开发利用海洋生物资源，才能实现海洋资源、环境、经济、社会的协调发展，达到人与自然、环境与社会的和谐。海洋生物资源保护数据库含海洋生物多样性保护、海洋渔业资源保护、海洋环境生态保护、海洋自然保护区保护4个数据子库。数据库框架如表所示。数据库实现数据文档、图片等文件的上传、下载功能，其中，图片文件提供在线查看功能。

6.10 海岸带地表水数据库

海岸带地表水数据库分为地表水化学特征、河流水质、水库湖泊水质、饮用水源地水质等4个子库，具体数据库框架如表6-16所示。其中地表水化学特征以调查数据录入为主，包括水样采点分布属性和地表水地球化学元素分析，具体数据项设置见表6-17和表6-18。而河流水质、水库湖泊水质、饮用水源地水质以资料收集为主。数据库实现对数据进行维护，包括添加、删除、修改、导出Excel、从Excel批量将数据导入等功能，同时，可将对应数据的图片、文档等附件上传至服务器进行保存，图片类型的附件提供在线查看功能。

表 6－16　海岸带地表水数据库框架

<table>
<tr><td rowspan="5">海岸带地表水数据库</td><td rowspan="2">地表水化学特征数据子库</td><td>水样采点分布属性数据</td></tr>
<tr><td>地表水地球化学元素分析数据</td></tr>
<tr><td>河流水质数据子库</td><td></td></tr>
<tr><td>水库湖泊水质数据子库</td><td></td></tr>
<tr><td>饮用水源地水质数据子库</td><td></td></tr>
</table>

表 6－17　水样采点分布属性数据项设置

	数据项名称	数据类型	长度/小数位	备注
1	样品号	C	15	
2	采样日期	T	8	
3	采样地点	C	20	
4	采样者	C	20	
5	记录者	C	20	
6	经度	D	9.5	
7	纬度	D	9.5	
8	横坐标	D	10.1	单位：m
9	纵坐标	D	9.1	单位：m
10	水样类别	C	20	
11	清水样	I	5	单位：mL
12	加（1＋1）HCl 水样	I	5	单位：mL
13	加浓 HCl 及 $K_2Cr_2O_7$ 水样	I	5	单位：mL
14	采样水域描述	C	254	

表 6－18　地表水化学特征数据项设置

	数据项名称	数据类型	长度/小数位	备注
1	分析索引号	C	15	
2	原样品号	C	15	
3	经度	D	9.5	
4	纬度	D	9.5	
5	横坐标	D	10.1	单位：m
6	纵坐标	D	9.1	单位：m
7	As	F	11.5	
8	B	F	11.5	
9	C	F	11.5	

续表

	数据项名称	数据类型	长度/小数位	备注
10	Cd	F	9.3	
11	Cu	F	11.5	
12	F	F	9.3	
13	Hg	F	10.4	
14	Mn	F	9.3	
15	Mo	F	10.4	
16	N	F	11.5	
17	P	F	9.2	
18	Pb	F	10.4	
19	S	F	9.3	
20	Se	F	7.1	
21	SiO_2	F	7.1	
22	Th	F	10.4	
23	Ti	F	9.3	
24	U	F	10.4	
25	Zn	F	9.3	
26	Al_2O_3	F	7.1	
27	TFe_2O_3	F	10.4	
28	MgO	F	9.3	
29	CaO	F	10.4	
30	Na_2O	F	10.4	
31	K_2O	F	10.4	
32	Corg	F	10.4	
33	pH	F	5.2	
34	备注	C	254	

第7章　广西北部湾经济区海洋环境生态数据库功能

7.1　数据库系统的功能模块介绍

广西北部湾经济区海洋环境生态数据库系统的主要功能模块包括系统管理、日志管理、数据管理、数据库管理、数据应用管理5个功能模块。系统功能模块结构如图7－1所示。

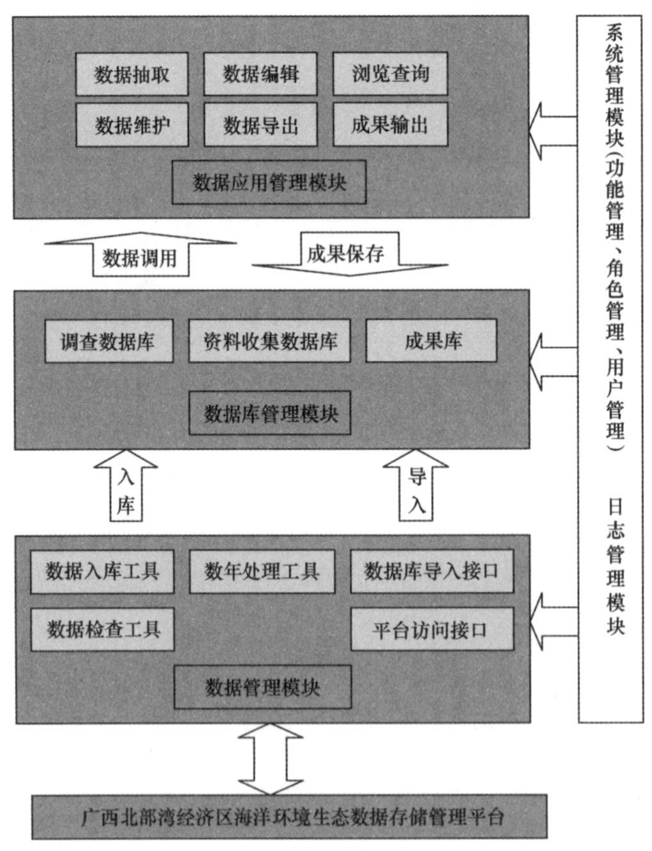

图7－1　广西北部湾经济区海洋环境生态数据库功能模块结构图

7.2 系统管理功能

系统管理功能对整个系统的基础信息进行维护，并对系统用户的的访问控制进行管理。访问控制采用基于角色访问控制技术 RBAC（Role Based Access Control），设计功能包括功能管理、角色管理、用户管理等功能模块。

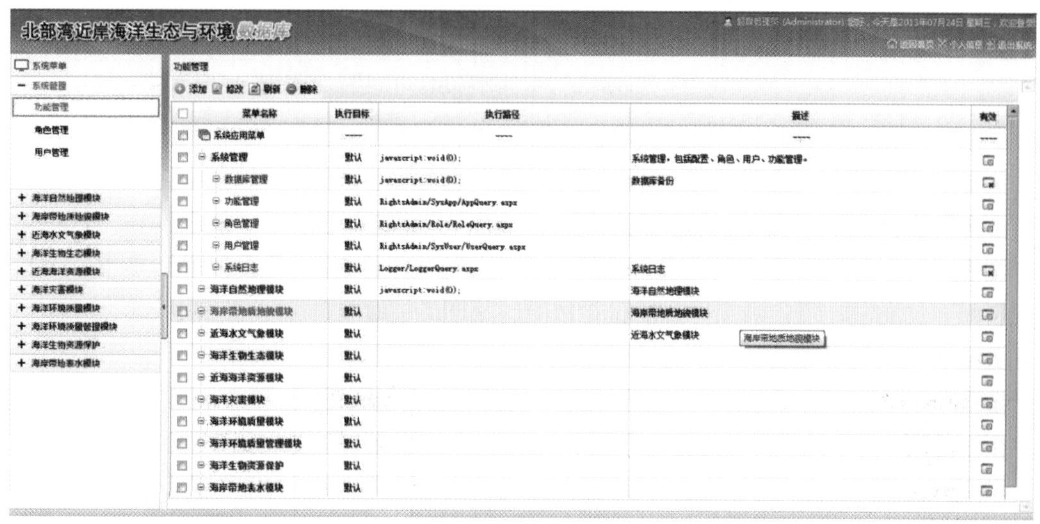

图 7－2　系统管理功能

7.2.1 功能管理

在整个系统中，可为不同的角色指定不同的功能权限，系统通过对用户赋予不同的角色而区分所具有的功能操作权限，从而为不同的用户生成特定的系统功能菜单。系统功能管理模式见图 7－3。

图 7－3　系统功能管理模式

7.2.2 用户管理

用户管理模块的内容包括用户的添加、删除、修改和用户权限设置等，见图 7－4。在数据库管理系统中，用户类型在系统设计阶段确定，在系统中以列表方式组织，单击实现选择。不同用户的权限范围在系统设计阶段确定，用户可根据需要进行选择。新增加的用户经系统管理员确认后生效。

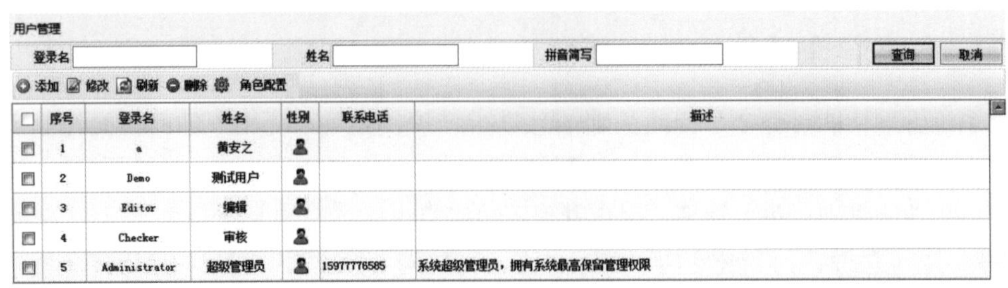

图 7－4　用户管理模块

（1）添加

为数据库添加用户，编辑用户信息，并为用户进行角色配置。具体操作为，点击添加按钮打开用户信息编辑界面，设置用户基本信息，在右侧角色配置清单中勾选用户所具有的角色，点击确定，系统保存数据，见图 7－5。

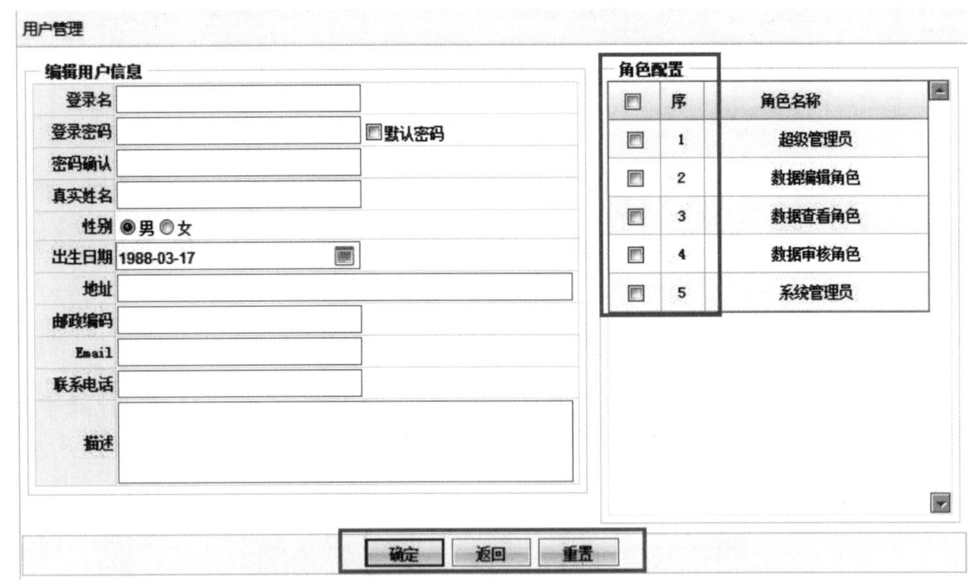

图 7－5　用户添加界面

（2）修改

对用户信息进行修改。具体操作为，勾选一条记录，点击修改按钮打开用户信息编辑界面，设置用户基本信息，点击确定，系统保存数据。

（3）刷新

刷新当前列表数据。

（4）删除

将用户信息删除。勾选一条记录，点击删除按钮，在弹出的操作确认对话框中选择确定，系统将指定用户信息删除。

（5）角色配置

对用户的所属角色进行配置。勾选一条用户记录，点击角色配置按钮，打开角色配置窗口，勾选所赋予的角色，点击确定，系统保存，见图7－6。

图7－6　角色配置

7.2.3　角色管理

角色管理模块提供对系统角色的添加、修改、删除和菜单配置功能。主要信息包括角色名称、角色描述，见图7－7。

（1）添加

为用户添加角色，包括角色名称、描述说明和角色权限，角色权限分为三级，分别为查看、编辑和审核。具体操作为，点击添加按钮打开角色信息编辑窗口，输入角色信息，设置角色权限，点击确定按钮，见图7－8。

（2）修改

列表中选择修改项，点击修改按钮弹出角色信息编辑窗口，修改角色信息，点击确定按钮。

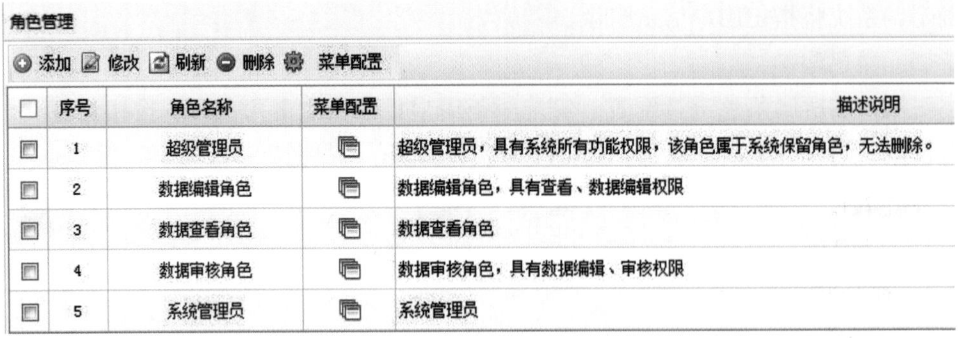

角色管理

添加 修改 刷新 删除 菜单配置

□	序号	角色名称	菜单配置	描述说明
□	1	超级管理员		超级管理员，具有系统所有功能权限，该角色属于系统保留角色，无法删除。
□	2	数据编辑角色		数据编辑角色，具有查看、数据编辑权限
□	3	数据查看角色		数据查看角色
□	4	数据审核角色		数据审核角色，具有数据编辑、审核权限
□	5	系统管理员		系统管理员

图 7-7　角色管理

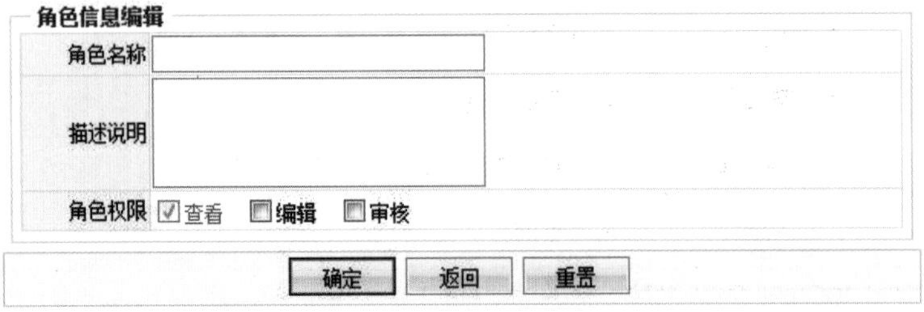

角色信息编辑

角色名称

描述说明

角色权限 ☑查看 □编辑 □审核

确定 返回 重置

图 7-8　角色添加

（3）删除

列表中选择删除项，在弹出确认窗口中点击确认按钮，系统执行删除操作。

（4）菜单配置

可配置角色的系统功能模块访问权限。

在角色列表中选择角色点击菜单配置按钮或直接点击列表中的菜单配置图标，见图 7-9。

系统弹出菜单配置界面，在配置菜单列表中，勾选该角色的系统功能模块操作权限，点确定按钮，系统保存，见图 7-10。

7.3　日志管理功能

日志管理模块的作用是记录用户操作的主要事件，如系统登录（含 IP 地址、用户名、具体时间）、数据修改、数据入库、增加图层、删除图层、退出等；日志管理以列表的形式进行设计。系统中所有日志以列表的方式进行组织，系统日志由系统管理员负责维护。

7.4　数据库管理功能

数据库管理模块数据库管理是有关建立、存储、修改和存取数据库中信息的技术，

图7－9　角色管理中的菜单配置

图7－10　角色的系统功能模块操作权限

是指为保证数据库系统的正常运行和服务质量，有关人员须进行的技术管理工作。数据库管理的主要内容有：数据库的建立、数据库的调整、数据库的重组、数据库的重构、数据库的安全控制、数据的完整性控制和对用户提供技术支持。数据库支持用户对数据表进行记录添加、记录删除、字段添加、字段删除等。

7.5 数据管理功能

数据管理功能的内容主要包括数据入库工具、空间数据处理工具、属性数据处理工具、文档数据处理工具、数据检查、平台访问接口、平台数据库导人接口管理等。数据入库功能是指将满足要求的空间数据、表格数据、文档、图片等数据导入到环境生态数据库中。在数据入库时，先指定目标库的相关参数（默认为当前系统空间数据库配置），如服务器名、端H号、用户名、要导人的数据集，然后指定本地要入库数据的路径，点击确定，进行人库。入库成功或失败系统均会提示用户。

数据处理功能包括对空间、属性和文档三类数据入库前的规范化处理功能，主要包括对空间数据的投影变换、拓扑构建、数据预览、格式转换、坐标数据空间矢量化等，对属性数据进行编码统一、核对、字段增减、格式转换等，对文档进行格式化处理。

数据检查可对数据表中的字段值进行是否为空值、唯一性、值范围是否在枚举值的检查；可对空间数据属性表以及空间数据图形进行检查。对抽取形成的目标表中的数据进行相应的检查。

环境生态数据库可以直接引用数据存储管理平台数据、数据库和工具组件，这主要通过平台提供的平台访问接口和平台数据库导人接口，环境生态数据库系统数据管理模块包含这部分接口管理，能够实现与平台数据和工具组件的无缝衔接，最大程度地提供不同应用系统之间的共享服务。

7.6 数据应用管理功能

7.6.1 数据浏览查询功能

数据浏览按照操作对象可分为空间数据浏览、表格数据浏览、文档浏览、图片浏览等。其中，空间数据浏览是指在地理信息系统的支持下，对空间数据进行常规的浏览操作。表格、文档和图片数据浏览与通用的浏览功能相似。空间数据浏览包括数据范围放大、数据范围缩小、固定比例放大、固定比例缩小、漫游、前一视图、后一视图、全屏、缩放到图层、当前显示比例、鹰眼图、刷新和书签浏览、图件叠加浏览等。其主要功能如下：

（1）地图显示区域放大、缩小、依据固定的比例进行放大、依据固定的比例进行缩小、移动、拖动显示等。

（2）显示上一显示区域，显示下一显示区域。全屏显示地图数据。

（3）可以只将相应图层的图形数据进行全景显示。

（4）对当前地图显示范围的显示比例进行显示，同时可以将地图显示区域设置为固定显示比例。

（5）能够确定当前的显示区域在全景图中的具体方位。

（6）当地图区域显示数据出现不全或反应迟钝时，可以对显示区域进行刷新。

（7）书签为地图上某一显示范围的标记，使用书签可以快速定位到先前做过标记的地图显示范围，书签管理支持书签创建、修改、删除、缩放到书签等功能。

（8）图件叠加浏览是指对同一区域不同格式的数据、同一区域不同时期的数据在数据浏览窗口按照用户设定的数据层控制规则进行展示。

数据查询功能的主要内容包括：

（1）可以对数据表和数据的属性表针对某个字段进行关键字的查询。查询时，在窗体上列出字段或表所有字段、所支持的运算符、字段唯一值，用户既可以使用鼠标交互的方式完成查询表达式的构造，也可以使用直接键盘输入的方式。

（2）可以对数据表和数据的属性表针对某个字段进行模糊查询。查询时，用户只需提供所查部分信息，系统会自动列出相关记录。对非空间数据表和空间数据的属性表的多个字段进行组合查询。

（3）对于比较复杂的表达式，第一次查询完以后，可以对表达式进行保存，再次使用系统做相同的查询时，可以直接使用已保存的表达式。

（4）查询结果的以记录列表方式进行显示。

7.6.2 数据编辑功能

通用数据编辑功能的主要内容包括：

（1）能够将新的数据增加到数据库中。

（2）能够将数据库中的数据删除。

（3）增加记录时，可以对不同的字段进行值的输入。

（4）能够在不同的字段之间进行值的复制、剪切、粘贴、删除。

（5）能够实现对编辑过程及其结果的控制，包括开始编辑、停止编辑和编辑内容。

（6）能够进行图形的分割、合并、拷贝、剪切、粘贴、删除、恢复等。

（7）能够增加点、线、面等图形要素。

（8）能够对面状要素的节点进行移动、删除等编辑操作，能够对图形进行移动。

（9）对图形属性表的属性进行编辑。

7.6.3 数据维护功能

数据维护功能主要划分为两类，分别为文件数据维护功能和记录数据维护功能。

7.6.3.1 文件数据维护功能

对文件数据进行维护，功能包括上传、修改、刷新、发布、删除、预览、下载等功能，见图7－11。

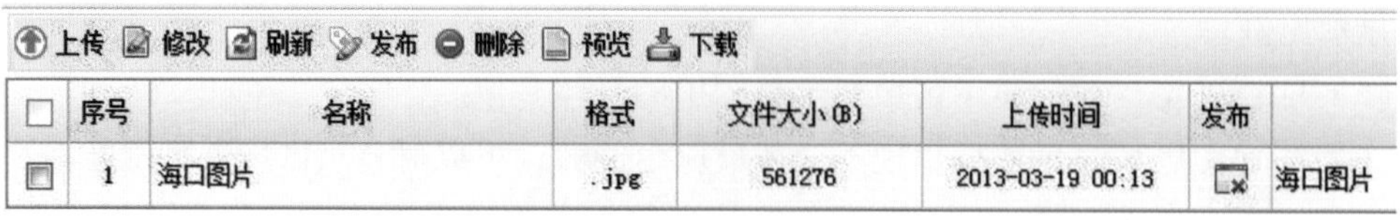

上传 修改 刷新 发布 删除 预览 下载

□	序号	名称	格式	文件大小(B)	上传时间	发布	
□	1	海口图片	.jpg	561276	2013-03-19 00:13	□	海口图片

图7－11　文件数据维护功能

（1）上传

对文件数据进行上传，具体操作为，点击“上传”按钮，打开数据上传界面，在名称栏中和备注说明栏中填写所要上传文件的名称和说明信息，点击“浏览”按钮，选择要上传的文件，点击确定按钮，将所选择的文件上传至服务器进行保存，见图7－12。

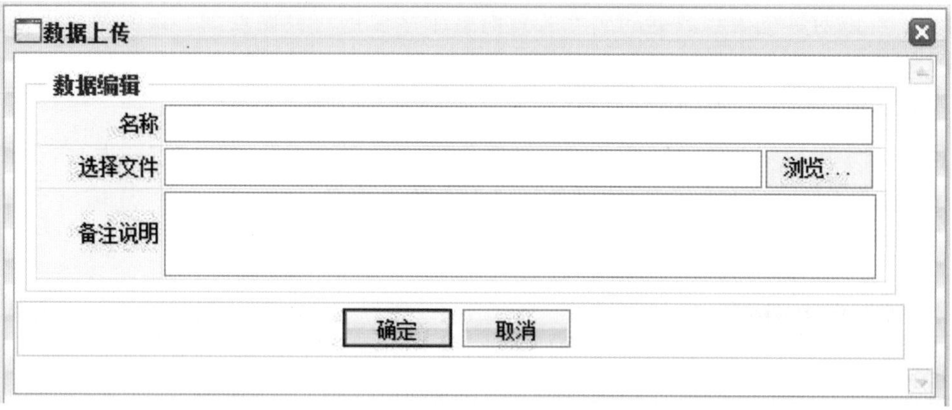

数据上传

数据编辑

名称

选择文件　浏览...

备注说明

确定　取消

图7－12　文件数据上传功能

（2）修改

对文件数据进行修改和编辑，具体操作为，在列表中勾选一条记录，点击修改按钮，打开信息编辑据界面后可对数据进行编辑修改。如需修改所上传的文件，则点击“选择”按钮，重新选择要上传的文件，点击确定后，文件将被上传至服务器进行保存，见图7－13。

（3）刷新

刷新当前数据列表。

（4）发布

将所选择的数据进行发布，发布后的数据，具有“查看”权限的用户才可以在列表中看到该记录。发布后的数据只有超级管理员才可以进行修改。

图 7－13　数据编辑功能

（5）删除

勾选列表中一条记录，点击删除按钮，在弹出的确认对话框中点击删除，可将指定的数据删除。

（6）预览

实现上传文件数据的预览功能，具体操作为，勾选列表中一条记录，点击预览按钮，当所选记录为浏览器可识别的图片时，系统将打开预览窗口，显示图片，见图 7－14。

图 7－14　文件在线浏览界面

（7）下载

勾选列表中一条记录，点击下载按钮，系统将下载该文件。

7.6.3.2 记录数据维护功能

对数据记录进行维护，功能包括体添加、修改、刷新、发布、删除、下载模版、导入、查询、导出和附件管理等功能。

（1）添加

点击“添加”按钮，打开数据编辑界面。

界面右上方显示三个选项卡，分别为“返回列表”、“数据管理”、“附件管理”，各个选项卡的功能如表 7 – 1 所示。

表 7 – 1　选项卡功能

选项卡	说明
返回列表	点击该选择卡，系统返回列表界面
数据管理	点击该选项卡，系统切换显示数据编辑界面
附件管理	点击该选项卡，系统显示该数据对应的附件管理界面

在各个数据属性输入框中输入对应的值，点击确定按钮，系统将数据保存，点击返回列表选项卡，返回数据列表界面，见图 7 – 15。

图 7 – 15　数据管理界面

注意：

①用户在输入信息时，必须按照指定的数据类型合法的进行输入，必须严格遵循规范数据的小数点、字符长度进行限制，否者可能保存失败；

②各个不同的模块数据对数据的约束都不尽相同，具体的约束请参考详细的需求说明文档；

③所输入的时间、日期格式必须为 yyyy – MM – dd HH：mm：ss、yyyy – MM – dd；

（2）修改

在列表中勾选一条记录，点击修改按钮，打开信息编辑据界面后可对数据进行编辑修改。点击“附件管理”选项卡可对数据的附件信息进行维护。

（3）刷新

刷新当前数据列表。

（4）发布

将所选择的数据进行发布，发布后的数据，具有“查看”权限的用户才可以在列表中看到该记录。发布后的数据只有超级管理员才可以进行修改。

（5）删除

勾选列表中一条记录，点击删除按钮，在弹出的确认对话框中点击删除，可将指定的数据删除。

（6）下载模版

为了使系统能够正确识别用户所导入的数据，因此，系统对用户导入的 Excel 格式进行规范定义，当需要导入数据时，点击“下载模版”按钮，获得数据模版文件后，在模版中对所要导入的数据根据指定格式进行编辑，见图 7-16。

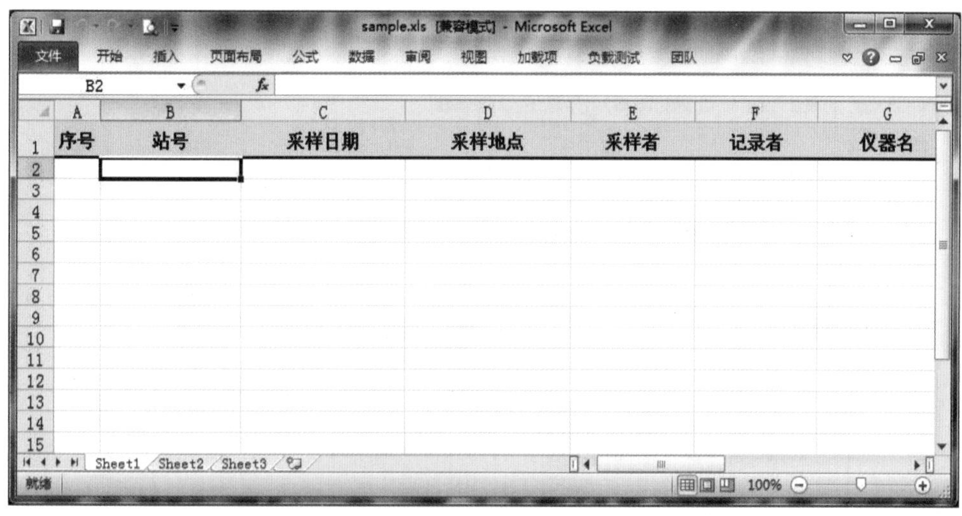

图 7-16　下载模版

（7）导入

实现文件的导入。具体操作为：点击导入按钮，打开数据导入对话框，选择 Excel 文件，点击确定，系统将 Excel 中的数据导入到系统中，见图 7-16。

注意：

所选择的 Excel 文件必须与模版的格式保持一致；

Excel 中所输入的时间、日期格式必须为 yyyy-MM-dd HH：mm：ss、yyyy-MM-dd；

Excel 上传完成后，系统将对 Excel 逐行进行解析，并循环进行保存，在此过程中，

数据导入向导

数据导入

文件说明 请选择Excel(.xls格式)文件

选择文件 浏览...

确定 重置

图 7－17　数据导入

系统将自动忽略插入失败的记录行。

（8）查询

实现对文件的查询功能。数据列表上方为系统的查询条件设置区，设置查询条件后，点击确定按钮，系统在下方显示查询结果列表。

（9）导出

点击导出按钮，系统可将当前的查询结果导出到 Excel 表格中，并弹出下载提示，点击保存按钮，可将 Excel 下载到本地进行保存，见图 10－18。

图 7－18　数据导出

7.6.4　成果输出功能

成果制作与输出功能包括对拟输出页面的设置、打印内容的整饰、打印对象的定义等，以及将整饰完成数据按照特定要求输出到指定位置（例如保存、另存等）。但是，数据导出不在此列。数据库的打印输出功能采用窗口打印模式。打印的对象可以是任何图件、文档、数据表格等。打印输出的设置包括对打印机、纸张的大小、打印方向、颜色进行设置等。

7.6.5 数据导出和抽取功能

数据导出主要是将满足数据要求的空间数据、表格数据、文档数据、图片等数据按照约定的规范导出到本地文件。导出空间数据需要选定拟导出的范围和格式，指定过滤条件和导出位置。数据抽取是指根据用户设定的数据抽取条件，对相应的数据进行抽取入库。分为添加式抽取、填充式抽取，添加式抽取是将满足要求的源数据抽取出来添加到目标表中去，填充式抽取是将满足要求的源数据填充到目标表已有的记录中。

第8章 数据库的安全管理

8.1 数据库的安全性

数据库的安全性是指保护数据库以防止不合法的使用所造成的数据泄露、更改或破坏。计算机系统都有这个问题，在数据库系统中大量数据集中存放，为许多用户共享，使安全问题更为突出。

广西北部湾经济区海洋环境生态调查数据库对环境科学研究和环境保护起着支撑与保障作用，海洋环境生态调查数据是环境监测的结果集，是科研的基础，因此保护监测核心数据安全尤为重要。数据库是数据存储的地方，数据安全至关重要。数据库安全保护从来都是热门话题，企业想尽方法，通过软件或硬件防火墙、安全网关、入侵检测系统、路由设置等多种技术来保护数据库安全。但是，只靠软硬件措施维护远远不够。2011 年 12 月中旬 ，CSDN 网站用户数据库被黑客在网上公开，大约 600 余万个注册邮箱账号和与之相对应的明文密码泄露。此后数天内，包括天涯、人人、开心网、当当等多家知名网站，均有用户称密码在网上遭公开传播。这些知名网站被攻击的例子说明，只靠软硬件技术手段解决数据安全的思想需要更新。经济动机攻击、内部员工渎职和监管违规都会使组织寻求新途径来保护其数据库系统（如 Oracle、Microsoft SQL Server、MySql 和 Sybase ）中数据的安全。对于大部分企事业单位而言 ，数据主要存放在数据库中。本文探讨了海洋与陆地环境生态调查数据库安全保护的一些实践，与传统的数据库保护方案相比，强调了管理和技术的结合性。

由于数据的主要存储载体是关系数据库，而关系数据库是目前应用最为广泛的数据库，因而易成为黑客攻击的目标。以 SQL 注人攻击为例 ，据权威机构统计数据和最近公布的调查 结果显示，其数量已从平均每天几千次上升到每天几十万次。糟糕的是，许多企业在应用数据库安全修补程序方面严重滞后，甚至有的企业无人去修补这些漏洞。这样的做法是很危险的，等同于给攻击者搭了一座便捷之桥，攻击者只要利用 Web 应用程序漏洞（主要是 SQL 注入漏洞）便可随意窃取、损坏服务器上的数据，而我们全然无知，直到数据外泄时才获悉，可为时已晚。以前大多数企业专注于保护外围网络和客户端系统，如：防火墙 、安全网关 IDS、IPS（入侵检测系统 入侵预防系统）病毒防护等，这些只靠技术手段解决安全问题的做法已不能有效保障数据库的安全性。现在，国家对涉密数据越来越重视，信息安全重要性刻不容缓，为此只有将管理手段和技术手段结合，才能有效保障数据库的安全性。

8.2 数据库安全机制

数据库安全可分为两类：系统安全性和数据安全性。

8.2.1 系统安全性

系统安全性是指在系统级控制数据库的存取和使用的机制，包含：

（1）有效的用户名/口令的组合；

（2）一个用户是否授权可连接数据库；

（3）用户对象可用的磁盘空间的数量；

（4）用户的资源限制；

（5）数据库审计是否是有效的；

（6）用户可执行哪些系统操作。

8.2.2 数据安全性

数据安全性是指在对象级控制数据库的存取和使用的机制，即：哪些用户可存取一指定的模式对象及在对象上允许作哪些操作类型。在数据库服务器上提供了一种任意存取控制，是一种基于特权限制信息存取的方法。用户要存取一对象必须有相应的特权授给该用户。已授权的用户可任意地可将它授权给其他用户，由于这个原因，这种安全性类型叫做任意型。

8.2.3 安全机制

在一般的计算机系统中，安全措施是一级一级设置的。

在 DB 存储这一级可采用密码技术，当物理存储设备失窃后，它起到保密作用。在数据库系统这一级中提供两种控制：用户标识和鉴定，数据存取控制。

在数据库多用户数据库系统中，安全机制作下列工作：

（1）防止非授权的数据库存取；

（2）防止非授权的对模式对象的存取；

（3）控制磁盘使用；

（4）控制系统资源使用；

（5）审计用户动作。

8.3 数据库的安全管理

在广西北部湾环境生态数据库安全管理方面，下面 8 步实践旨在探讨解决方案：既能保护数据库数据的安全性，又可实现有关数据保护法律法规的合规性。相关法律法规有：《信息技术数据库安全审计产品检验规范》，《华人民共和国保守国家秘密法》等。

8.3.1 数据库的存取控制

数据库保护信息的方法采用任意存取控制来控制全部用户对命名对象的存取。用户对对象的存取受特权控制。一种特权是存取一命名对象的许可，为一种规定格式。

数据库使用多种不同的机制管理数据库安全性，其中有两种机制：模式和用户。模式为模式对象的集合，模式对象如表、视图、过程和包等。每一数据库有一组模式。

每一数据库有一组合法的用户，可存取一数据库，可运行一数据库应用和使用该用户各连接到定义该用户的数据库。当建立一数据库用户时，对该用户建立一个相应的模式，模式名与用户名相同。一旦用户连接一数据库，该用户就可存取相应模式中的全部对象，一个用户仅与同名的模式相联系，所以用户和模式是类似的。

用户的存取权利受用户安全域的设置所控制，在建立一个数据库的新用户或更改一已有用户时，安全管理员对用户安全域有下列决策：

（1）是由数据库系统还是由操作系统维护用户授权信息。

（2）设置用户的缺省表空间和临时表空间。

（3）列出用户可存的表空间和在表空间中可使用空间份额。

（4）设置用户资源限制的环境文件，该限制规定了用户可用的系统资源的总量。

（5）规定用户具有的特权和角色，可存取相应的对象。

每一个用户有一个安全域，它是一组特性，可决定下列内容：

（1）用户可用的特权和角色；

（2）用户可用的表空间的份额；

（3）用户的系统资源限制。

在数据库的存取控制中主要通过以下形式实现数据库的安全管理。

8.3.1.1 用户鉴别

为了防止非授权的数据库用户的使用，数据库提供两种确认方法：操作系统确认和相应的数据库数据库确认。

如果操作系统允许，数据库可使用操作系统所维护的信息来鉴定用户。由操作系统鉴定用户的优点是：

（1）用户可更方便地连接到数据库，不需要指定用户名和口令。

（2）对用户授权的控制集中在操作系统，数据库不需要存储和管理用户口令。然而用户名在数据库中仍然要维护。

（3）在数据库中的用户名项和操作系统审计跟踪相对应。

数据库数据库方式的用户确认：数据库利用存储在数据库中的信息可鉴定试图接

到数据库的一用户，这种鉴别方法仅当操作系统不能用于数据库用户鉴别时才使用。当用户使用一数据库数据库时执行用户鉴别。每个用户在建立时有一个口令，用户口令在建立对数据库连接时使用，以防止对数据库非授权的使用。用户的口令以密码的格式存储在数据库数据字典中，用户可随时修改其口令。

8.3.1.2 用户的表空间设置和定额

关于表空间的使用有几种设置选择：

（1）用户的缺省表空间；

（2）用户的临时表空间；

（3）数据库表空间的空间使用定额。

8.3.2 用户资源限制和环境文件

8.3.2.1 用户资源限制

用户可用的各种系统资源总量的限制是用户安全域的部分。利用显式地设置资源限制；安全管理员可防止用户无控制地消耗宝贵的系统资源。资源限制是由环境文件管理。一个环境文件是命名的一组赋给用户的资源限制。另外数据库为安全管理员在数据库级提供使能或使不能实施环境文件资源限制的选择。

数据库可限制几种类型的系统资源的使用，每种资源可在会话级、调用级或两者上控制。在会话级：每一次用户连接到一数据库，建立一会话。每一个会话在执行SQL语句的计算机上耗费CPU时间和内存量进行限制。对数据库的几种资源限制可在会话级上设置。如果会话级资源限制被超过，当前语句被中止（回滚），并返回指明会话限制已达到的信息。此时，当前事务中所有之前执行的语句不受影响，此时仅可作COMMIT、ROLLBACK或删除对数据库的连接等操作，进行其他操作都将出错。

在调用级：在SQL语句执行时，处理该语句有好几步，为了防止过多地调用系统，数据库在调用级可设置几种资源限制。如果调用级的资源限制被超过，语句处理被停止，该 语句被回滚，并返回一错误。然而当前事务的已执行所用语句不受影响，用户会话继续连接。

有下列资源限制：

（1）为了防止无控制地使用CPU时间，数据库可限制每次数据库调用的CPU时间和在一次会话期间数据库调用所使用的CPU的时间，以0.01 s为单位。

（2）为了防止过多的I/O，数据库可限制每次调用和每次会话的逻辑数据块读的数目。

（3）数据库在会话级还提供其他几种资源限制。

每个用户的并行会话数的限制；

会话空闲时间的限制，如果一次会话的数据库调用之间时间达到该空闲时间，当前事务被回滚，会话被中止，会话资源返回给系统；

每次会话可消逝时间的限制，如果一次会话期间超过可消逝时间的限制，当前事务被回滚，会话被删除，该会话的资源被释放；

每次会话的专用SGA空间量的限制。

8.3.2.2 用户环境文件

用户环境文件是指定资源限制的命名集，可赋给数据库数据库的有效的用户。利用用户环境文件可容易地管理资源限制。要使用用户环境文件，首先应将数据库中的用户分类，决定在数据库中全部用户类型需要多少种用户环境文件。在建立环境文件之前，要决定每一种资源限制的值。例如一类用户通常不执行大量逻辑数据块读，那就可将LOGICAL－READS－PER－SESSION和LOGICAL－READS－PER－CALL设置相应的值。在许多情况中决定一用户的环境文件的合适资源限制的最好的方法是收集每种资源使用的历史信息。

8.3.3 特权和角色

8.3.3.1 特权

特权是执行一种特殊类型的SQL语句或存取另一用户的对象的权力。有两类特权：系统特权和对象特权。

系统特权：是执行一处特殊动作或者在对象类型上执行一种特殊动作的权利。数据库有60多种不同系统特权，每一种系统允许用户执行一种特殊的数据库操作或一类数据库操作.

系统特权可授权给用户或角色，一般，系统特权全管理人员和应用开发人员，终端用户不需要这些相关功能．授权给一用户的系统特权并具有该 系统特权授权给其他用户或角色．反之，可从那些被授权的用户或角色回收系统特权.

对象特权：在指定的表、视图、序列、过程、函数或包上执行特殊动作的权利。对于不同类型的对象，有不同类型的对象特权。对于有些模式对象，如聚集、索引、触发器、数据库链没有相关的对象特权，它们由系统特权控制。

对于包含在某用户名的模式中的对象，该用户对这些对象自动地具有全部对象特权，即模式的持有者对模式中的对象具有全部对象特权。这些对象的持有者可将这些对象上的任何对象特权可授权给其他用户。如果被授者包含有GRANT OPTION授权，那么该被授者也可将其权利再授权给其他用户。

8.3.3.2 角色

为相关特权的命名组，可授权给用户和角色。ORACEL利用角色更容易地进行特权管理。有下列优点：

（1）减少特权管理，不要显式地将同一特权组授权给几个用户，只需将这特权组授给角色，然后将角色授权给每一用户。

（2）动态特权管理，如果一组特权需要改变，只需修改角色的特权，所有授给该角色的全部用户的安全域将自动地反映对角色所作的修改。

（3）特权的选择可用性，授权给用户的角色可选择地使其使能（可用）或使不能（不可用）。

（4）应用可知性，当一用户经一用户名执行应用时，该数据库应用可查询字典，将自动地选择使角色使能或不能。

（5）专门的应用安全性，角色使用可由口令保护，应用可提供正确的口令使用权角色使能，达到专用的应用安全性。因用户不知其口令，不能使角色使能。

一般，建立角色服务于两个目的：为数据库应用管理特权和为用户组管理特权。相应的角色称为应用角色和用户角色。

应用角色是授予的运行一数据库应用所需的全部特权。一个应用角色可授给其他角色或指定用户。一个应用可有几种不同角色，具有不同特权组的每一个角色在使用应用时可进行不同的数据存取。

用户角色是为具有公开特权需求的一组数据库用户而建立的。用户特权管理是受应用角色或特权授权给用户角色所控制，然后将用户角色授权给相应的用户。

数据库角色包含下列功能：

（1）一个角色可授予系统特权或对象特权。

（2）一个角色可授权给其他角色，但不能循环授权。

（3）任何角色可授权给任何数据库用户。

（4）授权给一用户的每一角色可以是使能的或者使不能的。一个用户的安全域仅包含当前对该用户使能的全部角色的特权。

（5）一个间接授权角色（授权给另一角色的角色）对一用户可显式地使其能或使不能。

在一个数据库中，每一个角色名必须唯一。角色名与用户不同，角色不包含在任何模式中，所以建立一角色的用户被删除时不影响该角色。

数据库为了提供与以前版本的兼容性，预定义下列角色：CONNENT、RESOURCE、DBA、EXP－FULL－DATABASE 和 IMP－FULL－DATABASE。

8.3.4 重要数据划定

数据安全主要针对一些重要的数据，比如敏感数据 核心数据 具有保护价值的数据以及阶段性保密数据等，所以数据安全首要任务是数据划定。

数据划定主要是对数据范围划定以及对要存入数据库中的重要数据的法律合规性

方面进行鉴定的过程，是一种有效的数据安全管理手段，也是数据安全性实践中最为重要的一步，数据划定具体流程见图 8－1。

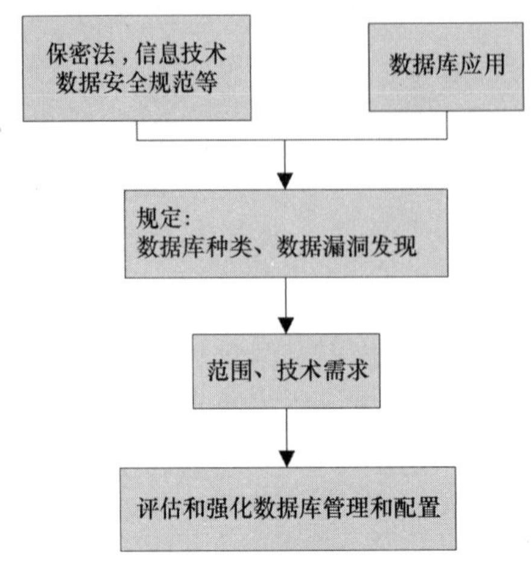

图 8－1　数据划定流程

在数据划定流程图中，无论是法律法规的合规则性鉴定 数据范围的划定，还是强化数据库管理和配置，主要依靠的是管理手段，比如法律法规的合规性审查，数据范围划定标准建立，数据库配置管理的程序文件编写，数据库日常维护手册的编写，数据库人为管理漏洞的检查，现有规范管理制度查漏补缺等。划定重要数据范围，包括数据库实例及数据库内的敏感数据，除了人工审查外，还需要一些自动划定流程，这是因为搭建新应用程序或修改现有应用程序以及部门变动等情况都会导致敏感数据的位置不断发生变化，促使数据库成为犯罪分子越来越受青睐的攻击目标。数据库漏洞及管理漏洞划定之后，要确定数据保护的范围和需求，然后是对数据库进行评估并强化配置。

8.3.5　评估和强化数据库配置和管理

经过以上数据划定及管理疏漏审查后，需要对数据库的配置进行评估，以确定数据库不存在安全漏洞 评估包括数据库本身的配置及操作系统上数据库的安装方式（例如要检查配置文件执行权限），已知漏洞补丁是否安装检查，数据库管理策略，数据库管理制度细化需要强调的是，人为管理手段和方法可以弥补传统的网络漏洞扫描程序在某些方面的不足，比如无法扫描到数据库中的未知数据结构。

当然，数据配置管理某些环节并不排斥技术措施，辅以技术手段效果更好 比如在数据库配置和管理中，除了管理人员时常关注数据库漏洞信息外，还可以辅助某些工具（比如 FortiDB，Sqlmap 等）有效地找出 SQL 由攻击注入数据库内的恶意软件及数据库的漏洞信息。

漏洞评估结果一般是一系列特定建议，这是强化数据库的首要步骤。这些建议可能是一些技术要求及数据库管理维护需求（主要是管理制度）。技术要求主要集中在数据库配置管理的强化一旦创建了强化配置，就必须持续跟踪，确保不会偏离安全配置可以使用更改审计工具实现这一目标，（在操作系统级别和数据库级别）比较各配置历史记录，同时每当做出可能会影响数据库安全的更改时立即发出警告信息。

8.3.6 数据库实时动态监控

DAM（Database Activity Monitoring：数据库活动实时监控）是有效避免受到攻击的关键步骤，主要是通过实时的入侵检测和异常捕获来实现的。DAM 能够在出现异常访问模式时发出警报，从而指示 SQL 注入攻击、数据未授权更改、账户权限提升以及通过 SQL 命令执行配置更改。

监控特权用户也是数据治理的一项必备要求，这对于检测入侵同样非常重要，因为攻击者经常性的手段之一就是获取特权用户访问权限，一般是通过业务应用程序所拥有的凭证。DAM 也是漏洞评估的一项基本要素，因其具有行为漏洞动态评估功能，如多用户共享特权凭据或数据库登录多次失败 并非所有数据和所有用户创建时都可无差异化对待，必须验证用户身份，确保对每位用户全权负责，并管理特权限制数据访问。见图 8 - 2。

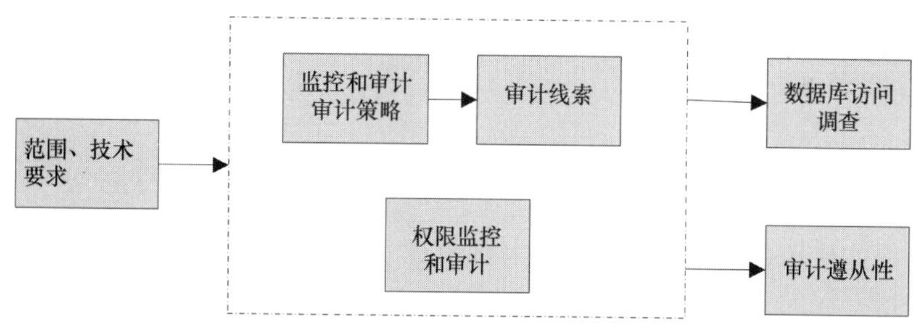

图 8 - 2　数据库活动监控（DAM）和审计用例

8.3.7 审计

审计跟踪是必不可少的，需要对安全状态数据库完整性的所有数据库活动进行层次跟踪。除遵循主要法律、法规及单位管理规章制度的合规要求外，具体审计跟踪对于取证调查同样至关重要绝大多数组织目前均采用利用传统本地数据库记录功能的某种形式的手工审计技术 但是，往往用户的划定方法存在不足，即由于手动工作导致复杂度大增及高昂的运营成本 其他缺陷还有缺乏职责分工，同时需要购买和管理大存储容量设备，以便处理大量未经筛选的事务信息。幸运的是，现已有一系列新型的 DAM 解决方案，在最大限度地降低性能影响的情况下，提供独立于数据库管理系统的具体审计，同时通过自动化集中式跨数据库管理系统策略和审计知识库。

审计是对选定的用户动作的监控和记录，通常用于：

A. 审查可疑的活动。例如：数据被非授权用户所删除，此时安全管理员可决定对该 数据库的所有连接进行审计，以及对数据库的所有表的成功地或不成功地删除进行审计。

B. 监视和收集关于指定数据库活动的数据。例如：DBA 可收集哪些被修改、执行了多少次逻辑的 I/O 等统计数据。

数据库支持 3 种审计类型：

（1）语句审计，对某种类型的 SQL 语句审计，不指定结构或对象。

（2）特权审计，对执行相应动作的系统特权的使用审计。

（3）对象审计，对一特殊模式对象上的指定语句的审计。

数据库所允许的审计选择限于下列方面：

（1）审计语句的成功执行、不成功执行，或者其两者。

（2）对每一用户会话审计语句执行一次或者对语句每次执行审计一次。

（3）对全部用户或指定用户的活动的审计。

当数据库的审计是使能的，在语句执行阶段产生审计记录。审计记录包含有审计的操作、用户执行的操作、操作的日期和时间等信息。审计记录可存在数据字典表（称为审计记录）或操作系统审计记录中。数据库审计记录是在 SYS 模式的 AUD $ 表中。

8.3.8 加密

加密技术的使用是确保攻击者无法对数据库外的数据进行未授权的访问 这包括网络传输中数据加密和静态电子文件等类似数据加密 ，前者确保攻击者无法在网络层进行窃听以及在向数据库客户端发送数据时访问数据，后者确保攻击者即使有权访问媒体文件也无法提取数据。目前应用较多的为 MD5 加密技术，M D 即 Message – Digest Algorithm 5（信息 – 摘要算法 5），是一种用于产生数字签名的单项散列算法，它能将一个任意长度的“字节串”通过一个不可逆的字符串变换算法变换成一个 128 bit 的大整数，换句话说就是，即使你看到源程序和算法描述，也无法将一个 MD5 的值变换回原始的字符串。MD5 广泛用于加密和解密技术上。例如在 UNIX 系统中用户的密码就是以 MD5（或类似方法）加密后存储在文件系统中。当用户登录时，系统把用户输入的密码计算成 MD5 值，然后再和保存在文件系统中的 MD 5 值进行比较，进而确定输入的密码是否正确。这样，系统在不知道用户密码的明码的情况下就可以确定用户登录的合法性。在 ASP. NET 系统开发中，SDK 提供了 FormsAuthentieation 类，其中的方法 HashPassword For StoringInConfigFile 可直接使用 MD5 算法。利用 System. Web. Security. Forms Authentica tion. HashPasswordForStoring In ConfigFile（string str ,“MD5”）命令就可以将明文 str 变成不可逆、唯一的密文。MD5 加密方式有效的保证了安全性，除此之外，密码的长度定义为至少 8 个字符以上，同时不能用单纯的数字或字母，并且必须加上一个符号字符，也进一步加强了密码的安全性。

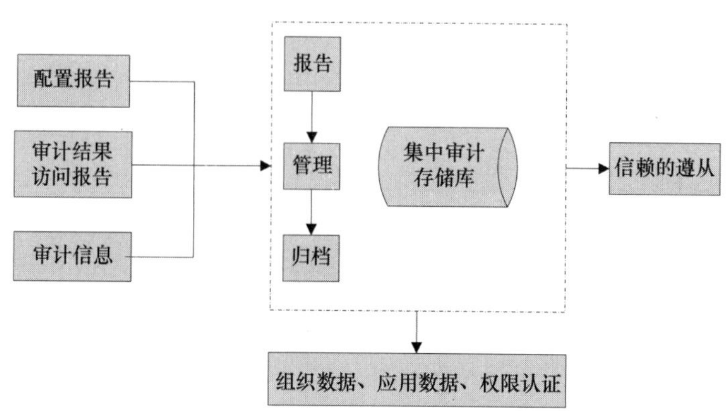

图 8－3　数据库审计流程

以上主要是从数据库的存取控制、用户资源限制和环境文件、特权和角色、数据划定、评估和强化数据库配置管理、审计、权限管理、加密几个角度考虑数据库数据的安全保护，实施这些需要管理制度及相关操作规程和一些辅助工具。管理制度主要围绕上述步骤详细展开，并需要结合有关法律法规、操作注意事项、约束制度等，主要目的是从管理层次上实现数据安全的强制性和法律法规的合规性。操作规程主要从实施和技术角度来编制流程化的文档，以供各角色的人员遵从，实现操作流程的规范化和科学化，以防操作上的疏忽造成重大数据安全隐患。辅助工具主要是方便实现上述步骤操作，可自动化或半自动化实现某些辅助功能的软件和其他设施，比如针对某些数据库的安全检查工具等。总之，上述步骤强调将管理手段和技术手段相结合，以管理为主，技术为辅，如自动化审计工具是辅助审计技术手段。只有从管理和技术层面遵从数据的合规性，不断更新管理制度并应用新技术解决安全问题，比如应用虚拟化解决数据库安全问题才能保障广西北部湾海洋、陆地环境生态数据库的安全。

第9章　数据库的完整性、并发控制和恢复

为了保证广西北部湾海洋环境生态数据库数据的正确有效，DBMS 必须提供统一的数据保护功能。数据保护也为数据控制，主要包括数据库的完整性、并发控制和恢复。

9.1　数据完整性

它是指数据的正确性和相容性。数据的完整性是为了防止数据库存在不符合主义的数据，防止错误信息输入和输出，即数据要遵守由 DBA 或应用开发者所决定的一组预定义的规则。数据库应用于关系数据库的表的数据完整性有下列类型：

（1）在插入或修改表的行时允许不允许包含有空值的列，称为空与非空规则。

（2）唯一列值规则，允许插入或修改的表行在该列上的值唯一。

（3）引用完整性规则，同关系模型定义

（4）用户对定义的规则，为复杂性完整性检查。

数据库允许定义和实施上述每一种类型的数据完整性规则，这些规则可用完整性约束和数据库触发器定义。

完整性约束：是对表的列定义一规则的说明性方法。

数据库触发器：是使用非说明方法实施完整性规则，利用数据库触发器（存储的数据库过程）可定义和实施任何类型的完整性规则。

9.1.1　完整性约束

数据库利用完整性约束机制防止无效的数据进入数据库的基表，如果任何 DML 执行结果破坏完整性约束，该语句被回滚并返回一上个错误。数据库实现的完整性约束完全遵守 ANSI X3。135－1989 和 ISO9075－1989 标准。

利用完整性约束实施数据完整性规则有下列优点：

（1）定义或更改表时，不需要程序设计，便很容易地编写程序并可消除程序性错误，其功能是由数据库控制。所以说明性完整性约束优于应用代码和数据库触发器。

（2）对表所定义的完整性约束是存储在数据字典中，所以由任何应用进入的数据都必须遵守与表相关联的完整性约束。

（3）具有最大的开发能力。当由完整性约束所实施的事务规则改变时，管理员只需改变完整性约束的定义，所有应用自动地遵守所修改的约束。

（4）由于完整性约束存储在数据字典中，数据库应用可利用这些信息，在 SQL 语

句执行之前或由数据库检查之前，就可立即反馈信息。

（5）由于完整性约束说明的语义是清楚地定义，对于每一指定说明规则可实现性能优化。

（6）由于完整性约束可临时地使不能，以致在装入大量数据时可避免约束检索的开销。当数据库装入完成时，完整性约束可容易地使其能，任何破坏完整性约束的任何新行在例外表中列出。

（7）数据库的 DBA 和应用开始者对列的值输入可使用的完整性约束有下列类型：

（8）NOT NULL 约束：如果在表的一列的值不允许为空，则需在该列指定 NOT NULL 约束。

（9）UNIQUE 码约束：在表指定的列或组列上不允许两行是具有重复值时，则需要该列或组列上指定 UNIQUE 码完整性约束。在 UNIQUE 码约束定义中的列或组列称为唯一码。所有唯一完整性约束是用索引方法实施。

（10）PRIMARY KEY 约束：在数据库中每一个表可有一个 PRIMARY KEY 约束。包含在 PRIMARY KEY 完整性约束的列或组列称为主码，每个表可有一个主码。数据库使用索引实施 PRIMARY KEY 约束。

（11）FOREIGN KEY 约束（可称引用约束）：在关系数据库中表可通过公共列相关联，该 规则控制必须维护的列之间的关系。包含在引用完整性约束定义的列或组列称为外来码。由外来码所引用的表中的唯一码或方码，称为引用码。包含有外来码的表称为子表或从属表。由子表的外来码所引用的表称为双亲表或引用表。如果对表的每一行，其外来码的值必须与主码中一值相匹配，则需指定引用完整性约束。

（12）CHECK 约束：表的每行对一指定的条件必须是 TRUE 或未知，则需在一列或列组上指定 CHECK 完整性约束。如果在发出一个 DML 语句时，CHECK 约束的条件计算得 FALSE 时，该语句被回滚。

9.1.2 数据库触发器

数据库允许定义过程，当对相关的表作 INSERT、UPDATE 或 DELETE 语句时，这些过程被隐式地执行。这些过程称为数据库触发器。触发器类似于存储的过程，可包含 SQL 语句和 PL/SQL 语句，可调用其他的存储过程。过程与触发器差别在于调用方法：过程由用户或应用显式执行；而触发器是为一激发语句（INSERT、UPDATE、DELETE）发出进由数据库隐式地触发。一个数据库应用可隐式地触发存储在数据库中多个触发器。

在许多情况中触发器补充数据库的标准功能，提供高度专用的数据库管理系统。一般触发器用于：

（1）自动地生成导出列值。

(2) 防止无效事务。

(3) 实施复杂的安全审核。

(4) 在分布式数据库中实施跨结点的引用完整性。

(5) 实施复杂的事务规则。

(6) 提供透明的事件记录。

(7) 提供高级的审计。

(8) 维护同步的表副本。

(9) 收集表存取的统计信息。

注意：在数据库环境中利用数据库工具 SQL * FORMS 也可定义、存储和执行触发器，它作为由 SQL * FORMS 所开发有应用的一部分，它与在表上定义的数据库触发器有差别。数据库触发器在表上定义，存储在相关的数据库中，在对该表发出 IMSERT、UPDATE、DELETE 语句时将引起数据库触发器的执行，不管是哪些用户或应用发出这些语句。而 SQL * FORMS 的触发器是 SQL * FORMS 应用的组成，仅当在指定 SQL * FORMS 应用中执行指定触发器点时才激发该触发器。

一个触发器由 3 部分组成：触发事件或语句、触发限制和触发器动作。触发事件或语句是指引起激发触发器的 SQL 语句，可为对一指定表的 INSERT、UNPDATE 或 DELETE 语句。触发限制是指定一个布尔表达式，当触发器激以时该布尔表达式是必须为真。触发器作为过程，是 PL/SQL 块，当触发语句发出、触发限制计算为真时该过程被执行。

9.2 并发控制

数据库是一个共享资源，可为多个应用程序所共享。这些程序可串行运行，但在许多情况下，由于应用程序涉及的数据量可能很大，常常会涉及输入/输出的交换。为了有效地利用数据库资源，可能多个程序或一个程序的多个进程并行地运行，这就是数据库的并发操作。在多用户数据库环境中，多个用户程序可并行地存取数据库，如果不对并发操作进行控制，会存取不正确的数据，或破坏数据库数据的一致性。

例：在飞机票售票中，有两个订票员（T1，T2）对某航线（A）的机动性票作事务处理，操作过程如表 9 - 1 所示。

表 9 - 1　飞机票售票中，两个订票员对航线（A）的机动性票的事务处理

数据库中的 A	1	1	1	1	0
T1	READ A		A：= A - 1		WRITE A
T2		READ A		A：= A - 1	
T1 工作区中的 A	1	1	0	0	0
T2 工作区中的 A		1	1	0	0

首先 T1 读 A，接着 T2 也读 A。然后 T1 将其工作区中的 A 减 1，T2 也采取同样动作，它们都得 0 值，最后分别将 0 值写回数据库。在这过程中没有任何非法操作，但实际上多出一张机票。这种情况称为数据库的不一致性，这种不一致性是由于并行操作而产生的。所谓不一致，实际上是由于处理程序工作区中的数据与数据库中的数据不一致所造成的。如果处理程序不对数据库中的数据进行修改，则决不会造成任何不一致。另一方面，如果没有并行操作发生，则这种临时的不一致也不会造成什么问题。数据不一致总是是由两个因素造成：一是对数据的修改，二是并行操作的发生。因此为了保持数据库的一致性，必须对并行操作进行控制。最常用的措施是对数据进行封锁。

9.2.1 数据库不一致的类型

（1）不一致性：在一事务期间，其他提交的或未提交事务的修改是显然的，以致由查询所返回的数据集不与任何点相一致。

（2）不可重复读：在一个事务范围内，两个相同查询将返回不同数据，由于查询注意到其他提交事务的修改而引起。

（3）读脏数据：如果事务 T1 将一值（A）修改，然后事务 T2 读该值，在这之后 T1 由于某种原因撤销对该值的修改，这样造成 T2 读取的值是脏的。

（4）丢失更改：在一事务中一修改重写另一事务的修改，如上述飞机票售票例子。

（5）破坏性的 DDL 操作：在一用户修改一表的数据时，另一用户同时更改或删除该表。

9.2.2 封锁

在多用户数据库中一般采用某些数据封锁来解决并发操作中的数据一致性和完整性问题。封锁是防止存取同一资源的用户之间破坏性的干扰的机制，该干扰是指不正确地修改数据或不正确地更改数据结构。

在多用户数据库中使用两种封锁：排它（专用）封锁和共享封锁。排它封锁禁止相关资源的共享，如果一事务以排它方式封锁一资源，仅仅该事务可更改该资源，直至释放排它封锁。共享封锁允许相关资源可以共享，几个用户可同时读同一数据，几个事务可在同一资源上获取共享封锁。共享封锁比排它封锁具有更高的数据并行性。

在多用户系统中使用封锁后会出现死锁，引起一些事务不能继续工作。当两个或多个用户彼此等待所封锁数据时可发生死锁。

9.2.3 数据库多种一致性模型

数据库利用事务和封锁机制提供数据并发存取和数据完整性。在一事务内由语句获取的全部封锁在事务期间被保持，防止其他并行事务的破坏性干扰。一个事务的SQL语句所作的修改在它提交之后所启动的事务中才是可见的。在一事务中由语句所获取的全部封锁在该事务提交或回滚时被释放。

数据库在两个不同级上提供读一致性：语句级读一致性和事务级一致性。ORCLE总是实施语句级读一致性，保证单个查询所返回的数据与该查询开始时刻相一致。所以一个查询从不会看到在查询执行过程中提交的其他事务所作的任何修改。为了实现语句级读一致性，在查询进入执行阶段时，在注视SCN的时候为止所提交的数据是有效的，而在语句执行开始之后其他事务提交的任何修改，查询将是看不到的。

数据库允许选择实施事务级读一致性，它保证在同一事务内所有查询的数据。

9.2.4 封锁机制

数据库自动地使用不同封锁类型来控制数据的并行存取，防止用户之间的破坏性干扰。数据库为一事务自动地封锁一资源以防止其他事务对同一资源的排它封锁。在某种事件出现或事务不再需要该资源时自动地释放。

数据库将封锁分为下列类：

(1) 数据封锁：数据封锁保护表数据，在多个用户并行存取数据时保证数据的完整性。数据封锁防止相冲突的DML和DDL操作的破坏性干扰。DML操作可在两个级获取数据封锁：指定行封锁和整个表封锁，在防止冲突的DDL操作时也需表封锁。当行要被修改时，事务在该行获取排它数据封锁。表封锁可以有下列方式：行共享、行排它、共享封锁、共享行排它和排它封锁。

(2) DDL封锁（字典封锁）：DDL封锁保护模式对象（如表）的定义，DDL操作将影响对象，一个DDL语句隐式地提交一个事务。当任何DDL事务需要时由数据库自动获取字典封锁，用户不能显式地请求DDL封锁。在DDL操作期间，被修改或引用的模式对象被封锁。

(3) 内部封锁：保护内部数据库和内存结构，这些结构对用户是不可见的。

9.2.5 手工的数据封锁

下列情况允许使用选择代替数据库缺省的封锁机制：

(1) 应用需要事务级读一致或可重复读。

(2) 应用需要一事务对一资源可排它存取，为了继续它的语句，具有对资源排它存取的事务不必等待其他事务完成。

数据库自动封锁可在二级被替代：事务级各系统级。

(1) 事务级：包含下列SQL语句的事务替代数据库缺省封锁：LOCK TABLE命令、SELECT…FOR UPDATE命令、具有READ ONLY选项的SET TRANSACTIN命令。由这些语句所获得的封锁在事务提交或回滚后所释放。

（2）系统级：通过调整初始化参数 SERIALIZABLE 和 REO - LOCKING，实例可用非缺省封锁启动。该两参数据的缺省值为：

SERIALIZABLE = FALSE

ORW - LOCKING = ALWAYS

9.3 数据库后备和恢复

当我们使用一个数据库时，总希望数据库的内容是可靠的、正确的，但由于计算机系统的故障（硬件故障、软件故障、网络故障、进程故障和系统故障）影响数据库系统的操作，影响数据库中数据的正确性，甚至破坏数据库，使数据库中全部或部分数据丢失。因此当发生上述故障后，希望能重新建立一个完整的数据库，该处理称为数据库恢复。恢复子系统是数据库管理系统的一个重要组成部分。恢复处理随所发生的故障类型所影响的结构而变化。

9.3.1 恢复数据库所使用的结构

数据库数据库使用几种结构对可能故障来保护数据：数据库后备、日志、回滚段和控制文件。

数据库后备是由构成数据库数据库的物理文件的操作系统后备所组成。当介质故障时进行数据库恢复，利用后备文件恢复毁坏的数据文件或控制文件。

日志，每一个数据库数据库实例都提供，记录数据库中所作的全部修改。一个实例的日志至少由两个日志文件组成，当实例故障或介质故障时进行数据库部分恢复，利用数据库日志中的改变应用于数据文件，修改数据库数据到故障出现的时刻。数据库日志由两部分组成：在线日志和归档日志。

每一个运行的数据库数据库实例相应地有一个在线日志，它与数据库后台进程 LG-WR 一起工作，立即记录该实例所作的全部修改。在线日志由两个或多个预期分配的文件组成，以循环方式使用。

归档日志是可选择的，一个数据库数据库实例一旦在线日志填满后，可形成在线日志的归档文件。归档的在线日志文件被唯一标识并合成归档日志。

回滚段用于存储正在进行的事务（为未提交的事务）所修改值的老值，该信息在数据库恢复过程中用于撤消任何非提交的修改。

控制文件，一般用于存储数据库的物理结构的状态。控制文件中某些状态信息在实例恢复和介质恢复期间用于引导数据库。

9.3.2 在线日志

一个数据库数据库的每一实例有一个相关联的在线日志。一个在线日志由多个在线日志文件组成。在线日志文件填入日志项，日志项记录的数据用于重构对数据库所作的全部修改。后台进程 LGWR 以循环方式写入在线日志文件。当当前的在线日志文件写满后，LGWR 写入到下一可用在线日志文件当最后一个可用的在线日志文件的检查点已完成时即可使用。如果归档不实施，一个已填满的在线日志文件一当包含该在线日志文件的检查点完成，该文件已被归档后即可使用。在任何时候，仅有一个在线日志文件被写入存储日志项，它被称为活动的或当前在线日志文件，其他的在线日志文件为不活动的在线日志文件。

ORCLE 结束写入一在线日志文件并开始写入到另一个在线日志文件的点称为日志开关。日志开关在当前在线日志文件完全填满，必须继续写入到下一个在线日志文件时总出现，也可由 DBA 强制日志开关。每一日志开关出现时，每一在线日志文件赋给一个新的日志序列号。如果在线日志文件被归档，在归档日志文件中包含有它的日志序列号。

数据库后台进程 DBWR（数据库写）将 SGA 中所有被修改的数据库缓冲区（包含提交和未提交的）写入到数据文件，这样的事件称为出现一个检查点。因下列原因实现检查点：

（1）检查点确保将内存中经常改变的数据段块每隔一定时间写入到数据文件。由于 DBWR 使用最近最少使用算法，经常修改的数据段块从不会作为最近最少使用块，如果检查点不出现，它从不会写入磁盘。

（2）由于直至检查点时所有的数据库修改已记录到数据文件，先于检查点的日志项在实例恢复时不再需要应用于数据文件，所以检查点可加快实例恢复。

虽然检查点有一些开销，但数据库既不停止活动又不影响当前事务。由于 DBWR 不断地将数据库缓冲区写入到磁盘，所以一个检查点一次不必写许多数据块。一个检查点保证自前一个检查点以来的全部修改数据块写入到磁盘。检查点不管填满的在线日志文件是否正在归档，它总是出现。如果实施归档，在 LGWR 重用在线日志文件之前，检查点必须完成并且所填满的在线日志文件必须被归档。

检查点可对数据库的全部数据文件出现（称为数据库检查点），也可对指定的数据文件出现。下面说明一下什么时候出现检查点及出现什么情况：

- 在每一个日志开关处自动地出现一数据库检查点。如果前一个数据库检查点正在处理，由日志开关实施的检查点优于当前检查点。
- 初始化参数据 LOG - CHECKPOINT - INTERVAL 设置所实施的数据库检查点，当预定的日志块数被填满后（自最后一个数据库检查点以来），实施一数据库检查点。另一个参数 LOG - CHECKPOINT - TIMEOUT 可设置自上一个数据库检查点开始之后指定秒数后实施一数据库检查点。这种选择对使用非常大的日志文件时有用，它在日志开头之间增加检查点。由初始化参数所启动的数据库检查点只有在前一个检查点完成后才能启动。

- 当一在线表空间开始后备时，仅对构成该空间的数据文件实施一检查点，该检查点压倒仍在进行中的任何检查点。
- 当 DBA 使一表空间离线时，仅对构成该表空间的在线文件实施一检查点。
- 当 DBA 以正常或立即方式关闭一实例时，数据库在实例关闭之前实施一数据库检查点，该检查点压倒任何运行检查点。
- DBA 可要求实施一数据库检查点，该检查点压倒任何运行检查点。

检查点机制：当检查点出现时，检查点后台进程记住写入在线文件的下一日志行的位置，并通知数据库写后台进程将 SGA 中修改的数据库缓冲区写入到磁盘上的数据文件。然后由 CKPT 修改全部控制文件和数据文件的标头，反映该最后检查点。当检查点不发生，DBWR 当需要时仅将最近最少使用的数据库缓冲区写入磁盘，为新数据准备缓冲区。

镜像在线日志文件：为了安全将实例的在线日志文件镜像到它的在线日志文件数据库提供镜像功能。当具有镜像在线日志文件时，LGWR 同时将同一日志信息写入到多个同样的在线日志文件。日志文件分成组，每个组中的日志文件称为成员，每个组中的全部成员同时活动，由 LGWR 赋给相同的日志序列号。如果使用镜像在线日志，则可建立在线日志文件组，在组中的每一成员要求是同一大小。

镜像在线日志的机制：LGWR 总是寻找组的全部成员，对一组的全部成员并行地写，然后转换到下一组的全部成员，并行地写。

每个数据库实例有自己的在线日志组，这些在线日志组可以是镜像的或不是，称为实例的在线日志线索。在典型配置中，一个数据库实例存取一个数据库数据库，于是仅一个线索存在。然而在运行数据库并行服务器中，两个或多个实例并行地存取单个数据库，在这种情况下，每个实例有自己的线索。

9.3.3 归档日志

数据库要将填满的在线日志文件组归档时，则要建立归档日志，或称离线日志。其对数据库后备和恢复有下列用处：

- 数据库后备以及在线和归档日志文件，在操作系统或磁盘故障中可保证全部提交的事务可被恢复。
- 在数据库打开时和正常系统使用下，如果归档日志是永久保持，在线后备可以进行和使用。

如果用户数据库要求在任何磁盘故障的事件中不丢失任何数据，那么归档日志必须要存在。归档已填满的在线日志文件可能需要 DBA 执行额外的管理操作。

归档机制：决定于归档设置，归档已填满的在线日志组的机制可由数据库后台进程 ARCH 自动归档或由用户进程发出语句手工地归档。当日志组变为不活动、日志开关指向下一组已完成时，ARCH 可归档一组，可存取该组的任何或全部成员，完成归档组。在线日志文件归档之后才可为 LGWR 重用。当使用归档时，必须指定归档目标指向一存储设备，它不同于个有数据文件、在线日志文件和控制文件的设备，理想的是将归档日志文件永久地移到离线存储设备、如磁带。

数据库可运行在两种不同方式下：NOARCHIVELOG 方式或 ARCHIVELOG 方式。数据库在 NOARCHIVELOG 方式下使用时，不能进行在线日志的归档。在该数据库控制文件指明填满的组不需要归档，所以一当填满的组成为活动，在日志开关的检查点完成，该组即可被 LGWR 重用。在该方式下仅能保护数据库实例故障，不能保护介质（磁盘）故障。利用存储在在线日志中的信息，可实现实例故障恢复。

如果数据库在 ARCHIVELOG 方式下，可实施在线日志的归档。在控制文件中指明填满的日志文件组在归档之前不能重用。一旦组成为不活动，执行归档的进程立即可使用该组。

在实例起动时，通过参数 LOG - ARCHIVE - START 设置，可启动 ARCH 进程，否则 ARCH 进程在实例启动时不能被启动。然而 DBA 在凭借时候可交互地启动或停止自动归档。一旦在线日志文件组变为不活动时，ARCH 进程自动对它归档。

如果数据库在 ARCHIVELOG 方式下运行，DBA 可手工归档填满的不活动的日志文件组，不管自动归档是可以还是不可以。

9.3.4 数据库后备

不管为数据库数据库设计成什么样的后备或恢复模式，数据库数据文件、日志文件和控制文件的操作系统后备是绝对需要的，它是保护介质故障的策略部分。操作系统后备有完全后备和部分后备。

- 完全后备：一个完全后备将构成数据库数据库的全部数据库文件、在线日志文件和控制文件的一个操作系统后备。一个完全后备在数据库正常关闭之后进行，不能在实例故障后进行。在此时，所有构成数据库的全部文件是关闭的，并与当前点相一致。在数据库打开时不能进行完全后备。由完全后备得到的数据文件在任何类型的介质恢复模式中是有用的。
- 部分后备

部分后备为除完全后备外的任何操作系统后备，可在数据库打开或关闭下进行。如单个表空间中全部数据文件后备、单个数据文件后备和控制文件后备。部分后备仅对在 ARCHIVELOG 方式下运行数据库有用，因为存在的归档日志，数据文件可由部分后备恢复。在恢复过程中与数据库其他部分一致。

9.3.5 数据库恢复

- 实例故障的恢复

当实例意外地（如掉电、后台进程故障等）或预料地（发出 SHUTDOUM ABORT 语句）中止时出现实例故障，此时需要实例恢复。实例恢复将数据库恢复一故障之前的事务一致状态。如果在在线后备发现实例故障，则需介质恢复。在其他情况数据库在下次数据库起动时（对新实例装配和打开），自动地执行实例恢复。如果需要，从装配状态变为打开状态，自动地激发实例恢复，由下列处理：

（1）为了解恢复数据文件中没有记录的数据，进行向前滚。该数据记录在在线日志，包括对回滚段的内容恢复。

（2）回滚未提交的事务，按步 1 重新生成回滚段所指定的操作。

（3）释放在故障时正在处理事务所持有的资源。

（4）解决在故障时正经历一阶段提交的任何悬而未决的分布事务。

- 介质故障的恢复

介质故障是当一个文件、一个文件的部分或一磁盘不能读或不能写时出现的故障。介质故障的恢复有两种形式，决定于数据库运行的归档方式。

- 如果数据库是可运行的，以致它的在线日志仅可重用但不能归档，此时介质恢复为使用最新的完全后备的简单恢复。在完全后备执行的工作必须手工地重作。

- 如果数据库可运行，其在线日志是被归档的，该介质故障的恢复是一个实际恢复过程，重构受损的数据库恢复到介质故障前的一个指定事务一致状态。

不管哪种形式，介质故障的恢复总是将整个数据库恢复到故障之前的一个事务一致状态。如果数据库是在 ARCHIVELOG 方式运行，可有不同类型的介质恢复：完全介质恢复和不完全介质恢复。

完全介质恢复可恢复全部丢失的修改。仅当所有必要的日志可用时才可能。有不同类型的完全介质恢复可使用，其决定于毁坏文件和数据库的可用性。例：

- 关闭数据库的恢复。当数据库可被装配却是关闭的，完全不能正常使用，此时可进行全部的或单个毁坏数据文件的完全介质恢复。

- 打开数据库的离线表空间的恢复。当数据库是打开的，完全介质恢复可以处理。未损的数据库表空间是在线的可以使用，而受损耗捕空间是离线的，其所有数据文件作为恢复的单位。

- 打开数据库的离线表间的单个数据文件的恢复。当数据库是打开的，完全介质恢复可以处理。未损的数据库表空间是在线的可以使用，而所损的表空间是离线的，该表空间的指定所损的数据文件可被恢复。

- 使用后备的控制文件的完全介质恢复。当控制文件所有拷贝由于磁盘故障而受损时，可进行介质恢复而不丢失数据。

不完全介质恢复是在完全介质恢复不可能或不要求时进行的介质恢复。重构受损的数据库，使其恢复介质故障前或用户出错之前的一个事务一致性状态。不完全介质恢复有不同类型的使用，决定于需要不完全介质恢复的情况，有下列类型：基于撤消、基于时间和基于修改的不完全恢复。

基于撤消恢复：在某种情况，不完全介质恢复必须被控制，DBA 可撤消在指定点的操作。基于撤消的恢复地在一个或多个日志组（在线的或归档的）已被介质故障所破坏，不能用于恢复过程时使用，所以介质恢复必须控制，以致在使用最近的、未损的日志组于数据文件后中止恢复操作。

基于时间和基于修改的恢复：如果 DBA 希望恢复到过去的某个指定点，不完全介质恢复地理想的。可在下列情况下使用：

- 当用户意外地删除一表，并注意到错误提交的估计时间，DBA 可立即关闭数据库，恢复它到用户错误之前时刻。
- 由于系统故障，一个在线日志文件的部分被破坏，所以活动的日志文件突然不可使用，实例被中止，此时需要介质恢复。在恢复中可使用当前在线日志文件的未损部分，DBA 利用基于时间的恢复，一旦有将效的在线日志已应用于数据文件后停止恢复过程。

在这两种情况下，不完全介质恢复的终点可由时间点或系统修改号（SCN）来指定。

主要参考文献

陈波,邱绍芳．1999. 谈北仑河口北侧岸滩资源保护[J]. 广西科学院学报,15(3):317－320.

陈波,邱绍芳．1999. 北仑河口河道冲蚀的动力背景[J]. 广西科学,6(4):108－111.

陈菊芳, 徐宁,江天久,等．1999. 中国赤潮新记录种——球形棕囊藻(*Phaeocystis globosa*)[J]. 暨南大学学报(自然科学版),20(3):124－129.

范航清, 李广钊, 周浩郎, 等．2010. 广西重点生态区综合调查总报告[R]. 广西红树林中心．

范智超．2008. 河北省海洋数据库的结构设计及数据标准的制定[D]. 石家庄:河北师范大学.

防城港市统计局．2010－2011. 防城港市统计年鉴[M].

方秦华,张珞平,王佩儿,等．象山港海域环境容量的二步分配法[J]. 厦门大学学报(自然科学版), 2004, 43 (增刊) : 217－220.

傅强,刘保华,梁瑞才,等．2007. 中国大洋研究成果数据库平台系统建设[J]. 海洋科学进展,25(2): 185－187.

高惠瑛,陈天恩．2004. 海洋资源信息化工程中的数据库构建模式[J]. 海洋科学, 28(7):31－32.

广西壮族自治区海岸带和海涂资源综合领导小组．1986. 广西壮族自治区海岸带和海涂资源调查报告(第一卷)[R]).

广西壮族自治区海洋局,国家海洋局第三海洋研究所．2012. 广西壮族自治区海洋主体功能区规划研究报告[R].

广西壮族自治区海洋局,广西壮族自治区发展和改革委员会．2011. 广西壮族自治区海岛保护规划[R].

广西壮族自治区国土资源厅．广西海洋资源概况[EB/OL]. http://www. gxdlr. gov. cn/ News/ NewsShow. aspx? NewsId＝9203.

国家海洋局第一海洋研究所．1996. 防城港及其邻近海域海洋环境调查报告(内部)[R].

国家海洋信息中心．2011. 广西海洋主体功能区规划专题研究报告[R].

国家海洋局．2011. 海洋主体功能区区划技术规程(HY/T 146－2011)[S].

国家海洋局．2005. 近岸海洋生态健康评价指南(HY/T 087－2005)[S].

何碧娟,陈波,邱绍芳,等．2001. 广西铁山港海域环境容量及排污口位置优选研究[J]. 广西科学,8(3):232－235.

黄鹄,戴志军,胡自宁,等．2005. 广西海岸环境脆弱性研究[M]. 北京:海洋出版社.

黄秀清, 王金辉, 蒋晓山, 等．2008. 象山港海洋环境容量及污染物总量控制研究[M]. 北京, 海洋出版社.

黄秀珠, 叶长兴．1998 持续畜牧业的发展与环境保护[J]. 福建畜牧兽医, 5: 27－29.

姬艳恒,王文富,白会荣,等．2010. 污染物排放总量控制的对策与措施探讨[J]. 科技信息,2(17): 268－268.

季民,靳奉祥,李婷,等.2009. 海洋多维数据仓库构建研究[J]. 海洋学报,31(6):48-53.

蒋平.2006. 我国海洋资源管理现状及完善[J]. 海洋信息,2:9-11.

匡国瑞. 1986. 海湾水交换的研究——海水交换率的计算方法[J]. 海洋环境科学,5(3):45-48.

匡国瑞,杨殿荣,喻祖祥,等. 1987. 海湾水交换的研究——乳山东湾环境容量初步探讨[J]. 海洋环境科学,6 (1): 13-23.

李春干. 2003. 广西红树林资源的分布特点和林分结构特征[J]. 南京林业大学学报, 27(5): 15-19.

李如忠. 2002. 区域水污染排放总量分配方法研究[J]. 环境工程,20(6):61-63.

李小维,黄子眉,方龙驹. 2010. 广西防城港湾水环境质量现状与石油烃环境容量的初步研究[J]. 海洋通报,29(3):310-315.

栾振东,阎军,代亮,等. 海洋基础科学数据库及其信息管理系统的建立[EB/OL].http://www.ocean.csdb.en/wzeg.htm.

全国海岸带和海涂资源综合调查简明规程编写组. 1986. 全国海岸带和海涂资源综合调查简明规程[M]. 北京:海洋出版社.

孙立波.2008. 如何用虚拟化解决数据安全问题[J]. 科技浪潮(2):27-30.

王永祥.2001. 论企业数据安全保护方案[J]. 网络安全技术与应用(61):13-14.

解鹏飞,赵辉,许自州,等. 2001. 海洋环境监测数据库安全保护方案探讨[J]. 海洋信息技术, 17-19,23.

徐淑庆, 李家明, 卢世标, 等. 2010. 广西北部湾红树林资源现状及可持续发展对策[J]. 生物学通报, 45(5): 11-14.

杨世伦.2003. 海岸环境和地貌过程导论[M]. 北京:海洋出版社:87.

中国海湾志编纂委员会. 1992. 中国海湾志:第十二分册(广西海湾)[M]. 北京:海洋出版社.

中国科学院青岛海洋科学研究所. 海洋科学数据库建设规范[EB/OL]. http://www.o cean. csdb.en/wzeg.htm.

uu(http://www.gx.xinhuanet.comdtzx2008-02/21/content_12502698.htm 广西北部湾经济区发展规划(全文)).

中华人民共和国国家质量监督检验检疫总局,中国国家标准化管理委员. 2007. 海洋调查规范[S].

中华人民共和国国家质量监督检验检疫总局,中国国家标准化管理委员. 2007. 海洋监测规范[S].

中华人民共和国国家质量监督检验检疫总局.1997. 海水水质标准[S].

中华人民共和国国家质量监督检验检疫总局. 2000. 海洋沉积物质量[S].

中华人民共和国国家质量监督检验检疫总局. 2000. 海洋生物质量[S].